现代数学基础丛书·典藏版　111

环与代数

（第二版）

刘绍学　郭晋云　朱　彬　韩　阳　著

科学出版社

北　京

内 容 简 介

本书主要介绍国内外环与代数的最新研究成果和发展方向, 在第一版的基础上, 除删除了一些陈旧内容外, 还增添关于分次环、路代数、箭图表示、有限表示型箭图 4 章, 力图向读者介绍分次环、箭图及其表示最基本的知识, 使之能够了解和进入环与代数当前研究的一些非常具有活力的领域. 我们将介绍分次环、分次模、分次 Artin 环、Smash 积、分次本原环、箭图的路代数、路代数的性质、路代数的张量积和箭图的直积; 箭图表示的基本内容、箭图表示的 Auslander-Reiten 理论; Dynkin 图及其表示, Bernstein-Gelfand-Ponomarev 反射函子, 有限表示型的箭图的刻画(Gabriel 定理)等内容.

本书适合数学及相关专业高年级大学生、研究生、教师及科研人员阅读参考.

图书在版编目(CIP)数据

环与代数/刘绍学等著. -2 版. —北京: 科学出版社, 2009

(现代数学基础丛书·典藏版; 111)

ISBN 978-7-03-023006-5

I. 环… II. 刘… III. ①环 ②高等代数 IV. O15

中国版本图书馆 CIP 数据核字(2008) 第 142196 号

责任编辑: 张 扬 房 阳 / 责任校对: 钟 洋
责任印制: 吴兆东 / 封面设计: 陈 敬

科 学 出 版 社 出版
北京东黄城根北街 16 号
邮政编码: 100717
http://www.sciencep.com
北京凌奇印刷有限责任公司 印刷
科学出版社发行 各地新华书店经销
*
2009 年 1 月第 二 版 开本: B5(720×1000)
2022 年 1 月 印 刷 印张: 20 1/2
字数: 394 000
定价: 128.00 元
(如有印装质量问题, 我社负责调换)

《现代数学基础丛书》序

对于数学研究与培养青年数学人才而言, 书籍与期刊起着特殊重要的作用. 许多成就卓越的数学家在青年时代都曾钻研或参考过一些优秀书籍, 从中汲取营养, 获得教益.

20 世纪 70 年代后期, 我国的数学研究与数学书刊的出版由于文化大革命的浩劫已经被破坏与中断了 10 余年, 而在这期间国际上数学研究却在迅猛地发展着. 1978 年以后, 我国青年学子重新获得了学习、钻研与深造的机会. 当时他们的参考书籍大多还是 50 年代甚至更早期的著述. 据此, 科学出版社陆续推出了多套数学丛书, 其中《纯粹数学与应用数学专著》丛书与《现代数学基础丛书》更为突出, 前者出版约 40 卷, 后者则逾 80 卷. 它们质量甚高, 影响颇大, 对我国数学研究、交流与人才培养发挥了显著效用.

《现代数学基础丛书》的宗旨是面向大学数学专业的高年级学生、研究生以及青年学者, 针对一些重要的数学领域与研究方向, 作较系统的介绍. 既注意该领域的基础知识, 又反映其新发展, 力求深入浅出, 简明扼要, 注重创新.

近年来, 数学在各门科学、高新技术、经济、管理等方面取得了更加广泛与深入的应用, 还形成了一些交叉学科. 我们希望这套丛书的内容由基础数学拓展到应用数学、计算数学以及数学交叉学科的各个领域.

这套丛书得到了许多数学家长期的大力支持, 编辑人员也为其付出了艰辛的劳动. 它获得了广大读者的喜爱. 我们诚挚地希望大家更加关心与支持它的发展, 使它越办越好, 为我国数学研究与教育水平的进一步提高做出贡献.

杨 乐

2003 年 8 月

第二版前言

很高兴看到这本 25 年前出版的《环与代数》基础教材再版, 当年很多通过此书入门“环与代数”的年轻研究生 (包括本书的另三位作者) 如今都已成为活跃在环与代数领域的研究者. 25 年来, 国内外环与代数理论的研究发生了很多变化, 曾经占据中心地位的 Wedderburn-Artin-Jacobson 结构理论已不再有昔日的辉煌. 当年不该有的避开同调代数的做法今日看来是绝对应该补上的一课. 既要保持基础教材的特点, 又要顺应发展, 加强基础的内涵, 这是我们四个人在再版时考虑最多的问题.

环 (代数) 与模是环论的两个主要研究对象. 多看一些具体构建的环类, 多看一些具体环 (代数) 上的模范畴, 使我们在研究环与模时, 在头脑中始终保有环的具体形象及模的具体形象, 应该是非常有益的. 这样我们用新的一章 (第 10 章, 郭晋云撰写) 介绍路代数和张量代数, 用新的一章 (第 11 章, 朱彬撰写) 介绍有限维路代数的模范畴的骨架 ——AR 箭图.

在新的第 9 章 (韩阳撰写) 中, 在对环的 Artin-Jacobson 结构理论温故知新的气氛下, 介绍了分次环的基础. 这些内容在这个基础教材中有一个非常自然的位置, 是本书中非常和谐的一部分.

在新的第 12 章 (郭晋云撰写) 中介绍了有限表示型路代数的分类定理. 这是 20 世纪代数表示论中, 也是环论中最漂亮最富推动力的结果之一, 是可和单李代数分类相媲美的一个重要结果, 是当今介绍有限维代数时不可不提到的一个定理.

由于在第 11, 12 章中广泛地使用了同调代数工具, 又考虑到同调代数已有所普及, 故写了一个同调代数简介 (朱彬撰写), 作为附录放在书末以备读者查询.

此次再版去掉了原书中的第 9 章 (根与根的一般理论) 和第 10 章 (Goldie 环). 有很多理由说明原书的一些章节可以去掉, 也有很多理由表明原书中一些章节, 包括已去掉的两章是该保留下来的. 这样的取舍只是一种做法, 是不需要说明理由的.

一个人写书是一种享受 (每每回味, 仍常享受着当初写根论那一章时自我陶醉的状态), 四个人合作写书是一种愉快, 每一章节都经历了初稿、讨论、修改、再讨论、再修改的过程 (可惜旧章节缺少了这样洗练的过程). 四次集体讨论给我们留下了美好的回忆.

借再版的机会修改了原书中一百余处的笔误和疏漏. 感谢读者 (特别是哈尔滨师范大学张之凰教授寄来三页的勘误表) 的帮助和指正. 期盼读者继续指出和帮助我们改正不妥的地方.

非常欣慰在耄耋之年看到这本书再版. 和本书编辑张扬同志的合作很是愉快, 衷心感谢北京师范大学数学科学学院的大力支持. 非常感谢三位新作者的加盟, 没有他们的合作与热情, 这本书将不会以这样一个新的面貌呈现在读者面前.

刘绍学

2008 年 8 月 18 日于北京

我们三位新作者谨以所撰写的新章节恭祝刘绍学先生八十华诞!

郭晋云、朱　彬、韩　阳

2008 年 8 月 18 日

第一版前言

本书是在我为研究生讲授环论课时所用讲义的基础上写成的.

这是一本介绍非交换结合环理论的基础的书. 结合环在一般 (即不一定是结合的) 环中占居中心地位; 其他重要的非结合环类, 如 Lie 环、Jordan 环、交错环, 几乎都和结合环有相同的发展过程.

非交换结合环论的发展过程, 可以设想分为以下三个阶段: (一) 关于有限维代数的研究, (Albert, 1939) 可以看作是这方面的总结; (二) 关于有极小条件的环的研究, (Artin et al., 1946) 可以看作是这方面的总结; (三) 关于一般 (即不附加有限条件) 环的研究, 以及关于有极大条件环的研究, 并广泛地使用同调代数的工具, (Jacobson, 1964) 可以看作是前者的总结, 而 (Faith, 1973) 可以看作是后者的总结.

在本书中, 我们避开同调代数而介绍这三个发展阶段的基本内容. 在叙述上, 我们基本上按照环论原来的发展过程依次介绍. 当然某些早期结果可由后期较一般的结果直接得出. 然而我们没有去避开这些重复. 这是因为: 某些重复, 以及从这些重复中能看到的发展过程的痕迹, 对初学者来说, 是很有好处的.

Wedderburn 的结构理论对整个环论的影响是很大的, 我们选择的内容基本上都是围绕这一理论的, 为的是使读者对它有一个全面深入的理解.

我们假定读者已经熟悉抽象代数、线性代数以及域的 Galois 理论 (后者只在第三章中用到).

本书的目的是为进一步学习环论中的专门著作和有关论文打下一个良好的基础. 书后附有参考书目, 书中顺便介绍一些未解决的问题, 并介绍一些文献, 有些是属于经典性的, 有些则能提示我们在环论中如何提出问题.

使用本书作为教材可有下面几种方案: (一) 每周四节课两学期可全部讲完; (二) 选用前四章或前五章作为结合代数课, 每周四节课一学期可讲完; (三) 选用后五章 (或去掉第十章) 作为环论课, 每周四节课一学期可讲完; (四) 选用第六、七、九章作为环的根论课, 每周三节课一学期可讲完; (五) 选用第一、二、四章作为有限代数课, 每周两节课一学期可讲完.

作者是从 A.G.Kurosh 教授和张禾瑞教授那里学习环与代数的, 在此对他们表示怀念和感谢. 在编写时主要参考了张禾瑞, 1957; Albert, 1939; Artin et al., 1946; Jacobson, 1943, 1964; Herstein, 1968; Curtis, 1962; Kaplansky, 1969 等文献.

万哲先同志一直鼓励我写一本关于环论的书, 聂灵沼同志对选材提出了宝贵意见, 谢邦杰、许永华同志寄来了我向他们要的材料, 吴品三同志仔细阅读了每一个证明, 提出了修改意见并补充了一些习题, 在此一并表示感谢. 进修教师谢冰璋、徐忠明、陈维新、厉立德、王春森、马志大、马文新等同志以及研究生张英伯、王成德在学习上述讲义的过程中都提出了许多修改意见, 在此也一并表示感谢.

书中一定会有不当之处, 殷切地希望读者指正.

作　者
于北京师范大学

目　录

《现代数学基础丛书》序
第二版前言
第一版前言
第 1 章　有限结合代数的基本概念 …… 1
　1.1　一些基本概念与定义 …… 1
　1.2　有限结合代数的例子 …… 3
　1.3　结合代数的表示 …… 7
　1.4　直和 …… 13
　1.5　张量积 (或 Kronecker 积) …… 18
第 2 章　N 根与 N 半单代数 …… 27
　2.1　幂零元与幂等元 …… 27
　2.2　幂零根 (或 N 根) …… 28
　2.3　Peirce 分解 …… 31
　2.4　N 半单代数的结构定理 …… 34
　2.5　单代数的结构定理 …… 36
第 3 章　中心单代数 …… 41
　3.1　Brauer 群 …… 41
　3.2　中心单代数的纯量扩张 …… 45
　3.3　分离代数 …… 49
　3.4　中心单代数的自同构、单子代数 …… 52
　3.5　中心单代数的分裂域 …… 56
　3.6　一些特殊域上的中心可除代数 …… 59
　3.7　交叉积 …… 61
　3.8　中心单代数的指数及其分解 …… 72
第 4 章　非半单代数 …… 80
　4.1　迹函数 …… 80
　4.2　半单代数的对偶基 …… 83
　4.3　代数模的扩张与广义导子 …… 86
　4.4　代数的扩张与因子系 …… 90
　4.5　Wedderburn-Мальцев定理 …… 94

第 5 章 一类局部有限代数的 Wedderburn 结构理论 ······ 98
5.1 关于代数的有限条件 ······ 98
5.2 全直和、直和、亚直和 ······ 100
5.3 代数的 Levitzki 根 ······ 105
5.4 一类局部有限代数 ······ 106
5.5 W- 代数的结构定理 ······ 110
第 6 章 Artin 环 ······ 116
6.1 极小条件与极大条件, Artin 环与 Noether 环 ······ 116
6.2 Artin 环的 Wedderburn 理论 ······ 121
6.3 完全可约模 ······ 123
6.4 半单环与完全可约模 ······ 127
6.5 单 Artin 环的构造 ······ 131
第 7 章 环的 Jacobson 理论 ······ 137
7.1 本原环与 Jacobson 根 ······ 137
7.2 Jacobson 根的内刻画 ······ 140
7.3 本原环的结构 ······ 144
7.4 对 Artin 环的应用 ······ 147
7.5 有极小单侧理想的本原环 ······ 149
7.6 本原代数与代数的 Jacobson 根 ······ 160
第 8 章 无限代数的若干问题 ······ 163
8.1 无限中心单代数 ······ 163
8.2 PI- 代数 ······ 169
8.3 Курош问题 ······ 173
8.4 Курош(kurosh) 问题 (续) ······ 179
8.5 Голод的反例 ······ 187
8.6 Hamilton 代数 ······ 191
第 9 章 分次环 ······ 198
9.1 分次环 ······ 198
9.2 分次模 ······ 201
9.3 分次 Jacobson 根 ······ 204
9.4 分次 Artin 环 ······ 207
9.5 分次本原环 ······ 211
9.6 冲积 ······ 214
9.7 强分次环 ······ 218

第 10 章　路代数与张量代数 ······ 222
10.1　路代数及相关概念 ······ 222
10.2　箭图的几何性质与路代数的代数性质 ······ 224
10.3　自由代数, 张量积和张量代数 ······ 227
10.4　赋值图的张量代数与路代数的同构 ······ 232
10.5　有限维代数的箭图和 Gabriel 定理 ······ 236
10.6　遗传代数和路代数 ······ 240
第 11 章　箭图及其表示 ······ 244
11.1　箭图的表示范畴 ······ 244
11.2　Nakayama 函子 ······ 249
11.3　Auslander-Reiten 序列 ······ 253
11.4　Auslander-Reiten 箭图 ······ 257
第 12 章　有限表示型代数 ······ 262
12.1　邓肯图和二次型 ······ 262
12.2　根系与反射变换 ······ 266
12.3　维数向量与 Grothendieck 群 ······ 272
12.4　箭图表示与 Coxeter 函子 ······ 279
12.5　有限表示型与 Dynkin 箭图 ······ 287
参考文献 ······ 291
附录　同调代数简介 ······ 296
A.1　阿贝尔范畴 ······ 296
A.2　函子与范畴的等价 ······ 300
A.3　Morita 等价 ······ 301
A.4　Ext 函子 ······ 302
名词索引 ······ 306
《现代数学基础丛书》已出版书目 ······ 310

第 1 章　有限结合代数的基本概念

1.1　一些基本概念与定义

本节简单介绍一下关于代数的最基本的定义. 关于群与环的相应概念认为是已知的、熟悉的.

定义 1.1.1　域 F 上一个向量空间 A 叫做域 F 上的代数, 如果除数乘 (用 αa 表示, $\alpha \in F$, $a \in A$) 和 A 的加法运算 (用 $+$ 表示) 外, A 中还定义有一个乘法运算 (用 $\cdot$ 表示或用 ab 表示运算结果, $a, b \in A$) 满足下列条件:

(i) $a \cdot (b+c) = ab + ac, (b+c) \cdot a = ba + ca, \forall a, b, c \in A$①;

(ii) $\alpha(ab) = (\alpha a)b = a(\alpha b), \forall a, b \in A, \forall \alpha \in F$.

如果 A 是 F 上有限维空间, 就称 A 为 F 上有限 (维) 代数.

如果代数 A 中的乘法适合结合律, 即若有 $(ab)c = a(bc), \forall a,\ b, c \in A$, 则称 A 为结合代数.

如果代数 A 中乘法适合条件: $ab = ba, \forall a, b \in A$, 则称 A 为交换代数.

如果代数 A 中的乘法适合条件: $a^2 = 0, (ab)c + (bc)a + (ca)b = 0, \forall a, b, c \in A$, 则称 A 为 Lie 代数.

如果代数 A 中乘法适合条件: $ab = ba, (a^2b)a = a^2(ba), \forall a, b \in A$, 则称 A 为 Jordan 代数.

如果代数 A 中乘法适合条件: $a(ab) = (aa)b, a(bb) = (ab)b, \forall a, b \in A$, 则称 A 为交错代数.

设 A 是域 F 上的代数, 不一定是有限维的, 也不一定是结合代数, 与群的子群、环的子环等概念相平行的可定义 A 的子代数的概念. 与群、环中相平行的还可定义代数的同构、代数的同态等概念.

定义 1.1.2　设 A 是域 F 上的代数, $B \subseteq A, B$ 不空. 如果

(i) B 是 A 的子空间;

(ii) B 对 A 中的乘法是封闭的, 即有

$$bc \in B, \quad \forall b, c \in B,$$

则称 B 是 A 的子代数.

---

① 指对 A 中所有的 a, b, c, 其中, $\forall$ 指"所有的".

易见, 结合 (或 Lie- 或 Jordan-) 代数的子代数本身仍是结合 (或 Lie- 或 Jordan-) 代数, 有限代数的子代数仍是有限代数.

设 X 是代数 A 的一个子集. A 中含有 X 的一切子代数的交当然仍是一个子代数, 称之为由 X 生成的子代数, 记作 $\langle X\rangle$. 易见, $\langle X\rangle$ 是由一切形如 $\alpha x_{i_1}x_{i_2}\cdots x_{i_n}$, $\alpha\in F, x_{i_i}\in X$ 的有限和组成的.

定义 1.1.3 设 A,B 都是域 F 上的代数, φ 是集 A 到 B 内的一个对应, 如果 φ 保持运算, 即若有

(i) $(ab)\varphi=(a\varphi)(b\varphi)$;

(ii) $(\alpha a)\varphi=\alpha(a\varphi)$;

(iii) $(a+b)\varphi=a\varphi+b\varphi$.

$\forall a,b\in A,\forall\alpha\in F$, 则称 φ 是 F 上代数 A 到 F 上代数 B 内的一个同态对应, 或简称代数 A 到代数 B 的一个同态对应.

如果 φ 是代数 A 到代数 B 的一个同态对应, 且知 φ 还是集 A 到集 B 上的对应, 则称 φ 为代数 A 到代数 B 的一个满同态对应, 此时记 $A\sim B$.

如果 φ 是代数 A 到代数 B 的满同态对应, 且知 φ 还是集 A 到集 B 上的一一对应, 则称 φ 为代数 A 到代数 B 的同构对应. 此时记作 $A\simeq B$.

如果 φ 是代数 A 到代数 B 的一个子代数上的同构对应, 则称 φ 为代数 A 到代数 B 的入射同态对应或简称入射对应, 并称 A 同构嵌入于 B.

易见, 若已知 $A\sim B$, 则若 A 是结合 (Lie, Jordan, 交换, 有限) 代数, B 也必是. 反过来一般是不对的, 即若已知 B 是结合的, A 当然不一定是结合的.

与代数的同态对应密切有关的是代数的理想概念, 这是和群的正规子群与环的理想相平行的概念.

定义 1.1.4 设 φ 是代数 A 到代数 B 的一个同态对应, 称 A 的子集 $K=\{x\in A|x\varphi=0\}$ 为同态 φ 的核.

定义 1.1.5 说 $K\subseteq A$ 是代数 A 的理想, 如果

(i) K 是 A 的子代数;

(ii) $KA\subseteq K, AK\subseteq K$①.

和环的情况完全类似地可以证明, 域 F 上代数 A 的同态对应的核是 A 的理想. 反过来, 对于 F 上代数 A 的任意理想 I 可引进集 A 的一个等价关系 $\sim$: $a,b\in A, a\sim b$ 当且仅当 $a-b\in I$. 用 $\overline{a}$ 表示 a 所在的 $\sim$ 等价类, 而用 $\overline{A}$ 表示一切 $\overline{a}, a\in A$, 的集. 在 $\overline{A}$ 中引入下列运算: $\alpha\overline{a}=\overline{\alpha a}$, $\overline{a}+\overline{b}=\overline{a+b}, \overline{a}\cdot\overline{b}=\overline{ab}, \alpha\in F,\overline{a},\overline{b}\in\overline{A}$. 利用理想 I 的性质不难验证上述定义是合理的, 即 $\alpha,\overline{a},\overline{b}$ 的运算结果 $\overline{a+b},\overline{ab},\overline{\alpha a}$ 与代表 a,b 之选择无关. 与我们熟悉的商空间和商环的情况一样, 可验证 $\overline{A}$ 作成 F

① KA 表示一切形如 $x\alpha, x\in K,\alpha\in A$ 的元素的有限和.

上的一个代数. 这样得到的代数 $\overline{A}$, 将称之为 代数A关于理想I的商代数 或简称为 A的商代数. 令

$$\varphi : A \to \overline{A},$$
$$a \mapsto \overline{a}^{①},$$

则不难证明 φ 是代数到其商代数 $\overline{A}$ 上的满同态对应, φ 的核恰是定义等价关系 $\sim$ 时用的那个理想 I. 和环的情形一样, 把这样定义的 φ 称为代数 A 到其商代数 $\overline{A}$ 上的 自然同态对应. 为了指明理想 I, 常将 $\overline{A}$ 记作 $A/I, \overline{a} = a + I$.

与群或环的同态基本定理完全平行的有下述关于代数的同态基本定理, 同构定理, 略去其证明.

定理 1.1.1 设 A 是域 F 上的代数, 则

(i) A 的商代数 $\overline{A}$ 是 A 的同态象, 即有 $A \sim \overline{A}$;

(ii) A 的任意同态象 B, 即若 $A \sim B$, 则代数 B 必和 A 的一个商代数同构.

定理 1.1.2 设 φ 是代数 A 到代数 A' 上的满同态对应, φ 的核是 I, 设 $B \supseteq I$ 是 A 的理想, 则 $B\varphi^{②} = B'$ 是 A' 的理想且 $A/B \simeq A'/B'$, 其间的同构对应可取作 $a + B \mapsto a\varphi + B'$, 并称之为 A/B 与 A'/B' 间的自然同构对应.

定理 1.1.3 设 A 是代数, B 是 A 的子代数而 I 是 A 的理想, 则

(i) $B \bigcap I$ 是 B 的理想;

(ii) $(B + I)/I \simeq B/(B \bigcap I)$, 其间的同构对应可取作 $b + I \mapsto b + (B \bigcap I)$.

这些定理的证明可仿照关于群和环的平行定理的证法去证明.

最后给出下面的定义:

定义 1.1.6 代数 A 的子代数 B, 若满足条件 $AB \subseteq B(BA \subseteq B)$, 就称之为代数 A 的左 (右) 理想.

1.2 有限结合代数的例子

以下将只讨论有限结合代数, 如无特别声明, "代数" 将永远指有限结合代数. 在讨论任意代数之前, 先看一批具体代数的例子.

代数与环的差别在于环的加法群只是一个 Abel 群, 而代数的加法群是域 F 上的向量空间, 这样, 代数就比环有一个结构简单得多的加法群. 在选定向量空间 A 的一个基: $a_i, i = 1, \cdots, n$ 后, A 中任意元素 a 都可唯一地表示成

---

① 指 φ 是集 A 到 $\overline{A}$ 的对应, 而具体对应法则是 $a \mapsto \overline{a}, a \in A$.

② 指 B 在 φ 下的象, 即 $B\varphi = \{x \in A' | x = b\varphi, b \in B\}$.

$$a=\sum_{i=1}^{n}\alpha_i a_i,\quad \alpha_i\in F.$$

若 $b\in A$ 而 $b=\sum\beta_i a_i$, 则

$$ab=\sum_{i,j}\alpha_i\beta_j(a_ia_j).$$

这样, 基元 a_i 之间的乘法表就完全确定了整个代数 A 的乘法运算了. 易见 A 是结合代数, 当且仅当基元之间的乘法满足结合律, 即

$$(a_ia_j)a_k=a_i(a_ja_k),\quad \forall i,j,k.$$

因此, 要给出域 F 上 n 维结合代数 A, 只要给定 F 和维数 n, 再给定 A 的某个基的基元间满足结合律的乘法表就行了.

例 1.2.1 取 $F=A$ 为全体实数, 对通常数的加法和乘法, A 是实数域 F 上的一维结合代数. 易见这个代数是可除代数, 即有 $1\in A$, 使 $1a=a1=a,\forall a\in A$, 且对任意 $0\neq a\in A$, $\exists$ 唯一的 $b\in A$, 使得 $ab=ba=1$. 或简言之, 说一个代数 A 是可除代数, 指 $\{A\backslash 0,\cdot\}$ 是一个群.

例 1.2.2 取 F 为实数域而 C 为复数域, 对通常数的加法和乘法, C 是 F 上二维结合代数. 易见它也是可除代数.

例 1.2.3 取 F 为实数域, Q 为 F 上四维空间以 $1,i,j,k$ 为基, 定义基元间的乘法表如下:

$\cdot$	1	i	j	k
1	1	i	j	k
i	i	-1	k	$-j$
j	j	$-k$	-1	i
k	k	j	$-i$	-1

直接检验可知, 基元之间的乘法有结合律, 因而 Q 是结合代数. 1 是 Q 的单位元. Q 中元称为 四元数.

附注 Q 中单位元 1 和域 F 中的单位元 1 是两个不同元素, 然而用同样的符号将不致引起混乱.

Q 还是可除代数, 这可由下述方法证得: Q 的任意元 a 可唯一地表成

$$a=\alpha_1\cdot 1+\alpha_2\cdot i+\alpha_3\cdot j+\alpha_4\cdot k,\quad \alpha_1,\cdots,\alpha_4\in F,$$

规定

$$\bar{a}=\alpha_1\cdot 1-\alpha_2\cdot i-\alpha_3\cdot j-\alpha_4\cdot k,$$

称之为 a 的共轭元. 直接计算可得与复数类似的结果: $a\cdot\overline{a}=\overline{a}\cdot a=(\alpha_1^2+\alpha_2^2+\alpha_3^2+\alpha_4^2)\cdot 1$. 将系数 $\alpha_1^2+\alpha_2^2+\alpha_3^2+\alpha_4^2$ 记作 $|a|$, 称之为四元数 a 之模. 若 $a\neq 0$, 则 $|a|\neq 0$, 此时有

$$a\cdot(|a|^{-1}\overline{a})=(|a|^{-1}\overline{a})\cdot a=1,$$

即 Q 的每一非零元都有逆元, 即 Q 是可除代数.

有趣的是, 上面 3 个例子给出实数域上所有可能的有限可除结合代数, 这就是著名的 Frobenius 定理 (参看 3.6 节).

定义 1.2.1 称代数 A 为单代数, 如果除其本身和 0 以外 A 没有别的理想, 并且 $A^2\neq 0$.

由于 A^2 是 A 的理想, 如果 A 没有真理想 (即异于 A 本身和 0 的理想), 则必有 $A^2=0$ 或 $A^2=A$. 因而单代数的定义中要求 $A^2\neq 0$ 的这一条件, 只是把一维零乘代数 ($A^2=0$ 的代数 A, 称为零乘代数) 这一简单情况排除在外.

易见, 可除代数是单代数. 单代数不一定是可除代数可由下例看出.

例 1.2.4 设 F 是任意域, n 为任意正整数, 令 F_n 为 F 上 $n\times n$ 矩阵的全体, 则对通常的矩阵运算, F_n 是 F 上 n^2 维结合代数. 令 e_{ij} 为第 i 行第 j 列交叉处为 1, 其余位置全是 0 的矩阵, 并将称之为矩阵单位, 则 $e_{ij}, i,j=1,\cdots,n$ 组成 F_n 的一个基, 其乘法表为

$$e_{ij}\cdot e_{lm}=\delta_{jl}e_{im},\quad i,j,l,m=1,\cdots,n,$$

其中, δ_{jl} 为 Kronecker 符号 (即当 $j=l$ 时, $\delta_{jl}=1$, 否则 $\delta_{jl}=0$).

F_n 是一个单代数. 欲证此, 只需证 $0\neq a\in F_n$, 则 a 所生成的理想 (a)(即包含 a 的所有理想之交) 必等于 F_n. 设 $a=\sum\alpha_{ij}e_{ij}$, $\alpha_{ij}\in F$. 因为 $a\neq 0,\alpha_{ij}$ 中必有一, 说是 $\alpha_{st}\neq 0$. 用 F_n 的元素右乘或左乘 a, 其结果当然仍属于理想 (a), 故

$$\alpha_{st}^{-1}(e_{ss}ae_{tt})=e_{st}\in(a),$$
$$e_{is}e_{st}e_{tj}=e_{ij}\in(a),\quad\forall i,j,$$

即全部基元 e_{ij} 都在 (a) 中, 故 $(a)=F_n$, 即证得 F_n 是单代数.

在第 2 章中将看到, F 上有限结合单代数可通过 F 上可除代数以及 F_n 完全刻画之.

例 1.2.5 设 A 为域 F 上的 n 维空间. 在 A 中引进零乘法, 即规定 A 中任意两个元素的乘积都是零. 这样 A 成为零乘代数, 这样的代数当然是结合代数.

例 1.2.6 设 F 为任意域, n 为任意大于 1 的正整数. 设 N 为 F 上所有上三角 $n\times n$ 矩阵的集, 即 N 为一切形如

$$a = \begin{pmatrix} 0 & & & * \\ & 0 & & \\ & & \ddots & \\ 0 & & & 0 \end{pmatrix}$$

的矩阵全体, 矩阵 a 的主对角线以上的三角地带可添写 F 中任意元素而其余位置都添零. 易见 N 是 F 上 $1+2+\cdots+(n-1)=n(n-1)/2$ 维结合代数. 直接计算可知, N 中任意 n 个元素之积必为零, 即有 $a_1a_2\cdots a_n=0$, $\forall a_i\in N$, 或 $N^n=0$. 称具有这样性质的代数为**幂零代数**. 这样, 代数 N 是幂零代数.

例 1.2.7　设 F 为任意域. G 为任意有限群, 其运算记作乘法, 其元素记作 $g_1,\cdots,g_n$. 以 G 的元素为基元可得 F 上的一个 n 维向量空间 $F[G]$, 其元素具有形状 $\sum\alpha_ig_i,\alpha_i\in F$. 把 $F[G]$ 的基元 g_i 间的乘法就规定为群 G 中的乘法, 这样 $F[G]$ 便成为 F 上的代数. 由于群 G 的乘法有结合律, 故 $F[G]$ 是结合代数, 称之为**群代数**. 群代数对群的表示论有重要意义.

关于例子暂时就给出这一些. 在这些例子中, 可除代数和零乘代数是两种极端类型. 单代数接近可除代数而较之宽, 幂零代数靠近零乘代数而较之广. 研究单代数与幂零代数这两类有鲜明特点的代数类, 并利用它们去刻画任意有限结合代数, 是今后讨论结合代数结构的主要途径之一.

下面给出两个简单的定理.

定义 1.2.2　说代数 A 的元素 a 是左零因子, 如果 $a\neq 0$ 且 $\exists 0\neq b\in A$, 使 $ab=0$. 类似地可定义右零因子. 左、右零因子统称为零因子.

定理 1.2.1　若 F 上有限代数 A 没有零因子, 则 A 必是可除代数.

证　任取 A 的一个基 $a_1,\cdots,a_n$. 若 $0\neq a\in A$, 则 $aa_1,\cdots,aa_n$ 在 F 上线性无关, 因若有不全是零的 F 中元 α_i, 使 $\sum\limits_i\alpha_i(aa_i)=0$, 因而

$$a\cdot\sum\alpha_ia_i=0,$$

即 a 是左零因子, 与假设矛盾. 这样 $aa_1,\cdots,aa_n$ 组成 A 的一个基, 因而对任意 $b\in A$, 必有

$$b=\beta_1(aa_1)+\cdots+\beta_n(aa_n)=a\cdot\sum\beta_ia_i,$$

故知 $ax=b$ 永远有解. 由于没有零因子, 易见方程 $ax=b$ 的解还是唯一的. 同理可证方程 $xa=b$ 也有唯一解. 这样 $\{A\backslash 0,\cdot\}$ 是群, 即 A 是可除代数. |①

① 符号“|”表示证明完毕.

定理 1.2.2　设 A 是 F 上有单位元 1 的代数, K 是 A 的子代数, $1\in K$ 且 K 是 F 的扩域, 则有

$$(A:K)(K:F)=(A:F),$$

其中, $(A:K)$ 表示 K 上向量空间 A 的维数, 其他同理.

证　设 $a_1,\cdots,a_s$ 是 K 上向量空间 A 的一个基, $k_1,\cdots,k_t$ 是 F 上向量空间 K 的一个基. 今证 $k_ia_j, i=1,\cdots,t, j=1,\cdots,s$ 是 F 上向量空间 A 的一个基. 首先证明它们在 F 上是线性无关的. 若有 $\alpha_{ij}\in F$ 使

$$\sum_{i,j}\alpha_{ij}k_ia_j=0,$$

则有

$$\sum_j\left(\sum_i\alpha_{ij}k_i\right)a_j=0.$$

由 $a_j, j=1,\cdots,s$, 在 K 上是无关的, 故有

$$\sum_i\alpha_{ij}k_i=0,\quad \forall j.$$

由 $k_i, i=1,\cdots,t$ 在 F 上是无关的, 故有

$$\alpha_{ij}=0,\quad \forall i,j,$$

即证得 k_ia_j 在 F 上是无关的. 其次证明 k_ia_j 是 F 上向量空间 A 的一组生成元. 对任意 $a\in A$, 有

$$a=\sum_i\beta_ja_j,\quad \beta_j\in K,$$

而

$$\beta_j=\sum_i\alpha_{ij}k_i,\quad \alpha_{ij}\in F.$$

所以

$$a=\sum_j\sum_i\alpha_{ij}k_ia_j.$$

至此证得 $k_ia_j(i=1,\cdots,t;j=1,\cdots,s)$ 是 A 在 F 上的一个基, 这样 $(A:F)=st=(A:K)\cdot(K:F)$. ▏

1.3　结合代数的表示

对于一个抽象给出的代数系统, 总是希望用具体的代数系统去表示它. 任意一个群可用一个集的变换组成的群来表示它, 也可用一些可逆矩阵的乘法群来表示

它, 任意一个环可用一个 Abel 群的自同态组成的环来表示它. 对比着环, 用类似方法可把任意一个结合代数用向量空间的线性变换或矩阵组成的代数来表示. 首先给出

定义 1.3.1 设 A 是域 F 上的有限结合代数, φ 是 F 上代数 A 到 F 上全矩阵代数 F_n(n 是某个正整数) 内的一个 (代数的) 同态对应, 称 φ 为代数 A 的一个表示, 称 n 为表示的阶数.

两个表示 $\boldsymbol{\varphi}_1, \boldsymbol{\varphi}_2$ 说是等价的, 如果它们的阶数相同, 并且存在一可逆矩阵 $\boldsymbol{S}$, 使 $a\boldsymbol{\varphi}_1 = \boldsymbol{S}(a\boldsymbol{\varphi}_2)\boldsymbol{S}^{-1}, \forall a \in A$.

易证, 等价是表示之间的一个等价关系.

设 φ 是代数 A 的一个表示, $a\boldsymbol{\varphi} = \boldsymbol{T}(a) \in F_n, a \in A$. 取 V 为 F 上一个向量空间, 取 $v_1, v_2, \cdots, v_n$ 为 V 的一个基. 这时 A 中元素 a 可通过表示 $\boldsymbol{\varphi}$ 以自然方式解释为空间 V 的一个线性变换, 即规定

$$
\begin{aligned}
xa &= \left[(\alpha_1, \cdots, \alpha_n) \begin{pmatrix} v_1 \\ \vdots \\ v_n \end{pmatrix} \right] a \\
&= (\alpha_1, \cdots, \alpha_n)\boldsymbol{T}(a) \begin{pmatrix} v_1 \\ \vdots \\ v_n \end{pmatrix}, \quad x \in V,
\end{aligned}
$$

注意到 φ 是代数 A 到代数 F_n 内的一个同态对应, 直接验证可得

$$(x+y)a = xa + ya, \quad (\alpha x)a = x(\alpha a) = \alpha(xa),$$

$$x(a+b) = xa + xb, \quad x(ab) = (xa)b.$$

例如, 来验证一下等式 $x(ab) = (xa)b$, 有

$$
\begin{aligned}
x(ab) &= (\alpha_1, \cdots, \alpha_n)\boldsymbol{T}(ab) \begin{pmatrix} v_1 \\ \vdots \\ v_n \end{pmatrix} \\
&= (\alpha_1, \cdots, \alpha_n)\boldsymbol{T}(a)\boldsymbol{T}(b) \begin{pmatrix} v_1 \\ \vdots \\ v_n \end{pmatrix},
\end{aligned}
$$

$$(xa)b = \left[(\alpha_1, \cdots, \alpha_n)T(a)\begin{pmatrix} v_1 \\ \vdots \\ v_n \end{pmatrix}\right] b$$

$$= (\alpha_1, \cdots, \alpha_n)T(a)T(b)\begin{pmatrix} v_1 \\ \vdots \\ v_n \end{pmatrix}.$$

故得该等式.

这样便该有下面的定义：

定义 1.3.2 设 A 是域 F 上有限结合代数, V 是域 F 上有限维向量空间. 如果还有一个运算 $V \times A$①$\to V$, 运算结果记作 $xa, x \in V, a \in A$, 称之为模运算, 且它满足下列条件：

(i) $(x+y)a = xa + ya$;

(ii) $x(a+b) = xa + xb$;

(iii) $x(ab) = (xa)b$;

(iv) $(\alpha x)a = x(\alpha a) = \alpha(xa)$.

$\forall \alpha \in F, x, y \in V, a, b \in A$. 称 V 是代数 A 的表示空间或代数 A 的代数模 (或右代数模, 为了突出代数 A 的元素从右侧作用到 V 上).

代数 A 的两个代数模 V, V' 说是同构的, 如果有 V 到 V' 上的一个一一对应 $\theta : x \to x'$, 使

$$(x_1 + x_2)' = x_1' + x_2',$$
$$(xa)' = x'a,$$
$$(\alpha x)' = \alpha x'.$$

相应地, 可定义代数模的同态、代数子模、商模等概念.

相应于定理 1.1.1~ 定理 1.1.3 的定理对于代数模也是成立的.

代数 A 的代数模与环 R 上的模的区别就在于前者的定义中增加了 (iv) 等式这一要求. 它们是很接近的概念, 所起的作用也是类似的.

上面的讨论说明代数 A 的一个表示可规定代数 A 的一个代数模. 互相等价的表示所对应的代数模也必是彼此同构的. 这是因为, 若 φ_1, φ_2 是代数 A 的两个互相等价的表示, 即 $a\boldsymbol{\varphi}_1 = \boldsymbol{S}(a\boldsymbol{\varphi}_2)\boldsymbol{S}^{-1}, \forall a \in A$, 其中, $\boldsymbol{S}$ 是 n 阶可逆矩阵, 则表示 $\boldsymbol{\varphi}_i$

① $V \times A$ 表示集 V 和集 A 的卡氏积.

所对应的代数模 V_i 之模运算的定义式为

$$\begin{pmatrix} v_{i1} \\ \vdots \\ v_{in} \end{pmatrix} a = (a\boldsymbol{\varphi}_i) \begin{pmatrix} v_{i1} \\ \vdots \\ v_{in} \end{pmatrix}, \quad i = 1, 2,$$

其中, $v_{i1}, \cdots, v_{in}$ 是向量空间 V_i 的基, $i = 1, 2$, 而 n 为表示 $\boldsymbol{\varphi}_1, \boldsymbol{\varphi}_2$ 相同的阶数, 关系式

$$\begin{pmatrix} v_{11} \\ \vdots \\ v_{1n} \end{pmatrix} \theta = S \begin{pmatrix} v_{21} \\ \vdots \\ v_{2n} \end{pmatrix}$$

所确定的向量空间 V_1 到向量空间 V_2 的同构对应, 不难验证也是代数模 V_1 到代数模 V_2 的同构对应, 即证得等价的表示对应的代数模是同构的.

反过来, 给定代数 A 的一个代数模 V. 任取 V 的一个 F- 基[①] $v_1, \cdots, v_n$, 则有, 对任意 $a \in A$,

$$v_i a = \sum \alpha_{ij} v_j, \quad \alpha_{ij} \in F$$

或

$$\begin{pmatrix} v_1 \\ \vdots \\ v_n \end{pmatrix} a = \boldsymbol{T}(a) \begin{pmatrix} v_1 \\ \vdots \\ v_n \end{pmatrix}, \quad \text{其中, } \boldsymbol{T}(a) = (\alpha_{ij}).$$

直接验证可知 $\varphi: a \mapsto \boldsymbol{T}(a)$ 是代数 A 到 F_n 内的一个同态对应, 即 φ 是代数 A 的一个表示. 取代数模 V 的不同 F- 基, 依上法将得到代数 A 的不同表示, 但是注意在不同的基下同一个线性变换所对应的矩阵彼此相似, 而这个相似变换是由此二基之间的转换矩阵来实现的, 可知这些表示都是彼此等价的.

这样讨论代数的表示与讨论代数的代数模就本质言就是完全一样的了. 形式上, 表示是把代数的元素和矩阵联系起来, 代数模则把它和向量空间的线性变换联系起来.

为了更进一步的说明这一点, 在这里再讨论两个概念.

定义 1.3.3　说代数 A 的一个表示 ψ 是可约的, 如果存在与 ψ 等价的一个表示 φ, 有性质

$$a\boldsymbol{\varphi} = \boldsymbol{T}(a) = \begin{pmatrix} \boldsymbol{T}_1(a) & \boldsymbol{S}(a) \\ 0 & \boldsymbol{T}_2(a) \end{pmatrix}, \quad \forall a \in A,$$

其中, $\boldsymbol{T}_i(a)$ 是 $n_i \times n_i$ 矩阵, $\boldsymbol{T}_i(a)$ 中有非零矩阵, $n_i > 0, i = 1, 2$, 而 0 表 $n_2 \times n_1$ 零矩阵, 否则就说表示 ψ 是不可约的或既约的.

① V 的 F- 基指域 F 上向量空间 V 的一个基.

定义 1.3.4 说代数 A 的一个代数模 V 是既约的, 如果 $VA \neq 0$ 且 V 没有异于本身和零的代数子模, 否则就说 V 是可约的. 非零的既约代数模叫做单代数模.

这时有下面的结果:

定理 1.3.1 代数 A 的表示 φ 是既约的当且仅当 φ 所对应的代数模是既约的.

此定理的证明留给读者, 它的证明也可由下面的讨论得到.

考察 F 上代数 A 的一个可约表示 φ, 不妨认定

$$a\boldsymbol{\varphi} = \boldsymbol{T}(a) = \begin{pmatrix} \boldsymbol{T}_1(a) & \boldsymbol{S}(a) \\ 0 & \boldsymbol{T}_2(a) \end{pmatrix}, \quad \forall a \in A, \tag{1.3.1}$$

其中, $\boldsymbol{T}_i(a)$ 是 $n_i \times n_i$ 矩阵而 $n_i > 0, i = 1, 2, n = n_1 + n_2$ 是表示 $\boldsymbol{\varphi}$ 的阶数. 直接验证可知 $\varphi_1 : a \to \boldsymbol{T}_1(a), \varphi_2 : a \to \boldsymbol{T}_2(a)$ 是代数 A 的两个阶数较 n 为低的表示, 即可约表示可导出阶数较低的一些表示.

为了用代数模的语言来说明上述现象, 作可约表示 φ 相应的代数模 $V : V$ 是以 $v_1, \cdots, v_n$ 为 F- 基的向量空间而模运算规定为

$$\begin{pmatrix} v_1 \\ \vdots \\ v_n \end{pmatrix} a = \boldsymbol{T}(a) \begin{pmatrix} v_1 \\ \vdots \\ v_n \end{pmatrix}.$$

注意到 $\boldsymbol{T}(a)$ 的形状 (1), 可以看到由 $v_{n_1+1}, \cdots, v_n$ 生成的 n_2 维子空间 V_2 恰是 V 的代数子模, 这是因为

$$\begin{pmatrix} v_{n_1+1} \\ \vdots \\ v_n \end{pmatrix} a = (0, \boldsymbol{T}_2(a)) \begin{pmatrix} v_1 \\ \vdots \\ v_n \end{pmatrix} = \boldsymbol{T}_2(a) \begin{pmatrix} v_{n_1+1} \\ \vdots \\ v_n \end{pmatrix}.$$

易见 V_2 就是与上面的表示 φ_2 相对应的代数模.

另一方面, 利用代数模 V 的一个代数子模 V_2, 按下面方法可得一个代数模: 取向量空间 V 关于子空间 V_2 的商空间 $\overline{V} = V/V_2$, 其元素为 $\overline{v} = v + V_2$. 规定模运算为

$$\overline{v}a = \overline{va}, \quad \forall \overline{v} \in \overline{V}, a \in A.$$

由于 V_2 是代数子模, 上面运算的定义与代表无关. 直接验证可知 $\overline{V}$ 对此模运算作成一个代数模, 称之为代数模 V 关于代数子模 V_2 的**代数商模**, 仍记作 V/V_2. 采用

代数商模 V/V_2 的 F- 基 $\overline{v}_1,\cdots,\overline{v}_{n_1}$, 则

$$\begin{pmatrix}\overline{v}_1\\ \vdots\\ \overline{v}_{n_1}\end{pmatrix}a=\begin{pmatrix}\overline{v_1a}\\ \vdots\\ \overline{v_{n_1}a}\end{pmatrix}=\boldsymbol{T}_1(a)\begin{pmatrix}\overline{v}_1\\ \vdots\\ \overline{v}_{n_1}\end{pmatrix},$$

即商模 V/V_2 就是与表示 φ_1 相应的代数模.

总之, 若可约表示 φ 相应的代数模是 V, 则可约表示 φ 所导出的表示 φ_2,φ_1 顺序相应于 V 的代数子模 V_2 与 V 的代数商模 V/V_2.

定义 1.3.5 F 上代数 A 的一个表示 φ 叫做忠实的, 如果 φ 是一个一一对应, 即如果 φ 是 F 上代数 A 到全矩阵代数 F_n 内的同构嵌入.

定义 1.3.6 代数 A 的代数模 V 称为是忠实的, 如果对任意 $a\in A$, 由 $Va=0$ 必有 $a=0$.

易见, 忠实代数模所决定的表示是忠实的, 而忠实表示所对应的代数模是忠实的.

关于代数的表示的一般概念暂时介绍到此. 下面来说明任意一个 F 上有限结合代数都有忠实表示.

代数 A 本身可以很自然地解释成为代数 A 的代数模: A 是 F 上向量空间, 而模运算就采用代数 A 的乘法 xa(由于定义的代数模都是右模, 故在 xa 中, 左侧的元素 x 应看成是代数模 A 中的元素, 而右侧的元素 a 应看成是代数 A 的元素). 直接验证可知这样确实得到一个代数模 A, 称之为代数 A 的正则代数模, 它所决定的表示 (在等价的意义下是唯一的) 称为代数 A 的正则表示.

首先设 A 是有单位元 1 的代数. 此时代数 A 的正则代数模是忠实的, 这是因为, 若 $Aa=0$, 必有 $1\cdot a=0$ 即 $a=0$. 这样 A 的正则表示即是 A 的忠实表示, 亦即有单位元的 n 维代数 A 可看成是 F_n 的一个子代数.

其次设 A 是 F 上 n 维代数, 没有单位元. 此时可先将代数 A 同构嵌入有单位元的 $n+1$ 维结合代数中去. 为此考虑由形式元素对组成的集合

$$A'=\{(a,\alpha)|a\in A,\alpha\in F\}.$$

利用 A 中的运算, 可如下定义 A' 中的运算:

$$(a,\alpha)+(b,\beta)=(a+b,\alpha+\beta),$$
$$r(a,\alpha)=(ra,r\alpha),$$
$$(a,\alpha)\cdot(b,\beta)=(ab+\alpha b+\beta a,\alpha\beta).$$

直接验证可知 A' 是 F 上结合代数, 其维数为 $n+1$ 且 (0, 1) 是 A' 的单位元. 对应 $a\to(a,0)$ 是代数 A 到代数 A' 内的同构嵌入. 如果将 a 和 $(a,0)$ 等同起来可认

为 A 是 A' 的子代数. 由上面的讨论 A' 可看成 F_{n+1} 的子代数, 这样 A 也就可以看作 F_{n+1} 的子代数了. 这也就是说, 代数 A 有一个忠实表示, 其阶数为 $n+1$.

总之, 一切有限结合代数都可看成是全矩阵代数的子代数, 这一点有时对我们是有帮助的. 这和一个群可以看成对称群的子群, 一个环可以看成一个 Abel 群的自同态环的子环是完全平行的. 然而全矩阵代数的子代数是很复杂的, 因而这个结果对我们的帮助是很有限的.

最后, 证明两个定理.

设 A 是有单位元的 F 上代数. 可以用下面的方式来讨论 A 的正则表示. 设 $a \in A$, 则元素 a 可确定向量空间 A 的两个线性变换

$$\begin{array}{ll} R_a: & x \mapsto xa, \\ L_a: & x \mapsto ax, \end{array} \quad x \in A.$$

由于 A 有单位元 1 而 $1R_a = a, 1L_a = a$, 故当 $a \neq b$ 时, $R_a \neq R_b$, $L_a \neq L_b$. 用 $A_R(A_L)$ 表示一切 $R_a(L_a), a \in A$ 的集合，则对线性变换的运算言, 它们都作成 F 上代数. 此时, 对应 $\varphi: a \mapsto R_a$ 是代数 A 到代数 A_R 上的同构对应, 而对应 $\psi: a \mapsto L_a$ 是代数 A 到代数 A_L 上的反同构对应, 即 ψ 是一一对应且有性质

(i) $(a+b)\psi = a\psi + b\psi$;

(ii) $(\alpha a)\psi = \alpha(a\psi)$;

(iii) $(ab)\psi = (b\psi)(a\psi)$,

这是因为 $xL_{ab} = (ab)x = a(bx) = a(xL_b) = (xL_b)L_a = xL_bL_a$.

φ 实际上就是 A 的正则表示, 而 ψ 则可称之为代数A的反表示(即在表示的定义中用上面的 (iii) 代替保持乘法运算的要求). 如果代数 (右) 模是相应于代数的表示, 则读者不难去定义代数左模以相应于代数的反表示.

将上面结果写成定理形式便是

定理 1.3.2　设 A 是有单位元的代数, 则代数 A 同构于代数 A_R, 而反同构于代数 A_L.

作为正则表示的一个简单应用, 给出如下定理:

定理 1.3.3　设 A 是有单位元 1 的有限代数, 若 $ab=1$, 则必有 $ba=1$, 因而 a, b 互为逆元.

证　不妨把 A 看成 F_n 的子代数, 而 1 是单位矩阵, $\boldsymbol{a}, \boldsymbol{b}$ 是 F 上的矩阵. 这样, $\boldsymbol{a}$ 的行列式不为 0, 因而是可逆矩阵, 由逆矩阵的唯一性得 $\boldsymbol{ba} = 1$. |

1.4 直　和

在 1.2 节中, 利用乘法表可以构造一些有限结合代数. 利用已知的一些代数通

过一定的方法去构造新的代数, 是一种更重要的获得新代数的途径. 本节和 1.5 节介绍这类方法中最常用的两个. 本节介绍作直和的方法. 代数的直和与群的直积是相平行的概念.

设 A_1, A_2 是域 F 上两个有限结合代数. 考虑下面的集合:

$$A=\{(a_1,a_2)|a_1\in A_1, a_2\in A_2\},$$

规定 $(a_1,a_2)=(b_1,b_2)$ 当且仅当 $a_1=b_1, a_2=b_2$. 利用代数 A_1, A_2 的运算, 照下面方法来引入 A 的运算:

$$\begin{aligned}\alpha(a_1,a_2)&=(\alpha a_1,\alpha a_2),\quad \alpha\in F,\\(a_1,a_2)+(b_1,b_2)&=(a_1+b_1,a_2+b_2),\\(a_1,a_2)\cdot(b_1,b_2)&=(a_1b_1,a_2b_2),\end{aligned}\tag{1.4.1}$$

在上面定义中可以看到, 如果把 A 中的元素 (a_1,a_2) 看成向量的话, 那么 A 中的运算被定义为按分量去进行运算. 当然第一分量要按 A_1 中的运算去进行而对第二分量要按 A_2 的去进行. 这样容易验证, 当 A_1, A_2 是结合代数时, A 也是; 若 $u_i, i=1,\cdots,n, v_j, j=1,\cdots,m$ 顺序为 A_1, A_2 的 F- 基时 $(u_i,0), i=1,\cdots,n,(0,v_j)$, $j=1,\cdots,m$ 合在一起组成 A 的 F- 基, 因而代数 A 的维数恰为代数 A_1, A_2 的维数之和.

这样, 由已知代数 A_1, A_2 出发, 依上法可得一新的代数 A, 称之为代数 A_1, A_2 的直和.

为了更进一步看清直和 A 和 A_1, A_2 之间的联系, 考虑 A 中的两个子集

$$A_1'=\{(a,0)|a\in A_1\},\quad A_2'=\{(0,b)|b\in A_2\}.$$

由 (1.4.1) 易见 A_1', A_2' 是代数 A 的理想. 另一方面, 令

$$\begin{aligned}\varphi_1: a\to(a,0),\quad a\in A_1,\\\varphi_2: b\to(0,b),\quad b\in A_2,\end{aligned}$$

易见 φ_i 是 A_i 到 A_i' 上的同构对应, $i=1,2$. 如果把 a 和 $(a,0)$ 等同起来, b 和 $(0,b)$ 等同起来, 因而 A_i' 和 $A_i, i=1,2$ 等同起来, 这样 A, A_1, A_2 之间的关系就是

(i) A_1, A_2 是 A 的理想;

(ii) $A_1\bigcap A_2=\{0\}$;

(iii) $A=A_1+A_2$,

即向量空间 A 是其子空间 A_1, A_2 之和.

上面这个讨论, 使我们得到直和这一概念的另一种说法, 即若代数 A 包含有两个理想 A_1, A_2, 它们之间有上述 (i), (ii), (iii)3 个条件, 此时就说 A 是其理想 A_1, A_2

的直和. 为了区别起见, 有时将它称为内直和. 而前面由已知代数 A_1, A_2 出发硬造出的代数 A 为 A_1, A_2 的外直和.

外直和、内直和都可推广到有限个代数 A_i 的情况, 这就是

定义 1.4.1(外直和)　设 $A_i, i=1,\cdots,n$ 为 F 上有限结合代数. 令 $A=\{(a_1,\cdots,a_n)|a_i\in A_i, i=1,\cdots,n\}$. 规定 $(a_1,\cdots,a_n)=(b_1,\cdots,b_n)$ 当且仅当 $a_i=b_i, i=1,\cdots,n$. 定义运算如下:

$$\alpha(a_1,\cdots,a_n)=(\alpha a_1,\cdots,\alpha a_n),\quad \alpha\in F,$$
$$(a_1,\cdots,a_n)+(b_1,\cdots,b_n)=(a_1+b_1,\cdots,a_n+b_n),$$
$$(a_1,\cdots,a_n)\cdot(b_1,\cdots,b_n)=(a_1b_1,\cdots,a_nb_n),$$

则 A 成为 F 上的有限结合代数, 其维数

$$(A:F)=\sum_{i=1}^{n}(A_i:F).$$

称代数 A 为 $A_i, i=1,\cdots,n$ 的外直和.

定义 1.4.2(内直和)　设 A 是一个有限结合代数, $A_i, i=1,\cdots,n$ 是 A 的子代数. 若

(i) A_i 是代数 A 的理想, $i=1,\cdots,n$;

(ii) $A=\sum_{i=1}^{n}A_i$(子空间 $A_i, i=1,\cdots,n$ 的和);

(iii) $A_i\bigcap\sum_{j\neq i}A_j=\{0\}, \forall i$

((ii), (iii) 说明向量空间 A 是子空间 $A_i, i=1,\cdots,n$ 的直和), 则称 A 为其子代数 $A_i, i=1,\cdots,n$ 的内直和.

无论 A 是哪一种直和, 都把 A 记作 $A=\sum_i\bigoplus A_i=A_1\bigoplus A_2\bigoplus\cdots\bigoplus A_n$. 这不会引起混乱, 因为如上述那样作适当的解释, 这两个直和的意义是可以统一起来的, 也就是说它们之间是同构的.

定义 1.4.3　设代数 A 有一子代数 A_1. 若存在一子代数 A_2 使 $A=A_1\bigoplus A_2$, 则称 A_1 为 A 的直和项.

易见 A 的直和项必是 A 的理想, 但 A 的理想不一定是 A 的直和项. 1.3 节末谈到了把任意一个代数 A 同构嵌入到有单位元的代数 A' 中, 易见 A 是 A' 的理想, 但不是 A' 的直和项.

下面的定理讨论直和的初步性质.

定理 1.4.1　F 上有限结合代数 A 中有 n 个理想 $A_i, i=1,\cdots,n$, 则下面诸条件是等价的:

(1) $A=\sum_{i=1}^{n}\bigoplus A_i$;

(2) $A=\sum_{i=1}^{n}A_i$ 且 $(A:F)=\sum_{i=1}^{n}(A_i:F)$;

(3) A 的元素可唯一地表成 A_i 中元素的和, 即若 $a\in A$ 必有 $a=\sum_{i=1}^{n}a_i, a_i\in A_i$ 且若还有 $a=\sum a_i', a_i'\in A_i$, 则必有 $a_i=a_i', i=1,\cdots,n$;

(4) 存在向量空间 A 到子空间 A_i 上的同态对应 φ_i, 满足 $\varphi_i\varphi_j=\delta_{ij}\varphi_j, \delta_{ij}$ 是 Kronecker 符号且 $\sum_i\varphi_i=1$, 其中, 1 指 A 的恒等自同构.

证　由于 A_i 都是理想, 故 (1) 成立当且仅当向量空间 A 是子空间 A_i 的直和, 而 (2), (3), (4) 刚好是保证这一点的必要且充分条件. |

定理 1.4.2　设 A_1 是代数 A 的直和项, 则代数 A_1 的理想 B 也是 A 的理想.

证　因为 A_1 是直和项, 故有 $A=A_1\bigoplus A_2$. 由 $A_1A_2\subseteq A_1\bigcap A_2=\{0\}, A_2A_1\subseteq A_1\bigcap A_2=\{0\}$, 故 $A_1A_2=A_2A_1=\{0\}$. 因而有 $BA\subseteq BA_1\subseteq B$. 同理 $AB\subseteq A_1B\subset B$, 故知 B 是代数 A 的理想. |

作为定理 1.4.1 和定理 1.4.2 的推论, 有

定理 1.4.3　(1) 若 $A=\sum_{i=1}^{n}\bigoplus A_i$ 而 π 是 $1,\cdots,n$ 的一个置换, 则有 $A=\sum_{i=1}^{n}\bigoplus A_{\pi(i)}$;

(2) 若 $A=\sum_{i=1}^{n}\bigoplus A_i$ 而 $A_i=\sum_{i=1}^{j_i}\bigoplus A_{ij}$, 则

$$A=\sum_{i=1}^{n}\sum_{j=1}^{j_i}\bigoplus A_{ij}.\quad |$$

现在来看一些例子:

例 1.4.1　零乘代数 A_1, A_2 的直和 $A=A_1\bigoplus A_2$ 仍为零乘代数.

例 1.4.2　幂零代数 A_1, A_2 的直和 $A=A_1\bigoplus A_2$ 仍为幂零代数, A 的幂零指数等于 A_1, A_2 的幂零指数中的最大者.

例 1.4.3　单代数 $A_i, i=1,\cdots,n$ 的直和 $A=\sum\bigoplus A_i$. 代数 A 已不是单代数了, 因为 A_i 或者它们中若干个的和都是 A 的理想. 还知道 A 的每一个理想都是某些 A_i 的直和, 这样 A 共有 2^n 个不同的理想.

为了说明这一点, 设 $0\neq B$ 是 A 的理想. 考虑足码集 $I=\{i|\exists b\in B, b=\sum_i a_j$, 其中, $a_i\neq 0\}$. 对任意 $i\in I$, 有 $b\in B$ 而 $b=\sum_j a_j, a_i\neq 0$, 注意到 $A_iA_j=\delta_{ij}A_j, \delta_{ij}$

是 Kronecker 符号而单代数 A_i 内没有绝对零因子 (即从右侧或左侧零化整个代数的非零元素), 可得 $B \supseteq bA_i = \left(\sum a_j\right) A_i = a_i A_i \neq 0$, 因而 $B \bigcap A_i \neq 0$. 但 $B \bigcap A_i$ 是 A_i 的理想, 由 A_i 的单性得 $B \bigcap A_i = A_i$, 即得对任意 $i \in I$, 有 $A_i \subseteq B$, 因而 $\sum\limits_{i\in I} A_i \subseteq B$. 另一方面显然有 $B \subseteq \sum\limits_{i\in I} A_i$, 故得 $B = \sum\limits_{i\in I} A_i$, 即证得 A 的每一理想都是某些 A_i 之和.

取 I' 为 I 在集 $\{1, \cdots, n\}$ 中的补集, 则显然有

$$A = \left(\sum_{i\in I} A_i\right) \bigoplus \left(\sum_{i\in I'} A_i\right),$$

即知 A 的任意一个理想都是 A 的直和项. 这样顺便还证明下面定理的一半, 定理的另一半留作练习.

定理 1.4.4　设 A 是有限结合代数. A 是单代数的直和当且仅当 A 没有绝对零因子 ($Aa = 0$ 或 $aA = 0$ 仅当 $a = 0$ 时成立) 且 A 的任一个理想都是直和项.

例 1.4.3 中的代数类是和单代数很接近的代数类. 这是一个重要的代数类. 为此引入

定义 1.4.4　称有限个有限单代数的直和为半单代数. 此外, 为了方便约定单代数也是半单代数.

在本节最后, 想指出对其他常见的代数系统 (如环、模、非结合代数、拟环 (near ring) 等) 也都有直和的概念. 作为例子, 也由于以后要用，在这里给出 F 上代数 A 的左代数模 (简记作左 A- 模) 的直和定义.

定义 1.4.5(内直和)　左 A- 模 U 说是其 A- 子模 M_1, M_2 的内直和, 如果

(i) $U = M_1 + M_2$;

(ii) $M_1 \bigcap M_2 = \{0\}$.

这也就是说, 把 U 看成 F 上向量空间时, 是 M_1, M_2(看成是子空间) 的直和.

定义 1.4.5′(外直和)　M_1, M_2 是两个左 A- 模, 则

$$U = \{(m_1, m_2), m_1 \in M_1, m_2 \in M_2\}$$

关于下面规定的运算是一个左 A- 模:

(i) $(m_1, m_2) = (m_1', m_2') \Longleftrightarrow m_1 = m_1', m_2 = m_2'$;

(ii) $(m_1, m_2) + (n_1, n_2) = (m_1 + n_1, m_2 + n_2)$;

(iii) $\alpha(m_1, m_2) = (\alpha m_1, \alpha m_2), \alpha \in F$;

(iv) $a(m_1, m_2) = (am_1, am_2), a \in A$,

称之为左 A- 模 M_1, M_2 的外直和.

与代数的情形完全类似地可得, 外直和是可解释成为内直和的, 因而它们是可以统一起来的. 故两种情况都称作直和并记作 $M_1 \bigoplus M_2$.

定义 1.4.6　说左 A- 模 U 的 A- 子模 M 是 U 的直和项, 如果存在 A- 子模 N 使 $U = M \bigoplus N$.

定义 1.4.7　说非零左 A- 模 U 是弱单 A- 模, 如果 U 除本身和 $\{0\}$ 外没有其他的 A- 子模. 若弱单 A- 模 U 还满足 $AU \neq 0$, 则称之为既约 A- 模或单 A- 模.

类似地, 可以证明与定理 1.4.4 完全平行的定理.

定理 1.4.5　设 U 是 A- 模且知 U 是 F 上有限空间. U 是弱单 A- 模的直和当且仅当 U 的任一个 A- 子模都是直和项. |

这里顺便提一下, 定理 1.4.4 和定理 1.4.5 中"有限"的条件是可以去掉的, 当然相应地应引入无限多个代数或模的直和的概念.

1.5　张量积 (或 Kronecker 积)

1.4 节讨论了直和 —— 即把一个代数分解成两个代数的有特殊性质的和. 在这一节中, 利用乘法考虑类似的构造方法, 即把一个代数分解成两个代数的积. 在代数 A 中加法和乘法是不匀称的. 例如, 加法是可换的且永远有恒等元, 而乘法则是不可换的且不一定有单位元, 因而讨论起"乘积"来自然有些麻烦.

与直和类似, 也有内、外定义的问题, 这次从内定义开始.

设 A 是域 F 上的代数, B, C 是它的子代数, 并且知道 $bc = cb, \forall b \in B, \forall c \in C$, 此时易见

$$BC = \left\{ \sum b_i c_i (\text{有限和}) | b_i \in B, c_i \in C \right\}$$

是 A 的一个子代数, 称之为子代数 B, C 之积. 有兴趣的是下面这个有特殊性质的积的概念.

定义 1.5.1(内张量积的定义)　设 A 是域 F 上代数, A', B, C 是 A 的子代数, 若

(i) $bc = cb, \forall b \in B, \forall c \in C$;

(ii) $A' = BC$;

(iii) $(A' : F) = (B : F) \cdot (C : F)$,

其中, $(A' : F)$ 表 F 上代数 A' 的维数, 就说 F 上代数 A' 是代数 B, C 的内张量积 (或直积或 Kronecker 积), 记作 $A' = B \bigotimes C$. 特别当 $A = A'$ 时, 说代数 A 分解为其子代数 B, C 的内张量积.

注意, (iii) 中涉及域 F, 这样张量积的概念是和基础域 F 密切相关的. 这一点虽然表面上看和直和是相同的, 但在应用中, 张量积有时在不同的基础域上进行, 而对直和则很少这样做.

由张量积的内定义, 不难根据子代数 B,C 的乘法得到代数 $B\bigotimes C$ 的乘法表. 设 B,C 的 F- 基顺序为 $b_1,\cdots,b_s;c_1,\cdots,c_t$, 而乘法表为

$$b_ib_j=\sum_n \beta_{ij}^n b_n, \tag{1.5.1}$$

$$c_hc_k=\sum_m \gamma_{hk}^m c_m, \tag{1.5.2}$$

则 $b_ic_h, i=1,\cdots,s,h=1,\cdots,t$ 是 $B\bigotimes C$ 的 F- 基, 而它关于此基的乘法表为

$$(b_ic_h)(b_jc_k)=\sum_{n,m}\beta_{ij}^n\gamma_{hk}^m(b_nc_m). \tag{1.5.3}$$

这样, 上面关于张量积的内定义就启示我们, 从两个给定的 F 上代数 B,C 出发, 如何构造出新的代数来, 即导出张量积的外定义.

定义 1.5.2 设给定 F 上结合代数 B,C. $b_1,\cdots,b_s$ 是 B 的 F 基而 (1.5.1) 是相应于此基的乘法表, $c_1,\cdots,c_t$ 是 C 的 F 基而 (1.5.2) 是相应的乘法表. 以符号 b_ic_h(看成不可分割的整体), $i=1,\cdots,s$, $h=1,\cdots,t$ 为基, 作一个 F 上向量空间 A, 取 (1.5.3) 作乘法表, 则 A 成为 st 维的 F 上代数, 叫做代数 B,C 的外张量积.

B,C 是结合代数, 易知 A 的基元素的乘法 (1.5.3) 满足结合律, 从而 A 是结合代数. 事实上,

$$\begin{aligned}
[(b_ic_h)(b_jc_k)](b_pc_q)&=\sum_{n,m}\beta_{ij}^n\gamma_{hk}^m(b_nc_m)(b_pc_q)\\
&=\sum_{n,m}\beta_{ij}^n\gamma_{hk}^m\left(\sum_{u,v}\beta_{np}^u\gamma_{mq}^v b_uc_v\right)\\
&=\sum_{n,m,u,v}\beta_{ij}^n\beta_{np}^u\gamma_{hk}^m\gamma_{mq}^v(b_uc_v),\\
(b_ic_h)[(b_jc_k)(b_pc_q)]&=\sum_{n,m}\beta_{jp}^n\gamma_{kq}^m(b_ic_h)(b_nc_m)\\
&=\sum_{n,m}\beta_{jp}^n\gamma_{kq}^m\left(\sum_{u,v}\beta_{in}^u\gamma_{hm}^v b_uc_v\right)\\
&=\sum_{n,m,u,v}\beta_{jp}^n\beta_{in}^u\gamma_{kq}^m\gamma_{hm}^v(b_uc_v).
\end{aligned}$$

但

$$(b_ib_j)b_p=\sum_n\beta_{ij}^nb_nb_p=\sum_{n,u}\beta_{ij}^n\beta_{np}^ub_u,$$

$$b_i(b_jb_p)=\sum_n\beta_{jp}^nb_ib_n=\sum_{n,u}\beta_{jp}^n\beta_{in}^ub_u.$$

而

$$(b_ib_j)b_p = b_i(b_jb_p),$$

所以

$$\sum_n \beta_{ij}^n \beta_{np}^u = \sum_n \beta_{jp}^n \beta_{in}^u, \quad \forall u.$$

同理,

$$\sum_m \gamma_{hk}^m \gamma_{mq}^v = \sum_m \gamma_{kq}^m \gamma_{hm}^v, \quad \forall v,$$

故有

$$\sum_{n,m} \beta_{ij}^n \beta_{np}^u \gamma_{hk}^m \gamma_{mq}^v = \sum_{n,m} \beta_{jp}^n \beta_{ih}^u \gamma_{kq}^m \gamma_{hm}^v, \quad \forall u, v.$$

在定义 B, C 的外张量积时, 选用了 B, C 的基, 自然发生问题: B, C 的外张量积和 B, C 的基的选择有关吗? 有下面的定理, 它说明外张量积的定义是合理的.

定理 1.5.1 代数 B, C 的外张量积由 B, C 唯一确定, 与基底选择无关.

证 设 $b_1, \cdots, b_s$ 与 $b_1', \cdots, b_s'$ 是 B 的两组基, $\boldsymbol{X}$ 是其过渡矩阵, 则

$$\begin{pmatrix} b_1' \\ b_2' \\ \vdots \\ b_s' \end{pmatrix} = \boldsymbol{X} \begin{pmatrix} b_1 \\ b_2 \\ \vdots \\ b_s \end{pmatrix}, \quad \boldsymbol{X} = (x_{ij}).$$

反之

$$\begin{pmatrix} b_1 \\ b_2 \\ \vdots \\ b_s \end{pmatrix} = \boldsymbol{X}^{-1} \begin{pmatrix} b_1' \\ b_2' \\ \vdots \\ b_s' \end{pmatrix}, \quad \boldsymbol{X}^{-1} = (x_{ij}'),$$

其中,

$$\sum_k x_{ik} x_{kj}' = \begin{cases} 0, & i \neq j, \\ 1, & i = j. \end{cases}$$

两组基的乘法表分别是

$$b_ib_j = \sum_n \beta_{ij}^n b_n,$$

$$\begin{aligned} b_i'b_j' &= \left(\sum_l x_{il} b_l\right)\left(\sum_f x_{jf} b_f\right) = \sum_{l,f} x_{il} x_{jf} b_l b_f \\ &= \sum_{l,f,n} x_{il} x_{jf} \beta_{lf}^n b_n = \sum_u \left(\sum_{l,f,n} x_{il} x_{jf} \beta_{lf}^n x_{nu}'\right) b_u'. \end{aligned}$$

同理, 设 $c_1,\cdots,c_t,c'_1,\cdots,c'_t$ 是 C 的两组基, $\boldsymbol{Y}=(y_{hk})$ 是过渡矩阵, 而 $\boldsymbol{Y}^{-1}=(y'_{hk})$, 乘法表为

$$c_hc_k=\sum_m\gamma_{hk}^mc_m,$$

$$c'_hc'_k=\sum_v\left(\sum_{p,q,m}y_{hp}y_{kq}\gamma_{pq}^my'_{mv}\right)c'_v.$$

以 b_ic_h 为基如定义 1.5.1 所述作代数 B,C 的外张量积 A, 以 $b'_ic'_h$ 为基作成 A', 乘法表分别是

$$(b_ic_h)(b_jc_k)=\sum_{n,m}\beta_{ij}^n\gamma_{hk}^m(b_nc_m),$$

$$(b'_ic'_h)(b'_jc'_k)=\sum_{l,f,n,u,p,q,m,v}x_{il}x_{jf}\beta_{lf}^nx'_{nu}y_{hp}y_{kq}\gamma_{pq}^my'_{mv}(b'_uc'_v).$$

令 $\varphi:b'_ic'_h\mapsto\sum\limits_{l,p}x_{il}y_{hp}b_lc_p$, 并线性扩充至全空间, 即得 $\varphi:A'\to A,\sum\limits_{i,h}\alpha_{ih}(b'_ic'_h)\mapsto\sum\limits_{i,h}\alpha_{ih}\varphi(b'_ic'_h)$.

下面来证明 A' 与 A 同构. 由定义可知, φ 保持加法和数量乘法, 欲证保持乘法, 只要证明保持基元之间的乘法即可.

$$\begin{aligned}(b'_ic'_h)(b'_jc'_k)\mapsto&\sum x_{il}x_{jf}\beta_{lf}^nx'_{nu}x_{ur}y_{hp}y_{kq}\gamma_{pq}^my'_{mv}y_{vw}(b_rc_w)\\=&\sum_{l,f,n,p,q,m}x_{il}x_{jf}\beta_{lf}^ny_{np}y_{hq}\gamma_{pq}^m(b_nc_m),\end{aligned}$$

$$b'_ic'_h\mapsto\sum_{l,p}x_{il}y_{hp}(b_lc_p),\quad b'_jc'_k\mapsto\sum_{f,q}x_{jf}y_{kq}(b_f,c_q),$$

其象相乘得

$$\begin{aligned}&\sum_{l,p,f,q}x_{il}y_{hp}x_{jf}y_{kq}(b_lc_p)(b_fc_q)\\=&\sum_{l,p,f,q,n,m}x_{il}y_{hp}x_{jf}y_{kq}\beta_{lf}^n\gamma_{pq}^m(b_nc_m),\end{aligned}$$

所以

$$\varphi[(b'_ic'_h)(b'_jc'_k)]=\varphi(b'_ic'_h)\varphi(b'_jc'_k).$$

最后, 令 $\psi:b_ic_h\mapsto\sum\limits_{l,p}x'_{il}y'_{hp}b'_lc'_p$, 经验证知

$\varphi\psi = 1_A$(A 的恒等自同构),

$\psi\varphi = 1_{A'}$(A' 的恒等自同构),

故知 φ 是 A' 到 A 上的同构对应, 即得代数 B, C 的外张量积在同构的意义下唯一确定. 定理证毕. |

设代数 A 有子代数 B, C, 且知 $BC = B \bigotimes_{内} C$ 是内张量积. 另一方面, 取代数 $B_1 \simeq B, C_1 \simeq C$, 并作代数 B_1, C_1 的外张量积 $B_1 \bigotimes_{外} C_1$. 若取定代数 B_1 的一组基 $b_1, b_2, \cdots, b_n$ 以及它到 B 上的一个同构对应 φ, 代数 C_1 的一组基 $c_1, c_2, \cdots, c_m$ 以及它到 C 上的一个同构对应 ψ, 则易见 $b_ic_j \mapsto \varphi(b_i)\psi(c_j)$ 所确定的 F 上向量空间 $B_1 \bigotimes_{外} C_1$ 到 F 上向量空间 $B \bigotimes_{内} C$ 上的同构对应, 也是 F 上代数 $B_1 \bigotimes_{外} C_1$ 到代数 $B \bigotimes_{内} C$ 上的同构对应. 这就是说, 任意两个代数的外张量积与这两个代数(作为某个代数的子代数) 的内张量积是彼此同构的. 由于外张量积依上定理是唯一确定的, 故由此也知内张量积是和它们所在代数无关的. 这样两种定义的张量积就统一起来了, 都用符号 $B \bigotimes C$ 表示, 有时为了突出是在域 F 上作的张量积而记作 $B \bigotimes_F C$.

下面看一下张量积的简单性质.

定理 1.5.2　(i) $B \bigotimes C = C \bigotimes B$;

(ii) $(A \bigotimes B) \bigotimes C = A \bigotimes (B \bigotimes C)$.

证　(i) 是显然的. 为了证明 (ii), 可分别取代数 A, B, C 的 F- 基 a_i, b_j, c_k. 这样 $(A \bigotimes B) \bigotimes C$ 是以 $a_ib_jc_k$ 为基的代数. 同样 $A \bigotimes (B \bigotimes C)$ 也是以 $a_ib_jc_k$ 为基的代数. 在同一代数中有相同基的两个子代数当然是相等的. |

定理 1.5.3　F 上代数 A 有子代数 B, C, B 的元素与 C 的元素乘法可换且 $A = BC$. 设 $b_1, \cdots, b_s$ 是 B 的 F- 基, 则 $A = B \bigotimes C$ 当且仅当由 $\sum\limits_i b_ix_i = 0, x_i \in C$ 必有 $x_i = 0, \forall i$.

证　取代数 C 的一个 F- 基 $c_1, \cdots, c_t$, 则 $x_i = \sum\limits_h \alpha_{ih}c_h, \alpha_{ih} \in F$.

若已知 $A = B \bigotimes C$, 则 b_ic_j 组成 A 的一个 F- 基, 由

$$0 = \sum_i b_ix_i = \sum_i b_i \sum_h \alpha_{ih}c_h = \sum_{i,h} \alpha_{ih}b_ic_h$$

得 $\alpha_{ih} = 0, \forall i, \forall h$, 因而 $x_i = 0, \forall i$.

反之, 若已知由 $\sum b_ix_i = 0$ 可推得 $x_i = 0$, 今证必有 $(A : F) = (B : F)\cdot(C : F)$. 为此只需证 st 个元素 b_ic_h 是 F 无关的. 设 $\sum \alpha_{ih}b_ic_h = 0$, 则有

$$0 = \sum_i b_i \sum_h \alpha_{ih}c_h = \sum_i b_ix_i.$$

因而 $x_i=0,\forall i$, 因而 $\alpha_{ih}=0,\forall i,\forall h$. 这样由 $(A:F)=(B:F)\cdot(C:F)$ 以及定理假设便得 $A=B\bigotimes C$. |

下面看一个张量积的例子, 把它写成

定理 1.5.4 $F_n\bigotimes F_m=F_{n\cdot m}$.

证 设 $e_{ij},i,j=1,\cdots,n;f_{hk},h,k=1,\cdots,m$ 分别为 F_n,F_m 的由矩阵单位组成的 F- 基, 则符号 $e_{ij}f_{hk}$ 将组成 (外) 张量积 $F_n\bigotimes F_m$ 的一个 F- 基, 其乘法表为

$$(e_{ij}f_{hk})(e_{pq}f_{st})=\delta_{jp}\delta_{ks}(e_{iq}f_{ht}),$$

其中, δ_{jp},δ_{ks} 为 Kronecker 符号. 若令

$$e_{ij}f_{hk}=u_{i+(h-1)n,j+(k-1)n},\tag{1.5.4}$$

依上乘法表直接验算可得 $u_{pq},p,q=1,\cdots,n\cdot m$ 是一组矩阵单位. 因而 $F_n\bigotimes F_m=F_{n\cdot m}$. |

更具体地看一下, $F_2\bigotimes F_3=F_6$.F_2,F_3 都有单位元, 故其张量积 F_6 该含有子代数与它们同构. 依 (1.5.4) 可知, 对应

$$\boldsymbol{A}=\begin{pmatrix}\alpha_1&\alpha_2\\\alpha_3&\alpha_4\end{pmatrix}\mapsto\begin{pmatrix}\boldsymbol{A}&0&0\\0&\boldsymbol{A}&0\\0&0&\boldsymbol{A}\end{pmatrix},\quad\text{其中, }0=\begin{pmatrix}0&0\\0&0\end{pmatrix}$$

给出 F_2 到 F_6 的同构嵌入, 而对应

$$\boldsymbol{B}=\begin{pmatrix}\beta_{11}&\beta_{12}&\beta_{13}\\\beta_{21}&\beta_{22}&\beta_{23}\\\beta_{31}&\beta_{32}&\beta_{33}\end{pmatrix}\mapsto\begin{pmatrix}\beta_{11}\boldsymbol{I}&\beta_{12}\boldsymbol{I}&\beta_{13}\boldsymbol{I}\\\beta_{21}\boldsymbol{I}&\beta_{22}\boldsymbol{I}&\beta_{23}\boldsymbol{I}\\\beta_{31}\boldsymbol{I}&\beta_{32}\boldsymbol{I}&\beta_{33}\boldsymbol{I}\end{pmatrix},\quad\text{其中, }\boldsymbol{I}=\begin{pmatrix}1&0\\0&1\end{pmatrix}$$

给出 F_3 到 F_6 的同构嵌入. 若把与 AB 相应的元素记成 $A\bigotimes B$, 则

$$\boldsymbol{A}\bigotimes\boldsymbol{B}=\begin{pmatrix}\beta_{11}\boldsymbol{A}&\beta_{12}\boldsymbol{A}&\beta_{13}\boldsymbol{A}\\\beta_{21}\boldsymbol{A}&\beta_{22}\boldsymbol{A}&\beta_{23}\boldsymbol{A}\\\beta_{31}\boldsymbol{A}&\beta_{32}\boldsymbol{A}&\beta_{33}\boldsymbol{A}\end{pmatrix}.$$

这就是矩阵论中矩阵的张量积.

下面再看一个例子, 仍把它写成

定理 1.5.5 F 上可除代数 D 与 F 上全矩阵代数 F_n 之张量积是单代数.

证 设 $A=F_n\bigotimes D$. 由定理 1.5.3, A 中元素 a 可唯一地写成

$$a=\sum_{i,j}e_{ij}d_{ij},$$

其中, $d_{ij} \in D$, 而 e_{ij} 是矩阵单位, 组成 F_n 的基.

若 $a' = \sum_{h,k} e_{hk} d'_{hk}$, 注意到 F_n 的元素和 D 的元素乘法可换, 则有

$$\begin{aligned} aa' &= \sum_{i,j,h,k} e_{ij} d_{ij} e_{hk} d'_{hk} = \sum_{i,j,h,k} e_{ij} e_{hk} d_{ij} d'_{hk} \\ &= \sum_{i,k} e_{ik} \cdot \sum_{h} d_{ih} d'_{hk}. \end{aligned}$$

若令 D_n 表以可除代数 D 中元素作成的矩阵全体, 则对于通常矩阵的运算, 它作成 F 上代数. 易见, 由上面的讨论得, 对应

$$a = \sum_{i,j} e_{ij} d_{ij} \mapsto (d_{ij})$$

给出 $F_n \bigotimes D$ 到 D_n 上的同构对应.

利用例 1.2.4 中用过的方法, 同样可证得 D_n 是 F 上的单代数, 其维数为 $n^2 \cdot (D : F)$. |

在张量积的应用中, 最常遇到的问题是: 什么时候有单位元 1 的代数 A 可分解成两个含单位元 1 的子代数的张量积. 先引入

定义 1.5.3 B 是代数 A 的子代数, 称 $C = \{x \in A | xb = bx, \forall b \in B\}$ 为 B 在 A 中的中心化子.

易见, B 的中心化子 C 是 A 的子代数.

定理 1.5.6 设 F 上代数 A 有单位元 1. 若 M 是 A 的全矩阵子代数, 其单位元也是 1, 则有 $A = M \bigotimes C$, 其中, C 是 M 在 A 中的中心化子.

证 设 $e_{ij}, i, j = 1, \cdots, m$ 是 M 的由矩阵单位组成的基. 设 $a \in A$, 令

$$a_{hk} = \sum_{u=1}^{m} e_{uh} a e_{ku}, \tag{1.5.5}$$

则

$$e_{ij} a_{hk} = e_{ih} a e_{kj} = a_{hk} e_{ij}.$$

故有 $a_{hk} \in C$. 反之, 若 $c \in C$, 则 $c = c_{11}$. 故得

$$C = \{a_{hk}, \forall a \in A, h, k = 1, \cdots, m\}.$$

因为 $1 = \sum_{i=1}^{m} e_{ii}$ 是 A 的单位元, 故由 (1.5.5) 得

$$\sum_{i,j} e_{ij} a_{ij} = \sum_{i,j,u} e_{ij} e_{ui} a e_{ju} = \sum_{i,u} e_{ii} a e_{uu} = a.$$

这样便有 $A = MC$. 另一方面若对任意 $x^{ij} \in C$ 有 $\sum\limits_{i,j} e_{ij}x^{ij} = 0$, 则

$$0 = e_{pp}\left(\sum_{i,j} e_{ij}x^{ij}\right)e_{qq} = \sum_{i,j} e_{pp}e_{ij}e_{qq}x^{ij} = x^{pq}e_{pq}, \quad \forall p, q.$$

由之

$$x^{pq} = \sum_{i=1}^{n} e_{ip}x^{pq}e_{pq}e_{qi} = 0.$$

依定理 1.5.3 知 $A = M\bigotimes C$. |

习 题

1.1 证明定理 1.1.1～ 定理 1.1.3.

1.2 给出四元数代数关于基 $1, i, j, k$ 的正则表示, 这个表示可约吗?

1.3 给出全矩阵代数关于基 e_{ij} 的正则表示, 这个表示可约吗?

1.4 给出四元群在有理数域上的群代数的一个正则表示, 这个表示可约吗?

1.5 $G =< a >$ 是 n 阶循环群, $n > 1$. 证明群代数 $F[G]$ 的正则代数模是可约的, 并找出一个非零真子模, 从而它的正则表示也是可约的, 写出一个等价表示形如 $\begin{pmatrix} \boldsymbol{T}_1(a) & \boldsymbol{S}(a) \\ 0 & \boldsymbol{T}_2(a) \end{pmatrix}$.

1.6 3×3 上三角阵 $\boldsymbol{N}$ 的正则表示忠实吗? 将 $\boldsymbol{N}$ 嵌入有单位元的代数, 求出一个忠实表示.

1.7 证明定理 1.4.4 的充分性.

1.8 仿照代数的直和定义, 定义代数模的内直和及外直和.

1.9 设 U 是代数 A 的代数模且 U 是 F 上有限空间. U 是弱单 A- 模的直和当且仅当 U 的任一个 A- 子模都是直和项.

1.10 设 N 是 A- 模 M 的 A- 子模, 而 $\varphi : M \to N$ 是 A- 模 M 到 A- 模 N 的同态对应, 有性质 $x\varphi = x, \forall x \in N$. 证明 N 是 M 的直和项.

1.11 用第二种方法证明代数 B, C 的外张量积由 B, C 唯一确定, 与基底选择无关.

(提示: 给定 F 上代数 B, C, 分别取基 $b_1, \cdots, b_s, c_1, \cdots, c_t$, 以 b_ic_h 为基作外张量积 $B\bigotimes C$. B, C 及 $B\bigotimes C$ 的乘法表如定理 1.5.1 所述.

令 $A' = \{x_1b_1 + \cdots + x_sb_s | \forall x_i \in C\}$ 规定 A' 中两元素 $\sum\limits_i x_ib_i = \sum\limits_i y_ib_i$ 当且仅当 $x_i = y_i, \forall i$, 定义加法

$$\sum x_ib_i + \sum y_ib_i = \sum (x_i + y_i)b_i,$$

数乘

$$\alpha \sum x_ib_i = \sum (\alpha x_i)b_i,$$

乘法

$$\left(\sum_i x_ib_i\right)\left(\sum_j y_jb_j\right) = \sum_n \left(\sum_{ij} x_iy_j\beta_{ij}^n\right) b_n.$$

验证 A' 成 F 上代数.

令 $\varphi: A\to A', \sum\limits_{i,h}\alpha_{ih}(b_ic_h)\mapsto \sum\limits_{i}\left(\sum\limits_{h}\alpha_{ih}c_h\right)b_i$. 证明 φ 是同构.)

1.12　设 Q 是实数域 F 上四元数代数, 证明 $Q\bigotimes_F Q\simeq F_4$. (提示: 参见 Jacobson《抽象代数学》卷 I, 练习 31.)

1.13　设 Q 是实数域 F 上的四元数代数, 而 K 是实数域 F 上的复数代数, 证明 $Q\bigotimes_F K\simeq K_2$.

1.14　设 K 同上, 证明 $K\bigotimes_F K\simeq K\bigoplus K$.

1.15　在代数 A 中有 $A'=B\bigotimes C$. 对任意代数 A_1, 如果 A_1 有子代数 B_1, C_1, 使 $b_1c_1=c_1b_1, \forall b_1\in B_1, c_1\in C_1$ 以及 $B\overset{\varphi}{\simeq}B_1, C\overset{\psi}{\simeq}C_1$, 证明存在唯一的满同态对应 $\theta: B\bigotimes C\to B_1C_1$ 使 $(bc)\theta=(b\varphi)(c\Psi), \forall b\in B, c\in C$. 这一性质叫做 (内) 张量积的泛性.

1.16　利用泛性证明 (内) 张量积的唯一性: 若 $A=B\bigotimes C, A_1=B_1\bigotimes C_1$, 而 $B\simeq B_1, C\simeq C_1$ 则 $A\simeq A_1$.

1.17　证明代数 B, C 的外张量积总可以看成某一代数 A 中的内张量积, 从而外张量积由 B, C 唯一决定, 与基底选择无关. (提示: 分别讨论 B, C 有单位元和没有单位元两种情况.)

上述三题给出了张量积唯一性的另一种证明.

1.18　设 F 是代数闭域, 证明 F 上有限维可除代数只有一个, 即 F 本身. 去掉“有限维”这个条件, 此命题是否成立?

1.19　设 R 是有单位元 1 的环, 且 R 中存在集 $E=\{e_{ij}|i,j=1,\cdots,n\}$, 具有性质 ① $e_{ij}e_{kl}=\delta_{jk}e_{il}$, ② $\sum\limits_{i=1}^{n}e_{ii}=1$. 证明 $R\simeq B_n$, 此处 B 是 E 在 R 中的中心化子, 即 $B=\{x|x\in R, xe_{ij}=e_{ij}x, \forall e_{ij}\in E\}$.

第 2 章　N 根与 N 半单代数

本章将定义幂零根或 N 根和 N 半单代数. 这样便把同存在于一个有限结合代数内部的两种成分 —— 幂零成分和半单成分在一定意义下分划出来. 这种方法成为研究环、代数以及群等许多代数系统的重要格式之一.

在本章中代数永远指结合代数.

2.1　幂零元与幂等元

在整个有限代数类中, 在第 1 章中曾看到有幂零代数和半单代数这两种在某种意义上对立的代数类. 同样在一个代数的内部也有从乘法角度来看截然对立的元素类, 一种是和零元相类的幂零元, 一类是和单位元相类的幂等元.

定义 2.1.1　在代数 A 中, 有性质 $a^n=0, n$ 是自然数的元素称为幂零元. 当 $a^n=0$ 而 $a^{n-1}\neq 0$ 时, 称 a 的幂零指数为 n. 零元的幂零指数是 1.

定义 2.1.2　在代数 A 中, 若元素 $e\neq 0$ 且 $e^2=e$, 就称 e 为幂等元.

显然, 幂零代数的元素都是幂零的. 反过来, 有下面重要的定理.

定理 2.1.1　设 A 是有限结合代数, 若 A 的每一个元素都是幂零的, 则 A 必是幂零代数.

证　A 是有幂零子代数的, 如任意幂零元素 a 生成的子代数 $\langle a\rangle$ 都是, 或者更简单的说, $\{0\}$ 就是. 由于 A 是有限维的, 所以必存在 A 的一个幂零子代数 B, 在所有幂零子代数中, 它的维数极大 (即没有比 B 维数真大的幂零子代数). 由此得任意真正含 B(即含 B 而异于 B 者) 的子代数 A_1 必不是幂零代数.

若 $B=A$, 则定理得证. 今证若 $B\subset A$, 则必将引出矛盾. 设幂零代数 B 的幂零指数为 m.

任取 $a\not\in B$. 由 $B^maB^m=\{0\}\subseteq B$ 而 $a\notin B$, 则逐步从 a 的两侧乘以 B, 必可达到非负整数 s,t, 使

$$C=B^saB^t\not\subseteq B,\ \text{而}\ CB=B^saB^{t+1}\subseteq B, BC=B^{s+1}aB^t\subseteq B. \tag{2.1.1}$$

任取元素 $c\in C$ 而 $c\notin B$, 则

$$B_1=\{x+y|x\in B, y\in\langle c\rangle\}$$

是子代数且其维数大于 B 的维数.

另一方面, 若设幂零元素 c 的幂零指数是 l, 利用 (2.1.1), 则有

$$B_1^{ml} = (B + \langle c \rangle)^{ml} \subseteq (B + \langle c \rangle^l)^m = B^m = \{0\},$$

即 B_1 是幂零代数. 这和 B 的选择相矛盾, 故得定理. |

附注 上述定理有很多推广. 这里所用的证明给出一个显然的推广. 说一个代数对其子代数有极大条件, 若在其子代数组成的任意非空集中, 有一个极大者, 即它不包含在此集中任何其他子代数中. 显然, 有限代数对其子代数有极大条件. 这样读者不难验证, 定理 2.1.1 可推广为: 每一个元素都是幂零的结合代数 A, 若还知 A 对子代数有极大条件, 则 A 必是幂零代数.

定理 2.1.2 设 A 是有限结合代数, 若 A 不是幂零代数, 则 A 中有幂等元.

证 设 W 是 A 中一切非幂零子代数之集. $A \in W$, 故 W 不空. 由于 W 中都是有限维代数且维数小于或等于 A 的维数, 故必有一子代数 $B \in W$, B 的维数在 W 中为极小者. 由此知子代数 B 是非幂零的而 B 的任意真子代数都是幂零的. B 中至少必有一非幂零元 b, 否则, 依定理 2.1.1, B 将是幂零的了. b 是非幂零元, 则对任意正整数 n, b^n 也是非幂零元, 因而 $\langle b^n \rangle$ 都是非幂零代数. 由 B 之选择得 $B = \langle b^n \rangle, n = 1, 2, \cdots$.

特别有 $b \in \langle b^3 \rangle$. 因而 $b = f(b^3)$, 这里 $f(x)$ 是基础域 F 上无常数项的多项式, 这样

$$b = bg(b)b,$$

其中, $g(x)$ 是 F 上无常数项的多项式, 因而有 $g(b) \in B$. 由于 $b \neq 0$, 元素 $e = bg(b) \neq 0$ 且

$$e^2 = bg(b)bg(b) = bg(b) = e.$$

e 即是所求的幂等元. |

2.2 幂零根 (或 N 根)

在本节中将证明, 任一有限代数 A 都含一唯一最大的幂零理想 N, 它包含 A 中一切幂零左理想、幂零右理想且商代数 A/N 不再有非零的幂零理想了.

引理 2.2.1 幂零代数的子代数和商代数都是幂零代数.

引理 2.2.2 设 B 是代数 A 的理想. 若 B 和 A/B 都是幂零代数, 则 A 也是.

证 设幂零代数 A/B 和 B 的幂零指数分别为 m 与 k, 则由

$$(A/B)^m = 0$$

知 $A^m \subseteq B$. 因此

$$(A)^{mk} = (A^m)^k \subseteq (B)^k = \{0\}. \quad |$$

引理 2.2.3 代数 A 的任意两个 (因而任意有限个) 幂零理想之和仍为幂零理想.

证 设 B_1, B_2 是 A 的幂零理想. 首先知理想的和 $B_1+B_2=C$ 是 A 的理想. 其次

$$C/B_1=(B_1+B_2)/B_1\simeq B_2/B_1\bigcap B_2,$$

由引理 2.2.1 和引理 2.2.2 知理想 C 是幂零的. |

引理 2.2.4 设 B 是代数 A 的幂零单侧理想, 则 B 必包含在 A 的一个幂零理想中.

证 例如, 设 B 是幂零右理想, 其幂零指数为 k. 作 $I=B+AB$. 易见 I 是理想, 而在 $I^k=(B+AB)^k$ 的展开式中每一项必是 s 个 B 和 t 个 AB 的乘积, 而 $s+t=k$, 其形状, 如可能是

$$(AB)\cdot B\cdots B(AB)\cdots(AB)(AB)\cdots B.$$

注意到 B 是右理想, 除去可能有一个位于最左端的 A 之外, 每一个 A 因子可用其左侧的因子 B 吸收掉, 因而便有

$$I^k=(B+AB)^k\subseteq A(B)^k+(B)^k=\{0\}.\quad |$$

现在可以证明主要定理了.

定理 2.2.1 设 A 是有限结合代数, 则在 A 中存在唯一最大的幂零理想 N, 具有性质

(i) N 包含 A 中一切幂零单侧理想;

(ii) A/N 中没有非零的幂零理想.

证 令 N 是 A 中一切幂零理想之和, 则 N 是 A 的理想, 但 A 是有限维, N 也必是有限维的. 因而 N 实际上是有限个幂零理想之和. 由引理 2.2.3 知, N 是幂零的. 这样幂零理想 N 包含一切幂零理想, 故 N 是唯一最大的幂零理想. 由引理 2.2.4 还知, N 还包含一切幂零单侧理想. 这样便得 (i).

若 A/N 有非零幂零理想 $B/N, B$ 真包含 N, 则由 B/N 及 N 都是幂零的, 由引理 2.2.2 知 B 也是幂零的. 另一方面还知 B 是 A 的理想. 这样 B 是真包含 N 的幂零理想, 这与 (i) 矛盾, 故得 (ii). |

在定理 2.2.1 的基础上, 可以给出下面的定义.

定义 2.2.1 称有限结合代数 A 的唯一最大幂零理想为 A 的幂零根或 N 根. N 根为零的有限结合代数叫做 N 半单代数.

定义中的字母 N 指幂零性, N 根意指关于幂零性的根, 而 N 半单意指关于幂零性是半单的. 不久将证明 N 半单代数即是半单代数.

上述主要定理把对于一般有限结合代数 A 的结构的研究归结为下面 3 个问题:

(1) 关于 N 根本身, 亦即幂零代数结构的研究;

(2) 关于 N 半单代数结构的研究;

(3) 给定幂零代数 B 和 N 半单代数 S. 找出一切结合代数 A, 它含有一个与 B 同构的 N 根 N 且 $A/N \simeq S$, 亦即找出由幂零代数 B 借助于 N 半单代数 S 所得到的一切扩张.

定理 2.2.1 以及由它引出的上述 3 个问题是研究代数系统 (例如, 非结合代数、环、模、群等) 结构的重要途径. 许许多多的研究都是在这一模式下进行的. 也可以说是以代数系统的扩张这一构成方法为核心而展开的关于代数系统结构的研究.

下面给出一批 N 半单代数的例子作为本节的结束. 设 F 是任意域, G 是有限群, 则由例 1.2.7 可作出有限结合代数 $F[G]$. 实际上不假定群 G 是有限的, 按照那里的方法也可作出 (不一定有限) 结合代数 $F[G]$, 它的元素有形式: $a = \sum\limits_{x\in G}\alpha_x x, \alpha_x \in F, x \in G$ 且只有有限个 α_x 不为零. 设 $a = \sum\limits_{x\in G}\alpha_x x$ 是 $F[G]$ 中任意元素, 令 $tr(a)$ 表示 a 的表示式里群 G 的恒等元 1 的系数, $tr(a) = \alpha_1$, 则容易验证: $tr(a+b) = tr(a) + tr(b)$(可推广到有限和), $tr(\alpha a) = \alpha tr(a), tr(ab) = tr(ba)$, 其中, $\alpha \in F, a, b \in G$.

下面的定理将给出一批 N 半单代数的例子, 在证明定理的过程中要用到

引理 2.2.5 设 A 是域 F 上结合代数, 用 $[A, A]$ 表示由 A 中一切交换子 $[a, b] = ab - ba$ 生成的子空间, 如果 $\mathrm{char}F = p > 0, q = p^n, n \geqslant 1$ 是整数, 则对 A 中任意 m 个不同元素 $a_1, \cdots, a_m$, 有

$$(a_1 + \cdots + a_m)^q = a_1^q + \cdots + a_m^q + b,$$

其中, $b \in [A, A]$.

证 按分配律展开, $(a_1 + \cdots + a_m)^q = a_1^q + \cdots + a_m^q + b$, 其中, b 是一些乘积 $a_{i_1} \cdots a_{i_q}$ 的和, 而 $i_1, \cdots, i_q$ 取自 $\{1, \cdots, m\}$ 且至少有两个是不相同的. 设 $w = a_{i_1} \cdots a_{i_q}$ 是 b 中一项, 把 $a_{i_1}, \cdots, a_{i_q}$ 看成不可换未定元, 并把 q 阶循环群 $C_q = \langle\alpha\rangle$ 作用在 w 上: 规定 $w\alpha = a_{i_2} \cdots a_{i_q} a_{i_1}, w\alpha^{q-1} = a_{i_q} a_{i_1} \cdots a_{i_{q-1}}$. 注意到 $w\alpha^j - w = a_{i_{j+1}} \cdots a_{i_q} a_{i_1} \cdots a_{i_j} - a_{i_1} \cdots a_{i_q} = dc - cd \in [A, A]$, 其中, $c = a_{i_1} \cdots a_{i_j}, d = a_{i_{j+1}} \cdots a_{i_q}$. 故 $w\alpha^j = w + x_j, x_j \in [A, A]$. 令 $B = \{\beta \in C_q | w\beta = w\}$, 则 B 是 C_q 的一个子群. 显然 $B \neq C_q$, 否则, $i_1 = \cdots = i_q$. 在 $w, \cdots, w\alpha^{q-1}$ 里不同的字的个数恰等于商群 C_q/B 的阶数, 所以是 q 的因子, 故为 $p^s, 0 < s \leqslant n$. 这 p^s 个元素都出现在 b 中且每个只出现一次, 它们的和为 $p^s w + \sum\limits_{j=1}^{p^s-1} x_j = \sum\limits_{j=1}^{p^s-1} x_j \in [A, A]$, 因为 F 特

征为 p. 把这 p^s 个元素作为一类, 按这种方法把 b 中元素分类, 显然不同的类是不相交的. 因为每一类中元素的和属于 $[A,A]$, 故 $b\in[A,A]$. |

定理 2.2.2 设 $\mathrm{char}F=p>0$, 群 G 里没有阶数为 p 的元素, 则 $F[G]$ 里没有完全由幂零元素组成的非零理想.

证 设 $a=\sum\limits_{x\in G}\alpha_x x$ 是 $F[G]$ 中幂零元, 则有适当大的 n, 使 $q=p^n, a^q=0$. 故 $a^q=\left(\sum\limits_{x\in G}\alpha_x x\right)^q=\sum\limits_{x\in G}\alpha_x^q x^q+b=0$, 其中, $b\in[F[G],F[G]]$. 注意到 $tr([c,d])=0$, 对一切 $c,d\in F[G]$, 故 $tr(b)=0$, 所以 $0=tr(a^q)=tr\left(\sum\limits_{x\in G}\alpha_x^q x^q+b\right)=tr\left(\sum\limits_{x\in G}\alpha_x^q x^q\right)=\sum\limits_{x^q=1}\alpha_x^q=\left(\sum\limits_{x^q=1}\alpha_x\right)^q$. 注意到 G 中没有阶为 p^i 的元素, 故 $x^q=1$ 当且仅当 $x=1$. 故 $\sum\limits_{x^q=1}\alpha_x=\alpha_1$, 故 $tr(a)=\alpha_1=0$.

设 I 是 $F[G]$ 的理想, 其元素都是幂零的. 设 $a=\sum\limits_{x\in G}\alpha_x x\in I$, 则对每个 x 也有 $ax^{-1}\in I$ 是幂零元, 故 $\alpha_x=tr(ax^{-1})=0$. 由于每个 $\alpha_x=0$, 故 $a=0$. 所以 $I=0$. |

在 G 是有限群的时候, $F[G]$ 的 N 根是幂零的, 故当然是由幂零元组成的, 作为定理 2.2.2 的推论, 有

定理 2.2.3 设 $\mathrm{char}F=p>0, G$ 是没有 p 阶元素的有限群, 则 $F[G]$ 是 N 半单代数.

第 6 章将从另一个角度再来讨论定理 2.2.3.

2.3 Peirce 分解

在此引入下面这个有用的概念.

定义 2.3.1 设 A 为代数, S 为 A 的一个子集. 令 $R_S=\{x\in A|Sx=0\}$. 称 R_S 为集 S 的在 A 中的右零化子, 称 R_S 中的元素为 S 的右零化元. 类似地, 称 $L_S=\{x\in A|xS=0\}$ 为 S 在 A 中的左零化子, 称其中元素为 S 的左零化元.

易见, $R_S(L_S)$ 是 A 的右 (左) 理想.

设 e 是代数 A 的一个幂等元. e 的右零化子 $R_e=\{a-ea|a\in A\}$, 这是因为, 形如 $a-ea$ 的元素是 e 的右零化元, 而若 b 是 e 的右零化元, 则有 $eb=0$, 因而 $b=b-eb$, 即 b 也具有这种形式. 类似地可得 $L_e=\{a-ae|a\in A\}$.

利用幂等元 e 可以把 A 中元素表成一些有特殊性质的元素之和.

例如,

$$a = (a - ea) + ea, \tag{2.3.1}$$

$$A = R_e + eA. \tag{2.3.2}$$

e 是右理想 eA 的左单位元且是右理想 R_e 中元素的左零化元. 这样 A 便表成关于 e 有特殊性质的一些元素的和. 易见 $R_e \bigcap eA = \{0\}$, 因而这种表示法还是唯一的. 称 (2.3.1) 为元素a关于幂等元e的Peirce左分解, 称 (2.3.2) 为代数A关于幂等元e的Peirce 左分解.

类似地, 有

$$a = (a - ae) + ae,$$

$$A = L_e + Ae,$$

顺序称之为元素 a 或代数 A关于e的Peirce右分解.

把这两种分解结合起来, 可以得到更加细的分解. 直接计算可验证

$$a = eae + (ea - eae) + (ae - eae) + (eae - ea - ae + a). \tag{2.3.3}$$

右侧第一类元 eae 的全体是 eAe, 它是以 e 为单位元的子代数; 第二类元 $ea - eae$ 的全体是 eL_e, 它是以 e 为左单位元, 以 e 为右零化元的子代数; 第三类元 $ae - eae$ 的全体 $R_e e$, 它是以 e 为左零化元, 以 e 为右单位元的子代数; 第四类元的全体 B_e 刚好是 A 中一切满足性质 $xe = ex = 0$ 的元素 x 组成的. 这是因为, 这种形状的元素显然从左右零化 e, 而若 $xe = ex = 0$, 则 $x = exe - ex - xe + x$ 也具有这种形状. 这样有

$$A = eAe + eL_e + R_e e + B_e \text{ (子空间的直和)}, \tag{2.3.4}$$

并且它们之间有下列关系:

$$R_e L_e \subseteq B_e, \quad L_e A \subseteq L_e R_e, \quad AR_e \subseteq L_e R_e. \tag{2.3.5}$$

将 (2.3.5) 中各式的证明留给读者.

下面将称 (2.3.3), (2.3.4) 顺序为元素 a 或代数 A关于e的Peirce分解.

这样, 给定代数 A 的一个幂等元, 就相应地有 A 关于 e 的 Peirce 分解. 如果把 eAe(它是以 e 为单位元的那一部分) 看成这个分解的主要部分, 那么希望 eAe 尽可能得大, 或者要求 eAe 尽可能得小, 就得到两种有特殊性质的幂等元类.

说两个幂等元 e, f 是正交的, 若有 $ef = fe = 0$. 易见正交幂等元之和仍是幂等元.

定义 2.3.2 代数 A 的一个幂等元 e 叫做 A 的主幂等元, 如果 A 中没有与之正交的幂等元.

定义 2.3.3 代数 A 的一个幂等元 e 叫做 A 的本原幂等元, 如果在 A 中 e 不能表成两个正交的幂等元之和.

引理 2.3.1 e, f 是代数 A 中两个幂等元且 $e \neq f$, 则 $ef = fe = f$ 当且仅当 $e = f + f_1$, 其中, f_1 是幂等元且与 f 正交.

证明时只要取 $f_1 = e - f$ 即可. 由此引理直接得到

引理 2.3.2 e, f 是代数 A 的两个幂等元, $e \neq f$, 则 $fAf \subset eAe$ 当且仅当 $e = f + f_1$, 其中, f_1 是幂等元且与 f 正交.

证 若 $fAf \subseteq eAe$, 则 $f = fff \in eAe$, 因而 $ef = fe = f$, 故由引理 2.3.1 知 e 可表为正交幂等元 f 和 f_1 的和.

反之, 若 $e = f + f_1$, 则由引理 2.3.1, $ef = fe = f$. 故

$$fAf = (ef)A(fe) = e(fAf)e \subseteq eAe.$$

若是 $eAe = fAf$, 则 $e \in fAf$, 而有 $e = fe = f$, 与假设 $e \neq f$ 矛盾, 故必有 $fAf \subset eAe$. |

引理 2.3.3 e 是有限代数 A 的主幂等元当且仅当 eAe 在所有 fAf, f 是幂等元中是极大者 (即不存在 $fAf \supset eAe$).

定理 2.3.1 (1) 若 f 是有限代数 A 的幂等元而不是主幂等元, 则必有 A 的一个主幂等元 e, 使得 $e = f + f_1, f_1$ 是与 f 正交的幂等元;

(2) 有限代数 A, 若不是幂零的, 必有主幂等元.

证 (1) 依假设, 由引理 2.3.3 知 fAf 不是极大者, 即存在幂等元 e', 使 $e'Ae' \supset fAf$. 这样真包含 fAf 的所有 e_1Ae_1 组成的集是不空的. 由于 A 是有限维, 故该集中有维数最大者, 说是 eAe, 它也是 A 中一切 $f'Af'$ 中的一个极大者. 由引理 2.3.2 知, $e = f + f_1, f, f_1$ 是正交的幂等元.

(2) 由假设, 依定理 2.1.2 知 A 有幂等元, 因而由 (1), A 有主幂等元. |

定理 2.3.2 设 A 是有限代数而 e 是幂等元. 下述条件是等价的:

(i) e 是本原的;

(ii) eAe 在所有 fAf(f 是幂等元) 中是极小者;

(iii) e 是 eAe 中仅有的幂等元.

证 (i)⇒(ii). 若有 $fAf \subset eAe$, 则由引理 2.3.2 知 $e = f + f_1, f, f_1$ 是正交幂等元, 这与 e 是本原的相矛盾. 故 eAe 是极小者.

(ii)⇒(i). 若有 $e = f + f_1, f, f_1$ 是正交幂等元, 则易证 $fAf \subseteq eAe$, 又由

$$ef = fe = f, \quad ef_1 = f_1e = f_1, \quad ff_1 = f_1f = 0$$

知 $f_1 \notin fAf$ 而 $f_1 \in eAe$, 故有 $fAf \subset eAe$, 这与假设 eAe 是极小者是矛盾的. 故得 e 是本原的.

关于 (iii) 的证明留给读者. |

定理 2.3.3 有限代数 A 的任一非本原幂等元 e 必可表成 A 的有限个两两正交本原幂等元之和,

$$e = e_1 + \cdots + e_t, \quad e_i e_j = \delta_{ij} e_i, \quad e_i \text{ 是本原幂等元}, \forall_i.$$

证 易见两两正交的幂等元集必是线性无关的, 因而其个数不能超过有限代数 A 的维数.

e 非本原的, 故 e 至少是两个正交幂等元之和. 设 e 能表成两两正交幂等元之和的最大长度是 t 而 $e = e_1 + \cdots + e_t$, 今证每一 e_i 必是本原的. 用反证法, 若有一 e_i, 说是 e_1, 不是本原的, 则 $e_1 = u + v, u, v$ 是正交幂等元. 因而有

$$e_1 u = u e_1 = u, \quad e_1 v = v e_1 = v.$$

由之得, 当 $i \neq 1$ 时,

$$e_i u = e_i e_1 u = 0, \quad \text{同理}, \ u e_i = v e_i = e_i v = 0,$$

即 $e = u + v + e_2 + \cdots + e_i$ 是两两正交 $t + 1$ 个幂等元之和. 这与 t 之意义是矛盾的. |

这样, 每一幂等元都可以"扩展"成主幂等元, 也都可分解成两两正交本原幂等元之和.

2.4 N 半单代数的结构定理

下面先看一下代数 A 关于主幂等元的 Peirce 分解与 A 的 N 根 N 之间的关系, 即证

引理 2.4.1 设 e 是有限代数 A 的主幂等元, 而 N 是 A 的 N 根, A 关于 e 的 Peirce 分解为

$$A = eAe + e \cdot L_e + R_e \cdot e + B_e,$$

则有 $e \cdot L_e + R_e \cdot e + B_e \subseteq N$.

证 由于 e 是主幂等元, 则子代数 B_e 中不能含有幂等元, 因而 B_e, 由定理 2.1.2, 是幂零子代数. 由 (2.3.5), 有 $R_e L_e \subseteq B_e$. 若 $B_e^m = \{0\}$, 则 $(L_e R_e)^{m+1} = L_e (R_e L_e)^m R_e \subseteq L_e B_e^m R_e = \{0\}$. 故 $L_e R_e$ 是 A 的幂零理想, 因而 $L_e R_e \subseteq N$. 由 (2.3.5), 还有

$$L_e^2 \subseteq L_e A \subseteq L_e R_e, \quad R_e^2 \subseteq A R_e \subseteq L_e R_e,$$

即 L_e 是幂零左理想而 R_e 是幂零右理想. 故 $L_e \subseteq N, R_e \subseteq N$, 即有 $e \cdot L_e + R_e \cdot e + B_e \subseteq L_e + R_e \subseteq N$. |

当 A 是 N 半单代数, 则由定理 2.3.1, A 有主幂等元 e. 由引理 2.4.1 便知 $A = eAe$, 因而有

定理 2.4.1　N 半单代数 A 有单位元.

定理 2.4.2　N 半单代数 A 的任意非零理想 B 本身也是 N 半单代数.

证　设有限代数 B 的 N 根为 R, 则 $BRB \subseteq R$, 故 BRB 是幂零的. 另一方面, 由于 B 是 A 的理想, BRB 也是, 故得 BRB 是 A 的幂零理想. 由代数 A 的 N 半单性得 $BRB = 0$.

今考察 ARA, 由

$$(ARA)^3 \subseteq (ARA)R(ARA) \subseteq BRB = 0,$$

故 ARA 是 A 的幂零理想, 因而 $ARA = 0$. 但由定理 2.4.1, A 有单位元, 故 $R \subseteq ARA = 0$, 即 $R = 0$, 即 B 是 N 半单代数. |

定理 2.4.3(N 半单代数的主要结构定理)　A 是有限结合代数, A 是 N 半单代数当且仅当 A 是有限个单代数的直和 (亦即半单代数).

为此先证下面的引理

引理 2.4.2　设 C 是代数 A 的理想且 C 有单位元 e, 则 C 必是 A 的直和项.

证　考虑 A 关于幂等元 e 的 Peirce 分解

$$A = eAe + e \cdot L_e + R_e \cdot e + B_e.$$

由于 C 是理想, 而 $e \in C$ 且是 C 的单位元, 故有 $eAe + e \cdot L_e + R_e \cdot e = C$ 且 $B_eC = CB_e = 0$. 由之得 B_e 是 A 的理想. 故得 $A = C \bigoplus B_e$, 即 C 是 A 的直和项. |

由引理 2.4.2, 定理 2.4.2 和定理 2.4.1, 便得

引理 2.4.3　N 半单代数 A 的每一个理想都是 A 的直和项.

定理 2.4.3 的证明　在例 1.4.3 中, 证明了半单代数的非零理想都是一些单代数的直和, 因而不能有非零的幂零理想, 即半单代数必是 N 半单代数.

反之, 设 A 是 N 半单代数, 则由引理 2.4.3 以及定理 1.4.4 便知 A 是半单代数, 然而为了完整, 这里给出证明.

若 A 没有真理想, 则由 A 是 N 半单代数, $A^2 \neq 0$, 因而 A 是单代数, 亦即是半单代数.

若 A 有真理想, 则由引理 2.4.3, A 可表成真理想的直和. 设 A 能分解成其理想 $B_1, \cdots, B_t$ 的直和 $A = B_1 \bigoplus \cdots \bigoplus B_t$, 而个数 t 是这类表示中的最大可能者, 由于 A 是有限维, 这样的 t 是存在的.

今证每一 B_i 本身必是单代数. 若不然, 有某一 B_i, 如 B_1 不是单代数. 由定理 2.4.2, B_1 是 N 半单的, 由引理 2.4.3, $B_1 = C \bigoplus C_1, C \neq 0, C_1 \neq 0$. 这样将有 $A = C \bigoplus C_1 \bigoplus B_2 \bigoplus \cdots \bigoplus B_t$, 这与 t 的意义是矛盾的, 故每一 B_i 都是单代数.

这样 N 半单代数是半单代数. |

有了 N 半单代数的主要结构定理, 今后可以不必再区分 N 半单代数与半单代数了.

利用例 1.4.3 中的讨论可直接得到

定理 2.4.4(N 半单代数的唯一性定理) N 半单代数 A 表成单代数直和的方法, 若不计直和项的顺序, 是唯一的, 即若

$$A = B_1 \bigoplus \cdots \bigoplus B_t = C_1 \bigoplus \cdots \bigoplus C_s,$$

其中, B_i, C_j 都是单代数, 则必有 $t = s$ 且 $B_i = C_{\pi(i)}, i = 1, \cdots, t$, 而 π 是一个 t 元置换.

这样, N 半单代数的研究就归结为对单代数的研究.

2.5 单代数的结构定理

已经知道, 域 F 上全矩阵代数 F_n(见例 1.2.4), 以及更一般地可除代数与 F_n 的张量积 (见定理 1.5.5) 都是单代数. 本节将证明单代数也只有这一些. 在本节中 A 永远表有限单代数.

由定理 2.4.1 知有限单代数是有单位元的.

引理 2.5.1 e 是单代数 A 的幂等元, 则 eAe 是单代数.

证 设 $0 \neq B$ 是 eAe 的理想, 则

$$eAe \cdot B \cdot eAe = eABAe \subseteq B.$$

ABA 是 A 的理想, 因为 A 有单位元, 而有 $ABA \neq 0$. 再由 A 的单性得 $ABA = A$, 即得 $eAe = eABAe \subseteq B$. 这样, 得 eAe 没有真理想.

另一方面, eAe 有单位元 e, 故它不会是幂零代数, 因而其平方不为零. 故 eAe 是单代数. |

定理 2.5.1 设 A 是有限单代数, e 是幂等元, 则 eAe 是可除代数当且仅当 e 是本原幂等元.

证 若 eAe 是可除代数, 则 e 是 eAe 中唯一的幂等元. 由定理 2.3.2 知 e 是本原的.

反之, 若 e 是本原的, 今证 $0 \neq a \in eAe$ 必有逆元. 为此考察 eAe 的非零右理想 $aeAe$, 由引理 2.5.1 知 eAe 是单的, 因而是 N 半单的, 故 $aeAe$ 不是幂零的. 依

定理 2.1.2, $aeAe$ 中有幂等元 f. 但已知 e 是本原的, 依定理 2.3.2, eAe 只有一个幂等元 e, 故 $f=e$, 随之有 $b\in eAe$, 使得 $ab=e$. 类似可得 c, 使 $ca=e$. 故 a 是可逆元, 即 eAe 是可除代数. |

定理 2.5.2(单代数的结构定理) A 是 F 上有限单代数 $\Longleftrightarrow A=F_n\bigotimes D$, 其中, D 是 F 上有限可除代数.

证 设 A 为有限单代数, 则 A 有单位元 1. 依定理 2.3.3, 有

$$1=e_1+\cdots+e_m,$$

其中, e_i 组成两两正交本原幂等元集. 令

$$A_{ij}=e_iAe_j,\quad i,j=1,\cdots,m.$$

直接计算可得

$$A_{ij}A_{hk}=\delta_{jh}A_{ik},\tag{2.5.1}$$

其中, δ_{jh} 是 Kronecker 符号.

下一步想从每一子代数 A_{ij} 中各选一个元素能组成一组矩阵单位.

首先注意到 A_{ij} 中的元素 a_{ij} 具有性质

$$\begin{aligned}&e_ia_{ij}=a_{ij}e_j=a_{ij},\\&e_ha_{ij}=a_{ij}e_k=0,\quad h\neq i,j\neq k,\end{aligned}$$

从 A_{11} 中选定元素 $e_{11}=e_1$. 当 $j>1$ 时, 由 $A_{1j}A_{j1}=A_{11}$ 得必有 $e_{j1}\in A_{j1}$, 使得 $0\neq A_{1j}e_{j1}\subseteq A_{11}$. 因而必有 $a_{1j}\in A_{1j}$, 使

$$0\neq a_{1j}e_{j1}\in A_{11}.$$

但 $A_{11}=e_1Ae_1$ 是可除代数 (见定理 2.5.1), 故有 $a_{11}\in A_{11}$ 使 $a_{11}a_{1j}e_{j1}=e_1$, 取 $e_{1j}=a_{11}a_{1j}\in A_{1j}$, 则有

$$e_{1j}e_{j1}=e_{11}=e_1.$$

规定

$$e_{ij}=e_{i1}e_{1j}\in A_{ij},\quad i,j=1,\cdots,m.$$

当 i 或 $j=1$ 时, 这就是上面有过的等式. 直接计算, 得

$$e_{ij}e_{jk}=e_{i1}e_{1j}e_{j1}e_{1k}=e_{i1}e_{11}e_{1k}=e_{ik}.\tag{2.5.2}$$

而由 (2.5.1) 得

$$e_{ij}e_{hk}=0,\quad j\neq k.\tag{2.5.3}$$

由 (2.5.2) 知 $e_{ij} \neq 0$. 这样得到一组矩阵单位 e_{ij}. 以之为基便得单代数 A 的全矩阵子代数 F_m.

由 (2.5.2) 知 $(e_{ii})^2 = e_{ii} \neq 0$ 是 e_iAe_i 的幂等元, 但 e_i 是本原的, 因而 e_iAe_i 只有一个幂等元 e_i, 故当 $i \geqslant 2$ 时也有 $e_{ii} = e_i$. 这样

$$e_{11} + e_{22} + \cdots + e_{mm} = e_1 + \cdots + e_m = 1,$$

即 F_n 与 A 有相同的单位元.

由定理 1.5.6, $A = F_n \bigotimes D$, 其中, D 是 F_n 在 A 中的中心化子.

剩下来要证的是 D 为可除代数. 由

$$A = e_{11}D + e_{12}D + \cdots + e_{mm}D$$

以及 $e_{ij}D = De_{ij}$, 得 $e_{11}Ae_{11} = e_{11}D$. 注意到 $e_{11}d = de_{11}, \forall d \in D$ 以及 $e_{11}^2 = e_{11} = e_1$, 故得

$$D \simeq e_{11}D = e_1Ae_1.$$

由 e_1 是本原的, 由定理 2.5.1, 知 e_1Ae_1 是可除代数. 故得 D 是可除代数. 另一方面, 充分性可由定理 1.5.5 得出. |

设 A 为有单位元 1 的代数, 若 g 是 A 的可逆元, 即有 $gg^{-1} = g^{-1}g = 1, g^{-1} \in A$, 则对应

$$x \to gxg^{-1}$$

显然是代数 A 的一个自同构对应. 将称之为代数 A 的 内自同构对应.

定理 2.5.3(关于单代数的唯一性定理) 若有限单代数 $A = M \bigotimes D = M' \bigotimes D'$, 其中, M, M' 是 F 上全矩阵代数而 D, D' 是有限可除代数, 则存在可逆元 $g \in A$, 使 $M' = gMg^{-1}, D' = gDg^{-1}$.

证 设 $e_{ij}, i, j = 1, \cdots, m; f_{ij}, i, j = 1, \cdots, l$ 顺序为 M, M' 的由矩阵单位组成的基. 不妨设 $m \leqslant l$. 由于 A 与其子代数 M, M' 有共同的单位元 1, 故

$$1 = e_{11} + \cdots + e_{mm} = f_{11} + \cdots + f_{ll}. \tag{2.5.4}$$

由 $0 \neq f_{11} = \sum d_{ij}e_{ij}$, 其中, $d_{ij} \in D$, 显然, 至少有一个 $d_{pq} \neq 0$. 令

$$a = d_{pq}^{-1}e_{1p}f_{11}, \quad b = f_{11}e_{q1},$$

则有

$$\begin{aligned} ab &= d_{pq}^{-1}e_{1p} \cdot \sum d_{ij}e_{ij} \cdot e_{q1} = d_{pq}^{-1}d_{pq}e_{11} = e_{11}, \\ ba &= f_{11}(e_{q1}d_{pq}^{-1}e_{1p})f_{11} \in f_{11}Af_{11} = D'f_{11}, \\ (ba)^2 &= b(ab)a = be_{11}a = f_{11}e_{q1}e_{11}a = ba. \end{aligned}$$

又由 $e_{11}=e_{11}^2=a(ba)b$ 知 $ba\neq 0$, 故 ba 是 $f_{11}Af_{11}$ 中的幂等元. 但因 $f_{11}Af_{11}=D'f_{11}$ 是可除代数, 故 $ba=f_{11}$.

令

$$h=\sum_{i=1}^{m}e_{i1}af_{1i},\quad g=\sum_{j=1}^{m}f_{j1}be_{1j}=\sum_{j=1}^{m}f_{j1}e_{qj},$$

则有

$$hg=\sum_{i=1}^{m}e_{i1}af_{1i}f_{i1}be_{1i}=\sum_{i=1}^{m}e_{i1}abe_{1i}=\sum_{i=1}^{m}e_{i1}e_{11}e_{1i}=1.$$

由于 A 是有单位元的有限代数, 由定理 1.3.3 知此时也有 $gh=1$, 即 $g^{-1}=h$. 但另一方面, 直接计算得

$$gh=\sum_{j=1}^{m}f_{j1}be_{1j}e_{j1}af_{1j}=\sum_{j=1}^{m}f_{jj},$$

故得

$$1=\sum_{j=1}^{m}f_{jj}. \tag{2.5.5}$$

比较 (2.5.4), (2.5.5) 得 $m=l$, 故 M 和 M' 是同构的. 实际上这个同构对应可由元素 g 所确定的 A 的内自同构来实现, 这是因为有

$$ge_{ij}g^{-1}=ge_{ij}h=\sum_{p,q}f_{p1}be_{1p}e_{ij}e_{q1}af_{1q}=f_{ij}.$$

故有

$$M'=gMg^{-1}.$$

但 D,D' 顺序为 M,M' 在 A 中的中心化子 (见定理 1.5.6), 故也有 $D'=gDg^{-1}$. |

由这个唯一性定理可知, 有限单代数的张量积分解中, 其可除代数部分在同构的意义下是唯一确定的, 有时称之为单代数的相应可除代数.

这样, 对有限单代数的研究就归结为对有限可除代数的研究.

习　题

2.1　证明存在一个二维结合代数, 以 $\{a,b\}$ 为基, 使 $a^3=0, a^2=b$.

2.2　证明存在一个以 $\{a,b,c\}$ 为基的三维结合代数, 使 $aa=b, ab=ba=c, bb=ac=ca=bc=cb=cc=0$ 且证明这个代数没有幂等元.

2.3　令 a,b 是代数 A 的元素, 证明 ab 是幂零元当且仅当 ba 是幂零元.

2.4　令 e 是代数 A 中仅有的幂等元. 设 a 是 A 的非零元素且对 A 中任意元素 x, 有 $ax\neq e$, 证明 a 是幂零元.

2.5　证明 N 半单代数的每个单侧理想都有一个幂等生成元.

2.6　证明 N 半单代数的左理想 L 是极小左理想当且仅当 L 的幂等生成元是本原的.

2.7　设 A 是交换的有限结合代数, 证明 A 的 N 根恰好是 A 的全体幂零元素的集合.

2.8　设 A 是 N 半单代数, 把 A 看成 A 代数左模时, 证明代数模 A 的每个子模都是 A 的直和项.

2.9　设 A 是由域 F 上矩阵 $\begin{pmatrix} \boldsymbol{M}_1 & \boldsymbol{M}_2 \\ 0 & \boldsymbol{M}_3 \end{pmatrix}$ 组成的代数, 其中, $\boldsymbol{M}_1, \boldsymbol{M}_2, \boldsymbol{M}_3$ 是 2×2 矩阵. 找出 A 的 N- 根及 A/N 的直和表示.

2.10　令 A 是特征为素数 p 的域 F 上的 n 维代数, 设对 A 的每个元素 x 都有 $x^p = x$, 证明 A 是交换的 N 半单代数. 试把 A 分解成单代数的直和. 每个直和项是否同构于 F?

2.11　N 半单代数的中心也是 N 半单的.

2.12　$\{e_1, \cdots, e_n\}$ 是代数 A 的一组基, 使 $e_ie_j = 0$ 若 $i \neq j$ 且 $e_ie_i = e_i$. 证明 A 是交换的 N 半单代数.

2.13　证明一个交换的单代数是一个交换的可除代数.

2.14　设 F 是代数闭域, A 是 F 上有限单代数, 证明 $A = F_n$.

2.15　设 F 是代数闭域, A 是 F 上 N 半单代数, 证明 $A = F_{n_1} \bigoplus \cdots \bigoplus F_{n_3}$.

2.16　证明交换 N 半单代数是域的直和.

第3章　中心单代数

在第 2 章中, 我们看到对半单代数的研究可归结为对单代数的研究, 而单代数又可归结为可除代数. 本章将讨论中心单代数 (见 3.1 节), 实际上讨论的对象是与它相应的可除代数. 方法是利用张量积这一工具, 把中心可除代数和域 F 上全矩阵代数联系起来.

在第 2 章的讨论中, 并没有把域 F 上代数 A 的结构和基础域 F 本身所具有的特点紧密的联系起来, 因而那些结构定理可以看作是代数 A 的绝对性质. 本章将讨论代数 A 的与基础域 F 的特性密切有关的一些性质, 亦即用借助 F 的特性的方法来深入探讨代数 A 的结构.

本章中所涉及的代数都是有限结合代数.

3.1　Brauer 群

将称代数 A 本身在 A 中的中心化子, 亦即子代数 $C=\{c\in A|cx=xc,\forall x\in A\}$ 为代数A的中心. 易见, 可除代数的中心是一个域. 若 A 是 F 上有单位元 1 的代数, 则显然 $F\cdot 1$ 在 A 的中心 C 中. 为了方便, 常将 $F\cdot 1$ 和 F 等同起来.

定义 3.1.1　设 A 是 F 上有单位元 1 的代数, 若 A 的中心就是 $F\cdot 1$, 则称 A 为中心代数.

这样, 中心代数是永远有单位元的.

引理 3.1.1　(1) 若 F 上代数 $A=B\otimes C$ 且 B,C 是有单位元的代数, S 是 B 的一个子代数, 则

$$(B\otimes C)^S=B^S\otimes C,$$

其中, R^S 表示 S 在 R 中的中心化子;

(2) A,B,C 同 (1). 若 S 是 B 的子代数且和 B 有共同单位元, T 是 C 的子代数且和 C 有共同单位元, 则

$$(B\otimes C)^{S\otimes T}=B^S\otimes C^T;$$

(3) A,B,C 同 (1). 若 B 是 F 上中心代数, 则 $A^B=C$ 且 A 的中心与 C 的中心重合, 即 $A^A=C^C$.

证 设 $c_1,\cdots,c_t$ 是 C 的一个 F- 基, 则 $A=B\otimes C$ 的任一元素 a 可唯一地表成 (定理 1.5.3)

$$a=b_1c_1+\cdots+b_tc_t,\quad b_i\in B. \tag{3.1.1}$$

若 $a\in A^S$, 则 $as=sa,\forall s\in S$, 因而

$$0=as-sa=\sum_i(b_is-sb_i)c_i,$$

利用表示 (3.1.1) 的唯一性, 得

$$b_is=sb_i,\quad \forall s\in S,\quad i=1,\cdots,t,$$

故 $b_i\in B^S,\forall i$, 随之 $a\in B^S\otimes C$, 即 $A^S\subseteq B^S\otimes C$. 另一方面, 显然有 $B^S\otimes C\subseteq A^S$, 故得 (1).

证 (2). 显然有

$$B^S\otimes C^T\subseteq(B\otimes C)^{S\otimes T}.$$

另一方面, 若 $d\in(B\otimes C)^{S\otimes T}$, 则 d 与 S 中元素可换 (这是因为由于这些代数有共同的单位元, 故有 $S\subseteq S\otimes T$), 因而, 由 (1) 有

$$d\in(B\otimes C)^S=B^S\otimes C.$$

但 d 也与 T 中元素交换, 而 B^S 和 C 有共同单位元, 再由 (1) 有

$$d\in(B^S\otimes C)^T=B^S\otimes C^T,$$

即

$$(B\otimes C)^{S\otimes T}\subseteq B^S\otimes C^T,$$

故得 (2).

易见 (3) 是 (1), (2) 的直接推论. |

作为引理 3.1.1 的直接推论, 有

引理 3.1.2 设 B,C 都是 F 上中心代数, 则 $B\otimes C$ 也是.

引理 3.1.3 设 B 是 F 上中心单代数, 而 C 是 F 上有单位元的代数, 则 $B\otimes C$ 的理想必具形式 $B\otimes I$, 其中, I 是 C 的理想.

证 设 J 为 $B\otimes C$ 的非零理想. 令 $I=J\bigcap C$. 由定理 1.5.3, 可知此时有 $BI=B\otimes I$. 显然 $B\otimes I\subseteq J$.

今证 $J=B\otimes I$. 为此取 C 的一个 F- 基 $c_1,\cdots,c_n$, 使得 $c_1,\cdots,c_r$ 组成 I 的 F- 基 (如果 $I=\{0\}$, 则其基取成空集, 此时认定 $r=0$). 这时

$$B\otimes I=\{b_1c_1+\cdots+b_rc_r|b_1\in B,\cdots,b_r\in B\}.$$

若是 $J \neq B \otimes I$, 则集

$$M = \{x = b_{r+1}c_{r+1} + \cdots + b_n c_n | x \in J\}$$

必含有非零元. 在此集中取一元素

$$m = b_{i_1}c_{i_1} + \cdots + b_{i_s}c_{i_s}, \tag{3.1.2}$$

其中, $b_{i_j} \neq 0$, $r+1 \leqslant i_j \leqslant n$, i_j 是彼此不相同的数, 且要求项数 s 为有上述性质中的最小可能者.

对任意 $b \in B$, 元素

$$bm = bb_{i_1}c_{i_1} + \cdots + bb_{i_s}c_{i_s},$$
$$mb = b_{i_1}bc_{i_1} + \cdots + b_{i_s}bc_{i_s}$$

都在 J 中. 注意到项数 s 的性质, 知这些表达式中的系数 $bb_{ij}(b_{i_j}b)$ 或者都不是零或者同时是零. 这样, M 中所有形如 (3.1.2) 的元素中的 c_{i_1} 的系数 b_{i_1}, 再添上零组成 B 的一个非零理想. 由 B 的单性得此理想必等于 B.

由于 B 有单位元, 因而得 M 中, 亦即 J 中含有元素 $c_{i_1}+b_{i_2}c_{i_2}+\cdots+b_{i_s}c_{i_s}=d$. 故对 $\forall b \in B$, J 含有元素

$$bd - db = \sum_{j=2}^{s}(bb_{i_j} - b_{i_j}b)c_{i_j}.$$

由项数 s 的最小性得 $bb_{i_j} = b_{i_j}b$, 再由 B 的中心性得 $b_{i_j} \in F$, $j = 2, \cdots, s$. 故 J 含有形如 $c_{i_1} + \alpha_2 c_{i_2} + \cdots + \alpha_s c_{i_s}, \alpha_j \in F$ 的元素. 它们显然是属于 C 的, 而这和 $c_1, \cdots, c_r$ 组成 $I = C \bigcap J$ 之基是矛盾的. 故有 $J = B \otimes I$. |

综合这 3 个引理, 便得

定理 3.1.1 设 B, C 是 F 上有限、中心单代数, 则 $B \otimes C$ 也是.

反过来是显然成立的: 若 F 上代数 A, B, C 有共同的单位元而 $A = B \otimes C$ 是 F 上中心单代数, 则 B, C 也是.

定理 3.1.2 设 A 是 F 上有限单代数, $A = F_n \otimes D$, D 是与 A 相应的可除代数, 则有

(1) A 的中心和 D 的中心重合, 因而 A 的中心是 F 的扩域;

(2) 若 A 还是中心代数, 则 D 是 F 上中心可除代数.

为了证明定理 3.1.2, 只需指出这个易证事实: F_n 是 F 上的中心单代数.

下面, 在 F 上所有中心单代数组成的类中引入一个等价关系.

定义 3.1.2 B, C 是 F 上两个中心单 (有限) 代数, $B = F_n \otimes D_1$, $C = F_m \otimes D_2$. 若 $D_1 \simeq D_2$, 就称 B 和 C 是相似的, 记作 $B \sim C$.

应当指出, 这个定义是建立在关于单代数的唯一性定理的基础上.

易知, 中心单代数之间的相似关系是一个等价关系.

用 $[A]$ 表 F 上中心单代数 A 所在的等价类, 并规定

$$[A]\cdot[B]=[A\otimes B]. \tag{3.1.3}$$

今证, 它是集 $G=\{[A]|A$ 取 F 上的一切中心单代数$\}$上的二元运算.

首先, 由定理 3.1.1, $A\otimes B$ 是 F 上中心单代数. 其次, 为了说明定义 (3.1.3) 与代表选择无关, 设 $A_1\sim A_2, B_1\sim B_2$, 则

$$A_1=F_n\otimes D_1,\quad A_2=F_m\otimes D_1,\quad B_1=F_l\otimes D_2,\quad B_2=F_p\otimes D_2.$$

由定理 3.1.1, 定理 3.1.2, 定理 1.5.4, 定理 2.5.2 和定理 2.5.3, 故有

$$A_1\otimes B_1=(F_n\otimes F_l)\otimes(D_1\otimes D_2)=F_{nl}\otimes(F_r\otimes D)=F_{nlr}\otimes D,$$
$$A_2\otimes B_2=(F_m\otimes F_p)\otimes(D_1\otimes D_2)=F_{mp}\otimes(F_r\otimes D)=F_{mpr}\otimes D.$$

因而 $A_1\otimes B_1\sim A_2\otimes B_2$, 即定义 (3.1.3) 与代表选择无关.

由于张量积是有交换律、结合律的, 故乘法 (3.1.3) 也有交换律和结合律. 易见 $[F_n]$ 对此乘法起单位元的作用.

至此已得 $\{G,\cdot\}$ 作成一个有单位元的交换半群.

下面进一步证明 $\{G,\cdot\}$ 作成一个交换群.

引理 3.1.4　设 D,C 是 F 上代数 A 的两个子代数, D,C 有共同的单位元, D 与 C 的元素之间乘法交换, 若 D 还是 F 上中心可除代数, 则 $DC=D\otimes C$.

证　由 D,C 有共同的单位元, 故 DC 可看成是除环 D 上的左向量空间. 设 $c_1,\cdots,c_n$ 为 C 的一个 F- 基, 则 DC 中任意元素可表为 $d_1c_1+\cdots+d_nc_n, d_i\in D$, 即 $c_1,\cdots,c_n$ 是 D 上左向量空间 DC 的一组生成元, 适当编号, 不妨认定 $c_1,\cdots,c_r$ 是 DC 在 D 上的一个基. 若 $n=r$, 即有

$$d_1c_1+\cdots+d_nc_n=0\Longleftrightarrow d_1=0,\cdots,d_n=0,$$

则由定理 1.5.3, 便得 $DC=D\otimes C$.

若 $n>r$, 则有 $c_{r+1}=d_1c_1+\cdots+d_rc_r$. 但已知 D 与 C 的元素间乘法交换, 故 $dc_{r+1}-c_{r+1}d=0$, 即有

$$(dd_1-d_1d)c_1+\cdots+(dd_r-d_rd)c_r=0.$$

因而 $dd_i-d_id=0$, 即 d_i 在 D 的中心中, 但 D 是中心代数, 故 $d_i\in F, i=1\cdots,r$. 这样 $c_{r+1},c_1,\cdots,c_r$ 在 F 上线性相关, 这与 $c_i, i=1,\cdots,n$ 的选择矛盾. 故 $n>r$ 是不可能的. ▏

与代数 A 反同构的代数, 记作 A^{-1}. 对任何代数 A, 代数 A^{-1} 是存在的. 为此只需在 A 中用新的乘法运算 $\circ: a\circ b = ba$ 来替代原有乘法便得 A^{-1}. 对于有反自同构的代数 A, 将有 $A \simeq A^{-1}$. 例如, $F_n \simeq F_n^{-1}$.

引理 3.1.5 设 D 是 F 上中心可除代数, 则 $D \otimes D^{-1}$ 是全矩阵代数.

证 设 $(D:F) = n$. 令

$$R_D = \{R_d | d \in D\}, \quad L_D = \{L_d | d \in D\}.$$

由于 D 有单位元, 由定理 1.3.2, $D \simeq R_D, D^{-1} \simeq L_D$ 选定 D 的一个 F- 基后, R_D, L_D 可看成是 F_n 的两个子代数. F_n, R_D, L_D 有共同的单位元, 而 $R_d L_{d'} = L_{d'} R_d, \forall d, d' \in D$. 又由 D 是 F 上中心可除代数, 因而 R_D, L_D 也是, 这样由引理 3.1.4 得

$$R_D L_D = R_D \otimes L_D \simeq D \otimes D^{-1}.$$

此时还有 $(R_D L_D : F) = (R_D : F)(L_D : F) = n^2$. 这样子代数 $R_D L_D$ 与 F_n 的维数相同, 故 $F_n = R_D L_D \simeq D \otimes D^{-1}$. |

定理 3.1.3 设 A 是 F 上中心单代数, 则 $A \otimes A^{-1}$ 是 F 上全矩阵代数.

证 设 $A = F_n \otimes D$, 由 A 的中心性易得可除代数 D 的中心性, 由引理 3.1.5, $D \otimes D^{-1} = F_m$.

设 A 到 A^{-1} 的反同构对应为 φ, 则 A 是其子代数 F_n, D 的张量积的一切条件, 经 φ 变成 A^{-1} 是其子代数 $F_n\varphi, D\varphi$ 的张量积的一切条件. 但 $F_n\varphi = F_n^{-1} = F_n, D\varphi = D^{-1}$, 故得 $A^{-1} = F_n \otimes D^{-1}$. 这样

$$A \otimes A^{-1} = F_n \otimes D \otimes F_n \otimes D^{-1} = F_{n^2} \otimes (D \otimes D^{-1}) = F_{mn^2}. \quad |$$

这样对任意 $[A] \in G, [A]\cdot[A^{-1}] = [F_m]$.

总结以上便得

定理 3.1.4 设 $G = \{[A] | A$ 取遍 F 上一切中心单代数$\}$. 定义 $[A]\cdot[B] = [A \otimes B]$, 则 $\{G, \cdot\}$ 作成一个 Abel 群, 称为域 F 上的 Brauer 群.

进一步讨论 (见 3.8 节) 还可以证明 Brauer 群 $\{G,\cdot\}$ 的每一个元素都是有限阶的, 这等于说, 对 F 上任意一个中心可除代数 D, 都有一个相应的正整数 n, 使得 n 个 D 的张量积 $D\otimes\cdots\otimes D$(共 n 个) 是一个全矩阵代数. 这样 Brauer 群使我们对中心单代数, 实质上是对中心可除代数, 从整体上有一个初步的了解.

3.2 中心单代数的纯量扩张

设 A 是域 F 上有限代数, K 是域 F 的有限扩域. 考察它们的张量积 $A \bigotimes_F K$, 这里的 F 是要特别标明, A, K 是作为 F 上代数来作张量积的. 易见 $A \otimes K$ 可看

成是域 K 上的向量空间. 若 $a_1, \cdots, a_n$ 是代数 A 的 F- 基而相应的乘法表是

$$a_i a_j = \sum_k \alpha_{ij}^k a_k, \quad \alpha_{ij}^k \in F, \tag{3.2.1}$$

则由定理 1.5.3, $A \otimes K$ 中任意元素都可唯一地表成 $\sum\limits_i \beta_i a_i, \beta_i \in K$. 用 1 表域 K 的单位元, 则 $1a_i, i = 1, \cdots, n$ 组成 K 上向量空间 $A \otimes K$ 的一个基, 而其乘法表为

$$(1\,a_i)(1\,a_j) = \sum_k \alpha_{ij}^k (1\,a_k).$$

因而, 如果把 $1\,a_i$ 和 a_i 等同起来的话, 这时 $A \otimes K$ 的元素可唯一地表成 $\sum\limits_r \beta_i a_i, a_i \in A \otimes K, \beta_i \in K$, 且和 A 有相同的乘法表 (3.2.1).

故可这样粗略地说, 当把 $A \otimes K$ 看成是域 K 上代数时, 它和 F 上代数 A 的差别就在于基础域由 F 扩大到 K, 而基本的运算表完全把 A 的继承下来了.

定义 3.2.1 A 是 F 上有限代数, K 是 F 的有限扩域. 把域 K 上代数 $A \bigotimes_F K$ 称之为 F 上代数 A 的纯量扩张. 有时简记为 A_K.

命题 3.2.1 $(A \bigotimes_F B) \bigotimes_F K = (A \bigotimes_F K) \bigotimes_K (B \bigotimes_F K)$(或简写成 $(A \bigotimes_F B)_K = A_K \bigotimes_K B_K$), 其中, K 是 F 的扩域.

证 设 $a_1, \cdots, a_n; b_1, \cdots, b_m$ 顺序为 F 上代数 A, B 的 F- 基, 乘法表为

$$a_i a_j = \sum_h \alpha_{ij}^h a_h, \quad b_s b_t = \sum_k \beta_{st}^k b_k, \tag{3.2.2}$$

其中, $\alpha_{ij}^h, \beta_{st}^k$ 都在 F 中, 则由定义及上面的讨论得知, K 上代数 $(A \bigotimes_F B)_K$ 是以 $a_i b_s$ 为 K- 基, 其乘法表为

$$(a_i b_s)(a_j b_t) = \sum_{h,k} \alpha_{ij}^h \beta_{st}^k (a_h b_k). \tag{3.2.3}$$

另一方面, K 上代数 A_K, B_K 以 $a_1, \cdots, a_n; b_1, \cdots, b_m$ 为其 K- 基且顺序和 A, B 有相同的乘法表, 因而 $A_K \bigotimes_K B_K$ 也是以 $a_i b_s$ 为 K- 基, 以 (3.2.3) 为乘法表, 故得命题 3.2.1. |

注意到 $A \bigotimes_F K$ 可看成是以 F 代数 A 的基为基的域 K 上的代数, 可得下面的命题:

命题 3.2.2 若 A 是 F 上代数, 而 3 个域有包含关系 $F \subseteq P \subseteq K$, 则有 $(A \bigotimes_F P) \bigotimes_P K = A \bigotimes_F K$ 或简记作 $(A_P)_K = A_K$.

虽然 F 上代数 A 和 K 上代数 A_K 可以有相同的基和相同的乘法表, 然而在结构上是可能区别很大的.

先看一个简单的例子：可除代数的纯量扩张不是可除代数了.

设 D 是 F 上可除代数 $(D:F)=n>1$. 任取 $a\in D, a\notin F$, 则 a 在 F 上的最小多项式 $P(x)$ 之次数 $t>1$. 设 K 是 $F(\alpha)$, 而 α 为 $P(x)$ 的一个根. 这样, 在 K 上有

$$P(x)=(x-\alpha)(x^{t-1}+\beta_{t-2}x^{t-2}+\cdots+\beta_0),\quad \beta_i\in K. \tag{3.2.4}$$

今考察 $D_K, a\in D\subseteq D_K$, 由 (3.2.4) 得

$$0=P(a)=(a-\alpha)(a^{t-1}+\beta_{t-2}a^{t-2}+\cdots+\beta_0).$$

由于 a 在 F 上的最小多项式的次数为 t, 因而 $a^{t-1},a^{t-2},\cdots,1$ 在 F 上是线性无关的, 因而它们看成是 D_K 中的元素时, 在 K 上也是线性无关的. 因此

$$a-\alpha\neq 0,\quad a^{t-1}+\beta_{t-2}a^{t-2}+\cdots+\beta_0\neq 0,$$

即得 D_K 有零因子, 当然 D_K 不能是可除代数了.

但是有一些代数性质, 经过纯量扩张后是可保留下来的. 最简单的有 $F_n\otimes K=K_n$, 即 F 上全矩阵代数经纯量扩张仍是全矩阵代数, 当然已是域 K 上的了. 下面来证明中心单性是经纯量扩张不变的.

定理 3.2.1 A 是 F 上中心单代数 $\Longleftrightarrow A_K$ 是 K 上中心单代数, 其中, K 为 F 的任意有限扩域.

证 设 A 是 F 上中心单代数. 由定理 3.1.3, $A\otimes A^{-1}=F_n$. 依命题 3.2.1, 有

$$K_n=F_n\bigotimes{}_FK=(A\bigotimes{}_FA^{-1})\bigotimes{}_FK=A_K\bigotimes{}_KA_K^{-1}.$$

但 K_n 是全矩阵代数, 当然也是 K 上中心单代数. 依定理 3.1.1 下面的说明, 知 A_K 是 K 上中心单代数. 另一方面的结论是显然的. |

定理 3.1.3 指出, 对于中心可除代数 $D, D\otimes D^{-1}$ 是全矩阵代数, 它用张量积的方法, 把中心可除代数和全矩阵代数联系起来了. 本节的下面这个主要结果, 则是从另一角度, 用同样的方法, 把同样的对象联系起来. 先证

引理 3.2.1 F 上代数 A 有单位元 $\Longleftrightarrow A_K$ 有单位元, K 是 F 的任意有限扩域.

证 "$\Rightarrow$" 是显然的.

"$\Leftarrow$". 取 A 的一个 F- 基 $a_1,\cdots,a_n$, 相应的乘法表为

$$a_ia_j=\sum\alpha_{ij}^ka_k,\quad \alpha_{ij}^k\in F, \tag{3.2.5}$$

则 $a_1,\cdots,a_n$ 也是 A_K 的一个 K- 基, 其乘法表也是 (3.2.5).

若 A_K 的单位元 $1=\sum\beta_i a_i,\ \beta_i\in K$. 由

$$1\cdot a_j=\sum_i\beta_i a_i a_j=\sum_{i,k}\beta_i\alpha_{ij}^k a_k, \tag{3.2.6}$$

$$a_j\cdot 1=\sum_i\beta_i a_j a_i=\sum_{i,k}\beta_i\alpha_{ji}^k a_k \tag{3.2.7}$$

及 $1\cdot a_j=a_j\cdot 1=a_j$, 得

$$\left.\begin{aligned}&\sum_i\beta_i\alpha_{ij}^k=\delta_{jk},\\&\sum_i\beta_i\alpha_{ji}^k=\delta_{kj},\end{aligned}\right.\quad j,k=1,\cdots,n. \tag{3.2.8}$$

若把 β_i 看成未知数, 这是由 $2n^2$ 个方程组成的 F 上的线性方程组. 它在扩域 K 中有解, 依线性方程组理论, 它在域 F 中亦必有解. 故存在 $\alpha_i\in F$, 用 α_i 代替 β_i 满足 (3.2.8), 因而 $\sum\alpha_i a_i\in A$ 是 A 的单位元. |

定理 3.2.2　A 是 F 上中心单代数 $\Longleftrightarrow$ 存在 F 的一个有限扩域 K, A_K 是 K 上全矩阵代数.

证　"$\Leftarrow$". 设 A_K 是 K 上全矩阵代数, 则由引理 3.2.1, A 有单位元. 若 C 是 A 的中心, 则 $F\subseteq C$. 今证 $C=F$. 显然 C_K 包含在 A_K 的中心中, 但 A_K 的中心是 K, 故 $(C_K:K)\leqslant(K:K)=1$. 另一方面 $(C_K:K)=(C:F)\geqslant 1$, 故 $(C_K:K)=(C:F)=1$, 即 $C=F$. 故 A 是中心代数.

其次, 若 I 是 A 的非零理想, 则 I_K 是 A_K 的非零理想. 由 A_K 是 K 上单代数, 得 $I_K=A_K$, 这样便有

$$(I:F)=(I_K:K)=(A_K:K)=(A:F),$$

即 $A=I$, 故 A 是单代数.

"$\Rightarrow$". 设 A 是 F 上中心单代数. 若 $(A:F)=1$, 则 $(A_K:K)=1, A_K=K$ 是 K 上中心单代数. 今对维数 $(A:F)$ 作归纳法来证明. 设 $A=F_n\otimes D$, D 是中心可除代数. 若 $A\neq D$, 则 $(D:F)<(A:F)$. 由归纳法假设, 存在 F 的有限扩域 K, 使 $D_K=K_m$ 是 K 上全矩阵代数. 这时由命题 3.2.1, 便有

$$A_K=(F_n)_K\bigotimes{}_K(D_K)=K_n\bigotimes{}_K K_m=K_{nm}.$$

若 $A=D$, 则由上面的例子所示, 存在 F 的有限扩域 P, 使 D_P 不是 P 上可除代数. 但 D_P, 由定理 3.2.1, 仍为中心单代数, 故有 $A_P=D_p=P_n\bigotimes{}_P D'$, 而 $(D':P)<(D_P:P)=(A_P:P)=(A:F)$. 再由归纳法假设, 必存在 P 的有限扩域

$K, (D')_K$ 是 K 上全矩阵代数. 这样, 利用命题 3.2.1、命题 3.2.2, $A_K = (A_P)_K = (P_n \bigotimes_K D')_K = K_n \bigotimes_K (D')_K$ 也是 K 上全矩阵代数. |

由定理 3.2.2 直接得到

定理 3.2.3 设 A 是 F 上中心单代数, 则 $(A:F) = n^2$, n 是正整数.

3.3 分离代数

3.2 节中看到中心可除代数一定有一个纯量扩张是全矩阵代数. 对于不是中心的可除代数如何呢? F 上可除代数 D 的中心 C 是一个 F 上的有限扩域. 在考察可除代数之前, 先看一下 F 上有限扩域 C 的情况.

设 C 是域 F 上非分离有限扩域. 此时 F 的特征 $p \neq 0$. 设 $a \in C$ 是非分离元, 则 a 的最小多项式必具形状

$$\varphi(x) = (x^p)^r + \beta_1(x^p)^{r-1} + \cdots + \beta_r.$$

设 $K = F(\alpha_1, \cdots, \alpha_r)$, 其中, α_i 是 $x^p = \beta_i$ 的一个根.

现来考察 C_K. 在 C_K 中有

$$0 = \varphi(a) = (a^r + \alpha_1 a^{r-1} + \cdots + \alpha_r)^p.$$

由于 $a^r, \cdots, 1$ 在 F 上是线性无关的, 故作为 C_K 中元素, 它们在 K 上也是线性无关的. 因而

$$0 \neq b = a^r + \alpha_1 a^{r-1} + \cdots + \alpha_r \in C_K$$

是幂零元. 可换代数 C_K 有非零的幂零元, 因而其 N 根不为零, 即 C_K 不是半单代数.

这样便有, 可除代数的纯量扩张甚至可能不是半单代数. 因而需要下面的定义:

定义 3.3.1 F 上半单代数 A 叫做分离代数, 如果对于任意有限扩域, A_K 是 K 上的半单代数.

为了刻画分离代数, 需要下面的命题:

命题 3.3.1 若 C 是域 F 的有限分离扩域, 则其任意纯量扩张 C_K 必是半单的, 即 C 是 F 上分离代数.

证 C 是 F 上有限分离扩域, 故 $C = F(\xi)$, 其中, ξ 在 F 上的最小多项式 $\varphi(x)$ 是分离多项式.

设 P 是 $\varphi(x)$ 的完全分解域, 则在 $P[x]$ 中有

$$\varphi(x) = (x - \xi_1) \cdots (x - \xi_t), \quad \xi_i \in P.$$

设

$$\varphi_i(x) = \frac{\varphi(x)}{x-\xi_i} \in P[x], \quad i=1,\cdots,t.$$

由于它们的最大公因式是 1, 故存在 $\psi_i(x) \in P[x]$, 使得

$$\varphi_1(x)\psi_1(x) + \cdots + \varphi_t(x)\psi_t(x) = 1. \tag{3.3.1}$$

今考察 C_P. C_P 是可换代数. 在 C_P 中, 由于 $\varphi(\xi)=0$, 故 $\varphi_i(\xi)\varphi_j(\xi)=0, i\neq j$. 设 $e_i=\varphi_i(\xi)\psi_i(\xi)\in C_P$, 则由 (3.3.1) 有

$$e_1+\cdots+e_t=1 \text{ 且 } e_ie_j=\delta_{ij}e_i.$$

注意到 $t=(C:F)=(C_P:P)$, 便得

$$C_P = e_1P\oplus\cdots\oplus e_tP, \text{ 而 } e_iP\simeq P,$$

即 C_P 是 P 上单代数的直和, 即是半单的.

易见对 P 的任意扩域 K, 有

$$C_K = e_1K\oplus\cdots\oplus e_tK$$

是 K 上半单代数.

设 Q 是 F 的任意有限扩域. 取 P, Q 的一个合成域 K, 则由上讨论知 C_K 是 K 上半单的. 此时必有 C_Q 也是半单的, 否则 $(C_Q)_K = C_K$ 将不是半单的了, 这与刚得到的结果矛盾. 这样就得到对任意 Q, C_Q 都是半单的. ▎

定理 3.3.1　F 上单代数 A 是分离代数 $\Longleftrightarrow$ 单代数 A 的中心是 F 的分离扩域.

证　"$\Rightarrow$". 由定理 3.1.2 知单代数 A 的中心是域. 若 A 的中心 C 是 F 的非分离扩域, 则由上面的讨论, C 的某个纯量扩张 C_K 含有非零的幂零元 c. 但 C_K 中的每个元素与 A_K 中的每个元素是乘法可换, 因而幂零元 c 在 A_K 生成的理想是幂零的, 这和 A 是分离代数, 因而 A_K 是半单的相矛盾, 故 C 必是 F 的分离扩域.

"$\Leftarrow$". 已知单代数 A 的中心 C 是 F 的分离扩域, $(C:F)=t$. 由命题 3.2.1 知, 若取 P 是包含 C 的 F 的最小正规扩域, 则 A 的单位元 1 在 C_p 中可分解成 t 个两两正交的幂等元的和

$$1 = e_1+\cdots+e_t. \tag{3.3.2}$$

今证 A_P 是 P 上中心单代数的直和.

利用 (3.3.2), 注意到 e_t 在 A_P 的中心 C_P 中, 便得

$$A_P = B_1\oplus\cdots\oplus B_t, \quad B_\mu = A_p\cdot e_\mu. \tag{3.3.3}$$

下面来证明每一 B_μ 都是 P 上中心单代数.

为此把 A 看成其中心 C 上的代数. 这时 A 是 C 上的中心单代数. 设 $a_1,\cdots,a_n$ 为 A 在 C 上的一个基, 其乘法表为

$$a_i a_j = \sum_k \alpha_{ij}^k a_k, \quad \alpha_{ij}^k \in C, \tag{3.3.4}$$

则作为 C 上中心单代数 A 的纯量扩张, $A\bigotimes_C P$ 是 P 上的中心单代数且以 $a_1,\cdots,a_n$ 为基, 以 (3.3.4) 为乘法表.

由 $(A_P:P)=(A:F)=(A:C)(C:F)=n\cdot t$ 以及 (3.3.3), 易见 $n\cdot t$ 个元素 $a_ie_\mu, i=1,\cdots,n,\mu=1,\cdots,t$ 是 P 上向量空间 A_P 的一组生成元, 因而是 A_P 的一个 P 基, 并且 $a_ie_\mu, i=1,\cdots,n$ 恰组成 B_μ 在 P 上的一个基. P 上代数 B_μ 关于此基的乘法表是

$$(a_ie_\mu)(a_je_\mu)=(a_ia_j)(e_\mu e_\mu)=\sum_k \alpha_{ij}^k(a_ke_\mu),$$

即和乘法表 (3.3.4) 一样. 即得 P 上代数 B_μ 与 P 上中心单代数 $A\bigotimes_C P$ 是同构的, 因而每一 B_μ 都是 P 上中心单代数.

设 K 为 F 的任意有限扩域, 取 Ω 为 P 和 K 的合成域, 依命题 3.2.1 和命题 3.2.2, 则由

$$(A_K)_\Omega=(A_P)_\Omega=(B_1)_\Omega\oplus\cdots\oplus(B_t)_\Omega$$

以及 $(B_\mu)_\Omega$, 作为 P 上中心单代数的纯量扩张, 是 Ω 上的中心单代数, 便得 $(A_K)_\Omega$ 是 Ω 上半单代数, 因而 A_K 也是 K 上半单代数. |

由上定理不难推得

定理 3.3.2 设 F 上半单代数 $A=\sum\oplus A_i, A_i$ 是单代数, 则 A 是分离代数当且仅当每一单代数 A_i 的中心 C_i 是 F 的分离扩域.

注意到特征为零的域 F 的任意有限扩域都是分离扩域, 有

定理 3.3.3 特征为零的域 F 上的任意半单代数都是分离代数.

定理 3.3.4 F 上半单代数 A 是分离的 $\Longleftrightarrow$ 存在 F 的一个有限扩域 P 使 A_P 是 P 上全矩阵代数的直和.

证 "$\Rightarrow$". 在定理 3.3.1 的证明中, 可以看到, 若 A 是分离代数, 则存在一有限扩域 P, 使 A_P 是 P 上中心单代数的直和. 但每一 P 上中心单代数 B 都有一纯量扩张 B_K 是 K 上全矩阵代数, 其中, K 是 P 的有限扩域. 取这些 K 的一个合成域 Ω, 便得 A_Ω 是 Ω 上全矩阵代数的直和.

"$\Leftarrow$". 请读者去证. |

定理 3.3.4 中出现一个有用的概念, 可以写成

定义 3.3.2 域 F 的一个扩域 K 叫做 F 上代数 A 的一个分裂域, 若 A_K 是 K 上全矩阵代数的直和.

3.4 中心单代数的自同构、单子代数

在本节中证明关于中心单代数的两个定理. 一个是说它的自同构必是内自同构. 和群的内自同构概念类似的, 有单位元的代数 A 的一个自同构 φ 叫做内自同构, 如果存在 A 中可逆元 a, 使得 $x\varphi = a^{-1}xa, \forall x \in A$. 在线性代数中我们知道域 F 上全矩阵代数 F_n 的自同构都是内自同构, 上述结果是这个定理的一个推广. 另一个是说中心单代数的单子代数在一定意义下是成对出现的. 这些定理本身就很重要, 并有广泛应用. 另外, 在下面构造一种特殊类型的中心单代数时, 它们又是必不可少的.

先证下面的引理:

引理 3.4.1 设 A 是 F 上单代数, 其单位元是 1, F 上有限维向量空间 $V \neq 0$ 是 A 上代数模且 $x \cdot 1 = x, \forall x \in V$, 则 V 是有限个既约 A 模的直和, 并且 V 的每一个既约子模都与 A 的任一极小右理想 (看成 A 的代数模) 同构. 随之, 单代数 A 的极小右理想作为 A 模是彼此同构的.

证 取 V 的一个既约子模 V_0(由 V 是 F 上有限维空间知这样的既约子模是存在的) 以及 A 的一个极小右理想 R.

若 $V_0R = 0$, 则 V_0 的零化子 $B = \{a \in A | V_0 a = 0\}$ 包含 R, 因而不为零. 易见 B 是 A 的理想, 由 A 的单性知 $A = B$, 从而 $V_0 A = 0$, 这与假设 $x \cdot 1 = x, \forall x \in V$ 相矛盾, 故 $V_0 R \neq 0$. 因而存在 $x_0 \in V_0$, 使 $x_0 R \neq 0$. 显然 $x_0 R$ 是子模, 由 V_0 的既约性得 $V_0 = x_0 R$. 直接验证知对应

$$\varphi : R \to V_0 = x_0 R,$$
$$r \mapsto x_0 r$$

是代数模 R 到 V_0 上的同态对应. 由 R 的极小性知 φ 是同构对应, 即既约模 $V_0 \simeq R$. 由之便得单代数 A 的所有极小右理想看成 A 的代数模是彼此同构的.

另一方面, 由于 $A = D \otimes F_n$, 若令 e_{ii} 为矩阵单位, $A_i = e_{ii}A$, 则 A_i 是 A 的极小右理想且

$$A = A_1 + A_2 + \cdots + A_n. \tag{3.4.1}$$

代数模 V 是有有限生成元组的, 令 $x_1, x_2, \cdots, x_m$ 是 V 的一组生成元,

$$V = x_1 A + \cdots + x_m A,$$

则由 (3.4.1) 得

$$V = x_1A_1 + \cdots + x_1A_n + x_2A_1 + \cdots + x_2A_n + \cdots + x_mA_n.$$

这里每一 x_iA_j 或等于零或是与 A_j 同构的既约模. 在此和中去掉一切可去的被加项, 假定剩下来的既约模是 $V_1, \cdots, V_s$, 则易见

$$V = V_1 \oplus \cdots \oplus V_s \quad (\text{代数模的直和}). \quad |$$

定理 3.4.1 (Noether-Skolem 定理) 设 A 是 F 上中心单代数, B 和 B' 是 A 的两个单子代数且 A, B 和 B' 有共同的单位元 1, 则 F 上代数 B 与 B' 间的任意同构对应可以扩充成代数 A 的一个内自同构.

证 设 F 上有限维向量空间 A 所有线性变换作成的代数为 T, 则

$$T = L_AR_A = L_A \otimes R_A,$$

其中, $L_A(R_A)$ 是利用 A 中元素作左 (右) 乘所组成的 T 的子代数. 令 R_B 表示用 B 的元素作右乘的全体, 则显然 $R_B \subseteq R_A$ 且 $L_AR_B = L_A \otimes R_B$. 令

$$C = L_A \otimes R_B,$$

则知 C 是 F 上单代数. F 上向量空间 A 可看成是 C 上代数模. 由于 A, B 有共同单位元, 故 C 的单位元是空间 A 的恒等变换, 这样由引理 3.4.1, C 上代数模 A 是有限个既约模 A_i 的直和,

$$A = A_1 + \cdots + A_m. \tag{3.4.2}$$

同样, 令 $C' = L_AR_{B'} = L_A \otimes R_{B'}$, 则 C' 上代数模 A 也是有限个 C' 上既约模 A'_i 的直和,

$$A = A'_1 + \cdots + A'_n. \tag{3.4.3}$$

设给定的同构对应为

$$\Psi : B \to B',$$

$$b \mapsto b'.$$

另一方面, $b \mapsto R_b(b' \mapsto R_{b'})$ 给出 $B(B')$ 和 $R_B(R_{B'})$ 间的同构对应, 故 $R_b \mapsto R_{b'}$ 给出 R_B 到 $R_{B'}$ 上的同构对应. 随之

$$\alpha = \sum L_{a_i}R_{b_i} \mapsto \sum L_{a_i}R_{b'_i} = \alpha' \tag{3.4.4}$$

就给出代数 $L_A \otimes R_B$ 到 $L_A \otimes R_{B'}$ 上, 也就是 C 到 C' 上的同构对应. 由引理 3.4.1, (3.4.2) 中的 A_i 和 C 的极小右理想作为 C 上代数模是同构的, (3.4.3) 中的 A'_i 和

C' 的极小右理想作为 C' 上代数模是同构的, 随之, 在 A_i 和 A_i' 之间有一个一一对应 $x_i \mapsto x_i'$, 使得

$$x_i + y_i \mapsto x_i' + y_i',$$
$$x_i\alpha \mapsto x_i'\alpha'.$$

不妨设 $m \leqslant n$. 这样在 $A = A_1 + \cdots + A_m$ 和 $A_1' + \cdots + A_m'$ 之间 (也就是 A 到 A 内) 就有一个一一对应

$$\varphi : A \to A,$$
$$x = x_1 + \cdots + x_m \mapsto x_1' + \cdots + x_m' = x',$$

满足

$$\varphi(x+y) = \varphi(x) + \varphi(y),$$
$$\varphi(x\alpha) = \varphi(x)\alpha'. \tag{3.4.5}$$

取 $\alpha = L_aR_1, a \in A$, 则 $\alpha = \alpha'$, 故有

$$\varphi(ax) = \varphi(x\alpha) = \varphi(x)\alpha' = \varphi(x)\alpha = a\varphi(x),$$

即是

$$\varphi(ax) = a\varphi(x), \forall a \in A. \tag{3.4.6}$$

令 $x = 1, \varphi(1) = c \in A$, 得 $\varphi(a) = ac$. 由于 φ 是一一对应, 故对任意 $a \in A$, 若 $ac = 0$, 则必 $a = 0$, 即 c 不是 A 的右零因子. 注意到 A 是有限维代数, 故 c 必有左逆元, 随之 c 是可逆元.

在 (3.4.5) 中取 $\alpha = L_1R_b, b \in B$, 则有

$$\varphi(xb) = \varphi(x)b'. \tag{3.4.7}$$

由 (3.4.6), (3.4.7) 便得

$$bc = b\varphi(1) = \varphi(b \cdot 1) = \varphi(1 \cdot b) = \varphi(1)b' = cb',$$

即

$$c^{-1}bc = b'.$$

这样, 给定的代数 B 到 B' 上的同构对应 $b \mapsto b'$ 就扩充为元素 c 所确定的代数 A 的内自同构. |

这个定理先是对域 F 上全矩阵代数 F_n 证的, 现在对域 F 上中心有限维可除代数 D 上的全矩阵代数 D_n(看成 F 上代数) 也已证明. 实际上对证明稍加修改,

特别是关于 c 是可逆元的证明, 可以去掉 D 在 F 上的维数是有限的限制, 把它留给读者去做. Noether-Skolem 定理有很多应用, 从下面讨论中心单代数的单子代数中也可看到它是一个有力结果.

引理 3.4.2 设 A 是 F 上 n 维有单位元的代数, 把 A 看成 F_n 的子代数, 则 $F_n^A \simeq A^{-1}$.

证 把 F_n, A, A^{-1} 顺序看成是 F 上 n 维向量空间 A 上的线性变换代数 T, R_A, L_A. 欲证定理只需证明 $T^{R_A} = L_A$.

我们知道 $L_A \subseteq T^{R_A}$. 另一方面, 设 $\alpha \in T$ 为与一切 $R_a, a \in A$ 交换者, 则有

$$x(\alpha R_a) = x(R_a \alpha),$$

即

$$(x\alpha)a = (xa)\alpha, \quad \forall x, a \in A.$$

取 $x = 1$, 令 $c = 1\alpha \in A$, 得 $ca = a\alpha, \forall a \in A$, 即 $\alpha = L_c \in L_A$, 故得 $T^{R_A} = L_A$. |

定理 3.4.2 设 A 是域 F 上中心单代数, B 是 A 的一个 n 维单子代数且与 A 有共同单位元, 则有

(1) A^B 是单子代数, 与 A 有共同单位元;

(2) $A^{(A^B)} = B$;

(3) $(A:F) = (B:F)(A^B:F)$;

(4) $A^B \otimes F_n \simeq A \otimes B^{-1}$.

证 先证 (4). 令 $C = A \otimes F_n$, 由定理 3.1.1 知, 它是一个 F 上中心单代数. 由于 n 维代数 B 可同构地嵌入 F_n, 即与 F_n 的一个子代数 B_0 同构, 这样便有

$$C \supseteq A \supseteq B \simeq B_0 \subseteq F_n \subseteq C,$$

即 C 中有两个彼此同构的单子代数 B 和 B_0. 由上面定理得必有代数 C 的内自同构 φ, 使 $B\varphi = B_0$. 随之也有 $(A \otimes F_n)^B \varphi = (A \otimes F_n)^{B_0}$. 由引理 3.1.1, 有

$$(A \otimes F_n)^B = A^B \otimes F_n,$$

$$(A \otimes F_n)^{B_0} = A \otimes F_n^{B_0} = A \otimes B_0^{-1} \simeq A \otimes B^{-1},$$

故 $(A^B \otimes F_n)\varphi = A \otimes B_0^{-1}$, 即得 (4).

证 (1). 作为中心单代数与单代数的张量积, $A \otimes B^{-1}$ 是单代数, 再由 (4) 便知 $A^B \otimes F_n$ 是单代数, 因而 A^B 是单代数. 显然它含 A 中单位元.

证 (2). 由引理 3.1.1, 有

$$(A \otimes F_n)^{A^B \otimes F_n} = A^{(A^B)} \otimes F = A^{(A^B)},$$

$$(A\otimes F_n)^{A\otimes B_0^{-1}}=F\otimes F_{n^0}^{B^{-1}}=B_0.$$

注意到 φ 是 $A\otimes F_n$ 的自同构且 $(A^B\otimes F_n)\varphi=A\otimes B_0^{-1}$, 故有

$$A^{(A^B)}\varphi=B_0.$$

另一方面,

$$B\varphi=B_0,$$

故有 $A^{(A^B)}=B$.

证 (3). 由 (4) 得 $(A^B:F)n^2=(A:F)_n$, 故

$$(A:F)=(A^B:F)n=(A^B:F)(B:F). \quad |$$

定理 3.4.2 说明中心单代数 A 内与 A 有共同单位元的单子代数成对出现: 有一个 B, 就有一个 C, 此处 $C=A^B, B=A^C$ 且 $(A:F)=(B:F)(C:F)$. 这个定理常称为双中心化子定理. 在下面将利用它进一步找到中心单代数的有"好"性质的分裂域.

3.5 中心单代数的分裂域

在 3.2 中已经看到, 中心单代数都有分裂域. 在本节中将要证明, 对 F 上中心单代数 A 必有 F 上的正规扩域 N 作为它的分裂域. 为此, 当然只需考虑 F 上中心可除代数 D 就够了.

设 D 是 F 上中心可除代数, K 是 F 上 n 次扩域. 显然 $D\otimes F_n$ 含有与 F 上代数 K 同构的子域. 这样就有最小正整数 r, 能使 $A=D\otimes F_r$ 含有与 K 同构的子域.

定理 3.5.1 设 D 是 F 上中心可除代数, K 是 F 上有限扩域而 r 是最小正整数, 能使 $A=D\otimes F_r$ 含有与 F 上代数 K 同构的子域, 则下列各命题是等价的:

(1) K 是 D 的分裂域;

(2) K 是 A 的极大子域 (即 K 不被 A 的更大子域所包含);

(3) $A^K=K$.

证 在下面的讨论所涉及的代数都有共同单位元, 将不每次重复了.

首先证明, A^K 是一个可除代数.

由于 D, F_r 都是中心单代数, 故其张量积 A 也是. 但 K 是 A 的单子代数, 由定理 3.4.2, A^K 是单代数, 随之 $A^K=D_1\otimes F_t$. 若 A^K 不是可除代数, 则 $t>1$, 今证这是不可能的.

由定理 1.5.5, $A = F_t \otimes A^{F_t}$. 再由定理 3.4.2, A^{F_t} 是单代数, 随之 $A^{F_t} = D_2 \otimes F_s$. 这样

$$A = F_t \otimes A^{F_t} = F_t \otimes D_2 \otimes F_s = D_2 \otimes F_{st}.$$

由关于单代数的唯一性定理知 $D \simeq D_2, r = st$. 随之

$$s = \frac{r}{t} < r.$$

另一方面, K 与 F_t 元素间交换, 故

$$K \subseteq A^{F_t} = D \otimes F_s,$$

这与 r 的最小性是矛盾的. 故 A^K 是可除代数.

现在来证 (1)$\Longleftrightarrow$(3). 由定理 3.4.2, 注意到 K 是域, 有

$$A^K \otimes F_n \simeq A \otimes K = (D \otimes K) \otimes F_r = (D' \otimes F_m) \otimes F_r,$$

其中, D' 是可除代数. 由于 A^K 是可除代数, 再由唯一性定理知 $A^K \simeq D'$, 因而

$$D \otimes K = A^K \otimes F_m. \tag{3.5.1}$$

式 (3.5.1) 说明, 若 $A^K = K$, 则 K 是 D 的分裂域; 反之, 若 K 是 D 的分裂域, 则 $A^K \simeq K$. 但 $K \subseteq A^K$ 且都是 F 上有限维代数, 故 $A^k = K$.

最后证 (2) $\Longleftrightarrow$ (3). 若 $A^K \neq K$, 则由于 $A^K \supseteq K$, 必有 $\alpha \in A^K \setminus K$. $K[\alpha] \subseteq A^K$, 因而 $K[\alpha]$ 无零因子, 另一方面它显然是 F 上有限维交换代数, 故得 $K[\alpha]$ 是子域, 因而 K 不是 A 的极大子域.

反之, 若 K 不是极大子域, 则有域 K', 使

$$K \subset K' \subset A,$$

因而 $A^K \supseteq K'$, 随之 $A^K \neq K$. |

作为定理 3.5.1 的推论有下面关于可除代数的结果.

定理 3.5.2 设 D 是域 F 上中心可除代数, 则

(1) D 的每一极大子域都是 D 的分裂域. 随之, 有限维可除代数 D 含有自己的分裂域;

(2) 对于 D 的每一极大子域 K, 有 $(D:F) = (K:F)^2$;

(3) 若 N 是 D 的一个分裂域, 则 $\sqrt{(D:F)}$ 整除 $(N:F)$.

证 (1) 是定理 3.5.1 中 $r = 1$ 的情形.

证 (2). 设 K 是可除代数 D 的极大子域, 当然 K 是单子代数, 由定理 3.4.2, 知

$$(D:F)=(K:F)(D^K:F),$$

但 $D^K=K$, 故 $(D:F)=(K:F)^2$.

证 (3). 根据定理 3.5.1 前面的讨论以及定理 3.5.1, 知 N 必是某一中心单代数

$$A=D\otimes F_r$$

的极大子域且 $N=A^N$, 故有

$$(A:F)=(N:F)(A^N:F)=(N:F)^2=(D:F)r^2,$$

$$(N:F)=\sqrt{(D:F)}\cdot r,$$

故得 (3). |

虽然已经知道中心单代数 A 都有分裂域, 但仍需进一步探讨, 它是否有性质 "好" 的分裂域. 这对进一步探讨中心单代数的构造是重要的. 利用上面结果去证, A 一定有分裂域 K 而 K 是 F 上的正规扩域. 先证下面这个属于 Noether 的结果.

定理 3.5.3 设 D 是 F 上中心可除代数且 $D\neq F$, 则 D 含有子域 $K\supset F$, 它是 F 上的分离扩张.

证 任取 $u\in D\backslash F$, 则易见 $F[u]$ 是 D 的子域且 $F[u]\supset F$. 由于特征为零的域或者有限域上的有限扩域都是分离的, 故可假定 F 的特征 $p\neq 0$. 以及 F 是无限域.

假定定理不成立, 则对任意 $u\in D\backslash F, F[u]$ 都是纯不可分离扩张, 这时我们知道对任意 $u\in D\backslash F$ 都有一个正整数 $e, x^{p^s}-\alpha, \alpha\in F$, 是 u 的最小多项式. 由于所有这些 $p^e\leqslant(D:F)$, 故存在一个正整数 s, 对任意 $u\in D$ 都有

$$u^{p^s}\in F.$$

取 D 在 F 上的一个基 $1,u_2,\cdots,u_n$, 则 D 中任意元素 u 可写成

$$u=\xi_1+\xi_2u_2+\cdots+\xi_nu_n,$$

$$u^{p^s}=f_1(\xi)+f_2(\xi)u_2+\cdots+f_n(\xi)u_n\in F.$$

把 $\xi_1,\cdots,\xi_n$ 看成 F 上不定元, 其中, $f_i(\xi)\in F[\xi_1,\cdots,\xi_n]$. 由于 F 是无限域而当 $\xi_1,\cdots,\xi_n$ 在 F 中取任意值时, $f_2(\xi)=\cdots=f_n(\xi)=0$, 故 $f_2,\cdots,f_n$ 是零多项式.

现在取 D 的一个分裂域 K, 那么对于 D_K 中任意元 $u=\alpha_1+\alpha_2u_2+\cdots+\alpha_nu_n,\alpha_i\in K$ 来说, 便有

$$u^{p^s} = f_1(\alpha) \in K.$$

但这是不可能的, 因为 $D_K = K_m$ 中矩阵单位 e_{11} 的任何次方仍等于 e_{11} 而不在系数域 K 中. 此矛盾说明定理成立. |

定理 3.5.4 设 D 是 F 上中心可除代数, 则 D 含有极大子域 K 且 K 是 F 上分离扩域.

证 由定理 3.5.3, D 含有异于 F 的 F 上分离扩域. 由 $(D:F)$ 的有限性得 D 含有极大分离子域 K, 即 K 不含在更大的分离子域中.

假定 K 不是 D 的极大子域. 由定理 3.4.2, D^K 是可除代数 D 的单子代数, 因而是可除代数且 $D^{(D^K)} = K$. 另一方面, $D^K \supset K$, 故 D^K 是 K 上中心可除代数, 由定理 3.5.3, D^K 含有异于 K 的 K 上分离扩域 K', 随之 K' 是 F 上分离扩域. 这与关于 K 的选择是矛看的, 故 K 是 D 的极大子域. |

这个定理中的 F 上分离扩域 K, 由定理 3.5.2, 是可除代数 D 的分裂域. 注意到 F 上分离扩域必含在 F 上的一个正规扩域中以及分裂域的扩域仍是分裂域, 便得下面重要结果.

定理 3.5.5 F 上中心单代数必有分裂域 N 且 N 是 F 上正规扩域.

这样中心可除代数有正规扩域为其分裂域. 代数中一个著名的问题是: 在 F 上中心可除代数 D 的极大子域 (我们知道, 它们都是 D 的分裂域) 中有 F 上的正规扩域吗? (Amitsur, 1972) 中给予否定的解决.

3.6 一些特殊域上的中心可除代数

本节讨论有限域和实数域上的中心可除代数, 对它们给出完全的刻画, 这也可看成是 Noether-Skolem 定理的一些应用.

引理 3.6.1 设 G 是一个有限群, H 是 G 的一个真子群, 则 $G \neq \bigcup\limits_{g \in G} g^{-1}Hg$.

证 设 G 的阶为 n, H 的阶为 m, 而 $n = mk, k \geqslant 2$, 则因为利用 H 的同一左陪集的元素只能得出一个与 H 共轭的子群, 故与 H 共轭的子群最多有 k 个. 每一与 H 共轭的子群之阶为 m 而它们都含有共同的单位元, 所以其并的元素最多只能有 $mk - (k-1) = n - (k-1) < n$, 故得引理 3.6.1. |

引理 3.6.2 若 K_1, K_2 是有 p^n 个元素的两个有限域且有共同子域 F, 则把 K_1, K_2 看成 F 上代数时, 它们也是同构的.

证 我们知道 K_1 和 K_2 都是素域 P 上多项式 $x^{p^n} - x$ 的完全分解域. 这样 K_1, K_2 也都可看成 F 上多项式 $x^{p^n} - x$ 的完全分解域, 因而存在使 F 中元素不变的, K_1 和 K_2 间的同构对应, 也就是 F 上代数 K_1, K_2 是同构的. |

定理 3.6.1 (Wedderburn 定理) 任一有限除环 D 是一个域.

证 设 D 的中心是 F. 若 $D=F$, 则定理得证. 设 $D\neq F$. 此时 D 是有限域 F 上有限维中心可除代数且 $(D:F)=n^2>1$. 由定理 3.5.2, D 有极大子域 $K,(K:F)=n,K\supset F$.

另一方面, D 中任意元素都必含在某个极大子域 K' 中. 同样也有 $(K':F)=n,K'\supset F$. 由引理 3.6.2, F 上代数 K 和 K' 是同构的. 这样在 D 中有两个同构的单代数. 依 Noether-Skolem 定理, 此同构对应可扩充为 D 的内自同构, 随之, 有 $d\in D$, 使

$$d^{-1}Kd=K'.$$

这说明

$$D=\bigcup_{0\neq d\in D}d^{-1}Kd$$

或

$$D^*=\bigcup_{d\in D^*}d^{-1}K^*d,$$

其中, $D^*=D\backslash\{0\},K^*=K\backslash\{0\}$ 都是乘群, 这与引理 3.6.1 的结果相矛盾. 故 $D=F$. |

此定理说明, 有限域 F 上, 除自己外没有有限维中心可除代数.

定理 3.6.2 (Frobenius 定理) (1) 若 D 是实数域 F 上有限维中心可除代数, 则 D 同构于四元数代数 (见例 1.2.3);

(2) 实数域 F 上有限可除代数只有 F 本身、复数域和四元数代数.

证 任取定 D 的一个极大子域 K, 则 K 是实数域 F 的有限扩域. 易知实数域上在同构意义下只有一个有限扩域, 那就是复数域. 这样 $K=F+F\mathrm{i}$, 其中, $\mathrm{i}^2=-1$. 随之, 由定理 3.5.2, $(D:F)=(K:F)^2=4$. 对应

$$\varphi:K\to K,$$

$$\alpha+\beta\mathrm{i}\to\alpha-\beta\mathrm{i},\quad\alpha,\beta\in F$$

是 F 上单代数 K 到自身上的同构对应. 由 Noether-Skolem 定理, 存在 $d\in D$, 使

$$\alpha-\beta\mathrm{i}=\varphi(\alpha+\beta\mathrm{i})=d^{-1}(\alpha+\beta\mathrm{i})d,$$

因而 $-\mathrm{i}=\varphi(\mathrm{i})=d^{-1}\mathrm{i}d$. 这样 $-\mathrm{i}=d^{-1}\mathrm{i}d=-d^{-1}d^{-1}\mathrm{i}dd$, 即 $d^2\mathrm{i}=\mathrm{i}d^2$, 从而 $d^2\in D^K$. 注意到 K 是极大子域, 故有 $D^K=K$, 随之 $d^2\in K$. 另一方面,

$$\varphi(d^2)=d^{-1}d^2d=d^2,$$

而 K 中元素在共轭对应 φ 下不变的元素必在 F 中, 故实际上 $d^2 \in F$. 由于 $d \notin F$, 故 d^2 不能是正实数, 即 $d^2 = -\alpha^2, \alpha \in F$. 令 $\mathrm{j} = d/\alpha$, 则 $\mathrm{j}^2 = -1, \mathrm{ji} = -\mathrm{ij}$. 易证元素 $1, \mathrm{i}, \mathrm{j}, \mathrm{ij} = k$ 在 F 上线性无关的. 注意到 $(D : F) = 4$, 便知它们组成 F 上代数 D 的一个基, 而它们之间的乘法表刚好就是四元数代数的乘法表. 故得定理中的 (1). 由 (1) 不难得 (2), 留给读者去做. |

3.7 交 叉 积

域 F 上中心单代数依相似关系划分成一些等价类, 也就是 F 上 Brauer 群 (简记作 $B(F)$) 中的元素. 若能对这些等价类中的某个代表进行较深入研究, 则对此类中的其他代数也就有了了解, 因为它们与适当维数的全矩阵代数作张量积之后便是彼此同构的了. 选中心可除代数作这些等价类的代表是很自然的, 然而讨论起来却有很大困难. 本节中将讨论的交叉积是这些等价类的另一个代表.

定义 3.7.1 域 F 上的一个 n^2 维中心单代数 A 叫做 F 上的一个交叉积, 如果 A 含有一个子域 $N, (N : F) = \sqrt{(A : F)} = n$ 且 N 是 F 上正规扩域.

若 A 是交叉积而 N 是其相应的子域, 则由定理 3.4.2 及定理 3.5.1 易知 N 是 A 的分裂域.

下面定理说明交叉积所占的地位.

定理 3.7.1 域 F 上任一中心单代数 A 都与一个交叉积相似.

证 由定理 3.5.5, A 有分裂域 N 且 N 是 F 上正规扩域. 令 $A = D \otimes F_s$ 而 r 是最小正整数使 $B = D \otimes F_r$ 含有与 F 上代数 N 同构的子域, 则把 N 看成 B 的单子代数时, 应用 3.4 节中双中心化子定理及定理 3.5.1 知 N 是 B 的极大子域, 且 $(B : F) = (N : F) \cdot (B^N : F) = (N : F)^2$, 故中心单代数 B 是交叉积. 另一方面显然有 A 和 B 是相似的. |

下面来讨论交叉积的构造.

设 A 是 F 上 n^2 维交叉积而 N 是相应的 n 次正规子域. 设 G 是 N 在 F 上的 Galois 群, 其阶为 n, 其元素用 S, T 等符号表示, 其单位元记作 E. G 中每一元素 S 都是 F 上代数 N 的一个自同构, N 中元素 z 在自同构 S 作用下的象记作 z^S. 由 Noether-Skolem 定理, 必有 $u_S \in A$, 使得

$$u_S^{-1} z u_S = z^S \tag{3.7.1}$$

对 G 中每一 S, 把相应的 u_S(当然它的取法不是唯一的) 取定下来. 约定在下面定理中使用这些符号.

定理 3.7.2 设 A 是 F 上 n^2 维交叉积, N 是 A 的一个 n 次正规子域, G 是 N 在 F 上的 Galois 群. $S, u_S, S \in G$ 之意义如上, 则有

(1) A 中每一元素 a 可以唯一地表成以下形式：

$$a = u_S z_S + \cdots + u_T z_T = \sum_{S \in G} u_S z_S, \quad z_S \in N;$$

(2) $z u_S = u_S z^S$, $\forall z \in N, S \in G$;

(3) $u_S u_T = u_{ST} g_{S,T}$, 其中, $g_{S,T} \in N, \forall S, T \in G$;

(4) $g_{S,TR} \cdot g_{T,R} = g_{ST,R} g_{S,T}^R, \forall S, T, R \in G$.

证 由 (3.7.1) 便得 (2).

证 (1). 利用代数 A 的乘法, F 上向量空间 A 可以看成 N 的 (右) 代数模 (注意, A 和 N 之间的乘法是不交换的, A 不是域 N 上的代数而是 N 上的右模, 作为域 N 上的代数右模仍有线性无关、维数等概念). 由 $(A:F) = n^2, (N:F) = n$ 得 A 是 N 上 n 维右模. 为了证明 (1), 现在只需证明 n 个元素 $u_S, S \in G$ 是 N 上线性无关的.

假定它们线性相关, 不妨认定 $u_{S_1}, \cdots, u_{S_r}, r < n$ 是一个极大无关组. 于是 u_{s_n} 可由它们线性表示,

$$u_{S_n} = u_{S_1} z_1 + \cdots + u_{S_r} z_r, \quad z_i \in N.$$

令 F 上正规扩域 $N = F(z_0)$, 由已证过的 (2) 有

$$z_0 u_{S_n} - u_{S_n} z_0^{S_n} = 0,$$

$$u_{S_1} z_1 (z_0^{S_1} - z_0^{S_n}) + \cdots + u_{S_r} z_r (z_0^{S_r} - z_0^{S_n}) = 0.$$

随之有

$$z_i (z_0^{S_i} - z_0^{S_n}) = 0, \quad i = 1, \cdots, r.$$

但当 $i \neq n$ 时, S_i, S_n 是 $N = F(z_0)$ 的不同自同构, 故

$$z_0^{S_i} - z_0^{S_n} \neq 0.$$

因而 $z_i = 0, i = 1, \cdots, r$, 即得 $u_{S_n} = 0$. 但这是不可能的. (1) 得证.

证 (3). 对任意 $z \in N, S, T \in G$, 有

$$z u_S u_T = u_S z^S u_T = u_S u_T z^{ST},$$
$$z u_{ST} = u_{ST} z^{ST},$$

故有

$$z(u_S u_T u_{ST}^{-1}) = u_S u_T z^{ST} u_{ST}^{-1} = (u_S u_T u_{ST}^{-1}) z,$$

因而

$$u_S u_T u_{ST}^{-1} = h_{S,T} \in A^N = N.$$

令 $g_{S,T}=h_{S,T}^{ST}$, 则 $g_{S,T}\in N$ 且

$$u_Su_T=h_{S,T}u_{ST}=u_{ST}h_{S,T}^{ST}=u_{ST}g_{S,T}.$$

最后证 (4). 利用 A 中乘法结合律 $(u_Su_T)u_R=u_S(u_Tu_R)$ 并利用 (2), (3) 直接计算便得. |

这样, 交叉积 A 的构造就由 N 和 N 中一个 n^2 个元素的集合 $g=\{g_{S,T}\}$ 完全决定了. 把上面的讨论倒转过来, 由 F 的一个正规扩域 N 以及 N 中一个满足定理中 (4) 的集合 $g=\{g_{S,T}\}$ 出发, 也能构造出一个中心单代数来. 先引入

定义 3.7.2 设 N 是域 F 上正规扩域而 G 是其 Galois 群. 令 g 是 $G\times G$ 到 N 中的一个函数, 在 (S,T) 处的值记作 $g_{S,T}$, 且知 $g_{S,T}\neq 0, \forall S,T\in G$. 若满足条件

$$g_{S,TR}g_{T,R}=g_{ST,R}g_{S,T}^{R},\quad \forall S,T,R\in G,$$

则称 g 为 N 的一个因子组.

常把 g 和集合 $\{g_{S,T}\}$ 等同起来.

现在来利用 F 上 n 次正规扩域 N(其 Galois 群是 G) 以及其中的一个因子组 $g=\{g_{S,T}\}$ 来构造一个交叉积.

群 G 有 n 个元素 $S_1,\cdots,S_n$, 形式地取 n 个符号 $u_{S_1},\cdots,u_{S_n}$, 以之为基作域 N 上的右模 A. 这样, A 中元素 a 可以唯一地表成

$$a=u_{S_1}z_1+\cdots+u_{S_n}z_n,\quad z_i\in N.$$

若 $b\in A$, 而 $b=u_{S_1}y_1+\cdots+u_{S_n}y_n$, $y_i\in N$, 则规定

$$a+b=u_{S_1}(z_1+y_1)+\cdots+u_{S_n}(z_n+y_n),$$

$$az=u_{S_1}(z_1z)+\cdots+u_{s_n}(z_nz).$$

如下规定 A 中的乘法:

$$\left(\sum_i u_{S_i}z_i\right)\left(\sum_i u_{S_i}y_i\right)=\sum_{i,j}u_{S_iS_j}g_{S_i,S_j}z_i^{S_j}y_i.$$

这个形式定义的乘法可以设想为利用

$$zu_S=u_Sz^S,\quad z\in N,$$
$$u_Su_T=u_{ST}g_{S,T}$$

以及分配律而得.

直接验证, 可知 A 中分配律和结合律都是成立的. 例如, 看一下结合律, 在证完分配律后, 为此只需验证

$$[(u_S x)(u_T y)](u_R z) = (u_S x)[(u_T y)(u_R z)]. \tag{3.7.2}$$

直接计算知

$$\begin{aligned}(3.7.2)\text{ 的左侧} &= (u_{ST} g_{S,T} x^T y)(u_R z)\\ &= u_{(ST)R} g_{ST,R} g_{S,T}^R x^{TR} y^R z,\\ (3.7.2)\text{ 的右侧} &= (u_S x)(u_{TR} g_{T,R} y^R z)\\ &= u_{S(TR)} g_{S,TR} g_{T,R} x^{TR} y^R z.\end{aligned}$$

由于 $\{g_{S,T}\}$ 是因子组以及 $(ST)R = S(TR)$, 故得 (3.7.2).

这样便得 A 是结合环.

定理 3.7.3 设 N 是域 F 上 n 次正规扩域, $g = \{g_{S,T}\}$ 是 N 的一个因子组, 则上面构造的结合环 A 是一个交叉积.

证 首先证明环 A 有单位元 $e = u_E g_{E,E}^{-1}$, 这里的 E 是群 G 的单位元. 为此, 计算

$$\begin{aligned}e(u_S z) &= u_S g_{E,S} (g_{E,E}^S)^{-1} z,\\ (u_S z)e &= u_S g_{S,E} g_{E,E}^{-1} z.\end{aligned}$$

在因子组 g 所适合的关系式

$$g_{S,TR} g_{T,R} = g_{ST,R} g_{S,T}^R$$

中顺序令 $S = T = E, R = S$ 以及 $T = R = E$, 得

$$\begin{aligned}g_{E,S} g_{E,S} &= g_{E,S} g_{E,E}^S, \text{ 即 } g_{E,S} (g_{E,E}^S)^{-1} = 1,\\ g_{S,E} g_{E,E} &= g_{S,E} g_{S,E}, \text{ 即 } g_{S,E} (g_{E,E})^{-1} = 1,\end{aligned}$$

其中, 1 是 N 中单位元. 这样便得

$$e(u_S z) = (u_S z)e = u_S z,$$

即 e 是 A 的单位元.

其次证明环 A 的中心是 eF.

显然 eF 属于 A 的中心. 另一方面, 假定 $a = \sum u_S z_S$ 在 A 的中心内, 由 a 与 $ez (z \in N)$ 交换, 得

$$\sum u_S z_S z = a(ez) = (ez)a = \sum u_S z^S z_S.$$

由于 u_S 组成 A 在 N 上的基, 得

$$(z - z^S)z_S = 0, \quad \forall z \in N.$$

除非 $S = E$, 否则总有 $z \in N$, 使 $z \neq z^S$, 故得

$$z_S = 0, \quad \text{当 } S \neq E \text{ 时},$$

即

$$a = u_E z_E = e(g_{E,E} z_E) = e z_0,$$

其中, $z_0 = g_{E,E} z_E \in N$. 再利用 a 与每一 u_S 交换, 得

$$u_S z_0 = u_S(e z_0) = (e z_0) u_S = u_S z_0^S,$$

$$z_0 = z_0^S, \quad \forall S \in G.$$

随之 $z_0 \in F$, 即 $a = e z_0 \in eF$. 这就证明了环 A 的中心是 eF.

这时环 A 可看成其中心 $eF \simeq F$ 上的代数.

现在证明 A 是单代数.

令 I 是 A 的一个非零理想, 则 I 有非零元素 $a = \sum\limits_S u_S z_S$. 若 a 至少含有两项

$$a = u_S z_S + u_T z_T + \cdots,$$

取 $z \in N$ 使 $z^S \neq z^T$, 则有

$$I \ni b = (ez)a - a(ez^T) = u_S z_S (z^S - z^T) + u_T z_T (z^T - z^T) + \cdots \neq 0,$$

但 b 比 a 至少少含一项. 这样最终可得 I 中含有形如 $u_S y, 0 \neq y \in N$ 的元素. 此时

$$I \ni (u_S y)(u_{S^{-1}} z) = u_E g_{S,S^{-1}} y^{S^{-1}} z.$$

适当选择 $z \in N$ 可得 $e = u_E g_{E,E}^{-1} \in I$, 因而 $I = A$.

总起来便得 A 是 eF 上的中心单代数. 另外 A 含有子域 $eN \simeq N, eN$ 是 eF 上的正规扩域且 $(eN : eF) = n$, 而 $(A : eF) = (A : eN)(eN : eF) = n^2$. 这就说明 A 还是 eF 上的一个交叉积. |

在定理 3.7.3 中若把 A 的单位元 e 与 F 的单位元 1 等同起来, 随之把 eF 和 F, eN 和 N 等同起来, A 便是 F 上交叉积, 并含有正规子域 N. 把由 N 及 $g = \{g_{S,T}\}$ 依定理 3.7.3 作出的交叉积记作 (N, g), 它具有定理 3.7.2 中 (1)~(4) 的运算律.

很自然地提出问题：当正规扩域 N 的两个因子组 g, h 间有什么关系时，(N, g) 和 (N, h) 是同构的？

为了解决这个问题，还是先从一个已知的交叉积来考察. A 的正规子域 N 的每一个自同构 $S \in G$，依 Noether-Skolem 定理都可扩充成 A 的内自同构 φ_S，然而去实现它，可供选取的可逆元素 u_S 是有许多的. 如果 A 中可逆元素 u_S 可实现 φ_S，则对任意 $0 \neq c_S \in N, v_S = u_S c_S$ 也可实现 φ_S. 因为

$$\begin{aligned} v_S^{-1} z v_S &= (u_S c_S)^{-1} z (u_S c_S) = c_S^{-1} u_S^{-1} z u_S c_S \\ &= c_S^{-1} \varphi_S(z) c_S = \varphi_S(z). \end{aligned}$$

这样，如果取 $u_S, S \in G$ 为 A 在 N 上的基，得因子组 g

$$u_S u_T = u_{ST} g_{S,T},$$

则当取 $v_S, S \in G$ 为 A 在 N 上的基时便得另一因子组 h

$$v_S v_T = u_{ST} h_{S,T},$$

由于

$$v_S v_T = (u_S c_S)(u_T c_T) = u_{ST} g_{S,T} c_S^T c_T = v_{ST} c_{ST}^{-1} g_{S,T} c_S^T c_T,$$

便得此两因子组 g 和 h 有关系

$$h_{S,T} = c_T c_S^T c_{ST}^{-1} g_{S,T}. \tag{3.7.3}$$

这就引出下面的定义.

定义 3.7.3　若 g, h 是正规扩域 N 的两个因子组，并对任意 $S \in G$ 有 $0 \neq c_S \in N$ 使 (3.7.3) 成立，就说因子组 h 相伴于 g.

直接验证可知因子组间的相伴关系是一个等价关系，但这也可以从下面定理顺便得到.

定理 3.7.4　交叉积 $A = (N, g)$ 与 $B = (N, h)$ 同构当且仅当因子组 g 和 h 是相伴的.

证　A 和 B 含有共同的子域 N. 令

$$\begin{aligned} &A \text{ 在 } N \text{ 上的基是 } u_S, S \in G, u_S u_T = u_{ST} g_{S,T}, \\ &B \text{ 在 } N \text{ 上的基是 } v_S, S \in G, v_S v_T = v_{ST} h_{S,T}. \end{aligned}$$

如果 g 与 h 相伴，即有 (3.7.3)，则在 A 中取 $w_S = u_S c_S$，则有 $w_S w_T = w_{ST} h_{S,T}$，注意到 w_S 也组成 A 在 N 上的一个基，由之便得 $A \simeq B$.

反之, 设 $A \simeq B$, 而 φ 是 B 到 A 的一个同构对应. 在 φ 下 B 中之 N 对应到 A 中子域 $\overline{N}$ 上,

$$\varphi : N \to \overline{N},$$

$$z \mapsto \bar{z}.$$

注意到 N 也在 A 中, 这样 $\bar{z} \mapsto z$ 便给出 A 中两个子域 $\overline{N}$ 和 N 间的同构对应. 由 Noether-Skolem 定理, 此同构对应可扩充成 A 的内自同构, 利用它及 φ 可得 B 与 A 间的同构对应 ψ, 有

$$\begin{aligned}\psi :\ & B \to A,\\ & N \to N,\\ & z \mapsto z, \quad z \in N.\end{aligned}$$

令 $w_S = \psi(v_S) \in A$, 则

$$\begin{cases} zw_S = \psi(zv_S) = \psi(v_S z^S) = w_S z^S, \\ w_S w_T = \psi(v_S v_T) = \psi(v_{ST} h_{S,T}) = w_{ST} h_{S,T}. \end{cases} \tag{3.7.4}$$

由 (3.7.4) 得 $w_S^{-1} z w_S = u_S^{-1} z u_S$, 即

$$z w_S u_S^{-1} = w_S u_S^{-1} z, \quad \forall z \in N.$$

于是

$$w_S u_S^{-1} = d_S \in A^N = N,$$

$$w_s = d_S u_S = u_S d_S^S = u_S c_S,$$

其中, $c_S \in N$. 重复前面作过的讨论便知 $\{g_{S,T}\}$ 和 $\{h_{S,T}\}$ 相伴. |

取定正规扩域 N, 而 g, h 是 N 的两个因子组, 作为函数, 它们之间有乘法运算: $gh = f$, 其中, $f_{S,T} = g_{S,T} h_{S,T}, S, T \in G$. 直接验证知 f 也是 N 的因子组. 易证 N 中所有因子组 g 关于此乘法作成 Abel 群 Q, 它的单位元 (也记作 1, 称为单位因子组) 是对任意 (S,T) 永远取值 $1 \in N$ 的因子组, 即 $1 = \{1_{S,T} = 1\}$, 而因子组 $g = \{g_{S,T}\}$ 的逆元素是因子组 $\{g_{S,T}^{-1}\}$. 易证 Q 中所有与单位元相伴的因子组作成 Q 的一个子群 I, 而属于 I 的同一陪集的因子组是彼此相伴的. 这样, 商群 Q/I 中的元素 $\bar{g}$(因子组 g 所在的陪集) 就和彼此同构的交叉积 $(N, g'), g' \in \bar{g}$ 组成的类一一对应起来. 这个商群就是同调代数中熟知的二维上同调群 $H^2(G, N^*)$, 关于它将在 3.8 节介绍.

本节最后来证明下面重要结果:

$$[(N, g)] \cdot [(N, h)] = [(N, gh)].$$

它把 Brauer 群中的乘法和因子组的乘法联系起来了.

为此, 考察张量积 $C=(N,g)\bigotimes_F(N,h)$.

作为准备先讨论 $N\bigotimes_F N$.

为了符号清楚而简单, 把 $N\otimes N$ 中子域 $N\otimes 1$ 记作 N, 而把另一个子域 $1\otimes N$ 记作 $\overline{N}$, 把 $n\otimes 1(n\in N)$ 简记作 n, 而把 $1\otimes n(n\in N)$ 简记作 $\overline{n}$. 这样对应 $\psi: n\mapsto\overline{n}$ 给出 $N\otimes N$ 的子域 N 到子域 $\overline{N}$ 上的一个同构对应. 相应地, 把正规扩域 N 的 Galois 群记作 G, 把 $\overline{N}$ 的记作 $\overline{G}$. N 的自同构 $S\in G$ 在同构对应 ψ 下引起 $\overline{N}$ 的一个相应的自同构, 把它记作 $\overline{S}$. 这样有

$$\psi: n^S\mapsto\overline{(n^S)}=\overline{n}^{\overline{S}}.$$

然而在下面为了简单将把 $\overline{S}$ 也记作 S, 这样上式就变成

$$\overline{(n^S)}=\overline{n}^S,$$

这将不会引起混乱. 利用这样的符号来叙证下述的命题.

命题 3.7.1 设 $N=F(\theta),\overline{N}=F(\overline{\theta})$ 是域 F 上两个正规扩域, θ 和 $\overline{\theta}$ 在 F 上的最小多项式为 $f(x)$, 则 $N\otimes\overline{N}$ 中元素

$$e=\varphi(\theta,\overline{\theta})=\frac{\prod\limits_{S\neq E}(\theta-\overline{\theta}^S)}{\prod\limits_{S\neq E}(\theta-\theta^S)},$$

其中, E 是 Galois 群 G 的单位元, 有以下性质:

(1) $en=e\overline{n},\ \forall n\in N$;

(2) $e^2=e\neq 0$;

(3) $e=\varphi(\theta^T,\overline{\theta}^T),\ \forall T\in G$.

证 先提一下, $N\otimes\overline{N}$ 是交换代数, 这样元素相乘时就不必注意其顺序了.

分离多项式 $f(x)$ 在 N 和 $\overline{N}$ 中的完全分解式顺序为

$$f(x)=\prod_{S\in G}(x-\theta^S),\quad f(x)=\prod_{S\in G}(x-\overline{\theta}^S). \tag{3.7.5}$$

注意到 $f(x)$ 无重根, $\prod\limits_{s\neq E}(\theta-\theta^S)$ 是 N 中非零元素, 因而是可逆元素, 故 e 有意义. 由于 e 的分子是 θ 的 $n-1$ 次多项式而系数在 $\overline{N}$ 中且有非零者, 由定理 1.5.3, $e\neq 0$.

注意到 (3.7.5) 可知

$$e(\theta-\overline{\theta})=\frac{f(\theta)}{\prod\limits_{S\neq E}(\theta-\theta^S)}=0,$$

即得

$$e\theta = e\overline{\theta}.$$

随之有 $e\theta^i = e\overline{\theta}^i$, 故 $eg(\theta) = eg(\overline{\theta})$, $\forall g(x) \in F[x]$. 这也就是 $en = e\overline{n}, \forall n \in N$. (1) 得证.

设 $T \in G$, 而令

$$e' = \varphi(\theta^T, \overline{\theta}^T),$$

则

$$ee' = e\varphi(\theta^T, \overline{\theta}^T) = e \cdot \frac{\prod\limits_{S \neq E} (\theta^T - \overline{\theta}^{TS})}{\prod\limits_{S \neq E} (\theta^T - \theta^{TS})}.$$

注意到 $\overline{n}^S = \overline{(n^S)}$ 以及 (1) 知 $e\overline{\theta}^{TS} = e\theta^{TS}$. 这样利用 e 可将分子中 $\overline{N}$ 的元素都变成它在 N 中的相应元素, 最后分子、分母就完全一样了. 因而有

$$ee' = e. \tag{3.7.6}$$

θ 和 θ^T 在 N 中的地位是对称的. 若令 $\theta' = \theta^T, S = T^{-1}$, 则 $e' = \varphi(\theta', \overline{\theta}')$ 而 $e = \varphi(\theta'^S, \overline{\theta}'^S)$, 也就是说 e', e 的地位随之也是对称的. 这样用同样方法可得 $e'e = e'$. 与 (3.7.6) 合在一起便是 $e' = e$ 而 $e = \varphi(\theta^T, \overline{\theta}^T)$. 命题证完. |

为了我们的目的还要一个

引理 3.7.1 设 A 是 F 上中心单代数而 e 是 A 的一个幂等元, 则 $[eAe] = [A]$.

证 由定理 2.5.1 及其前面的引理知, eAe 是单代数且当 e' 是 eAe 中的一个本原幂等元时, $e'(eAe)e'$ 是可除代数. 但

$$e'(eAe)e' = e'Ae',$$

这样 $e'Ae'$ 是可除代数, 再由定理 2.5.1 知 e' 是 A 的本原幂等元. 另一方面, 由定理 2.5.2 知单代数 A 的可除部分为由其本原幂等元 e' 确定的可除代数 $e'Ae'$, 故有

$$A = e'Ae' \otimes F_n, \tag{3.7.7}$$

$$eAe = e'Ae' \otimes F_m. \tag{3.7.8}$$

由 (3.7.7) 知 $e'Ae'$ 是中心单代数, 再由 (3.7.8), 作为中心单代数的张量积, eAe 也是中心单的. 由 (3.7.7), (3.7.8) 知 A 和 eAe 相似. |

定理 3.7.5 $(N, g) \otimes (N, h) \sim (N, gh)$.

证 令 $C = (N, g) \otimes (N, h)$.

C 含有子代数 $A=(N,g)$, $B=(\overline{N},\overline{h})$ 以及 $N\otimes\overline{N}$, 其中, $N\subseteq A,\overline{N}\subseteq B,N\simeq\overline{N}$. 取 $N\otimes\overline{N}$ 中的幂等元 e 如命题 3.7.1.

令交叉积 A 在 $\overline{N}$ 上的基为 $u_S,S\in G$; B 在 $\overline{N}$ 上的基为 $v_S,S\in G$. 这里仍把 N 和 $\overline{N}$ 的 Galois 群等同起来.

C 中每一元素可以写成

$$\sum a_ib_i=\sum\left[\left(\sum_S u_Sz_S\right)\left(\sum_T v_T\overline{z}_T\right)\right]=\sum\left(\sum_{S,T}u_Sv_Tz_S\overline{z}_T\right),$$

其中, $a_i\in A,b_i\in B,z_S\in N$, $\overline{z}_S\in\overline{N}$. 注意到 e 是幂等元且和 $N\otimes\overline{N}$ 中的元素都可换以及 $e\overline{n}=en$, 则 eCe 中每一元素可写成

$$\sum\left(\sum_{S,T}eu_Sv_Tz_S\overline{z}_Te\right)=\sum(eu_Sv_Te)(z_{ST}e),$$

其中, $z_{ST}=z_Sz_T\in N$.

现在来计算 eu_Sv_Te. 注意到 $e=\varphi(\theta,\overline{\theta})$ 中的 θ 属于 N, 与 B 中元素可换且 $\theta u_S=u_S\theta^S$, 其中, $\overline{\theta}$ 属于 $\overline{N}$ 而与 A 中元素可换且 $\overline{\theta}v_T=v_T\overline{\theta}^T$, 有

$$eu_Sv_Te=\varphi(\theta,\overline{\theta})u_Sv_Te=u_S\varphi(\theta^S,\overline{\theta})v_Te=u_Sv_T\varphi(\theta^S,\overline{\theta}^T)e.$$

另一方面, 与命题 3.7.1 类似地去计算可得

$$\varphi(\theta^S,\overline{\theta}^T)e=\frac{\prod\limits_{R\neq E}(\theta^S-\overline{\theta}^{TR})}{\prod\limits_{R\neq E}(\theta^S-\theta^{SR})}e=\frac{\prod\limits_{R\neq E}(\theta^S-\theta^{TR})}{\prod\limits_{R\neq E}(\theta^S-\theta^{SR})}e=\begin{cases}0, & T\neq S,\\ e, & T=S,\end{cases}$$

故有

$$\begin{cases}eu_Sv_Te=0, & S\neq T,\\ eu_Sv_Se=u_Sv_Se.\end{cases}\tag{3.7.9}$$

这样 eCe 中每一元可以写成

$$\sum_{S\in G}(eu_Sv_Se)(z_Se).$$

对应 $z\mapsto ze$ 给出 F 上正规扩域 N 与 Fe 上正规扩域 Ne 之间的同构对应, 并在此同构对应下, 与前面一样, 把 N 在 F 上的 Galois 群 G 和 Ne 在 Fe 上的 Galois 群 G' 等同起来, 这样就有

$$(ze)^S=z^Se.$$

另一方面, 令

$$w_S = eu_Sv_Se, \quad S \in G.$$

这样 eCe 中的元素可写成

$$\sum_S w_S(z_Se), \quad z_Se \in Ne. \tag{3.7.10}$$

下面来验证, w_S, ze 之间满足交叉积中所应满足的那些关系式. 首先是

$$(ze)w_S = zeu_Sv_Se = eu_Sz^Sv_Se = (eu_Sv_Se)(z^Se) = w_S(ze)^S. \tag{3.7.11}$$

其次, 注意到 (3.7.9), 有

$$\begin{aligned} w_Sw_T &= eu_Sv_S(eu_Tv_Te) = eu_Sv_Su_Tv_Te = eu_Su_Tv_Sv_Te \\ &= eu_{ST}g_{S,T}v_{ST}\bar{h}_{S,T}e = (eu_{ST}v_{ST}e)(g_{S,T}\bar{h}_{S,T}e) \\ &= w_{ST}(g_{S,T}h_{S,T}e). \end{aligned} \tag{3.7.12}$$

有了 (3.7.11), 与定理 3.7.2 中 (1) 的证明一样, 可以证明现在这里的 $w_S, S \in G$, 在 Ne 上是线性无关的.

这样把 (3.7.10)~(3.7.12) 合在一起便得

$$eCe = (Ne, \{g_{S,T}h_{S,T}e\}) \simeq (N, \{g_{S,T}h_{S,T}\}) = (N, gh).$$

但由引理 3.7.1, $C \sim eCe$, 故得 $(N,g) \otimes (N,h) \sim (N,gh)$. |

作为定理 3.7.5 的推论, 有

定理 3.7.6 (1) $(N,g) \sim F_m$ 当且仅当因子组 g 和单位因子组 1 是相伴的;

(2) $(N,g) \otimes (N,h) = F_n \otimes (N,gh)$.

证 先证 (2). 由于 $(N,g) \otimes (N,h) \sim (N,gh)$, 故

$$(N,g) \otimes (N,h) = D \otimes F_m,$$

$$(N,gh) = D \otimes F_t.$$

由于每一交叉积 (N,f) 的维数都等于 n^2, 其中, n 是正规扩域 N 的次数. 比较上面两个等式中左侧两个 F 上代数的维数便得 $m = nt$. 但 $F_{nt} = F_n \otimes F_t$, 故有 (2).

其次证 (1). 由 (2) 得

$$(N,1) \otimes (N,g) = F_n \otimes (N, 1 \cdot g) = F_n \otimes (N,g),$$

故

$$(N,1) = [(N,1) \otimes (N,g)]^{(N,g)} = F_n.$$

再利用一下定理 3.7.4 便得 (1). |

3.8 中心单代数的指数及其分解

在 3.7 节我们看到, 研究域 F 上 Brauer 群 $B(F)$ 基本上归结为研究交叉积 (N,g). 而当取定 F 上的一个正规扩域 N, 并令 g 取遍 N 中所有可能的因子组时, 所有元素 $[(N,g)]$ 组成群 $B(F)$ 的一个子群 $\langle N\rangle$, 并且这个子群与商群 Q/I 同构, 其中, Q 是 N 中一切因子组作成的群, 而 I 是一切与单位因子组 1 相伴者组成的子群.

本节中来研究 $B(F)$ 的一个重要性质: $B(F)$ 是周期群.

定义 3.8.1　设 A 是 F 上中心单代数, $[A]$ 在群 $B(F)$ 中的阶叫做代数 A 的指数.

下面首先证明任意 A 的指数都是有限的. 先采用另一种方法, 即使用上同调群的方法来得到这一结果, 借以看到讨论 Brauer 群 $B(F)$ 的另一个不同的角度.

设 G 是一个群, M 是一个右 G 模, 即 M 是以 G 中元素为 (右) 算子的 Abel 群且 $mE=m, m(ST)=(mS)T$, 其中, $m\in M, E$ 是群 G 的单位元而 S,T 属于 G. 令 $G^{(n)}=G\times G\times\cdots\times G$ 是 n 个群 G 的直积, 令

$$C^n=C^n(G,M)=\{f|f \text{ 是 } G^{(n)} \text{ 到 } M \text{ 内的任意函数}\},$$

即 f 是 n 个自变量的函数, 自变量都在 G 中取值而函数 f 在 M 中取值. 当 $n=0$ 时, 约定 $C^0(G,M)=M$. 利用 M 中加法可得函数 f 之间的加法, C^n 关于此运算作成 Abel 群.

定义一个对应 $\delta^n: C^n\to C^{n+1}$, 把 $f\in C^n$ 对应到 $\delta^n f\in C^{n+1}$,

$$\begin{aligned}(\delta^n f)(x_1,\cdots,x_{n+1})=&f(x_2,\cdots,x_{n+1})\\&+\sum_{i=1}^{n}(-1)^i f(x_1,\cdots,x_ix_{i+1},\cdots,x_{n+1})\\&+(-1)^{n+1}f(x_1,\cdots,x_n)x_{n+1},\end{aligned}\tag{3.8.1}$$

若当 $n=0, m\in C^0=M$, 则规定 $(\delta^0 m)(x_1)=m-mx_1$. 当 $n=1,2$ 时, 这就是

$$(\delta^1 f)(x_1,x_2)=f(x_2)-f(x_1x_2)+f(x_1)x_2,$$

$$(\delta^2 f)(x_1,x_2,x_3)=f(x_2,x_3)-f(x_1x_2,x_3)+f(x_1,x_2x_3)-f(x_1,x_2)x_3.$$

δ^n 是 Abel 群 C^n 到 C^{n+1} 内的同态对应.

命题 3.8.1　$\delta^{n+1}\delta^n=0$.

证 只计算一下当 $n=1$ 的情况, 一般情况留给读者去做. 任取 $f\in C^1$, 即 f 是一个自变量的函数,

$$\begin{aligned}(\delta^2(\delta^1 f))(x_1,x_2,x_3)=&(\delta^1 f)(x_2,x_3)-(\delta^1 f)(x_1x_2,x_3)\\&+(\delta^1 f)(x_1,x_2x_3)-[(\delta^1 f)(x_1,x_2)]x_3\\=&[f(x_3)-f(x_2x_3)+f(x_2)x_3]\\&-[f(x_3)-f(x_1x_2x_3)+f(x_1x_2)x_3]\\&+[f(x_2x_3)-f(x_1x_2x_3)+f(x_1)x_2x_3]\\&-[f(x_2)-f(x_1x_2)+f(x_1)x_2]x_3\\=&0.\end{aligned}$$

现在考虑 C^n 的两个子群, 一个是同态对应 δ^n 的核 $Z^n=\{f\in C^n|\delta^n f=0\}$, 另一个是同态对应 δ^{n-1} 的象 $B^n=\{f\in C^n|f=\delta^{n-1}g,g\in C^{n-1}\}$. 由命题 3.8.1 知

$$0=\delta^n\delta^{n-1}C^{n-1}=\delta^n B^n,$$

$$B^n\subseteq Z^n,\ \text{当}\ n\geqslant 1.$$

称商群 Z^n/B^n 为以M为系数的群G的n次上同调群, 记作 $H^n(G,M)$.

定理 3.8.1 若 m 是有限群 G 的阶, 则 $mH^n(G,M)=0,\forall n>0$.

证 设 $f\in Z^n$, 这就是对 G 中任意元素 $x_1,\cdots,x_{n+1}$ 都有 $(\delta^n f)(x_1,\cdots,x_{n+1})=0$. 由 (3.8.1) 得

$$\begin{aligned}f(x_2,\cdots,x_{n+1})=&\sum_{i=1}^{n}(-1)^{i-1}f(x_1,\cdots,x_ix_{i+1},\cdots,x_{n+1})\\&+(-1)^n f(x_1,\cdots,x_n)x_{n+1}.\end{aligned}$$

令其中 x_1 取遍 G 中所有元素, 并把所有这些等式相加, 便是

$$\begin{aligned}mf(x_2,\cdots,x_{n+1})=&\sum_{i=1}^{n}(-1)^{i-1}\sum_{x_1\in G}f(x_1,\cdots,x_ix_{i+1},\cdots,x_{n+1})\\&+(-1)^n\sum_{x_1\in G}f(x_1,\cdots,x_n)x_{n+1}.\end{aligned}$$

令

$$h(x_2,\cdots,x_n)=\sum_{x_1\in G}f(x_1,x_2,\cdots,x_n).$$

注意到当 x_1 取遍 G 时, x_1x_2 也取遍 G, 故上式可改写成

$$\begin{aligned} mf(x_2,\cdots,x_{n+1}) =& h(x_3,\cdots,x_{n+1}) \\ &+\sum_{i=1}^{n-1}(-1)^i h(x_2,\cdots,x_{i+1}x_{i+2},\cdots,x_{n+1}) \\ &+(-1)^n h(x_2,\cdots,x_n)x_{n+1} \\ =& (\delta^{n-1}h)(x_2,\cdots,x_{n+1})\in B^n, \end{aligned}$$

这就是 $mZ^n\subseteq B^n$, 故 $mH^n(G,M)=0$. |

现在回到要讨论的问题上. N 是 F 上 n 次正规扩域, 以 G 为 Galois 群. 令 $N^*=N\backslash\{0\}$. N^* 关于其中乘法作成 Abel 群 (为了符号一致, 把 N^* 的乘法暂时记作 $+$). N^* 很自然可看成右 G- 模, 易见 N 内因子组 $g\in C^2(G,N^*)$, 而因子组之间的运算 (相应地, 也暂记作 $+$) 与 C^2 中的运算显然是一致的.

命题 3.8.2 (1) $f\in C^2(G,N^*)$ 是因子组当且仅当 $f\in Z^2(G,N^*)$;

(2) N 中两个因子组 g,h 相伴当且仅当 $g-h\in B^2(G,N^*)$.

证 下面把 $f_{S,T}$ 写成 $f(S,T)$ 并将用 0 表示 N^* 中的 1, 这是为了和用 $+$ 表示 N^* 中乘法一致起来.

今证 (1). 设 f 是因子组, 这时 f 所满足的因子组关系式就该写成: 对任意 $S_i\in G$,

$$f(S_1,S_2S_3)+f(S_2,S_3)=f(S_1S_2,S_3)+f(S_1,S_2)S_3, \tag{3.8.2}$$

由之便得

$$\begin{aligned} (\delta^2 f)(S_1,S_2,S_3) =& f(S_2,S_3)-f(S_1S_2,S_3) \\ &+f(S_1,S_2S_3)-f(S_1,S_2)S_3 \\ =& 0, \end{aligned} \tag{3.8.3}$$

即 $f\in Z^2$. 反之, 若 $f\in Z^2$, 则有 (3.8.3), 因而有 (3.8.2), 即得 f 是因子组.

把 (2) 的证明留给读者. |

用本节开始时用的符号, 便有 $Q/I\simeq Z^2/B^2=H^2(G,N^*)$, 但 $\langle N\rangle\simeq Q/I$, 这便是 $\langle N\rangle\simeq H^2(G,N^*)$. 注意到 Brauer 群的每一元素都可选一个交叉积作其代表, 则由定理 3.8.1 便得

定理 3.8.2 (1) Brauer 群 $\boldsymbol{B}(F)$ 是周期群;

(2) $[(N,f)]$ 的阶整除 $(N:F)$.

上面得出中心单代数的指数是有限的. 利用交叉积以及关于单代数的结果, 可以更精细的刻画中心单代数 A 的指数, 并且下面的讨论不依赖定理 3.8.1 和定理 3.8.2.

定理 3.8.3 设 F 上中心单代数 $A=D\otimes F_m$, 而 $(D:F)=n^2$, 则 $[A]^n=1$, 因而 A 的指数整除 n.

证 令

$$A \sim B = (N, g) = D \otimes F_r,$$

此时 $(N:F) = nr$.

令 e_{ij} 是 F_r 中的矩阵单位, 则 $W = e_{11}B = e_{11}D + e_{12}D + \cdots + e_{1r}D$ 是 B 的极小右理想, 有 $(W:F) = (W:D)(D:F) = rn^2$. 另一方面, W 也可看成 N 上右代数模, 这时有 $(W:F) = (W:N) \cdot (N:F) = (W:N)nr$. 比较之便得 $(W:N) = n$. 令

$$x_1, x_2, \cdots, x_n$$

是 W 在 N 上的一个基, 而

$$u_S, \quad S \in G$$

是 B 在 N 上的一个基且其相应的因子组为 g, 即有

$$u_S u_T = u_{ST} g_{S,T}.$$

W 当然也是 B 上的右代数模, 随之 $x_i u_S \in W$, 故有

$$(x_1, \cdots, x_n)u_S = (x_1, \cdots, x_n)\boldsymbol{U}_S,$$

其中, $\boldsymbol{U}_S$ 是 N 上 n 阶矩阵. 此时有

$$\begin{aligned}(x_1, \cdots, x_n)u_S u_T &= (x_1, \cdots, x_n)u_{ST} g_{S,T} \\ &= (x_1, \cdots, x_n)\boldsymbol{U}_{ST} g_{S,T}, \\ (x_1, \cdots, x_n)u_S u_T &= (x_1, \cdots, x_n)\boldsymbol{U}_S u_T \\ &= (x_1, \cdots, x_n)u_T \boldsymbol{U}_S^T \\ &= (x_1, \cdots, x_n)\boldsymbol{U}_T \boldsymbol{U}_S^T.\end{aligned}$$

比较之得

$$\boldsymbol{U}_{ST} g_{S,T} = \boldsymbol{U}_T \boldsymbol{U}_S^T. \tag{3.8.4}$$

两边取行列式得

$$|\boldsymbol{U}_{ST}| g_{S,T}^n = |\boldsymbol{U}_T| \cdot |\boldsymbol{U}_S|^T. \tag{3.8.5}$$

由于 $u_E g_{E,E}^{-1}$ 是 B 的单位元, 因而它所对应的矩阵 $\boldsymbol{U}_E g_{E,E}^{-1}$ 是单位矩阵, 这样由于由 (3.8.4) 可得

$$\boldsymbol{U}_E g_{E,E}^{-1} = \boldsymbol{U}_S \boldsymbol{U}_{S^{-1}}^S g_{S^{-1},S}^{-1} g_{E,E}^{-1},$$

故

$$c_S = |\boldsymbol{U}_S| \neq 0.$$

此时 (3.8.5) 给出

$$g_{S,T}^n = c_T c_S^T c_{ST}^{-1},$$

这就是说 $\{g_{S,T}^n\}$ 与单位因子组相伴. 若令 $A^{(n)}$ 表示 n 个 A 所作的张量积, 则由定理 3.7.5,

$$A^{(n)} \sim (N,g)^{(n)} \sim (N,g^n) \sim 1,$$

即 $[A]$ 的阶, 也就是 A 的指数整除 n. ∎

下面定理使我们对 A 的指数有进一步了解.

定理 3.8.4　设域 F 上中心单代数 $A = D \otimes F_m$, 而 $(D:F) = n^2$, 则 A 的指数 q 和 n 有相同的素数因数.

证　在上面已证过 A 的指数 q 整除 n, 故为了证明定理只需证明, 若素数 $p|n$, 则必 $p|q$.

取 A 的一个正规分裂域 $N, (N:F) = r$, 则 N 当然也是 A 的可除代数部分 D 的分裂域, 由定理 3.5.2 中的 (3), 有 $n|(N:F) = r$. 随之 $p|r$. 假定 $p^i|r$ 而 $p^{i+1} \nmid r$, 这里 $i \geqslant 1$.

r 也是 N 的 Galois 群 G 的阶. 根据群论中的 Sylow 定理, G 含有 p^i 阶子群 H. 在 Galois 对应下与 H 相应的 N 的子域记作 K, 则

$$(N:K) = p^i, \quad (K:F) = \frac{r}{p^i}.$$

随之 $p \nmid (K:F)$, 当然更有 $n \nmid (K:F)$. 由定理 3.5.2, K 不能是 D 的, 因而也不能是 A 的分裂域. 这时 K 上中心单代数

$$A_K = D' \otimes K_t, \quad (D':K) = n_1^2,\ n_1 > 1.$$

但 $(A_K)_N = A_N$, 所以 N 是 A_K 的分裂域, 故有

$$n_1|(N:K) = p^i.$$

由定理 3.8.3, A_K 的指数 $q_1|n_1$, 故

$$q_1|p^i.$$

注意到 A_K 不是 K 上全矩阵代数因而 $q_1 > 1$, 便有

$$q_1 = p^j, \quad j > 0.$$

另一方面,

$$A^{(q)} \sim F_S. \tag{3.8.6}$$

由于

$$(A\bigotimes{}_F A)\bigotimes{}_F K = A_K\bigotimes{}_K A_K,$$

故

$$(A^{(2)})_K = A^{(2)}\bigotimes{}_F K = (A_K)^{(2)}.$$

一般地, 对任意正整数 l 都有

$$(A^{(l)})_K = (A_K)^{(l)}.$$

当 $l=q$ 时, 并利用 (3.8.6), 便有

$$(A_K)^{(q)} = (A^{(q)})_K \sim K_S.$$

故 $q_1|q$, 随之 $p|q$. |

设 F 上中心单代数 $A=D\otimes F_m$ 的可除代数部分 D 之维数 $(D:F)=n^2$. n 常被称为 A的次数. 设 A 的指数为 q, 则它们的分解式由定理 3.8.4 为

$$\begin{cases} n=p_1^{e_1}p_2^{e_2}\cdots p_t^{et}, & q=p_1^{f_1}p_2^{f_2}\cdots p_t^{f_t}, \\ 0<f_i\leqslant e_i, & i=1,\cdots,t. \end{cases} \tag{3.8.7}$$

(3.8.7) 中的等号不是永远成立的. 当 F 是代数数域或 p 进数域时, 有 $n=q$. 这个重要结论对研究代数数域上的中心可除代数有本质意义. 关于这些中心可除代数, 也就是有理数域上可除代数的漂亮刻画可视为有限维代数理论的巅峰. 这主要是 Albert, Brauer, Hasse, Noether 的工作, 即证明了：若 D 是代数数域 F 上的中心可除代数, 则 $D=(N,g)$ 且正规扩域 N 的 Galois 群 G 是循环群, 设其元素为 $E,S,S^2,\cdots,S^{n-1}$, 此时因子组 g 有下面简单形式：

$$g_{S^i,S^j}=\begin{cases} 1, & i+j<n, \\ \alpha\in F, & i+j\geqslant n. \end{cases}$$

Galois 群 G 是循环群的交叉积 (N,g) 叫做循环代数. 上述结果也就是说, 每一有理数域上的可除代数都是其中心上的循环代数, 有兴趣的读者参看 (Albert, 1939).

本节的最后, 利用中心可除代数 D 的指数与次数的关系得到 D 的 Sylow 型的分解式.

先述群论中一个易证的结果以备引用.

命题 3.8.3 设 G 是 Abel 群, 其元素 a 的阶

$$n=p_1^{f_1}\cdots p_t^{f_t},$$

p_i 是不同的素数, 则 $a = b_1 \cdots b_t$, 其中, $b_i \in G, b_i$ 的阶是 $p_i^{f_i}, i = 1, \cdots t$, 并且这种表示法是唯一的.

定理 3.8.5 设 D_1 和 D_2 是域 F 上中心可除代数, $(D_1 : F) = n_1^2, (D_2 : F) = n_2^2$ 且 $(n_1, n_2) = 1$, 则 $D_1 \otimes D_2$ 也是 F 上中心可除代数.

证 $A = D_1 \otimes D_2$, 作为两个中心单代数的张量积, 是中心单代数. 令 $A = D \otimes F_m$. 为了证明定理只要证 $m = 1$. 为此作

$$\begin{aligned} D_1^{-1} \otimes A &= D_1^{-1} \otimes D_1 \otimes D_2 = F_{n_1^2} \otimes D_2 \\ &= (D_1^{-1} \otimes D) \otimes F_m = (D' \otimes F_r) \otimes F_m, \end{aligned}$$

其中, D' 是可除代数. 由此根据单代数分解的唯一性定理得 $n_1^2 = mr$. 同样可得 $n_2^2 = mr'$. 由 $(n_1, n_2) = 1$ 得 $m = 1$. |

定理 3.8.6 设 D 是 F 上中心可除代数, $(D : F) = n^2, n = p_1^{e_1} \cdots p_t^{e_t}, p_i$ 是不同素数, 则 $D = D_1 \otimes \cdots \otimes D_i$, D_i 是 F 上中心可除代数, $(D_i : F) = p_i^{2e_i}$, 并且在同构意义下, D_i 是唯一确定的.

证 看 Brauer 群中的元素 $[D]$. 由定理 3.8.5 知 $[D]$ 的阶

$$q = p_1^{f_1} \cdots p_t^{f_t}, \quad 0 < f_i \leqslant e_i.$$

由命题 3.8.3, 在 Abel 群 $B(F)$ 中有

$$[D] = [D_1][D_2] \cdots [D_t], \tag{3.8.8}$$

其中, $[D_i]$ 的阶是 $p_i^{f_i}$, 并可认为 $[D_i]$ 的代表 D_i 是中心可除代数. 再利用 D_i 的次数与指数 (即 $[D_i]$ 之阶) 的关系, 有

$$(D_i : F) = m_i^2, \ m_i = p_i^{g_i} \text{ 且 } f_i \leqslant g_i. \tag{3.8.9}$$

另一方面, (3.8.8) 说明

$$D \sim D_1 \otimes \cdots \otimes D_t.$$

由定理 3.8.5 以及 (3.8.9) 可推得 $D_1 \otimes \cdots \otimes D_t$ 是中心可除代数, 两个相似的中心可除代数当然是同构的. 故可认定

$$D = D_1 \otimes \cdots \otimes D_t.$$

比较 D 及 D_i 的维数得

$$(D_i : F) = p_i^{2e_i}.$$

最后, 假定另有中心可除代数 D_i', 使

$$D = D_1' \otimes D_2' \otimes \cdots \otimes D_t', \quad (D_i' : F) = p_i^{2e_i},$$

则 $[D] = [D_1'] \cdots [D_t']$. 再用一下 $[D_i']$ 的阶和 D_i' 的次数 $p_i^{e_i}$ 的关系知 $[D_i']$ 的阶是 $p_i^{h_i}$. 比较 $[D]$ 和 $[D_i']$ 的阶便得 $[D_i']$ 的阶是 $p_i^{f_i}$. 这样元素 $[D]$ 在 Abel 群 $B(F)$ 中有两种分解, 由命题 3.8.3, 知 $[D_i'] = [D_i]$, 随之 $D_i' \simeq D_i, i = 1, \cdots, t$. |

定理 3.8.6 把对有限维中心可除代数的研究在一定意义下归结为对维数是素数之幂的中心可除代数的研究.

习　题

3.1　A 是有单位元 1 的有限代数, B 是 A 的子代数, 与 A 有共同的单位元且 B 是中心单代数. 则 $A = B \otimes C$, 其中, C 是 B 在 A 中的中心化子.

3.2　设 B 是有单位元的有限代数, 如果 B 具有性质: "对任一有限代数 $A \supset B$ 且与 B 有共同单位元, 则必 $A = B \otimes C$." 证明 B 是中心单代数.

3.3　证明若 C 是 F 上代数 A 的中心, 则 C_K 是 K 上代数 A_K 的中心, 此处 K 是 F 的一个扩域.

3.4　证明实数域上的单代数是下述三种形式之一: ① 全矩阵代数; ② 全矩阵代数与复数域的张量积; ③ 全矩阵代数与实数域上四元数代数的张量积.

3.5　设 N 在 F 上的 Galois 群 $G = \{E, S, \cdots, S^{n-1}\}$. 试证明循环代数 (N, g) 与 $(N, 1)$ 同构的充要条件是: 存在 $z \in N$, 使 $z \cdot z^S \cdots z^{S^{n-1}} = \alpha \left(此处 g_{S^i, S^j} = \begin{cases} 1, i+j < n \\ \alpha, i+j \geqslant n \end{cases} \right)$.

3.6　设 K 是域 F 上有限扩域, 证明映射

$$\psi : [A] \to [A_K]$$

是 $B(F)$ 到 $B(K)$ 里的一个群同态. 决定 $\ker\varphi = ?$

第 4 章　非半单代数

在第 2, 3 章中, 我们看到: 若 A 是域 F 上有限结合代数, 则

(1) A 有幂零根 N, 它是 A 的唯一最大幂零理想;

(2) 商代数 A/N 是单代数的直和.

本章要证的主要结果 ——Wedderburn 主要结构定理是说, 若 A/N 是分离代数, 则 A 有子代数 S, 使得 $A = S + N$(子空间的直和), $S \bigcap N = \{0\}$. 此时易见 $S \simeq A/N$ 是半单代数. Мальцев(Mal'cev) 进一步证明这个子代数 S 在某种意义下是唯一的.

这个重要的 Wedderburn-Мальцев(Wedderburn-Mal'cev) 定理有不同的证法. 采取 (Hochschild, 1941) 中的方法, 它也是讨论非结合代数的相应问题时采用的一种方法. 为了简单起见, 仅限于讨论特征为零的域 F 上的代数. 此时 F 上每一半单代数都是分离代数 (定理 3.3.3).

4.1　迹　函　数

在本章中, 域 F 永远假设是特征为零者, 而 A 永远是 F 上有限结合代数.

第 1 章讨论过代数 A 的正则表示. 设 $a \in A$, 规定

$$R_a : x \to xa = xR_a, \quad x \in A,$$
$$L_a : x \to ax = xL_a, \quad x \in A,$$

则 $R_a(L_a)$ 是 F 上向量空间 A 的线性变换. 取定 A 的一个 F- 基, 则线性变换 T 对应一个 F 上的矩阵

$$T \to (\alpha_{ij}) \in F_n. \tag{4.1.1}$$

此矩阵对角线元素之和 $\sum_{i=1}^{n} \alpha_{ii}$ 称为线性变换 T 之迹, 记作 $\mathrm{Tr}(T)$. 由线性代数知 $\mathrm{Tr}(T)$ 与基的选择无关, 它是 T 的所有特征根的和, 即是 T 的特征多项式中次高项的系数乘以 -1.

利用 (4.1.1), 易证

$$\mathrm{Tr}(\alpha T_1 + \beta T_2) = \alpha \mathrm{Tr}(T_1) + \beta \mathrm{Tr}(T_2). \tag{4.1.2}$$

定义 4.1.1　假设 A 是 F 上有限结合代数, 并令 $(x, y) = \mathrm{Tr}(R_x R_y), x, y \in A$, 它是 $A \times A$ 到 F 的一个对应, 称之为代数 A 的迹函数.

下面讨论迹函数的一些基本性质. 特别是把它同代数的幂零根以及代数的半单性等联系起来.

定理 4.1.1 F 上结合代数 A 的迹函数 (x,y) 有下列性质:

(i) $(\alpha_1x_1+\alpha_2x_2,y)=\alpha_1(x_1,y)+\alpha_2(x_2,y),\ \alpha_i\in F,x_i,y_i\in A,$

$(x,\alpha_1y_1+\alpha_2y_2)=\alpha_1(x,y_1)+\alpha_2(x,y_2),\ i=1,2;$

(ii) $(x,y)=(y,x);$

(iii) $(x,yz)=(xy,z),x,y,z\in A.$

证 由 (4.1.2) 便得 (i).

由于对任意矩阵 $\boldsymbol{P},\boldsymbol{Q},\boldsymbol{PQ}$ 和 $\boldsymbol{QP}$ 有相同的迹, 故 $\mathrm{Tr}(R_xR_y)=\mathrm{Tr}(R_yR_x)$, 即有 (ii).

由乘法结合律得, $R_{xy}=R_xR_y$, 故有 $R_xR_{yz}=R_xR_yR_z=R_{xy}R_z$, 因而 $(x,yz)=\mathrm{Tr}(R_xR_{yz})=\mathrm{Tr}(R_{xy}R_z)=(xy,z)$, 即得 (iii). |

定理 4.1.2 设 A 是特征为零的域 F 上的有限结合代数, e 是 A 的幂等元, 则 $(e,e)\neq 0$.

证 由 $R_eR_e=R_{e^2}=R_e$, 故 R_e 是幂等的线性变换, 即满足方程 $x^2-x=0$. 这样 R_e 的特征值只有 0 和 1. 又 $R_e\neq 0$, 其特征值不能都是零. 注意到 F 的特征为零, 故 $(e,e)=\mathrm{Tr}(R_e)\neq 0$. |

定理 4.1.3 设 A 是特征为零的域 F 上的有限结合代数. A 是幂零代数 $\Leftrightarrow (x,y)=0,\forall x,y\in A$.

证 "$\Leftarrow$". 若 A 不是幂零的, 则由定理 2.1.2, A 有幂等元, 由定理 4.1.2, $(e,e)\neq 0$, 这与假设矛盾, 故 A 是幂零代数.

"$\Rightarrow$". 若 $a\in A$ 是幂零元素, 则 R_a 是幂零线性变换, 其特征多项式为 x^n. 故 $\mathrm{Tr}(R_a)=0$. 因此若 A 是幂零代数, 则 $(x,y)=\mathrm{Tr}(R_xR_y)=\mathrm{Tr}(R_{xy})=0,\forall x,y\in A$. |

作为定理 4.1.3 的一个推论, 有

定理 4.1.4 (Wedderburn 定理) 设 A 是特征为零的域 F 上的有限结合代数. A 是幂零代数 $\Longleftrightarrow A$ 有一个由幂零元素组成的基.

证 显然只需证 "$\Leftarrow$". 设 $a_1,\cdots,a_n$ 是幂零元且组成 A 的一个基. 由定理 4.1.3 的证明知 $\mathrm{Tr}(R_{a_i})=0$, 因而对 A 的任意元素 $a=\sum\alpha_ia_i$, 有

$$\mathrm{Tr}(R_a)=\sum\alpha_i\mathrm{Tr}(R_{a_i})=0.$$

故对任意 $x,y\in A,(x,y)=\mathrm{Tr}(R_{xy})=0$. 由定理 4.1.3 即得 A 是幂零的. |

实际上定理 4.1.4 对任意域 F 上代数都成立, 见文献 (Abian, 1967).

设 S 是代数 A 的子集. 约定

$$S^{\perp} = \{x \in A | (x, s) = 0, \forall s \in S\}.$$

常把 $(x, s) = 0, \forall s \in S$ 简写成 $(x, S) = 0$. 因为 $(x, s) = (s, x)$, 故也有 $S^{\perp} = \{x \in A | (S, x) = 0\}$.

引理 4.1.1 若 S 是代数 A 的理想, 则 $S^{\perp}$ 是 A 的理想.

证 易见 $S^{\perp}$ 是 A 的子空间. 设 $x \in S^{\perp}, a \in A$. 由于 $aS \subseteq S$, $Sa \subseteq S$, 故有

$$(xa, S) = (x, aS) = 0,$$
$$(ax, S) = (S, ax) = (Sa, x) = 0,$$

即 $xa, ax \in S^{\perp}$, 故 $S^{\perp}$ 是理想. |

引理 4.1.2 设 I 是代数 A 的理想, 代数 A 的迹函数记作 $(x, y)_A$, 而代数 I 的迹函数记作 $(x, y)_I$. 对 $x \in I$, 用 $(R_x)_A, (R_x)_I$ 顺序表 x 在代数 A, 代数 I 中所确定的右乘, 则有

(i) $\mathrm{Tr}((R_x)_A) = \mathrm{Tr}((R_x)_I),\ x \in I$;

(ii) $(x, y)_A = (x, y)_I,\ \forall x, y \in I$.

证 取 A 的一个基 $a_1, \cdots, a_s, \cdots, a_n$, 使其中 $a_1, \cdots, a_s$ 组成 I 的一个基. 在此基下, 对 I 中任意元素 x, 注意到 I 是理想, 有对应

$$(R_x)_A \rightarrow \begin{pmatrix} \boldsymbol{P} & 0 \\ \boldsymbol{Q} & 0 \end{pmatrix}, \quad (R_x)_I \rightarrow (\boldsymbol{P}),$$

其中, 0 表示零矩阵. 这时显然有 (i).

由 (i) 便直得 (ii). |

定理 4.1.5 设 A 是特征为零的域 F 上代数, 而 N 是 A 的幂零根, 则 $N = \{x \in A | (A, x) = 0\} = A^{\perp}$.

证 由引理 4.1.1 知 $A^{\perp}$ 是 A 的理想且

$$(A^{\perp}, A^{\perp})_{A^{\perp}} = (A^{\perp}, A^{\perp})_A = 0.$$

故由定理 4.1.3, 知 $A^{\perp}$ 是幂零代数, 因而是 A 的幂零理想, 即 $A^{\perp} \subseteq N$.

另一方面, N 是理想, 它本身又是幂零代数, 故由定理 4.1.3 的证明过程有

$$\mathrm{Tr}((R_x)_N) = 0, \quad \forall x \in N.$$

由引理 4.1.2 有

$$\mathrm{Tr}((R_x)_A) = \mathrm{Tr}((R_x)_N).$$

任取 $a \in A, x \in N$, 则有 $ax \in N$, 故

$$(a,x) = \mathrm{Tr}((R_{ax})_A) = \mathrm{Tr}((R_{ax})_N) = 0,$$

即有 $N \subseteq A^{\perp}$. 连同上面的, 便有 $N = A^{\perp}$. |

定义 4.1.2 说代数 A 的迹函数 (x,y) 是非退化的, 如果 $A^{\perp} = 0$, 即不存在非零元素 y, 使 $(A,y) = 0$.

由定理 4.1.5 便有

定理 4.1.6 设 A 是特征为零的域 F 上的有限结合代数, 则 A 是半单代数 $\Leftrightarrow A$ 的迹函数是非退化的.

4.2 半单代数的对偶基

由 4.1 节知半单代数的迹函数 (x,y) 是非退化的.

定义 4.2.1 说半单代数的两个基 $\{a_1,\cdots,a_n\},\{b_1,\cdots,b_n\}$ 是对偶的, 如果 $(a_i,b_j) = \delta_{ij}, \forall i,j$, 其中, δ_{ij} 为 Kronecker 符号.

定理 4.2.1 在特征为零的域 F 上的半单代数 A 中, 对它的任意一个基 $\{a_1,\cdots,a_n\}$, 必存在与之对偶的基 $\{b_1,\cdots,b_n\}$.

证 半单代数的迹函数 (x,y) 是非退化的, 故必有行列式 $|(a_i,a_j)|$ 不等于零. 这是因为, 任取元素 $x = \sum x_j a_j, x_j$ 的线性方程组

$$(a_i,x) = \sum_j x_j(a_i,a_j) = 0, \quad i = 1,\cdots,n,$$

由于 $A^{\perp} = 0$, 只有零解, 故其系数行列式 $|(a_i,a_j)| \neq 0$.

为了证明 $\{a_1,\cdots,a_n\}$ 的对偶基的存在, 设 $b_k = \sum x_j a_j$, 则由于 $|(a_i,a_j)| \neq 0, x_j$ 的线性方程组

$$(a_i,b_k) = \sum_j x_j(a_i,a_j) = \delta_{ik}, \quad i = 1,\cdots,n$$

必有唯一解. 因而存在 $\{b_1,\cdots,b_n\}$ 满足条件 $(a_i,b_j) = \delta_{ij}$. 剩下来要证的是 $\{b_1,\cdots, b_n\}$ 是 A 的一个基. 设若 $\sum \alpha_j b_j = 0$, 则

$$0 = (a_i,0) = \left(a_i, \sum \alpha_j b_j\right) = \alpha_i, \quad i = 1,\cdots,n,$$

即 $\{b_1,\cdots,b_n\}$ 线性无关, 因而是 A 的基. |

定理 4.2.2 (Casimir 引理) 特征为零的域 F 上的半单代数 A 有对偶基 $\{a_1,\cdots,a_n\},\{b_1,\cdots,b_n\}$, 则对任意 $a \in A$, 有

(i) $a_i a = \sum_j \alpha_{ij} a_j,\ ab_i = \sum_j \alpha_{ji} b_j,\ i = 1, \cdots, n$;

(ii) $h = \sum_i b_i a a_i$ 在 A 的中心中;

(iii) 集合 $\Gamma(A) = \left\{ \sum_i b_i x a_i, x \in A \right\}$ 与对偶基 $\{a_i\}, \{b_i\}$ 的选择无关.

证　(i) 设 $a_i a = \sum_k \alpha_{ik} a_k, ab_j = \sum_k \beta_{jk} b_k$, 则有

$$\alpha_{ij} = \left(\sum_k \alpha_{ik} a_k, b_j \right) = (a_i a, b_j) = (a_i, ab_j)$$
$$= \left(a_i, \sum_k \beta_{jk} b_k \right) = \beta_{ji},$$

故 $ab_i = \sum_i \alpha_{ij} b_i$, 在 $\sum$ 中调换 i, j 便是 $ab_i = \sum_j \alpha_{ji} b_j$.

(ii) 设 $h = \sum b_i a a_i, a, x \in A$, 则利用 (i), 有

$$xh = x \cdot \sum_i b_i a a_i = \sum_i x b_i a a_i = \sum_{i,j} \alpha_{ji} b_j a a_i,$$

$$hx = \left(\sum_i b_i a a_i \right) x = \sum_i b_i a a_i x = \sum_{i,j} \alpha_{ij} b_i a a_j,$$

故 $xh = hx$, 即 h 在 A 的中心内.

(iii) 设 $\{a_i\}, \{b_i\}; \{a_i'\}, \{b_i'\}$ 是两组对偶基, 今证 $\left\{ \sum_i b_i x a_i, x \in A \right\} = \left\{ \sum_i b_i' x a_i', x \in A \right\}$.

设 $a_i' = \sum_j \xi_{ij} a_j, b_i' = \sum_j \eta_{ij} b_j$. 对任意 i, j 有

$$\delta_{ij} = (a_i', b_j') = \left(\sum_k \xi_{ik} a_k, \sum_l \eta_{jl} b_l \right) = \sum_k \xi_{ik} \eta_{jk}.$$

把这些关系式用矩阵表示即是 $(\xi_{ij})(\eta_{ij})' = \boldsymbol{I}_n$, 所以 $(\eta_{ij})'(\xi_{ij}) = \boldsymbol{I}_n$, 其中, $\boldsymbol{I}_n$ 是 n 阶单位矩阵, 而 $(\eta_{ij})'$ 表示矩阵 (η_{ij}) 的转置.

此时任取 $x \in A$, 则有

$$\sum_i b_i' x a_i' = \sum_i \left(\sum_j \eta_{ij} b_j \right) x \left(\sum_k \xi_{ik} a_k \right)$$
$$= \sum_{j,k} \left(\sum_i \eta_{ij} \xi_{ik} \right) b_j x a_k = \sum_{j,k} \delta_{jk} b_j x a_k = \sum_j b_j x a_j,$$

即 $\Gamma(A)$ 和对偶基之选择无关. |

定理 4.2.3 设 A 是特征为零的域 F 上的半单代数, $\{a_1,\cdots,a_n\}$ 是 A 的一个基, 则必存在元素 $a'_1\cdots,a'_n$, 使得

(i) 对任意 $a\in A$, 由 $a_ia=\sum\limits_j \alpha_{ij}a_j$ 可推得 $aa'_i=\sum\limits_j \alpha_{ji}a'_j$;

(ii) $\sum\limits_i a'_ia_i=1$, 其中, 1 是 A 的单位元.

证 对给定的基 $\{a_1,\cdots,a_n\}$, 取一个与之对偶的基 $\{b_1,\cdots,b_n\}$, 则对 A 的迹函数 (x,y) 有 $(a_i,b_j)=\delta_{ij}$. 只要能证明存在元素 $a\in A$, 使

$$\sum_{i=1}^n b_iaa_i=1$$

即可, 因为此时只要取 $a'_i=b_ia$ 即可得 (i), (ii), 而为此只要证明 $1\in\Gamma(A)$ 就可以了.

由于 F 的特征为零, 故半单代数 A 是分离代数, 因而由定理 3.3.4, 存在 F 的有限扩域 K, 使 A_K 是 K 上全矩阵代数 $A_\mu,\mu=1,\cdots,t$ 的直和. 设 A_μ 中矩阵是 $m_\mu\times m_\mu$ 的. 利用 A_K 在 K 上的一个基 $\{e_{ij}^\mu\}$, 其中, 对每一固定 $\mu=1,\cdots,t,\{e_{ij}^\mu\}$ 是 A_μ 的由矩阵单位组成的基, 下面来证 $1\in\Gamma(A_K)$.

显然, $\{e_{ij}^\mu\}$ 有乘法表

$$e_{ij}^\mu e_{pq}^\eta=\delta_{\mu\eta}\delta_{jp}e_{iq}^\mu.$$

设 A_K 的迹函数为 $(x,y)_K$, 令 $(e_{ij}^\mu)^*=e_{ji}^\mu$, 则有

$$\begin{aligned}((e_{ij}^\mu)^*,e_{pq}^\eta)&=(e_{ji}^\mu,e_{pq}^\eta)=(1,e_{ji}^\mu e_{pq}^\eta)=(1,\delta_{\mu\eta}\delta_{ip}e_{jq}^\mu)\\&=(e_{pq}^\eta,e_{ji}^\mu)=(1,e_{pq}^\eta e_{ji}^\mu)=(1,\delta_{\eta\mu}\delta_{qj}e_{pi}^\mu).\end{aligned}$$

由此看出, 当 $e_{ij}^\mu\neq e_{pq}^\eta$ 时,

$$((e_{ij}^\mu)^*,e_{pq}^\eta)=0,$$

而

$$((e_{ij}^\mu)^*,e_{ij}^\mu)=(1,e_{jj}^\mu)=\mathrm{Tr}(Re_{jj}^\mu)=m_\mu.$$

这样 $\{m_\mu^{-1}(e_{ij}^\mu)^*\}$ 是 $\{e_{ij}^\mu\}$ 的对偶基. 但这里需注意, 一定要让 $(e_{ij}^\mu)^*$ 在第一个基中排列的序数与 e_{ij}^μ 在第二个基中的相同.

取

$$b=\sum_{\eta=1}^t m_\eta e_{11}^\eta\in A_K,$$

则

$$\sum_{i,j,\mu} m_\mu^{-1}(e_{ij}^\mu)^* b(e_{ij}^\mu) = \sum_{i,j,\mu,\eta} m_\mu^{-1} e_{ji}^\mu m_\eta e_{11}^\eta e_{ij}^\mu$$

$$= \sum_{j,\mu} e_{j1}^\mu e_{11}^\mu e_{1j}^\mu = \sum_{j,\mu} e_{jj}^\mu = 1,$$

即 $1 \in \Gamma(A_K)$.

另一方面, $\{a_i\},\{b_i\}$ 也是 A_K 的基, 注意到对任意 $x,y \in A$, 则 $(x,y)=(x,y)_K$, 故它们也是 A_K 的对偶基. 由定理 4.2.2 知, $\Gamma(A_K)$ 与对偶基之选择无关, 故知存在 $x \in A_K$, 使得

$$\sum_i b_i x a_i = 1. \tag{4.2.1}$$

利用 (4.2.1), 下面来证明 (4.2.1) 中的 x 实际上可取自 A.

把 (4.2.1) 中元素 x 以及 1 通过基 $\{a_i\}$ 表示时, 则有

$$x = \sum_i x_i a_i, \quad x_i \in K,$$

$$1 = \sum_i \beta_i a_i, \quad \beta_i \in F.$$

注意到 a_i, b_i 都是 A 中的元素, 它们间的任何乘积用基 $\{a_i\}$ 表示时其系数都在 F 中, 故知等式 (4.2.1) 说明 F 上某一关于 x_i 的线性方程组在 F 的扩域 K 中有解, 由线性方程组的理论知, 它在 F 中也必有解, 即有 $\alpha_i \in F$, 使 $a = \sum\limits_i \alpha_i a_i \in A$ 满足 (4.2.1), 即 $\Sigma b_i a a_i = 1$. 这样即得定理. |

4.3 代数模的扩张与广义导子

设 A 是域 F 上有限代数. A 上的左代数模将简记作左 A- 模, 其子模记作 A- 子模. A 上代数模之间的同态记作 A- 同态, 相应地, F 上向量空间的同态则记作 F- 同态.

定义 4.3.1 一个左 A- 模 U 叫做左 A- 模 N 借助左 A- 模 M 的扩张, 如果 N 是 U 的 A- 子模, 且商模 U/N 与 M 是 A- 同构; 这也就是说, 存在 U 到 M 上的一个 A- 同态 φ, φ 的核是 N.

对给定的 A- 模 N, M, N 借助 M 的扩张 U 是存在的, 如取 $U = N \oplus M$ 就是, 它是最简单的一种扩张, 也是在本章中最感兴趣的情形.

定义 4.3.2 A- 模 N 借助 M 的扩张 U 叫做可裂的, 如果 $U = N \oplus M_1$. 此时显然有 $M_1 \simeq M$.

引理 4.3.1 A- 模 U 是 N 借助 M 的一个扩张, 而 $\varphi: U \to M$ 是相应的 A-同态对应, 则扩张 U 是可裂的 $\Leftrightarrow$ 存在 M 到 U 的一个 A- 同态对应 ψ, 有 $\varphi\psi = 1$.

证 "$\Rightarrow$". 若扩张 U 是可裂的, 则 $U = N \oplus M_1$. 此时 φ 诱导出 M_1 到 M 上的一个 A- 同构对应 θ. 取 $\psi = \theta^{-1}$, 则 ψ 是 M 到 U 内的一个 A- 同态且有 $\varphi\psi = 1$.

"$\Leftarrow$". 若 $\varphi\psi = 1$, 则考虑

$$u = \psi\varphi u + (u - \psi\varphi u), \quad u \in U.$$

易见 $M_1 = \{\psi\varphi u, u \in U\}, N_1 = \{u - \psi\varphi u, u \in U\}$ 是 U 的子模且

$$\psi\varphi(\psi\varphi u) = \psi(\varphi\psi)\varphi u = \psi\varphi u,$$
$$\varphi(u - \psi\varphi u) = \varphi u - \varphi u = 0,$$

故有 $N_1 = N$ 是 φ 的核且 $U = M_1 \oplus N_1 = M_1 \oplus N$, 即扩张 U 是可裂的. |

现在来讨论 N 借助 M 的一个任意扩张 U 如何通过 N 和 M 来表示.

设 $\varphi: U \to M$ 是相应的 A- 同态对应, φ 的核是 N. 作为向量空间 N 借助于向量空间 M 的扩张, U 是可裂的, 这是因为子空间 N 永远是向量空间 U 的直和项. 故由引理 4.3.1(把引理中的 A 取作 F), 存在有 M 到 U 内的一个 F- 同态对应 ψ, 使

$$\varphi\psi = 1, \quad \psi \in \mathrm{Hom}_F(M, U). \tag{4.3.1}$$

其中, $\mathrm{Hom}_F(M, U)$ 表示 F 上向量空间 M 到 U 的一切 F- 同态对应组成的 F 上向量空间.

由于作为向量空间, U 与 N, M 的关系是简单的, 即 U 是 N, M 的直和, 因而考察 A- 模 U 和 A- 模 N, M 之间的关系应把着眼点放在模运算上. 这要求对元素差

$$\psi(am) - a\psi(m), \quad a \in A, \quad m \in M$$

作仔细的考察.

首先, 有 $\psi(am) - a\psi(m) \in N$. 这是因为

$$\begin{aligned}\varphi(\psi(am) - a\psi(m)) &= \varphi\psi(am) - a\varphi\psi(m)\\ &= am - am = 0.\end{aligned}$$

其次, 对于取定的 $a \in A$, 对应

$$f(a): m \to \psi(am) - a\psi(m), \ m \in M,$$

确定 M 到 N 的一个 F- 同态对应. 注意到 $\psi \in \mathrm{Hom}_F(M, U)$, 这一点是容易验证的. 这样 $f(a) \in \mathrm{Hom}_F(M, N) = T$.

考虑 A 到 T 的对应

$$f : a \to f(a), \quad a \in A.$$

由于, 对 $m \in M$,

$$\begin{aligned} f(a+b)m &= \psi((a+b)m) - (a+b)\psi(m) \\ &= \psi(am+bm) - a\psi(m) - b\psi(m) \\ &= \psi(am) - a\psi(m) + \psi(bm) - b\psi(m) \\ &= f(a)m + f(b)m \\ &= (f(a)+f(b))m, \end{aligned}$$

以及类似可证的 $f(\alpha a)m = (\alpha f(a))m$, 可得 $f \in \mathrm{Hom}_F(A, T)$.

为了进一步讨论 $f(a)$ 对于代数 A 的乘法运算的性质, 需要下面的定义:

定义 4.3.3　A 是 F 上代数, T 是 F 上向量空间. 若 T 是左 A- 模又是右 A- 模, 且有

$$(at)b = a(tb), \quad \forall t \in T, \quad \forall a, b \in A,$$

则称 T 为 A- 双模.

现在以下面的自然方式把向量空间 T 加工成 A- 双模, 即对 $t \in T, a \in A$, 规定

$$ta : m \to t(am), \quad at : m \to a(tm), \quad \forall m \in M. \tag{4.3.2}$$

直接验证可知 $ta, at \in T$, 并且 T 关于上述模运算作成 A- 双模.

下面来计算 $f(ab), a, b \in A$,

$$\begin{aligned} f(ab)m &= \psi((ab)m) - ab\psi(m) \\ &= \psi(a(bm)) - a\psi(bm) + a(\psi(bm) - b\psi(m)) \\ &= f(a)(bm) + a(f(b)m) \\ &= (f(a)b)m + (af(b))m = (f(a)b + af(b))m, \end{aligned}$$

故有

$$f(ab) = f(a)b + af(b), \quad \forall a, b \in A. \tag{4.3.3}$$

这样, 利用 A- 双模的概念, 可以与扩张 U 无关地来刻画 f 这个概念, 它在研究扩张时起重要的作用.

定义 4.3.4　设 A 是 F 上代数而 T 是任意 A- 双模. 一个对应 $f : A \to T$ 叫做广义导子, 如果它满足

(i) $f \in \mathrm{Hom}_F(A, T)$, 即 f 是 F- 同态对应;

(ii) (4.3.3) 成立.

这样, 由已知扩张 U 出发, 选定一满足 (4.3.1) 的 ψ, 便得一广义导子 f, 特称之为U的与ψ相应的广义导子.

反过来, 假若给定 A- 模 N, M, 由 (4.3.2) 使 $T=\mathrm{Hom}_F(M,N)$ 成为 A- 双模, 并且给定一个广义导子 $f: A \to T$, 可以利用这个 f 构造出一个 N 借助 M 的扩张 U.

为此, 作向量空间 N 和 M 的直和 $U=N+M$. 对任意 $u\in U$, 利用它的唯一表示式

$$u=n+m, \quad n\in N, \quad m\in M,$$

规定

$$a\circ u=an+f(a)m+am, \tag{4.3.4}$$

其中, $an(am)$ 是 A- 模 $N(M)$ 中的模运算, $f(a)m\in N$.

向量空间 U 关于运算 $\circ$ 作成 A- 模. 这是因为, 利用 (4.3.4), (4.3.3), (4.3.2), 有

$$\begin{aligned}(ab)\circ u &= (ab)n+f(ab)m+(ab)m\\ &= a(bn)+(af(b)+f(a)b)m+a(bm)\\ &= a(bn)+a(f(b)m)+f(a)(bm)+a(bm),\end{aligned}$$

$$\begin{aligned}a\circ(b\circ u) &= a\circ((bn+f(b)m)+bm)\\ &= a(bn+f(b)m)+f(a)(bm)+a(bm)\\ &= a(bn)+a(f(b)m)+f(a)(bm)+a(bm).\end{aligned}$$

因而 $(ab)\circ u=a\circ(b\circ u)$. 对于其他模条件的验证留给读者.

易见 A- 模 U 以 A- 模 N 为子模, 且商模 U/N 和 A- 模 M 同构, 即 U 是 N 借助 M 的一个扩张.

这样, 扩张 U 和广义导子 f 之间就有一个相互对应的关系. 很自然地要问: 对于同一个扩张 U, 采用不同的满足 (4.3.1) 的 ψ, 所得到的广义导子之间有什么关系呢? 或者用另外一种提法: 对两个给定的广义导子, 在它们之间有什么关系时, 它们由上法所确定的扩张是同构的呢?

定理 4.3.1 设 A- 模 U 是 N 借助 M 的一个扩张, $\varphi: U\to M$ 是相应的 A- 同态对应. ψ_1,ψ_2 满足 (4.3.1). 设与 ψ_i 相应的广义导子是 $f_i, i=1,2$, 则必存在 $t\in T=\mathrm{Hom}_F(M,N)$, 有

$$f_1(a)-f_2(a)=at-ta, \quad \forall a\in A.$$

证 由于 $\varphi((\psi_2-\psi_1)m)=(\varphi\psi_2-\varphi\psi_1)m=0$, 故 $(\psi_2-\psi_1)m\in N$, 即 $\psi_2-\psi_1=t\in\mathrm{Hom}_F(M,N)$. 另一方面,

$$\begin{aligned}(f_1(a)-f_2(a))m &= \psi_1(am)-a\psi_1(m)-(\psi_2(am)-a\psi_2(m))\\ &= a(\psi_2-\psi_1)(m)-(\psi_2-\psi_1)(am)\\ &= (at-ta)m.\end{aligned}$$

故有 $f_1(a)-f_2(a)=at-ta$. |

定义 4.3.5 设 A 是代数而 T 是 A- 双模. $f_i:A\to T$ 是广义导子, $i=1,2$. 称 f_1 和 f_2 是同调的, 如果有 $t\in T$, 使

$$f_1(a)-f_2(a)=at-ta,\quad \forall a\in A.$$

易见, 广义导子之间的同调关系是等价关系.

定理 4.3.2 设 N 和 M 是两个 A- 模, $T=\mathrm{Hom}_F(M,N)$ 由 (4.3.2) 是 A- 双模. 若 $f_i:A\to T$ 是广义导子且是同调的, 而 N 借助 M 的扩张 U_i 是由 f_i 构造得的, $i=1,2$, 则 A- 模 $U_1\simeq U_2$.

证 由于 f_1,f_2 是同调的, 故有 $t\in T$,

$$f_1(a)-f_2(a)=at-ta,\quad \forall a\in A.$$

此时, $U_1=N+M$ 到 $U_2=N+M$ 上的对应

$$\theta:u_1=n+m\to u_2=(n+tm)+m,\quad u_i\in U_i, i=1,2, n\in N, m\in M,$$

给出 A- 模 U_1 到 A- 模 U_2 的同构对应. |

一方面, 对于任意 $t\in T$, 直接验证可知, 由

$$f(a)=at-ta$$

所确定的 f 是一个广义导子, 特称之为内广义导子.

另一方面, 零广义导子, 即将 A 中元都对应到零的广义导子, 所确定的扩张 $U=N+M$ 显然是 A-子模 N 和 A-子模 M 的直和, 这是因为子空间 M 由模运算 (4.3.4) 已经是 U 的 A-子模了.

注意到以上这两方面, 作为定理 4.3.1 的推论, 便得

定理 4.3.3 扩张 U 是可裂的 $\Leftrightarrow U$ 的广义导子是内的.

4.4 代数的扩张与因子系

本节的内容和 4.3 节是非常类似的.

本节中所有的代数都是在域 F 上的.

定义 4.4.1 说代数 A 是代数 N 借助代数 B 的一个扩张, 如果 N 是 A 的理想而商代数 $A/N\simeq B$.

说扩张 A 是可裂的, 如果在 A 中存在一子代数 B_1, 使 $A=N+B_1$(子空间的直和). 此时也说, 代数 A 是理想 N 和子代数 B_1 的半直和.

当 A 是可裂的而有 $A=N+B_1$ 时, 易见代数 $B\simeq B_1$. 与引理 4.3.1 平行的有

引理 4.4.1 代数 A 是 N 借助 B 的一个扩张, 而 φ 是代数 A 到 B 上的一个同态对应, 则扩张 A 是可裂的 $\Leftrightarrow$ 存在代数 B 到 A 的一个同态对应 ψ, 使 $\varphi\psi=1$.

代数是向量空间添加乘法运算, 因而代数的扩张必定伴随着向量空间的扩张. 但向量空间的扩张都是简单的, 即都是可裂的, 故研究代数的扩张着眼点应放在乘法运算上. 这和讨论代数模的扩张时把注意力集中在模运算上是一样的.

设代数 A 是 N 借助 B 的一个扩张, $\varphi: A\to B$ 是相应的一个同态对应, N 是 φ 的核.

若把 A 看成向量空间的扩张, φ 看成向量空间 A 到 B 上的同态对应, 则由引理 4.4.1(把 A 取作零乘代数, 或由引理 4.3.1, 把 A 取作 F), 必存在 B 到 A 的对应 ψ, 有

$$\varphi\psi=1,\quad \psi\in \mathrm{Hom}_F(B,A). \tag{4.4.1}$$

与 4.3 节中讨论广义导子相类似, 来考察与代数乘法密切相关的

$$f(a,b)=\psi(ab)-\psi(a)\psi(b),\quad \forall a,b\in B. \tag{4.4.2}$$

$f(a,b)$ 是 $B\times B$ 到 N 的一个双线性函数. 这是因为

$$\begin{aligned}\varphi(\psi(ab)-\psi(a)\psi(b))&=\varphi\psi(ab)-\varphi\psi(a)\cdot\varphi\psi(b)\\&=ab-ab=0,\end{aligned}$$

故 $f(a,b)\in N$, 其双线性性是容易验证的.

利用代数 B 和 N 的乘法结合律, 由 (4.4.2) 还有

$$\begin{aligned}\psi((ab)c)&=\psi(ab)\psi(c)+f(ab,c)\\&=\psi(a)\psi(b)\psi(c)+f(a,b)\psi(c)+f(ab,c),\\ \psi(a(bc))&=\psi(a)\psi(bc)+f(a,bc)\\&=\psi(a)\psi(b)\psi(c)+\psi(a)f(b,c)+f(a,bc).\end{aligned}$$

相减便得

$$f(ab,c)-f(a,bc)+f(a,b)\psi(c)-\psi(a)f(b,c)=0. \tag{4.4.3}$$

我们知道 $f(a,b)\in N,\psi(c)\in A$ 而 $c\in B$, 这样 (4.4.3) 中第 3 项 (以及第 4 项) 都是在扩张 A 中才有意义. 为了能够与 A 无关地来刻画 f, 因而有可能反过来用 f 来构造扩张 A, 和 4.3 节中类似, 拟用下面极自然的方式把 N 加工成 B- 双模: 定义

$$\begin{cases} n\circ b=n\psi(b),\\ b\circ n=\psi(b)n,\end{cases}\quad n\in N, b\in B. \tag{4.4.4}$$

然而 (4.4.4), 在一般情况下不能使 N 成为 B- 双模. 但是若假定 $N^2=0$(对于证明 Wedderburn 定理, 这刚好是最感兴趣的情形), 则 N 确成为 B- 双模. 这是因为此时有

$$\begin{aligned}(n\circ a)\circ b-n\circ(ab)&=(n\psi(a))\psi(b)-n\psi(ab)\\&=-nf(a,b)=0.\end{aligned}$$

类似地, 可得 $a\circ(b\circ n)=(ab)\circ n$ 等.

下面将把 (4.4.4) 中的 $n\circ b, b\circ n$ 简记作 nb, bn.

这样 f 便是 $B\times B$ 到 B- 双模 N 的一个双线性函数且有

$$f(ab,c)-f(a,bc)+f(a,b)c-af(b,c)=0,\quad \forall a,b,c\in B. \tag{4.4.5}$$

这启示我们给出下面的定义:

定义 4.4.2　设 B 是 F 上代数而 N 是 B- 双模. 对应 $f:B\times B\to N$ 叫做一个因子系, 如果

(i) $f(a,b)$ 是双线性的;

(ii) (4.4.5) 成立.

这样, 由 N 借助 B 的一个已知扩张 A 出发, 在 $N^2=0$ 的条件下, 选定一个满足 (4.4.1) 的 ψ, 便可得一因子系 f. 特称之为 A的与ψ相应的因子系.

同一扩张 A 的与 ψ_i 相应的因子系 $f_i, i=1,2$ 之间有什么关系呢?

首先说明一下, 对同一扩张 A 所取的不同的 ψ_i 言, 在 $N^2=0$ 的前提下, 它们由 (4.4.4) 把 N 加工成的 B- 双模是相同的, 即是对 $\forall n\in N, b\in B$ 有

$$n\psi_1(b)=n\psi_2(b),\quad \psi_1(b)n=\psi_2(b)n,$$

这是因为 $\psi_1(b)-\psi_2(b)\in N$ 而 $N^2=0$ 的原因. 这样同一扩张 A 确定一个 B- 双模而与 ψ_i 之选择无关. 下面在与一个扩张 A 相联系的谈论 B- 双模 N 时就是指这个唯一确定的 B- 双模 N.

由 (4.4.2) 知 $f_i(a,b)=\psi_i(ab)-\psi_i(a)\psi_i(b), i=1,2$. 相减后再利用 (4.4.4) 便有

$$\begin{aligned}(f_1-f_2)(a,b)&=(\psi_1-\psi_2)(ab)-\psi_1(a)\psi_1(b)+\psi_2(a)\psi_2(b)\\&=(\psi_1-\psi_2)(ab)+\psi_1(a)(\psi_2-\psi_1)(b)\\&\quad+(\psi_2-\psi_1)(a)\psi_2(b)\\&=aE(b)+E(a)b-E(ab),\end{aligned}$$

其中, $E=\psi_2-\psi_1\in \mathrm{Hom}_F(B,N)$.

易见, 对作意 $E\in\mathrm{Hom}_F(B,N)$,

$$f(a,b)=aE(b)+E(a)b-E(ab) \tag{4.4.6}$$

中的 f 都是因子系. 这就使我们得到与 4.3 节中内广义导子相平行的概念.

定义 4.4.3 形如 (4.4.6) 的因子系叫做可裂因子系, 其中, B, N 之意义如定义 4.4.2.

这样, 上面的讨论就证得下面的定理:

定理 4.4.1 设代数 A 是 N 借助 B 的一个扩张, $N^2=0, \varphi: A \to B$ 是相应的同态对应, ψ_1, ψ_2 满足 (4.4.1). 与 ψ_i 相应的因子系是 $f_i, i=1,2$, 则 f_1-f_2 是一个可裂因子系. |

定理 4.4.2 代数 A 是 N 借助 B 的一个扩张, $\varphi: A \to B$ 是相应的同态对应, $N^2=0$, f 是 A 的与 ψ 相应的因子系. 此时有 f 是可裂因子系 $\Leftrightarrow$ 扩张 A 是可裂的.

证 "$\Leftarrow$". 已知扩张 A 是可裂的, 即 $A=N+B_1$, 其中, B_1 是 A 的子代数且 $N \bigcap B_1=0$. 由引理 4.4.1 知, 存在代数 B 到代数 A 的同态对应 ψ_1, 使 $\varphi\psi_1=1$. 利用 ψ_1 是代数的同态对应, 直接由定义式 (4.4.2) 便知, ψ_1 所确定的因子系 $f_1=0$.

另一方面, 由定理 4.4.1 知

$$f(a,b)=f(a,b)-f_1(a,b)=aE(b)+E(a)b-E(ab),$$

其中, $E \in \mathrm{Hom}_F(B,N)$. 即知 f 是可裂的.

"$\Rightarrow$". 已知 f 是可裂的, 则有 $E \in \mathrm{Hom}_F(B,N)$, 使

$$f(a,b)=aE(b)+E(a)b-E(ab). \tag{4.4.7}$$

设 $\psi_1=\psi+E$, 则 $\psi_1 \in \mathrm{Hom}_F(B,A)$. 注意到 φ 之核是 N, 可得 $\varphi E=0$, 故

$$\varphi\psi_1=\varphi\psi+\varphi E=1+0=1,$$

即 ψ_1 满足 (4.4.1). 利用 (4.4.4), (4.4.2), (4.4.7), 知

$$\begin{aligned}
&\psi_1(ab)-\psi_1(a)\psi_1(b)\\
=&\psi(ab)+E(ab)-(\psi(a)+E(a))(\psi(b)+E(b))\\
=&[\psi(ab)-\psi(a)\psi(b)]-[aE(b)+E(a)b-E(ab)]-E(a)E(b)\\
=&f(a,b)-[aE(b)+E(a)b-E(ab)]-E(a)E(b)\\
=&-E(a)E(b)=0.
\end{aligned}$$

最后一个等号是根据假设 $N^2=0$. 这样 ψ_1 是代数 B 到代数 A 的同态对应. 但又知 $\varphi\psi_1=1$, 由引理 4.4.1 知扩张 A 是可裂的. |

与 4.3 节中代数模的情况相比, 在这里没有讨论由因子系构造代数扩张这一面. 而在讨论扩张的因子系时, 也只是在 $N^2=0$ 这个条件下. 然而对于本章的主要目的这些是够用的了.

4.5 Wedderburn-Мальцев(Wedderburn-Mal'cev) 定理

首先在前几节的基础上, 证明下面这个关于分离代数的重要定理.

定理 4.5.1 (Whitehead 引理) 设 A 是特征为零的域 F 上的半单代数. T 是任意的 A- 双模.

(i) 任意广义导子 $g: A \to T$ 都是内广义导子;

(ii) 任意因子系 $f: A \times A \to T$ 都是可裂因子系.

证 由定理 4.2.3, 半单代数 A 有 F- 基 $\{a_1, \cdots, a_m\}$ 及 $\{a'_1, \cdots, a'_m\}$ 且满足条件

$$\sum_i a'_i a_i = 1, \tag{4.5.1}$$

$$a_i a = \sum_j \lambda_{ij}(a) a_j, \lambda_{ij}(a) \in F \Rightarrow a a'_i = \sum_j \lambda_{ji}(a) a'_j, \quad \forall a \in A. \tag{4.5.2}$$

先证 (i). 令

$$t = \sum_i a'_i g(a_i) \quad \left(\text{或 } t' = \sum_i g(a'_i) a_i\right),$$

则对 $\forall a \in A$,

$$\begin{aligned}
at - ta &= \sum_i a a'_i g(a_i) - \sum_i a'_i g(a_i) a \\
&= \sum_i a a'_i g(a_i) - \sum_i a'_i (g(a_i a) - a_i g(a)) \\
&= \sum_i a a'_i g(a_i) - \sum_i a'_i g(a_i a) + \sum_i a'_i a_i g(a) \\
&= \sum_{i,j} \lambda_{ji}(a) a'_j g(a_i) - \sum_{i,j} a'_i \lambda_{ij}(a) g(a_j) + \left(\sum_i a'_i a_i\right) g(a) \\
&= g(a),
\end{aligned}$$

即 g 是内广义导子.

其次证 (ii). 令

$$E: a \to \sum_i f(a, a'_i) a_i \left(\text{或} E': a \to \sum_i a'_i f(a_i, a)\right), \quad \forall a \in A.$$

利用 f 的双线性性, 易见 $E \in \mathrm{Hom}_F(A, T)$ 且

$$\begin{aligned}
&aE(b) + E(a)b - E(ab) \\
&= \sum_i a f(b, a'_i) a_i + \sum_i f(a, a'_i) a_i b - \sum_i f(ab, a'_i) a_i
\end{aligned}$$

$$
\begin{aligned}
&= \sum_i [f(ab,a_i') - f(a,ba_i') + f(a,b)a_i']a_i \\
&\quad + \sum_i f(a,a_i')a_ib - \sum_i f(ab,a_i')a_i \\
&= -\sum_i f(a,ba_i')a_i + f(a,b)\sum_i a_i'a_i + \sum_i f(a,a_i')a_ib \\
&= f(a,b).
\end{aligned}
$$

上面最后一个等号的依据是: 利用 (4.5.2), 第 1,3 项互相抵销, 利用 (4.5.1), 第 2 项就是 $f(a,b)$. 故 f 是可裂的. |

设 A 是结合代数, 而 $a,b \in A$. 将要把 $b+ab$ 简记作 $(1+a)b$, 而把 $b+ba$ 简记作 $b(1+a)$, 即规定

$$(1+a)b = b+ab, \quad b(1+a) = b+ba, \quad a,b \in A.$$

此时并不假定 A 中有单位元 1. 这样 $1+a$ 在代数 A 中是没有意义的, 但 $(1+a)b$ 或 $b(1+a)$ 的意义是清楚的. 直接验证易知

$$
\begin{aligned}
(1+a)(1+b)c &= (1+a+b+ab)c, \\
c(1+a)(1+b) &= c(1+a+b+ab).
\end{aligned}
$$

若 $n \in A$ 是幂零元, $n^p = 0$, 则对 A 中任意元 x, 有

$$
\begin{aligned}
(1-n)(1+n+\cdots+n^{p-1})x &= (1+n+\cdots+n^{p-1})(1-n)x \\
&= (1-n^p)x = x,
\end{aligned}
$$

$$
\begin{aligned}
x(1-n)(1+n+\cdots+n^{p-1}) &= x(1+n+\cdots+n^{p-1})(1-n) \\
&= x(1-n^p) = x.
\end{aligned}
$$

由于这些等式, 很自然地约定 $(1-n)^{-1} = (1+n+\cdots+n^{p-1})$. 这样很容易证明, 幂零元素 n 所确定的对应

$$
\begin{aligned}
\varphi: &\ A \to A \\
&\ x \mapsto (1-n)x(1-n)^{-1} = (1-n)x(1+n+\cdots+n^{p-1})
\end{aligned}
$$

是代数 A 的一个自同构. 并称代数 A 的这种形式的自同构为 A 的**内自同构**.

现在可以叙证本章的主要结果 —— 非半单代数的主要结构定理.

定理 4.5.2 (Wedderburn-Мальцев定理) 设 A 是特征为零的域 F 上的有限结合代数, N 是它的幂零根, 则

(i) (Wedderburn 主要定理) 存在 A 的半单子代数 S, 使 $A = N + S$(半直和);

(ii) (Мальцев唯一性定理) 若 S_i 是 A 的半单子代数并且 $A = N + S_i$(半直和), $i = 1, 2$, 则存在一元素 $n \in N$, 使得 $S_1 = (1-n)S_2(1-n)^{-1}$.

证 (i) 对 A 的维数作归纳法. 假定对于维数小于 A 的维数的所有代数, (i) 是成立的. 今证 (i) 对 A 也成立.

如果 $N^2 = 0$, 则由定理 4.5.1 及定理 4.4.2 便知 N 借助于半单代数 B 的扩张 A 是可裂的, 即 $A = N + S$(半直和), 而 $S \simeq B$ 是半单的子代数.

如果 $N^2 \neq 0$, 则 $(A/N^2 : F) < (A : F)$. 又由于 A/N^2 之理想 N/N^2 是幂零的, 且

$$(A/N^2)/(N/N^2) \simeq A/N$$

是半单的, 故 N/N^2 是 A/N^2 的幂零根. 因而依归纳法假设, 有子代数 S_1/N^2, 使

$$A/N^2 = S_1/N^2 + N/N^2(\text{半直和}),$$

也就是

$$A = S_1 + N, \quad S_1 \bigcap N = N^2. \tag{4.5.3}$$

其中, 子代数 S_1 是 S_1/N^2 在 A 中的完全逆象.

因为 $N \neq N^2$, 故 $S_1 \neq A$. 由 $S_1/N^2 \simeq A/N$ 是半单的, 知 N^2 是 S_1 的幂零根. 再用归纳法假设, 则必存在 S_1 的子代数 S, 使

$$S_1 = S + N^2 \ (\text{半直和}). \tag{4.5.4}$$

把 (4.5.3), (4.5.4) 结合在一起便有 $A = S + N$(半直和).

(ii) 设 $A/N = B$. 而 φ 是代数 A 到代数 B 的自然同态对应. 对于给定的这两个子代数 S_1, S_2, 由引理 4.4.1, 必有代数 B 到代数 A 的同态对应 ψ_i, 使 $S_i = \psi_i B, \varphi\psi_i = 1, i = 1, 2$.

规定

$$\begin{cases} nb = n\psi_2(b), \\ bn = \psi_1(b)n, \end{cases} \quad b \in B, n \in N. \tag{4.5.5}$$

由于 ψ_i 是代数的同态对应, 故 N 关于模运算 (4.5.5) 构成 B- 双模

令

$$f : b \to \psi_1(b) - \psi_2(b), \quad b \in B,$$

则 $f \in \mathrm{Hom}_F(B, A)$, 由

$$\varphi(\psi_1(b) - \psi_2(b)) = \varphi\psi_1(b) - \varphi\psi_2(b) = b - b = 0,$$

故 $f(b) \in N$, 即 $f \in \mathrm{Hom}_F(B, N)$. 另外还有

$$\begin{aligned} f(ab) &= \psi_1(ab) - \psi_2(ab) = \psi_1(a)\psi_1(b) - \psi_2(a)\psi_2(b) \\ &= \psi_1(a)[\psi_1(b) - \psi_2(b)] + [\psi_1(a) - \psi_2(a)]\psi_2(b) \\ &= \psi_1(a)f(b) + f(a)\psi_2(b) = af(b) + f(a)b. \end{aligned}$$

最后一个等号是根据 (4.5.5). 这样, $f: B \to N$ 是一个广义导子.

由定理 4.5.1, 知 f 必是一个内广义导子, 因而存在元素 $n \in N$, 使得

$$f(b) = \psi_1(b) - \psi_2(b) = bn - nb = \psi_1(b)n - n\psi_2(b), \quad \forall b \in B.$$

上式可改写成

$$\psi_1(b)(1-n) = (1-n)\psi_2(b), \quad \forall b \in B. \tag{4.5.6}$$

因为 n 是幂零元, 若 $n^p = 0$, 并令 $(1-n)^{-1} = 1 + n + \cdots + n^{p-1}$, 则有

$$\psi_1(b) = (1-n)\psi_2(b)(1-n)^{-1}, \quad \forall b \in B.$$

但 $\psi_i B = S_i$, 上式就是

$$S_1 = (1-n)S_2(1-n)^{-1},$$

故得 (ii). |

习　题

4.1　用迹函数的方法证明 N- 半单代数是单代数的直和.

4.2　设 A 为特征零的域 F 上的有限结合代数, N 是 A 的幂零根, S 是 A 的半单子代数, 则必存在 A 的半单子代数 P, 使得 $A = N + P$(半直和) 且 $S \subseteq P$.

4.3　设 F 是任意域, 决定 F 上维数 $\leqslant 2$ 的一切代数.

第 5 章　一类局部有限代数的 Wedderburn 结构理论

前几章介绍了有限结合代数的 Wedderburn 结构理论. 在本章以及下面的几章中将把这些结果推广到无限 (维) 代数或者环上去. 为此目的, 常不得不对环或代数要求某些 "有限条件". 在 5.1 节中介绍关于代数的一类有限条件. 在 5.3 节 ~5.5 节中对一类无限代数证明 Wedderburn 结构定理.

5.1　关于代数的有限条件

本节介绍一种类型的有限条件. 在 6.1 节中将介绍另一类有限条件.

用字母 P 表示一个代数可能具有的性质, 而用 P- 代数表示具有性质 P 的代数. 例如若用 P 表示有限性, 则 P- 代数就是指有限代数; 若 P 表示幂零性或有限及单性, 则 P- 代数就是幂零代数或有限单代数.

定义 5.1.1　设 A 是域 F 上代数, 不一定是有限维的, 说 A 是局部 P- 代数, 如对于 A 中任意有限子集 X, 都存在 A 的一个 P- 子代数 $B \supseteq X$.

例如, 说 A 是局部幂零代数 (取 P 为幂零性) 就是指对 A 中任意有限个元素 $a_1, \cdots, a_n$, 必有 A 的一个幂零子代数 B, 有 $a_i \in B, i = 1, \cdots, n$. 由于幂零代数的子代数也是幂零代数, 上面这个条件等于说子代数 $\langle a_1, \cdots, a_n \rangle$ 是幂零的.

又如, 说 A 是局部有限代数 (取 P 为有限性) 就是指 A 中任意有限个元素 $a_1, \cdots, a_n$ 生成的子代数 $\langle a_1, \cdots, a_n \rangle$ 是有限维的.

定义 5.1.2　说代数 A 是局部理想有限代数, 若 A 中任意有限子集 X 所生成的理想 (X) 是有限维的.

显然局部理想有限代数一定是局部有限代数.

对于给定的代数 A, 取 $a \in A$, 考察

$$a, a^2, \cdots, a^n, \cdots.$$

显然, 或者 $\exists n$, 使 a^n 可用 $a, a^2, \cdots, a^{n-1}$, F 线性表示, 这就是说 a 满足 F 上的一个 n 次 (缺常数项) 多项式, 此时称 a 为 A 的代数元; 或者对任意 $n, a, \cdots, a^n$ 都是 F 无关的, 此时称 a 为 A 的超越元. 易见, a 是代数元当且仅当 $\langle a \rangle$ 是有限维的子代数. 这样便引出下面定义中的术语.

定义 5.1.3 说 A 是代数的代数, 如果 A 的每一元素都是代数元, 也就是 A 中任一元素 a 生成的子代数 $\langle a\rangle$ 必是有限的.

局部有限代数当然是代数的代数. 它的逆命题是下面著名的 **Курош (Kurosh) 问题:** 代数的代数是局部有限的吗?

这可以说是由群论启示提出的第一个重要的、关于代数的问题. 我们知道群论中有著名的**Burnside 问题:** 周期群是局部有限的吗? 即是说, 一个群 G, 若已知它的每一个元素都生成有限子群, 那么它的任意有限子集生成的子群是有限的吗?

这样我们看到关于结合代数的Курош问题和关于群的 Burnside 问题是完全类似的.

Курош问题和 Burnside 问题都有Голод(Golod) 的反例说明它们是不成立的. 关于附加某些限制条件的Курош问题以及Голод反例将在以后讨论.

本节最后给出下面这个定理:

定理 5.1.1 设 A 是域 F 上结合代数, N 是 A 的理想, 若 N 和 A/N 都是局部有限代数, 则 A 也是局部有限代数.

证 设 $\overline{A}=A/N$ 而 A 中元素 a 所在的剩余类记作 $\overline{a}$.

任取 A 中有限个元素 $a_1,\cdots,a_n$, 则由 $\overline{A}$ 的局部有限性知 $\langle\overline{a}_1,\cdots,\overline{a}_n\rangle$ 是一个有限代数. 设 $\overline{b}_1,\cdots,\overline{b}_m$ 是它的一个基. 不妨设 (需要时可扩大原给有限子集 $\{a_1,\cdots,a_n\}$)$a_1,\cdots,a_n$ 中已包括 $b_1,\cdots,b_m$. 这样

$$a_ia_j=\sum_k\alpha_{ij}^ka_k+x_{ij},\quad \alpha_{ij}^k\in F,\ x_{ij}\in N,\ \forall i,j,k. \tag{5.1.1}$$

令

$$Y=\{x_{ij},a_kx_{ij},x_{ij}a_k,a_kx_{ij}a_l,i,j,k,l=1,\cdots,n\},$$

则 Y 是 N 中有限子集. 由 N 的局部有限性知 $\langle Y\rangle$ 是有限子代数.

设 M 是由 $a_1,\cdots,a_n$ 支撑的子空间, M 当然是有限维的. 今证有限维子空间

$$M+\langle Y\rangle\,(\text{向量子空间的和}) \tag{5.1.2}$$

是子代数. 为此, 由 (5.1.1) 只需证

$$a_l\langle Y\rangle\subseteq\langle Y\rangle,\langle Y\rangle a_l\subseteq\langle Y\rangle,\quad \forall l. \tag{5.1.3}$$

而欲证 (5.1.3), 只需证对任意 $y\in Y$,

$$a_ly\in\langle Y\rangle,\ ya_l\in\langle Y\rangle,\quad \forall l, \tag{5.1.4}$$

而利用 (5.1.1), 这是易证的. 例如, 当 y 取 a_kx_{ij} 时, 有

$$\begin{aligned} a_l(a_kx_{ij}) &= (a_la_k)x_{ij} = \left(\sum_S \alpha_{lk}^s a_s + x_{lk}\right) x_{ij} \\ &= \sum_S \alpha_{lk}^s a_s x_{ij} + x_{lk}x_{ij} \in \langle Y \rangle, \end{aligned}$$

$$(a_kx_{ij})a_l \in Y \subseteq \langle Y \rangle.$$

这样得证 $M+\langle Y \rangle$ 是有限子代数. 但另一方面,

$$\langle a_1, \cdots, a_n \rangle \subseteq M + \langle Y \rangle,$$

故得 $\langle a_1, \cdots, a_n \rangle$ 是有限子代数. |

5.2　全直和、直和、亚直和

第 1 章讨论了有限个代数的直和, 然而在研究无限代数或一般环时, 需要无限个代数或环的直和概念.

设 $A_\alpha, \alpha \in W$ 是域 F 上任意代数 (即不一定是有限代数), 其中, W 是下标 α 的一个非空集合, 可以是有限或无限的. 考察以 W 为定义域, 在 $\alpha \in W$ 处从 A_α 取值的一切函数 f, 亦即

$$f(\alpha) \in A_\alpha, \quad \forall \alpha \in W.$$

令 A 代表这样函数的全体, 在 A 中如下引入运算: 对任意 $f, g \in A$, 规定

$$\begin{aligned} (f+g)(\alpha) &= f(\alpha) + g(\alpha), \\ fg(\alpha) &= f(\alpha) \cdot g(\alpha), \qquad \forall \alpha \in W, \forall a \in F. \\ (af)(\alpha) &= a \cdot f(\alpha), \end{aligned}$$

当然, 对取定的 α 言, $f(\alpha), g(\alpha)$ 应在代数 A_α 中去运算. 容易验证, A 关于这些运算作成域 F 上的一个代数. 易见, 当所有 A_α 都是结合代数时, A 也是结合的; 当所有的 A_α 都是 Lie 代数时, A 也是 Lie 代数.

这样作出的代数 A 叫做代数 $A_\alpha, \alpha \in W$ 的全直和, 并记作 $\prod\limits_{\alpha \in W} A_\alpha$. 之所以用这样的记法是因为 A 的元素 f 可以看成集 A_α 的卡氏积 $\prod\limits_{\alpha \in W} A_\alpha$ 中的元素. 如果把卡氏积 $\prod\limits_{a \in W} A_\alpha$ 中的元素看成是 "向量", 则上面运算的意义就是 "向量" 的运算按其分量去进行.

易见, 对任意取定的 $\alpha \in W$, 满足下面条件:

$$f(\beta)=0, \quad \forall \beta \neq \alpha$$

的一切函数 f(或者说, 对一切 $\beta \neq \alpha$, β 分量都为零的 "向量") 的全体 $\overline{A}_\alpha$ 是 A 的一个子代数, 并且有

$$\overline{A}_\alpha \cong A_\alpha,$$

$$f \mapsto f(\alpha), \quad \forall f \in \overline{A}_\alpha.$$

如果把 A_α 和 $\overline{A}_\alpha$ 等同起来, 可把 A_α 就看成 A 的子代数. 易见 A_α 还是 A 的理想.

下面来考察全直和 A 中一些特殊的子代数.

设 B 是 A 中只在有限个 α 上取非零值的函数 f 的全体, 或者用 "向量" 的语言说就是, 只有有限个分量不为零的 "向量" 全体. 易见 B 是 A 的子代数, 且是由 A 的理想 $A_\alpha, \alpha \in W$ 生成的子代数, 把 B 称为代数 $A_\alpha, \alpha \in W$ 的**直和**, 并记作 $\sum\limits_{\alpha \in W} \oplus A_\alpha$.

当 W 是有限集时, 显然全直和与直和是一回事, 这里的直和概念和 1.4 节中定义的直和概念是一回事.

当有无限多个 $A_\alpha \neq 0$ 时, $A \neq B$, 因而全直和与直和是不同的两个概念. 这是因为, 若取 $0 \neq a_\alpha \in A_\alpha$, 则 A 中元素 $f: f(\alpha)=a_\alpha$ 不属于 B.

上面由给定代数 $A_\alpha, \alpha \in W$ 出发硬造出的直和 $B=\sum\limits_{\alpha \in W} \oplus A_\alpha$ 与其中的子代数 $A_\alpha(=\overline{A}_\alpha)$ 之间显然有下列关系:

(1) A_α 是 B 的理想, $\forall a$;

(2) B 中任意元素 x 可表成

$$x=\sum_{i=1}^{n} a_{\alpha_i}, \quad \alpha_i \in W,\ a_{\alpha_i} \in A_{\alpha_i},\ \forall i;$$

(3) (2) 中表示法是唯一的, 即若还有

$$x=\sum_{j=1}^{m} a'_{\beta_j}, \quad \beta_j \in W,\ a'_{\beta_j} \in A_{\beta_j}, \forall j$$

且 $a_{\alpha_i} \neq 0, \forall i, a'_{\beta_j} \neq 0,\ \forall j$, 则必有 $n=m$,

$$\alpha_i=\beta_{\pi(i)},\ a_{\alpha_i}=a'_{\beta_{\pi(i)}}, \quad \forall i,$$

其中, π 是某一 n 元置换;

(3)′ $A_\alpha \bigcap \sum\limits_{\substack{\beta\neq\alpha\\ \beta\in W}} A_\beta = \{0\}$, $\forall \alpha\in W$,

其中, $\sum\limits_{\beta\in V} A_\beta$ 表示由 $A_\beta, \beta\in V, V = W\backslash\{\alpha\}$ 的元素做成的一切有限和, 也就是子向量空间 $A_\beta, \beta\in V$ 的和.

容易看出 (3) 和 (3)′ 是等价的.

反过来, 若给定代数 B 及其子代数 $A_\alpha, \alpha\in W$, 满足上面的 (1)~(3) 或 (1), (2), (3)′, 则和 1.4 节中有限个代数的直和的情况完全类似, 可知这个给定的代数 B 和上面定义的直和 $\sum\limits_{\alpha\in W}\oplus A_\alpha$ 是同构的. 因而这两种说法 (即外直和与内直和) 是完全一样的.

任意多个代数的直和显然是有限个代数的直和的自然推广, 容易证明

定理 5.2.1 $\left(\sum\limits_{\alpha\in W}\oplus A_\alpha\right)\oplus\left(\sum\limits_{\beta\in V}\oplus A_\beta\right) = \sum\limits_{r\in W\cup V}\oplus A_r.$

现在来看全直和 $A = \prod\limits_{\alpha\in W} A_\alpha$ 的另一些子代数. 设 B 是 A 的子代数, 考虑对应

$$\varphi_\alpha : B \to A_\alpha,$$
$$f \mapsto f(\alpha), \quad \forall f\in B.$$

注意到 A 中元素的运算是按 "分量" 进行的, 故得 φ_α 是代数 B 到 A_α 内的一个同态对应, 称 φ_α 为 B 到 A_α 的投影.

定义 5.2.1 如果对任意 $\alpha\in W$, 都有投影 φ_α 是 B 到 A_α 上的对应 (亦即 $B\varphi_\alpha = A_\alpha$) 时, 则称子代数 B 为代数 $A_\alpha, \alpha\in W$ 的亚直和.

易见 A_α 的全直和、直和都是 A_α 的亚直和.

亚直和的概念也可以从一个代数的内部去刻画.

设 B 是 $A_\alpha, \alpha\in W$ 的亚直和, 投影 φ_α 的核为 I_α, 考察理想

$$I = \bigcap_{\alpha\in W} I_\alpha.$$

若 $f\in I$, 则 $f\in I_\alpha, \forall\alpha$, 故 $f(\alpha) = 0, \forall\alpha$, 即 $f = 0$. 这样知

$$\bigcap_{\alpha\in W} I_\alpha = \{0\}.$$

反过来, 任给定一个代数 B 及其中的理想 $I_\alpha, \alpha\in W$, 且知 $\bigcap\limits_{\alpha\in W} I_\alpha = \{0\}$. 令

$$A_\alpha = B/I_\alpha = B\varphi_\alpha, \quad \forall\alpha,$$

其中, φ_α 是代数 B 到其商代数 A_α 上的自然同态对应. 作全直和 $A=\prod_\alpha A_\alpha=\prod_\alpha(B/I_\alpha)$. 规定

$$\varphi: B\to A=\prod_\alpha(B\varphi_\alpha),$$
$$b\mapsto f_b: f_b(\alpha)=b\varphi_\alpha,\quad \forall\alpha,$$

即是把 B 的元素 b 对应到由 b 在 φ_α 下的象所组成的 "向量" 上去. φ 是代数 B 到 A 内的一个同态对应, 因为有

$$\begin{aligned}f_{b+c}(\alpha)&=(b+c)\varphi_\alpha=b\varphi_\alpha+c\varphi_\alpha=f_b(\alpha)+f_c(\alpha)\\&=(f_b+f_c)(\alpha),\\f_{bc}(\alpha)&=(bc)\varphi_\alpha=(b\varphi_\alpha)(c\varphi_\alpha)=f_b(\alpha)\cdot f_c(\alpha)\\&=(f_b\cdot f_c)(\alpha)\end{aligned}$$

等. φ 还是 B 到 A 内的一一对应, 这是因为若 $b\in B$ 且 $b\varphi=0$, 则 $f_b(\alpha)=b\varphi_\alpha=0,\forall\alpha$, 所以 $b\in I_\alpha,\forall\alpha$. 但已知 $\bigcap_\alpha I_\alpha=0$, 故得 $b=0$. 这样

$$B\cong B\varphi\subseteq A.$$

$B\varphi$ 恰是 A_α 的一个亚直和. 这是因为 $B\varphi$ 在 A_α 的投影象刚好是 $B\varphi_\alpha=A_\alpha$. 这样, 若把 B 和 $B\varphi$ 等同起来, B 就是 $A_\alpha=B\varphi_\alpha=B/I_\alpha$ 的一个亚直和了, 即得

定理 5.2.2 设 $I_\alpha,\alpha\in W$, 是代数 B 的一些理想. 则 B 是代数 $A_\alpha=B/I_\alpha,\alpha\in W$ 的一个亚直和当且仅当 $\bigcap_{\alpha\in W}I_\alpha=\{0\}$.

上面是就代数介绍了全直和、直和、亚直和的概念. 对于其他代数系统, 如环、群、模等, 可以完全平行的去定义, 因而以后也将谈论到如环的直和、亚直和等.

我们知道, 当一个代数 (或环)A 可表成 $A_\alpha,\alpha\in W$ 的直和后, A 的结构就可完全由 A_α 的结构来刻画了. 然而关于亚直和情况就不同了. 这可从下面的例 5.2.2 和例 5.2.3 中看出.

例 5.2.1 设 A_n 为域 F 上主对角线为零的上三角 n 阶矩阵组成的代数. 作它们的直和 $\sum_{n=1}^{\infty}\oplus A_n=A$. 由于每一 A_n 是幂零指数为 n 的幂零代数, 易见代数 A 是幂零元素的、局部有限的、局部幂零的, 然而 A 本身不是幂零的.

这个例子说明, 对于无限代数而言, 幂零元素代数不一定是幂零代数. 在什么条件下幂零元素代数是幂零代数或局部幂零代数是引起很多讨论的问题, 其中, 某些结果将在以后介绍.

例 5.2.2　设 Z 为整数环. 欲把 Z 表成一些环的亚直和, 由定理 5.2.2, 只要取一组交为零的理想即得.

取 $I_n = (p_n)$, 其中, p_n 是第 n 个正素数. 易见 $\bigcap_{n=1}^{\infty} I_n = \{0\}$. 故知环 Z 是 $Z_2, Z_3, Z_5, \cdots$ 的一个亚直和, 其中, $Z_p = Z/(p)$ 为 p 元有限域.

若取定素数 p 而令 $I'_n = (p^n)$. 易见 $\bigcap_{n=1}^{\infty} I'_n = \{0\}$. 故得整数环 Z 是 $Z/(p^n), n = 1, 2, \cdots$ 的亚直和.

这样我们看到同一个环可表成性质上完全不同的两类环 (有限域和有零因子的环) 的亚直和.

例 5.2.3　把域 F 看成域 F 上的一维代数, 考虑 n 个 F 作成的直和 $A = F \oplus \cdots \oplus F$, 并把 A 中的元素记作 $(\alpha_1, \cdots, \alpha_n)$, $\alpha_i \in F$. 取 A 中一切形如 $(\alpha, \cdots, \alpha)$, $\alpha \in F$ 的元素全体作成的子代数 B, 则易见 B 是 n 个代数 $F, \cdots, F$ 的亚直和且 $B \simeq F$ 是一维可除代数. 另一方面, A 本身当然也是 n 个 F 的一个亚直和, 而 A 是有零因子的代数.

这样可以看到, 同是某些环的亚直和, 它们的性质可能有很大差别.

应该指出, A_α 的亚直和和 A_α 之间还是有些性质互相传递的, 如下面这个易证的定理.

定理 5.2.3　代数 (或环)A 是 $A_\alpha, \alpha \in W$ 的一个亚直和, 则 A 是交换的 $\Leftrightarrow$ 每一个 $A_\alpha, \alpha \in W$ 是交换的.

最后给出下面将要用到的两个简单的定理.

定理 5.2.4　设代数 $A = \sum_{\alpha \in W} \oplus A_\alpha$, 而每一 A_α 为单代数 (指 $A^2 \neq 0$ 且无真理想者), 则 A 的任意理想 B 必是某些 A_α 的直和, 随之理想 B 必是 A 的直和项 (指 $\exists B'$, 使 $A = B \oplus B'$).

证　设 B 在 A_α 中的投影象为 B_α, 则由 B 是 A 的理想, 易见 B_α 是 A_α 的理想. 但 A_α 是单的, 故若 $B_\alpha \neq 0$, 则 $B_\alpha = A_\alpha$. 设 $V = \{\alpha \in W | B_\alpha \neq 0\}$. 显然, $B \subseteq \sum_{\alpha \in V} \oplus A_\alpha$. 另一方面, 对任意 $\alpha \in V$, 有

$$A_\alpha B = A_\alpha B_\alpha = A_\alpha^2 = A_\alpha,$$

故 $A_\alpha \subseteq B$. 因而 $B = \sum_{\alpha \in V} \oplus A_\alpha$. 随之

$$A = \sum_{\alpha \in V} \oplus A_\alpha \oplus \sum_{\beta \in W \setminus V} \oplus A_\beta = B \oplus \sum_{\beta \in W \setminus V} \oplus A_\beta,$$

即 B 是 A 的直和项.　|

定理 5.2.5 设代数 $A=\sum_{\alpha\in W} A_\alpha$, 每一 A_α 都是 A 的理想而本身是单代数且 $A_\alpha \neq A_\beta, \alpha\neq\beta$, 则必有 $A=\sum_{\alpha\in W}\oplus A_\alpha$.

5.3 代数的 Levitzki 根

把有限结合代数的幂零根的概念推广到一般的环与代数上去, 这是 20 世纪 40 年代许多研究工作的主题, 如 Baer 根、Brown-McCoy 根、Levitzki 根以及最重要的 Jacobson 根等都是. 在第 7 章中介绍 Jacobson 根. 在本节中将介绍代数的 Levitzki 根或局部幂零根.

引理 5.3.1 局部幂零代数的子代数和同态象也是局部幂零的.

引理 5.3.2 设 A 是域 F 上结合代数, N 是 A 的理想. 若 N 和 A/N 都是局部幂零的, 则 A 也是局部幂零的.

证 任取 A 中有限个元素 $a_1,\cdots,a_n$, 则由 $\overline{A}$ 的局部幂零性知 $\langle\overline{a}_1,\cdots,\overline{a}_n\rangle$ 是幂零代数. 因而有正整数 S, 使

$$\overline{a}_{i_1}\cdots\overline{a}_{i_s}=\overline{0},\quad i_j=1,\cdots,n.$$

令 $X=\{a_{i_1}\cdots a_{i_s}, i_j=1,2,\cdots,n,\forall j\}$, 则 X 是 N 中一有限子集. 由 N 的局部幂零性知 $\langle X\rangle$ 是幂零子代数, 因而有正整数 t, 使 X 中任意 t 个元素之积为零. 这样得任意 st 个 $a_j, j=1,\cdots,n$ 之积必为零, 即 $\langle a_1,\cdots,a_n\rangle$ 是幂零的. |

作为引理 5.3.2 的推论有

引理 5.3.3 代数 A 中任意两个 (因而任意有限个) 局部幂零理想之和仍是局部幂零理想.

引理 5.3.4 代数 A 的所有局部幂零理想 $B_\alpha, \alpha\in W$ 之和 N 是 A 的局部幂零理想.

证 首先提一下, 所有理想 $B_\alpha,\alpha\in W$ 的和是指从集 $\bigcup_{\alpha\in W} B_\alpha$ 中任取有限个元素所作的和的全体 N. 显然 N 仍是一个理想. 在 N 中任取一个有限子集 X, 则必有有限个 $B_{\alpha_i}, i=1,\cdots,n$, 使

$$X\subseteq B_{\alpha_1}+\cdots+B_{\alpha_n}=B.$$

由引理 5.3.3, B 是局部幂零的, 因而 $\langle X\rangle$ 是幂零子代数. 故 N 是局部幂零的. |

引理 5.3.5 设 B 是代数 A 的局部幂零单侧理想, 则 B 必包含在 A 的局部幂零理想中.

证 不妨设 B 是局部幂零左理想. 考察 A 中含 B 的最小理想 $B+BA$. 今证此理想是局部幂零的. 为此只需证明对任意有限子集

$$Y=\{b_i,b_ia_i,i=1,\cdots,n\},$$

其中, $b_i\in B,a_i\in A,\forall i,\langle Y\rangle$ 是幂零的. 令

$$Z=\{b_i,a_ib_j,i,j=1,\cdots,n\},$$

则 Z 是局部幂零左理想 B 的有限子集, 因而 $\langle Z\rangle$ 是幂零的. 设其幂零指数为 m, 则 Z 中任意 m 个元素的积必是零. 此时 Y 中任意 m 个元素的积, 如

$$(b_ia_i)(b_ja_j)b_k\cdots=b_i(a_ib_j)(a_jb_k)\cdots$$

也必是零. 故 $\langle Y\rangle^m=0$, 即证得 $B+BA$ 是局部幂零理想. |

定理 5.3.1 设 A 是域 F 上结合代数, 则

(1) A 中必存在唯一最大局部幂零理想 N, 它包含 A 中一切局部幂零单侧理想;

(2) A/N 中没有异于零的局部幂零单侧理想.

证 由引理 5.3.4 和引理 5.3.5 得 (1), 由引理 5.3.2 和引理 5.3.5 得 (2). |

和有限维情形完全类似, 有了定理 5.3.1, 很自然地引入下面的定义.

定义 5.3.1 称代数 A 的唯一最大局部幂零理想 N 为 A 的局部幂零根或 Levitzki 根. Levitzki 根为零理想的代数 A 叫做 Levitzki 半单代数或局部幂零半单代数.

这样定理 5.3.1 可改述成

定理 5.3.2 设 A 是 F 上结合代数, 则

(1) A 的 Levitzki 根是存在的;

(2) A/N 是 Levitzki 半单代数.

以上的讨论说明, 任意代数的 Levitzki 根是有限代数幂零根的一个很自然的推广.

5.4 一类局部有限代数

为了刻画要讨论的这类局部有限代数, 需要下面的概念.

定义 5.4.1 说代数 A 的子代数 B 是 A 的次理想, 并记作 $B\,\mathrm{si}\,A$, 如果存在子代数链

$$B=B_0\subseteq B_1\subseteq\cdots\subseteq B_n=A,$$

其中, n 是自然数而 B_i 是 B_{i+1} 的理想, $i=0,\cdots,n-1$. 这样的有限长的子代数链称为次理想链, 或更详细些, 称为由 B 到 A 的次理想链.

这是 1939 年 Wielandt 对于群引入的次正规子群在代数中的平行概念. 易见每一理想都是次理想. 次理想是介于子代数和理想之间的一个概念.

定义 5.4.2 说代数 A 的子代数 B 是 A 的局部次理想, 记作 $B \,\mathrm{lsi}\, A$, 如果对 A 的任意有限子集 X, 有 $B \,\mathrm{si}\, \langle B, X\rangle$, 其中, $\langle B, X\rangle$ 表示 $B \bigcup X$ 生成的子代数.

定义 5.4.3 说特征为零的域 F 上的局部有限结合代数 A 具有性质 W, 并记作 W- 代数, 如果对 A 的任意有限子集 X, 都有一有限子代数 B, 有性质

$$X \subseteq B \quad \text{且} \quad B \text{ lsi } A.$$

易见局部理想有限代数必是 W- 代数. 这样 W- 代数是介于局部理想有限代数和局部有限代数之间的一类代数.

下面讨论次理想、局部次理想的一些简单性质.

命题 5.4.1 若 B 是代数 A 的次理想且 $B^2=B$, 则 B 是 A 的理想.

证 由于 $B \,\mathrm{si}\, A$, 故有次理想链

$$B=B_0 \subseteq B_1 \subseteq \cdots \subseteq B_{n-1} \subseteq B_n = A,$$

用归纳法来证明 B 是 B_i 中的理想, $i=1,\cdots,n$. 当 $i=1$ 时这是显然的. 设 B 是 B_j 中的理想, 今证 B 也是 B_{j+1} 中的理想. 这可由

$$BB_{j+1}=(BB)B_{j+1}=B(BB_{j+1}) \subseteq BB_j \subseteq B,$$

以及类似地 $B_{j+1}B \subseteq B$ 得到. 这样 B 是每一 B_i, 特别是 $B_n=A$ 中的理想. |

命题 5.4.2 代数 A 有两子代数 $B \supseteq C$. 若知 $C \,\mathrm{si}\, B$ 且 $B \,\mathrm{lsi}\, A$, 则必有 $C \,\mathrm{lsi}\, A$.

证 设 X 是 A 的任意有限子集, 需证

$$C \text{ si} \langle C, X\rangle .$$

由于 $B \,\mathrm{lsi}\, A$, 故 $B \,\mathrm{si}\, \langle B, X\rangle$, 即有次理想链

$$B=B_0 \subseteq B_1 \subseteq \cdots \subseteq B_n = \langle B, X\rangle .$$

另一方面, 已知 $C \,\mathrm{si}\, B$, 故有次理想链

$$C=C_0 \subseteq \cdots \subseteq C_m = B,$$

把它们接在一起便得 C 到 $\langle B, X\rangle$ 的次理想链.

注意到 $C \subseteq \langle C, X\rangle \subseteq \langle B, X\rangle$, 用 $D = \langle C, X\rangle$ 去交这个次理想链, 便有

$$\begin{aligned} C &= C_0 \subseteq C_1 \bigcap D \subseteq \cdots \subseteq C_m \bigcap D \\ &= B_0 \bigcap D \subseteq B_1 \bigcap D \subseteq \cdots \subseteq B_{n-1} \bigcap D \subseteq D. \end{aligned}$$

易见这是 C 到 $D = \langle C, X\rangle$ 的一个次理想链, 故有 $C\,\mathrm{si}\,\langle C, X\rangle$, 即 $C\,\mathrm{lsi}\,A$. |

命题 5.4.3 若 B 是 A 的有限 (维) 局部次理想且 B 不是幂零代数, 则 B 含有 A 的非零理想.

证 考察子代数链

$$B = B^{(1)} \supseteq B^{(2)} \supseteq \cdots \supseteq B^{(n)}, \tag{5.4.1}$$

其中, $B^{(i+1)} = B^{(i)}B^{(i)}$. 由于 B 不是幂零的且是有限维的, 故可认定 (5.4.1) 中的 $B^{(n)}$ 有性质 $B^{(n)}B^{(n)} = B^{(n)} \neq 0$, 易见 (5.4.1) 是 $B^{(n)}$ 到 B 的次理想链, 故 $B^{(n)}\,\mathrm{si}\,B$. 但已知 $B\,\mathrm{lsi}\,A$. 由命题 5.4.2 知 $B^{(n)}\,\mathrm{lsi}\,A$. 设 $C = B^{(n)}$, 则 $C^2 = C \neq 0$ 且 $C\,\mathrm{lsi}\,A$. 这样对任意 $x \in A$, 有 $C\,\mathrm{si}\,\langle C, x\rangle$, 因而由命题 5.4.1, C 是 $\langle C, x\rangle$ 的理想, 即有

$$x \cdot C \subseteq C, \quad C \cdot x \subseteq C, \quad \forall x \in A.$$

故 C 是 A 的理想. |

命题 5.4.4 设 R 是 W- 代数 A 的理想, 则有

(1) 对任意有限子集 $X \subseteq R$, 必有有限子代数 $B \subseteq R$, 有 $X \subseteq B$ 且 $B\,\mathrm{lsi}\,A$;

(2) R 和 A/R 都是 W- 代数.

证 (1) 对有限子集 $X \subseteq R$, 必有有限子代数 B', 有 $X \subseteq B'$ 且 $B'\,\mathrm{lsi}\,A$. 今证 $B' \bigcap R$ 是 A 的局部次理想. 对任意有限集 $Y \subseteq A$, 有 $B'\,\mathrm{si}\,\langle B', Y\rangle$. 另一方面, $B' \bigcap R$ 是 B' 的理想, 当然更有 $(B' \bigcap R)\,\mathrm{si}\,B'$. 这样把两者合在一起就有 $(B' \bigcap R)\,\mathrm{si}\,\langle B', Y\rangle$. 注意到

$$B' \bigcap R \subseteq \langle B' \bigcap R, Y\rangle \subseteq \langle B', Y\rangle,$$

和命题 5.4.2 的证明一样可得 $(B' \bigcap R)\,\mathrm{si}\,\langle B' \bigcap R, Y\rangle$, 即 $B' \bigcap R$ 是 A 的局部次理想. 显然 $X \subseteq B' \bigcap R$. 这样取 $B = B' \bigcap R$ 便得 (1).

(2) R 是 W- 代数这一结论是 (1) 的推论而 A/R 是 W- 代数是显然的. |

W- 代数有一个重要性质就是: 在 W- 代数中是可以引进迹函数的概念.

任取元素 $a \in A$. 若 $a \in B$ 而 B 是子代数, 则记 a 在 B 中所作的右乘为 $(R_a)_B$, 即

$$x(R_a)_B = xa, \quad \forall x \in B.$$

把 $(R_a)_A$ 简记作 R_a. 易见若 $a \in B \subseteq C$ 而 B, C 都是子代数, 则有

$$x(R_a)_B = x(R_a)_C, \quad \forall x \in B.$$

设 A 是 W- 代数, 则对任意 $a \in A$, 必有一有限子代数 B, 有 $a \in B$ 且 $B \operatorname{lsi} A$. 定义 A 的线性变换 R_a 的迹为有限空间 B 的线性变换 $(R_a)_B$ 的迹, 即规定

$$\operatorname{Tr}(R_a) = \operatorname{Tr}((R_a)_B). \tag{5.4.2}$$

为了说明这个定义是合理的, 下面来证明 $\operatorname{Tr}(R_a)$ 的值与局部次理想 B 的选择无关.

设 B' 是有限子代数且有 $a \in B'$ 及 $B' \operatorname{lsi} A$. 取 $C = \langle B, B' \rangle$. C 可看成对 B 添加有限个元素 (如取有限代数 B' 的一个基) 所生成的子代数. 由定义 5.4.2 有 $B \operatorname{si} C$, 因而有次理想链

$$B = B_0 \subseteq B_1 \subseteq \cdots \subseteq B_n = C. \tag{5.4.3}$$

引理 5.4.1 若 K 是有限代数 H 的理想, 则 $\operatorname{Tr}((R_a)_K) = \operatorname{Tr}((Ra)_H), \forall a \in K$.

证 取 H 的 F- 基 $b_1, \cdots, b_s, b_{s+1}, \cdots, b_t$, 使前 s 个元素组成 K 的 F- 基, 关于此基 $(R_a)_H$ 所对应的矩阵的形状为

$$\boldsymbol{M} = \begin{pmatrix} \boldsymbol{M}_0 & 0 \\ \boldsymbol{M}_1 & 0 \end{pmatrix},$$

其中, $\boldsymbol{M}_0$ 是 $(R_a)_K$ 关于基 $b_1, \cdots, b_s$ 所对应的矩阵, 而 0 为零矩阵. 由于线性变换的迹与基的选择无关, 此时显然有

$$\operatorname{Tr}((R_a)_K) = \operatorname{Tr}\boldsymbol{M}_0 = \operatorname{Tr}\boldsymbol{M} = \operatorname{Tr}((R_a)_H). \quad |$$

由引理 5.4.1, 利用 (5.4.3) 便有

$$\operatorname{Tr}((R_a)_B) = \operatorname{Tr}((R_a)_{B_1}) = \cdots = \operatorname{Tr}((R_a)_C).$$

同理, 有 $\operatorname{Tr}((R_a)_{B'}) = \operatorname{Tr}((R_a)_C)$. 合在一起便得

$$\operatorname{Tr}((R_a)_B) = \operatorname{Tr}((R_a)_{B'}),$$

即定义 (5.4.2) 是合理的.

规定

$$(x, y) = \operatorname{Tr}(R_{xy}), \quad \forall x, y \in A, \tag{5.4.4}$$

称之为 W- 代数 A 的迹函数.

设 B 是代数 A 的有限局部次理想, 规定

$$(x, y)_B = \operatorname{Tr}((R_{xy})_B), \quad \forall x, y \in B.$$

其中, $(x,y)_B$ 就是有限代数 B 的迹函数.

由 (5.4.2) 知

$$(x,y)=(x,y)_B,\quad \forall x,y\in B. \tag{5.4.5}$$

这样由有限代数的迹函数的性质可得 A 的迹函数 (x,y) 是对称的、双线性函数且有

$$(xy,z)=(x,yz),\quad \forall x,y,z\in A. \tag{5.4.6}$$

因而对 W- 代数 A 也有

命题 5.4.5 设 A 是 W- 代数, (x,y) 是它的迹函数. 若 B 是 A 的理想, 则

$$C=\{x\in A|(x,B)=0\}$$

也是 A 的理想.

5.5 W- 代数的结构定理

设 A 是特征为零的域 F 上的 W- 代数, 而 (x,y) 为其迹函数.

定义 5.5.1 说 A 的理想 B 是零迹理想, 如果 $(B,B)=0$, 也就是 $(x,y)=0,\ \forall x,y\in B$.

引理 5.5.1 设 A 是 W- 代数, 若 A 是 Levitzki 半单代数, 则 A 没有非零的零迹理想.

证 设 $B\neq 0$ 是 A 的零迹理想. 由命题 5.4.4, B 是 W- 代数. 因而任取有限子集 $X\subseteq B$, 必有有限子代数 C, 有 $\langle X\rangle\subseteq C\subseteq B$ 且 $C\,\mathrm{lsi}\,A$. 由 (5.4.5) 及 $(B,B)=0$ 得

$$(C,C)_C=(C,C)=0.$$

由定理 4.1.3, C 是幂零代数, 故 $\langle X\rangle$ 是幂零代数. 这样非零理想 B 是局部幂零的, 这与 A 的 Levitzki 半单性矛盾, 故得引理. |

本节的主要定理是 (刘绍学, 1980)

定理 5.5.1 设 A 是特征为零的域 F 上的 W- 代数, 则 A 是 Levitzki 半单代数当且仅当 A 是若干个 (有限或无限个) 有限单代数的直和.

证 分成一些引理来叙证.

引理 5.5.2 A 的任意有限理想 B 必是 A 的直和项.

证 设 $B'=\{x\in A|(x,B)=0\}$. 由命题 5.4.5, B' 是 A 的理想. 由引理 5.5.1, A 没有非零的零迹理想, 故 $B\bigcap B'=0$. 因而 $B+B'=B\oplus B'$. 剩下要证的是 $A=B+B'$. 为此任取 $a\in A$. 有限代数 B 的迹函数 $(x,y)_B$ 是非退化的, 这是因为

$(x,y)_B=(x,y)$ 且 $B\bigcap B'=0$. 故由定理 4.2.1, B 有对偶基 $b_1,\cdots,b_t;b_1',\cdots,b_t'$, 即有

$$(b_i,b_j')_B=\delta_{ij},\quad \forall i,j.$$

设

$$b=\sum_i \alpha_i b_i,\quad \alpha_i=(a,b_i'),\quad \forall i,$$

则有

$(a-b,b_j')=(a,b_j')-\left(\sum\alpha_i b_i,b_j'\right)=\alpha_j-\alpha_j=0,\forall j$, 即 $(a-b,B)=0$. 故有 $a=b+(a-b)\in B+B'$. |

由引理 5.5.2 直接可得.

引理 5.5.3 A 的有限极小理想是单代数.

设 $A_\lambda,\lambda\in W$ 是 A 的所有有限极小理想, 则由引理 5.5.2 知 A_λ 是单代数. 由定理 5.2.5 知 $\sum\limits_{\lambda\in W}A_\lambda=\sum\limits_{\lambda\in W}\oplus A_\lambda$. 下面引理说明 W 不是空集.

引理 5.5.4 若 B 是 A 的非零理想, 则 B 中必含有 A 的一个有限非零理想, 因而含有有限极小理想.

证 由引理 5.5.1, B 不是零迹理想, 因而有 $a,b\in B$, 有 $(a,b)\neq 0$. 由命题 5.4.4, 必有 A 的有限局部次理想 C, 使 $a,b\in C\subseteq B$. 由于 $(a,b)=(a,b)_C$, 故有限代数 C 的迹函数不恒等于零. 由定理 4.1.3, C 不是幂零代数. 再由命题 5.4.3 知 C 含有 A 的非零理想, 即 B 含有 A 的有限非零理想. |

由引理 5.5.2 知, $A_\lambda,\lambda\in W$ 都是 A 的直和项. 设 $A=A_\lambda\oplus A_\lambda'$.

引理 5.5.5 若 $a\in A$ 且 $aA_\lambda=A_\lambda a=0$, $\forall\lambda\in W$, 则 $a=0$.

证 若 $a\neq 0$, 则由 $aA_\lambda=A_\lambda a=0, A=A_\lambda\oplus A_\lambda'$ 以及 A_λ 是单代数, 必可得 $a\in A_\lambda'$, 因而 A 的理想 $B=\bigcap\limits_{\lambda\in W}A_\lambda'\neq 0$. 由引理 5.5.4 知 B 必含有 A 的有限极小理想. 另一方面, 由 B 的定义知, B 不包含任意 $A_\lambda,\lambda\in W$, 而后者穷尽了 A 中一切有限极小理想, 故得矛盾. |

引理 5.5.6 设 B 是 A 的非零有限局部次理想, 则 $(B,B)\neq 0$

证 用反证法, 设 $(B,B)=0$, 则 B 是幂零代数. 设其幂零指数为 $n+1$, 则有

$$B\supset B^2\supset\cdots\supset B^n\supset B^{n+1}=0.$$

取 $C=B^n\neq 0$, 则 $C^2=0$. 任取 $0\neq d\in C$, 则一维零乘代数 $D=\langle d\rangle$ 是 C 的理想, 作为有限局部次理想的理想, 由命题 5.4.2, D 是 A 的局部次理想.

现在来证明 $dA_\lambda=A_\lambda d=0,\forall\lambda\in W$.

为此任取 $A_\lambda, \lambda \in W$, 考察 $H = \langle D, A_\lambda \rangle = \langle d \rangle + A_\lambda$. 若 $d \in A_\lambda$, 则将有 $H = A_\lambda$. 但由 $D \,\mathrm{lsi}\, A$, 故 $D \,\mathrm{si}\, H$ 因而 $D \,\mathrm{si}\, A_\lambda$, 这将导致 $D = A_\lambda$, 而这和 A_λ 的单性是矛盾的. 故知 $d \notin A_\lambda$.

A_λ 是 A 的直和项, 当然也是 H 的直和项, 故有

$$H = A_\lambda \oplus \langle e \rangle,$$

$$d = a + e_1, \quad a \in A_\lambda, e_1 \in \langle e \rangle.$$

由 $0 = d^2 = a^2 + e_1^2$ 得 $a^2 = 0$. 由 $\langle d \rangle \,\mathrm{si}\, H$, 易见必有 $\langle a \rangle \,\mathrm{si}\, A_\lambda$. 若 $a \neq 0$, 将导致 A_λ 有非零理想, 这与 A_λ 的单性矛盾. 故 $a = 0$ 而 $d = e_1$. 这样便有

$$dA_\lambda = A_\lambda d = 0, \quad \forall \lambda \in W.$$

由引理 5.5.5 知必 $d = 0$, 这和 d 之取法矛盾. 故 $(B, B) \neq 0$. |

引理 5.5.7　A 的任意有限局部次理想 B 必是某些 $A_\lambda, \lambda \in W$ 的直和.

证　若 $B \neq 0$, 则由引理 5.5.6, $(B, B) \neq 0$, 由定理 4.1.3, B 不是幂零代数. 由命题 5.4.3, 有限子代数 B 含有 A 的非零理想, 随之含有 A 的一个有限极小理想 A_λ. 由引理 5.5.2 知必有

$$B = A_\lambda \oplus B_1.$$

作为局部次理想 B 的理想, B_1 本身也是 A 的有限局部次理想. 对 B_1 重复上面的讨论, 有限次后便得预理. |

由于 A 是 W- 代数, A 中任意元素必在某一有限局部次理想中. 故有

$$A = \sum_{\lambda \in W} \oplus A_\lambda.$$

定理的一个方面证完了.

反过来, 若已知 $A = \sum\limits_{\lambda \in W} \oplus A_\lambda$, $A_\lambda, \lambda \in W$ 是有限单代数, 则由定理 5.2.4, 注意到 A 的任意理想必是某些 A_λ 的直和, 因而 A 没有非零的局部幂零理想, 这样便得 A 是 Levitzki 半单的.

至此定理全部证完. |

下面来证明关于 W- 代数的 Wedderburn 主要定理.

定理 5.5.2　设 A 为特征零的域 F 上的 W- 代数, N 是 A 的局部幂零根, 则

(1) 必有子代数 P, 它本身是 Levitzki 半单代数, 使 $A = N + P$(半直和);

(2) 若 $A = N + P$(半直和), 而 Q 为任意有限子代数且是 Levitzki 半单代数, 则必存在 A 的一个内自同构 Φ, 使 $Q\Phi \subseteq P$.

证 (1) 依上面定理, 知 $A/N=\overline{A}=\sum\limits_{\lambda\in W}\oplus\overline{A}_\lambda$, 其中, $\overline{A}_\lambda$ 是有限单代数, W 是由序数组成的足码集. 将用 $\overline{a}$ 表示 A 的元素 a 所在的剩余类. 为了证明 (1), 只需对每一 $\overline{A}_\lambda$, 在 A 中找到一个子代数 P_λ, 使 $\overline{P}_\lambda=\overline{A}_\lambda, P_\lambda\bigcap N=0$, 并且 $\sum\limits_{\lambda\in W}P_\lambda$(子空间的和) 是一个子代数. 此时当然也就有

$$\sum_{\lambda\in W}P_\lambda=\sum_{\lambda\in W}\oplus P_\lambda.$$

用超限归纳法来证明这一点.

先考察 $\overline{A}_1$. 令其基为 $\overline{a}_1,\cdots,\overline{a}_n$. 由于 A 是 W- 代数, 必存在 A 的有限局部次理想 B, 有 $\{a_1,\cdots,a_n\}\subseteq B$. 由 $\overline{A}_1\subseteq\overline{B}$, 故对任意正整数 m, $\overline{A}_1=\overline{A}_1^m\subseteq\overline{B}^m$, 因而 B 必不是幂零代数. 因而由命题 5.5.1 和命题 5.5.3 知, $C=B^m$ 是 A 的非零理想且 $C^2=C$. 此时当然有 $\overline{A}_1\subseteq\overline{C},\overline{C}$ 是 $\overline{A}$ 的理想, 由定理 5.2.4 知 $\overline{C}$ 是若干个 $\overline{A}_\lambda$ 的直和, 即 $\overline{C}$ 是半单的. 这样 $C\bigcap N$ 将是有限代数 C 的幂零根. 由关于有限代数的 Wedderburn-Мальцев定理, 有子代数 P, 使 $C=C\bigcap N+P$(半直和). 因而 P 中有子代数 P_1, 而 $\overline{P}_1=\overline{A}_1$ 且 $P_1\bigcap N=P_1\bigcap C\bigcap N=0$.

其次, 设对所有 $\lambda<\sigma$ 已得 A 的子代数 P_λ, 使 $\overline{P}_\lambda=\overline{A}_\lambda, P_\lambda\bigcap N=0$, 而 $H=\sum\limits_{\lambda<\sigma}P_\lambda$(子空间 P_λ 的和) 是子代数, 因而有 $H=\sum\limits_{\lambda<\sigma}\oplus P_\lambda$. 现在来选择 P_σ.

为此考察 $\overline{A}_\sigma$. 和上面讨论 $\overline{A}_1$ 时完全一样, 必有 A 的有限理想 $C, C^2=C,\overline{A}_\sigma\subseteq\overline{C}$ 而

$$C=C\bigcap N+P'\ (\text{半直和}),\quad P'=P'_\sigma\oplus\cdots\oplus P'_\mu,\tag{5.5.1}$$

其中, $\overline{P}'_\sigma=\overline{A}_\sigma,\cdots,\overline{P}'_\mu=\overline{A}'_\mu, \mu\in W$.

设

$$K_1=\{x\in H|xC=0\},\quad K_2=\{x\in H|Cx=0\}.$$

由于 C 是有限理想, H 中的元素 x 对 C 的右乘是有限空间 C 的一个线性变换 R_x. 这样 $\{R_x, x\in H\}$ 是一个有限空间. 若 $R_{x_1}\cdots,R_{x_t}$ 是它的一个基, 则空间 $H=K_2+V$, 其中, V 是 $x_1,\cdots,x_t$ 生成的子空间. 这就是说, 子空间 K_2 在 H 中的补子空间是有限维的. 同理, 子空间 K_1 也是这样. 令

$$K=K_1\bigcap K_2=\{x\in H|xC=Cx=0\},\tag{5.5.2}$$

则 K 在 H 中的补子空间是有限的.

显然 K 是 H 的理想. 但 H 是单代数的直和, 故

$$H=K\oplus\sum_{i=1}^m\oplus P_{\lambda_i},\ \text{其中},\ m\ \text{是自然数},\ \lambda_i<\sigma,\forall i.$$

重复上面对 $\overline{A}_1$ 的讨论, 知必有 A 的有限理想 D, 它包含 $C, P_{\lambda_i}, i=1,\cdots,m$. 对有限代数 D 应用 Wedderburn 定理, 有

$$D = D\bigcap N + S \text{ (半直和)}.$$

再利用Мальцев定理, 可认定这里的半单子代数 S 是由 D 的半单子代数 P' 扩充而得的, 即可认定

$$S = P'_\sigma \oplus \left(\sum_{i=1}^{m} \oplus P'_{\lambda_i}\right) \oplus \cdots \oplus P'_\mu.$$

再用Мальцев定理, 必有有限代数 D 的一个内自同构 $\varPhi$, 使

$$P_{\lambda_i} = P'_{\lambda_i}\varPhi, \quad i=1,\cdots,m,$$

故

$$\begin{aligned} S\varPhi &= P'_\sigma\varPhi \oplus \left(\sum_{i=1}^{m} \oplus P'_{\lambda_i}\varPhi\right) \oplus \cdots \oplus P'_\mu\varPhi \\ &= P_\sigma \oplus \left(\sum_{i=1}^{m} \oplus P_{\lambda_i}\right) \oplus \cdots \oplus P_\mu, \end{aligned} \tag{5.5.3}$$

其中, $P_\sigma = P'_\sigma\varPhi$.

我们说 P_σ 即为所求者. 这是因为, $\overline{P}_\sigma = \overline{P}'_\sigma = \overline{A}_\sigma$. 作为半单子代数, $P_\sigma \bigcap N = 0$. 由 (5.5.3) 知

$$P_\sigma P_{\lambda_i} = P_{\lambda_i} P_\sigma = 0, \quad i=1,\cdots,m. \tag{5.5.4}$$

另一方面, 由于 $\varPhi$ 是内自同构, $P_\sigma = P'_\sigma\varPhi = dP'_\sigma d^{-1}$, 其中, $d=1-n$ 而幂零元 $n\in A$, 故 P_σ 必包含在 P'_σ 所在的理想中, 故 $P_\sigma \subseteq C$, 由 (5.5.2) 知

$$P_\sigma K = KP_\sigma = 0. \tag{5.5.5}$$

(5.5.4), (5.5.5) 合在一起就有 $P_\sigma H = HP_\sigma = 0$. 这样

$$H + P_\sigma = \sum_{\lambda<\sigma} P_\lambda + P_\sigma \text{(子空间和)}$$

就是子代数了.

至此完成了超限归纳法的证明. 故得半单子代数 P, 有 $A = N + P$. (1) 得证.

至于 (2) 的证明, 只需注意到 A 的任意子代数 B 的内自同构 $\varPhi$, 都具有形式

$$b\varPhi = dbd^{-1}, \quad \forall b\in B,\ d=1-n \text{ 而幂零元 } n\in B.$$

因而可扩充为 A 的内自同构

$$a\mapsto dad^{-1}, \quad \forall a\in A.$$

重复证明 (1) 时的讨论即得, 留给读者去做. |

我们知道关于有限维 Lie 代数 (以及有限 Jordan 代数、有限交错代数等) 也有与有限结合代数的 Wedderburn 结构理论完全平行的一整套理论. 相应地关于 W-Lie 代数的讨论可参见文献 (Amayo et al., 1974), 关于 W-Jordan 代数等的讨论可参见文献 (刘绍学, 1980).

习　题

5.1　证明域 F 上交换的代数的代数是局部有限的.

5.2　设 Φ 是交换主理想环, A 是 Φ 上的代数 (即 A 是环又是 Φ- 模且有 $1a=a, \alpha(ab)=(\alpha a)b=a(\alpha b), \forall a,b\in A, \alpha\in\Phi$), 称 A 是有限 Φ- 代数, 如果 Φ- 模 A 是有限生成的, 类似地可以定义局部有限 Φ- 代数. 证明局部有限 Φ- 代数借助于局部有限 Φ- 代数的扩张也是局部有限 Φ- 代数.

5.3　若有单位元的环 R 是其理想的和, 则这个和是有限和.

5.4　证明 R- 模 M 是其子模 $\{M_\alpha, \alpha\in A\}$ 的直和当且仅当 (1) $\sum\limits_{\alpha\in A} M_\alpha = M$; (2) 对每个 $\alpha, M_\alpha \bigcap \sum\limits_{\beta\neq\alpha} M_\beta = 0$.

5.5　一个环 R 叫做亚直可约环, 如果 R 可表为环 S_i 的亚直和, 且 R 对每个 S_i 的投影都不是同构, 否则就称 R 为亚直既约环. 证明一个环 R 是亚直既约环 $\Leftrightarrow$ R 的所有非零理想之交不为零.

5.6　每一个环都同构于一些亚直既约环的亚直和.

5.7　设 R 是有单位元的环, 试刻画具有下面性质的最小理想 I: R/I 是单环的亚直和.

5.8　设 P 是一个性质, 试刻画 (如果存在) 具有下面性质的最小理想 I: R/I 是 P 环的亚直和.

5.9　设 R 是交换环, 则下列条件等价:

(1) R 可表为整域的亚直和;

(2) R 同构于域的亚直和的子环;

(3) R 里没有非零幂零元.

5.10　R 是结合环, 证明: B 是 R 的次理想 $\Leftrightarrow$ 存在 R 的理想 I 及正整数 n, 使 $I^n\subseteq B\subseteq I$.

5.11　证明若 A, B 是环 R 的次理想, 则 $\langle A, B\rangle$ 也是 R 的次理想.

5.12　设 $I_\alpha(\alpha\in\Omega)$ 是环 R 的理想, 证明 $R/\bigcap\limits_{a\in\Omega} I_\alpha$ 同构于 $R/I_\alpha(\alpha\in\Omega)$ 的亚直和.

第 6 章　Artin 环

把有限结合代数的 Wedderburn 理论推广到环上去的第一个重要步骤是 E.Artin 关于极小条件环的理论. 下一个重要步骤是关于一般环的 Jacobson 理论, 它把极小条件环的主要结果作为特殊情况而包括进去了. 然而在这里仍先介绍 Artin 的环理论. 这是为了使读者看到发展的过程, 也由于 Artin 的环理论的重要性.

6.1　极小条件与极大条件, Artin 环与 Noether 环

在 5.1 节中谈过关于代数的一类有限条件. 这里介绍关于代数或环的另一类有限条件.

定义 6.1.1　设 R 是环, 而 $\varOmega$ 是环的某些选定的子环组成的非空集. 属于 $\varOmega$ 的子环记作 $\varOmega$ 子环. 说环 R 对 $\varOmega$-子环满足极小条件, 如果对于 $\varOmega$ 的任意一个非空子集 $\varPhi$, $\varPhi$ 内必有极小者, 即必存在一个 $\varOmega$-子环 $S \in \varPhi$, 有

$$S \not\supset X, \quad \forall X \in \varPhi.$$

说环 R 对 $\varOmega$ 子环满足极大条件, 如果对于 $\varOmega$ 的任意一个非空子集 $\varPhi$, $\varPhi$ 内必有极大者, 即必存在一个 $\varOmega$- 子环 $T \in \varPhi$, 有

$$T \not\subset X, \quad \forall X \in \varPhi.$$

命题 6.1.1　环 R 对 $\varOmega$- 子环有极小条件当且仅当对 $\varOmega$ 中任意一个降链 (即由 $\varOmega$- 子环组成的降链)

$$S_1 \supseteq S_2 \supseteq \cdots \supseteq S_n \supseteq \cdots, \quad n \text{ 是自然数} \tag{6.1.1}$$

必在有限步后停下来, 即存在一自然数 N, 有

$$S_N = S_{N+1} = \cdots = S_{N+p} = \cdots, \quad \forall \text{ 自然数 } p. \tag{6.1.2}$$

证　若 R 有极小条件, 而 (6.1.1) 是任意给定的一个 $\varOmega$- 子环降链. 取 $\varPhi = \{S_n, n = 1, 2, \cdots\}$, 则由定义 6.1.1, $\varPhi$ 该有极小者, 说是 S_N, 由之即得 (6.1.2). 故得 $\varOmega$- 子环降链必在有限步后停下来.

反之, 若对任意 Ω- 子环降链 (6.1.1) 都有 (6.1.2), 而 Φ 是 Ω 的任意给定的非空子集. 假设 Φ 中无极小者. 此时任取 $S_1 \in \Phi$, 将有 $S_2 \in \Phi$, 使 $S_1 \supset S_2$. 这样继续下去, 将得由 Ω- 子环组成的无限真降链

$$S_1 \supset S_2 \supset \cdots \supset S_n \supset \cdots.$$

这与有 (6.1.1) 必有 (6.1.2) 是矛盾的. 故 Φ 必有极小者. |

类似地, 可证明

命题 6.1.2 环 R 对 Ω- 子环有极大条件当且仅当对 Ω 中任意一个升链

$$S_1 \subseteq S_2 \subseteq \cdots \subseteq S_n \subseteq \cdots, \quad n \text{ 是自然数} \tag{6.1.3}$$

必在有限步后停下来, 即存在一自然数 N, 有 (6.1.2).

由于命题 6.1.1 和命题 6.1.2, 常统称极小条件和极大条件为链条件. 当然对其他代数系统, 如代数、群、模等, 也可以相应的定义链条件.

若当 Ω 取作 R 的所有子环 (所有理想、所有右理想、所有左理想、所有主理想) 集, 而 R 对 Ω- 子环有极小 (大) 条件, 此时常简称为 R 对子环 (理想、右理想、左理想、主理想) 有极小 (大) 条件.

定义 6.1.2 对右 (左) 理想有极小条件的环, 特称之为右 (左)Artin 环, 并简称右 Artin 环为 Artin 环.

对右 (左) 理想有极大条件的环, 特称之为右 (左)Noether 环, 并简称右 Noether 环为 Noether 环.

显然, Artin 环 (Noether 环) 的同态象仍为 Artin 环 (Noether 环).

下面看几个例子:

例 6.1.1 有限环对子环有极小 (大) 条件, 因而有限环是 Artin 环, 也是 Noether 环. 反过来, 可以证明, 一个对子环同时有极小条件和极大条件的结合环必是有限环. (参看Шнейдмюллер[1])

例 6.1.2 除环是 Artin 环, 也是 Noether 环. 因为除环只有两个右理想: 它本身和零.

例 6.1.3 除环 D 上的矩阵环 D_n 是 Artin 环. 这是因为 D_n 可以看成是除环 D 上的右向量空间, 其维数 $(D_n : D) = n^2$, 因而对其子空间是有极小条件的. D_n 的每一右理想都是 D 上右向量空间 D_n 的子空间, 故对右理想也有极小条件, 即 D_n 是 Artin 环. 同样可知 D_n 是左 Artin 环, 左 (右)Noether 环.

例 6.1.4 整数环是 Noether 环, 这可由整数环是主理想环以及下面的命题 6.1.3 得出. 但易见整数环不是 Artin 环.

例 6.1.5 考虑一切 2×2 上三角矩阵

$$\begin{pmatrix} a & b \\ 0 & r \end{pmatrix},$$

其中, a,b 为任意实数, 而 r 为任意有理数作成的环 R. 不难证明, R 是左 Artin 环 (也是左 Noether 环) 但不是右 Artin 环 (也不是右 Noether 环). 证明留给读者. 由此可见, Artin 环 (Noether 环) 对左、右理想不对称.

设 S 是环 R 的一个非空子集. S 在 R 中生成的左理想 (即 R 中含 S 的一切左理想之交) 将记作 $(S\rangle$, 而 S 称为左理想 $(S\rangle$ 的一个 生成元组. 说 R 的左理想 A 是 有限生成的, 如果 $A=(S\rangle$ 而 S 是有限集. 类似地, 将 S 在 R 中生成的右理想记作 $\langle S)$.

命题 6.1.3 环 R 是左 Noether 环 $\Longleftrightarrow$ R 的每一左理想都是有限生成的.

证 "$\Rightarrow$". 设 A 是 R 的一个非零左理想. 任取 $a_1\in A$. 设对任意正整数 n, 已取定 $a_i, i<n$. 若 $(a_1,\cdots,a_{n-1}\rangle \subsetneqq A$, 则取 $a_n\in A\backslash(a_1,\cdots,a_{n-1}\rangle$. 此时显然有 $(a_1,\cdots,a_{n-1}\rangle \subsetneqq (a_1,\cdots,a_n\rangle$. 但 R 是左 Noether 环, 故必得一正整数 m, 有 $(a_1,\cdots,a_m\rangle=A$.

"$\Leftarrow$." 任取 R 的一左理想升链

$$A_1\subseteq A_2\subseteq\cdots\subseteq A_n\subseteq\cdots.$$

取 $A=\bigcup\limits_{i=1}^{\infty}A_i$, 则 A 是 R 的左理想. 由假设 $A=(a_1,\cdots,a_n\rangle$. 但 A 为 A_i 之并集, 故必有正整数 m, 使 $a_i\in A_m, i=1\cdots,n$, 即有 $A_m=A_{m+1}=\cdots$. |

命题 6.1.4 设 A 为环 R 的理想, 若知 R/A 及 A 都是 Artin 环 (Noether 环), 则 R 也是 Artin 环 (Noether 环).

证 任取环 R 的一个右理想降链

$$I_1\supseteq I_2\supseteq\cdots\supseteq I_n\supseteq\cdots.$$

由于 R/A 是 Artin 环, 故必有自然数 m, 使

$$I_m+A=I_{m+i}+A,\quad i=1,2,\cdots.$$

又因为 A 是 Artin 环, 而 $I_p\bigcap A$ 是 A 的右理想, 故必有一自然数 $n\geqslant m$, 使

$$I_n\cap A=I_{n+i}\cap A,\quad i=1,2,\cdots.$$

利用下面这个易证的等式: 当 $I_n\supseteq I_{n+i}$ 时, 有 $I_n\bigcap(I_{n+i}+A)=I_{n+i}+I_n\bigcap A$, 便得

$$\begin{aligned} I_n&=I_n\cap(I_n+A)=I_n\cap(I_{n+i}+A)\\ &=I_{n+i}+I_n\cap A=I_{n+i}+(I_{n+i}\cap A)=I_{n+i},\quad \forall i. \end{aligned}$$

即证得 R 是 Artin 环.

完全类似地可以证明命题中关于 Noether 环的结论. |

Artin 环和 Noether 环之间有什么联系呢? 在 6.4 节中将证明带有单位元的 Artin 环必是 Noether 环.

我们知道有限维幂零元素代数是幂零的. 由此自然提出问题: 在什么较弱的条件下, 幂零元素环是幂零的? 借用定理 2.1.1 的证明不难得到.

定理 6.1.1 若结合环 R 对幂零子环有极大条件, 则 R 的任意幂零元子环必是幂零的.

下面将证明这方面最重要的两个推广, 先作一些准备.

引理 6.1.1 若 L 是 R 的幂零元左理想, 则 $aR, a \in L$ 是幂零元右理想.

证 任取 $y \in aR$, 则 $y = ax$. 但 $xa \in L$, 故有 n, 使 $(xa)^n = 0$. 由之有

$$y^{n+1} = a(xa)^n x = 0. \quad |$$

引理 6.1.2 环 R 中两个 (因而有限个) 幂零左 (右) 理想的和仍为幂零左 (右) 理想.

证 设 A_1, A_2 是 R 的两个幂零左理想, 则有 $m, A_1^m = A_2^m = 0$. 此时

$$(A_1 + A_2)^{2m} = \sum L_1 L_2 \cdots L_{2m}, \tag{6.1.4}$$

其中, L_i 或是 A_1 或是 A_2. 由于其总数是 $2m$ 个, 故在每一乘积中或是 A_1 出现次数大于 m, 或是 A_2 出现的次数大于 m. 注意到 A_i 是左理想且其幂零指数 $\leqslant m$, 即得 (6.1.4) 中右侧中每一乘积都是零, 故 $(A_1 + A_2)^{2m} = 0$. |

引理 6.1.3 环 R 中若有非零的幂零单侧理想必有非零的幂零理想.

此引理的证明和引理 2.2.4 的证明相同.

定理 6.1.2(Hopkins) 设 R 是 Artin 环, 则任意幂零元单侧理想必是幂零的.

证 先讨论幂零元素右理想 I. 由

$$I \supseteq I^2 \supseteq \cdots \supseteq I^n \supseteq \cdots$$

以及关于右理想有极小条件, 知有 n, 使 $B = I^n = I^{n+1} = \cdots$. 故 $B^2 = B$. 若 $B \neq 0$, 则由 $B^2 = B \neq 0$ 知必有 $b \in B$, 使 $bB \neq 0$. 设 $W = \{bB | bB \neq 0, b \in B\}$, 则 W 是非零右理想的非空集. 因而由假设, W 有极小者, 设为 $b_0 B \neq 0, b_0 \in B$. 由 $0 \neq b_0 B = b_0 B^2$, 故有 $c \in B$ 使 $b_0 c B \neq 0$. 但显然有 $b_0 c B \subseteq b_0 B$, 由 $b_0 B$ 的极小性得 $b_0 c B = b_0 B$, 即有 $x \in B$ 使 $b_0 c = b_0 c x$. 然而 B 是幂零元素的, 故 $x^n = 0$, 由之便有

$$0 \neq b_0c = b_0cx = b_0cx^2 = \cdots = b_0cx^n = 0,$$

此矛盾说明 $B = \{0\}$, 即 I 是幂零的.

其次讨论幂零元素左理想 A. 由引理 6.1.1, $aR, a \in A$ 是幂零元素右理想. 由上证知 aR 是幂零右理想. 这样 $AR = \sum_{a \in A} aR$, 由引理 6.1.2, 是幂零元素 (右) 理想. 再据上证, 知 AR 是幂零的. 由 $(AR)^n = 0$ 得 $A^{2n} = (AA)^n \subseteq (AR)^n = \{0\}$. |

定理 6.1.3(Levitzki) 设 R 是 Noether 环. A 是幂零元单侧理想, 则 A 是幂零的.

证 取 R 的所有幂零理想组成的集 W. 由于零理想是幂零理想, 故 W 非空. 这样, 由假设, W 中有极大者, 记作 N. 由引理 6.1.2 知两个幂零理想之和仍为幂零理想, 故 N 其实是最大的幂零理想, 即它含有 R 的一切幂零理想. 目的是要证明 $A \subseteq N$. 用反证法, 设 $A \not\subseteq N$. 考虑 $\bar{R} = R/N$, 则 $\bar{R}$ 是 Noether 环, 没有非零的幂零理想且含有幂零元素单侧理想 $\bar{A} \neq \bar{0}$. 不妨仍记 $\bar{R}$ 为 R, $\bar{A}$ 为 A. 这样便存在有一个 Noether 环 R, 它没有非零的幂零理想但却含有幂零元素单侧理想 $A \neq 0$. 下面来证明这是不可能的.

由于 A 不是幂零的, 故必有 $0 \neq a \in A$ 使 $U = Ra \neq 0$. 由于 A 是幂零元素的以及引理 6.1.1, 可知 U 是幂零元素左理想. 任取 $0 \neq u \in U$. 令

$$r(u) = \{x \in R | ux = 0\},$$

则注意到 u 是幂零元素, 知 $r(u)$ 是 R 的非零右理想.

考虑一切 $r(u), 0 \neq u \in U$ 组成的右理想集 Ω. 由于 R 是 Noether 环, 故必有 $0 \neq u_0 \in U$, 而 $r(u_0)$ 是 Ω 中的一个极大者. 对任意 $x \in R$, 显然有 $r(xu_0) \supseteq r(u_0)$. 因此若 $xu_0 \neq 0$, 则由 $xu_0 \in U$ 因而 $r(xu_0) \in \Omega$ 以及 $r(u_0)$ 之极大性得 $r(u_0) = r(xu_0)$.

今证 $u_0Ru_0 = 0$. 任取 $y \in R$. 若 $yu_0 \neq 0$, 则必有正整数 k, 使 $(yu_0)^{k+1} = 0$ 而 $(yu_0)^k \neq 0$. 由于 $(yu_0)^k$ 具有形状 xu_0, 由上讨论有 $r((yu_0)^k) = r(u_0)$. 但 $yu_0 \in r((yu_0)^k)$, 故也有 $yu_0 \in r(u_0)$, 而这就是 $u_0yu_0 = 0$, 故得 $u_0Ru_0 = 0$.

由之得 u_0R 是幂零右理想. 但 R 没有非零幂零理想, 由引理 6.1.3, 也没有非零幂零单侧理想, 故 $u_0R = 0$. 设 $B = \{x \in R | xR = 0\}$, 则 B 是幂零右理想且含有 $u_0 \neq 0$, 而这是和 R 没有非零幂零理想相矛盾的. 此矛盾使定理得证. |

有许多文章讨论所谓 nil-nilpotence 问题：满足一些什么条件的幂零元素子环 (或单侧理想或理想) 本身是幂零环. 在 8.3 节和 8.4 节中还将讨论这个问题, 这里指出下列几篇文献供有兴趣者去参考 (谢邦杰, 1955; Schok, 1971).

6.2 Artin 环的 Wedderburn 理论

定理 6.2.1 R 为 Artin 环, 则 R 中有唯一最大幂零理想 N, 它包含 R 的一切幂零单侧理想且商环 R/N 没有非零的幂零理想.

证 设 N 为 R 中一切幂零理想之和, 则由引理 6.1.2, N 是一个幂零元素理想 (参看引理 2.2.3). 由定理 6.1.2, 知 N 是幂零理想, 因而它是最大的幂零理想, 由引理 6.1.3 还知它包含一切幂零单侧理想. 由于幂零环借助幂零环所得到的扩张是幂零的 (参看引理 2.2.2), 故 R/N 没有非零的幂零理想. |

定义 6.2.1 R 为 Artin 环. 称 R 的唯一最大幂零理想为 R 的幂零根, 若其幂零根为零, 则称 R 为半单 Artin 环或简称半单环.

这样定理 6.2.1 可改述为

定理 6.2.1 若 R 为 Artin 环, R 的幂零根 N 是存在的而 R/N 是半单环.

这是因为 R/N, 作为 Artin 环的商环, 也是 Artin 环.

下面来讨论半单环的结构.

环的一个元素 e 叫做幂等元, 如果 $e \neq 0$ 且 $e^2 = e$. 与有限代数情况一样, 仍然通过幂等元来研究半单环的结构.

引理 6.2.1 设环 R 的一个元素 a 有性质: $a^2 - a$ 是幂零的, 则或者 a 是幂零元或者存在一整系数多项式 $f(x)$, 使 $e = af(a)$ 是幂等元.

证 由假设有自然数 k, 使 $(a^2 - a)^k = 0$. 展开之得 $a^k = a^{k+1}p(a)$, 其中, $p(x)$ 是整系数多项式. 因而有

$$a^k = a^k ap(a) = a^{k+1}p(a)ap(a) = a^{k+2}p(a)^2.$$

继续这样做下去便得 $a^k = a^{2k}p(a)^k$. 若 $a^k \neq 0$, 则

$$e = a^k p(a)^k \neq 0$$

且

$$e^2 = a^{2k}p(a)^{2k} = a^k p(a)^k = e. \quad |$$

引理 6.2.2 设 I 是环 R 的一个极小单侧理想, 则或者 $I^2 = 0$ 或者 I 有幂等生成元 e.

证 设 I 是极小右理想. 若 $I^2 \neq 0$, 则有 $a \in I$, 使 $aI \neq 0$. 因而 $aI = I$, 随之有 $e \in I$ 使 $ae = a$. 故 $ae = ae^2$ 而有 $a(e - e^2) = 0$. 设 $B = \{x \in I | ax = 0\}$, 则 B 是 R 的右理想且 $B \subseteq I$ 而 $B \neq I$. 由右理想 I 的极小性知 $B = 0$. 但 $e - e^2 \in B$, 故 $e = e^2$. 由于 $a \neq 0$, 故 $e \neq 0$, 即 e 是幂等元. 另一方面, 易见 eR 是含于 I 中的非零右理想, 再由 I 的极小性, 有 $I = eR$. |

定理 6.2.2　若 R 是 Artin 环, I 是 R 的非幂零右理想, 则 I 含有幂等元.

证　由假设及定理 6.2.1 知 I 不在 R 的幂零根 N 中, 考虑半单环 $\bar{R}=R/N$. 由上知 $I\neq\bar{O}$. 由 $\bar{R}$ 中的极小条件, 知 $\bar{I}$ 含有一个极小右理想 $\bar{I}_0$, 它当然不能是幂零的, 故由引理 6.2.2, $\bar{I}_0$ 含有幂等元 $\bar{a}, a\in I$. 由 $\bar{a}^2=\bar{a}\neq\bar{0}$, 故 $a^2-a\in N$ 是幂零元而 a 不能是幂零的. 由引理 6.2.1, $e=af(a)\in I$ 是幂等元.　|

对于半单环, 有下面更进一步的结果.

定理 6.2.3　若 R 是半单环, 则 R 的任意非零右理想 I 都有幂等生成元 e, 即 $I=eR$.

证　作为半单环的非零右理想, I 不是幂零的, 因而由定理 6.2.2, I 有幂等元. 设 e 是 I 的一个幂等元. 令 $A(e)=\{x\in I|ex=0\}$. 假若 I 有幂等生成元 e, 则易见 e 必是 I 的左单位元, 因而该有 $A(e)=0$. 这样该考虑 e, 使 $A(e)$ 尽可能小. 选取非空右理想集 $\{A(e)|e$ 是 I 中的幂等元 $\}$ 的一个极小者 $A(e_0)$.

若 $A(e_0)=0$. 则由 $e_0(x-e_0x)=0,\forall x\in I$, 得 $x-e_0x\in A(e_0)=0$, 即 $x=e_0x$. 这样 $I=e_0I\subseteq e_0R\subseteq I$, 即得 $I=e_0R$.

若 $A(e_0)\neq 0$, 今证这是不可能的. 因为此时由定理 6.2.2, 半单环 R 的非零右理想 $A(e_0)$ 将含有幂等元 e_1. 由 $A(e_0)$ 的定义知 $e_1\in I, e_0e_1=0$. 考虑 $e'=e_0+e_1-e_1e_0$. 由于

$$\begin{aligned} e'e_1&=(e_0+e_1-e_1e_0)e_1=e_1\neq 0,\\ e_0e'&=e_0(e_0+e_1-e_1e_0)=e_0\neq 0, \end{aligned}\tag{6.2.1}$$

故 $e'\neq 0$. 直接计算知 $e'^2=e'$, 故 e' 是 I 的一个幂等元. 由 (6.2.1) 还知 $A(e')\subseteq A(e_0)$ 且 $e_1\notin A(e')$, 但这和 $A(e_0)$ 的极小性是矛盾的. 故 $A(e_0)\neq 0$ 是不可能的. 定理得证.　|

这个定理有下面的重要推论. 先给一个定义如下:

定义 6.2.2　R 是环, 令 $C=\{a\in R|ax=xa,\forall x\in R\}$ 易见 C 是 R 的一个子环, 称之为环 R 的中心.

定理 6.2.4　设 R 是半单环, 则对 R 的任一非零理想 A 都有 $A=Re=eR$, 其中, e 是属于 R 的中心的幂等元.

证　把理想 A 看成 R 的右理想, 则由定理 6.2.3, 必有幂等元 $e\in A$ 使 $A=eR$. 欲证 $A=Re$, 来考虑 $B=\{x|x=a-ae, a\in A\}\subseteq A$. 易见 $BA=B(eR)=(Be)R=0$. 故 $B^2\subseteq BA=0$. 这样 B 是 R 的幂零左理想. 由 R 的半单性知 $B=0$, 即 $a=ae,\forall a\in A$. 由之得 $A=Re$.

剩下来要证 e 在 R 的中心内. 注意到理想 $A=Re=eR$, 故 e 是 A 的单位元. 对任意 $y\in R$ 有

$$ye=e(ye)=(ey)e=ey,$$

即 e 在 R 的中心内. |

定理 6.2.5 半单环 R 有单位元.

有了这些结果便容易得到下面的主要结构定理. 先引入

定义 6.2.3 称 R 为单 Artin 环, 如果 R 是 Artin 环, 没有真理想且 $R^2 \neq 0$.

定理 6.2.6 (半单 Artin 环的结构定理) R 是半单环 $\Longleftrightarrow$ R 是有限个单 Artin 环的直和.

证 "$\Leftarrow$". 设 $R = A_1 \oplus \cdots \oplus A_n$, 每一 A_i 都是单 Artin 环. 此时易证 (见例 1.4.3) R 的每一理想 A 必是某些 A_i 的直和, 因而 $A^2 = A$, 故 R 没有非零的幂零理想. 利用命题 6.1.4 即得 $A_1 \oplus A_2$ 是 Artin 环. 再用一下归纳法便得 R 得 Artin 环. 总起来便得 R 是半单环.

"$\Rightarrow$". 设 R 是半单环. 首先证明 R 的每一个非零理想 A 都是 R 的直和项. 由定理 6.2.5, R 有单位元 1 且 $A = eR = Re$ 而 e 是 A 的单位元并在 R 的中心内. 利用环 R 关于幂等元 e 的 Peirce 分解 (见定理 2.4.3 的证明) 即可知 A 是直和项. 或者如下来讨论. 设 $e' = 1 - e$, e' 在 R 的中心内. 因而 $A' = e'R = Re'$ 是 R 的理想, 直接验证得 $R = A \oplus A'$.

其次, R 的每一理想 A 都是半单环. 这是因为 A 必是 R 的直和项，因而环 A 的右理想 I 必也是环 R 的右理想, 由之即得 A 是半单环.

最后, 任取 R 的一个极小理想 A_1(在 Artin 条件下, R 必有极小理想), 则由上知 $R = A_1 \oplus A_1'$. A_1' 为半单环, 若 $A_1' \neq 0$, 则取 A_1' 的一个极小理想 A_2, 得 $A_1' = A_2 \oplus A_2'$, 即有

$$R = A_1 \oplus A_2 \oplus A_2'.$$

这里 A_2 当然也是 R 的极小理想, A_2' 又是半单环. 这样继续下去便得理想降链

$$R \supset A_1' \supset A_2' \supset \cdots.$$

但 R 有极小条件, 此链在有限步后必达到零理想. 因而有 $R = A_1 \oplus A_2 \oplus \cdots \oplus A_n$, 其中, 每一 A_i 作为半单环 R 的极小理想和直和项, 它本身是单 Artin 环. |

定理 6.2.7(半单 Artin 环的唯一性定理) R 是半单环, 若 $R = A_1 \oplus \cdots \oplus A_n = B_1 \oplus \cdots \oplus B_m$, 其中, A_i, B_i 都是单 Artin 环, 则必有 $n = m$ 且 $A_i = B_{\pi(i)}, \forall i$, 其中, π 是 $1, \cdots, n$ 的一个置换. |

上面这两个定理是有限 N 半单代数的结构定理的一个非常完满的推广.

6.3 完全可约模

有限单代数的结构定理是利用幂等元及 Peirce 分解来证明的. 对于单 Artin 环的讨论宁愿采取另外一种方式, 即运用环的表示论的方法. 这不但能使我们从另一

个角度加深理解有限单代数的结构定理, 并且也为以后讨论一般环的 Jacobson 理论做一些准备.

我们知道交换加群 M 的所有自同态对应集 $\mathrm{End}(M)$ 对下面规定的运算作成一个结合环：

$$\begin{cases} x(\alpha\beta)=(x\alpha)\beta, \\ x(\alpha+\beta)=x\alpha+x\beta, \end{cases} \quad \forall x\in M, \alpha,\beta\in \mathrm{End}(M).$$

这个环 $\mathrm{End}(M)$ 在环的表示论中的位置相当于在有限代数的表示论中的矩阵代数(或线性变换代数).

定义 6.3.1　环 R 到交换群 M 的自同态环 $\mathrm{End}(M)$ 内的一个同态对应叫做环 R 的一个表示.

与代数的表示可归结为代数模的情况完全一样, 环 R 的表示可归结为对环上模的讨论.

定义 6.3.2　非零交换加群 M 称为环 R 上的右模, 简记为 R- 右模, 如果还有一个满足下列条件的模运算：$M\times R\to M$,

(1) $(x+y)a=xa+ya$;

(2) $x(a+b)=xa+xb, \quad \forall x,y\in M, a,b\in R$;

(3) $x(ab)=(xa)b$.

若环 R 有一个表示 φ: $R\to \mathrm{End}(M)$, 则规定 $xa=x(a\varphi), x\in M, a\in R$, 这里 $x(a\varphi)$ 是 x 在自同态 $a\varphi$ 下的象, M 便成为 R- 右模. 反之, 若已知 M 是 R- 右模, 规定

$$\varphi_a:\ M\to M$$
$$x\mapsto xa,$$

则易见 $\varphi_a\in \mathrm{End}(M)$, 而 φ: $a\to\varphi_a, a\in R$ 是环 R 到 $\mathrm{End}(M)$ 内的一个同态对应, 即 φ 是环 R 的一个表示.

这样讨论 R 的表示与讨论 R- 右模就是一回事了. 下面主要讨论 R- 右模, 并再简记之为 R- 模.

R- 子模、R- 商模、R- 模的同态、R- 模的直和以及 R- 模的生成元组等都可相应的去定义. 下面将直接引用.

与代数情形一样, R 本身可看作 R- 模. 此时常把它记作 R_R. 易见 R_R 的 R- 子模就是环 R 的右理想.

定义 6.3.3　M 是 R- 模, 说 M 是 R- 既约模或 R- 单模, 如果

(1) $MR=\left\{\sum x_ia_i|x_i\in M, a_i\in R\right\}\neq 0$;

(2) M 没有真 R- 子模.

与 R- 既约模相应的表示叫做 R 的既约表示.

定义 6.3.4 没有真 R- 子模的 R- 模叫做 R- 弱单模.

这样 R- 弱单模 M 或者是 R- 既约模或者是 $MR = 0$, 这时 M 是元数为素数的循环群.

容易证明下面的命题.

命题 6.3.1 M 是 R- 既约模, 当且仅当对任意 $0 \neq x \in M$ 有 $M = xR$.

定义 6.3.5 说 R- 模 M 是完全可约模, 如果 M 的每一 R- 子模都是 M 的直和项.

以前曾多次谈到每一理想都是直和项的代数或环, 它们之间有平行的结构定理, 其证明也是彼此类似的.

引理 6.3.1 完全可约模 M 的子模 N 也是完全可约模.

证 任取 N 的一个子模 P. 由于 P 也是 M 的子模, 由假设有 $M = P \oplus P'$. 这样 $N = P \oplus P' \bigcap N$, 即 N 的任一子模都是 N 的直和项. |

定理 6.3.1 R- 模 M 是完全可约模 $\Longleftrightarrow$ M 是 R- 弱单模的直和.

证 "$\Leftarrow$". 设 M 是 R- 弱单模 $M_\alpha, \alpha \in W$ 的直和, 而 N 是 M 的一个子模. 显然

$$M = N + \sum_{\alpha \in W} M_\alpha. \tag{6.3.1}$$

将集 W 良序之. 若对 $\beta < \mu, \mu \in W$, 所有 M_β 之取舍已经确定, 而用 V 表示保留下来的 M_β 的足码集, 今确定 M_μ 之取舍. 若

$$\left(N + \sum_{\beta \in V} M_\beta\right) \cap M_\mu = 0,$$

则保留 M_μ, 否则由于 M_μ 之弱单性必有

$$\left(N + \sum_{\beta \in V} M_\beta\right) \cap M_\mu = M_\mu,$$

此时把 M_μ 舍去. 这样依超限归纳法, 每一 M_α 之取舍完全确定. 设保留下来的 M_α 的足码集为 U, 则易证

$$M = N \oplus \sum_{\alpha \in U} \oplus M_\alpha,$$

即 N 是 M 的直和项, 因而 M 是完全可约模.

"$\Rightarrow$". 设 M 是完全可约模. 设 $M_\alpha, \alpha \in W$ 是 M 的所有极小子模的全体, 令 $M' = \sum\limits_{\alpha \in W} M_\alpha$, 如果 M 中没有极小子模, 则令 $M' = 0$, 易见 M' 是 M 的子模, 因

而由假设

$$M = M' \oplus M''.$$

此时 M'' 必不含极小子模. 设 $M'' \neq 0$ 而 a 是它的一个非零元素. a 生成的子模 $N \subseteq M''$. N 当然也不含极小子模, 因而对 N 的任意子模 $P \subset N$, 必有子模 P' 使 $P \subset P' \subset N$, 否则 $N = P \oplus P''$, 而 P'' 将是极小子模. 故存在无限链

$$N_1 \subset N_2 \subset \cdots \subset N_m \subset \cdots \subset N.$$

由引理 6.3.1, N_i 及 $P = \bigcup\limits_{i=1}^{\infty} N_i$ 都是完全可约模. 故有非零子模 $P_{i+1}, i = 1, 2, \cdots$ 以及 P', 使

$$N_{i+1} = P_{i+1} \oplus N_i, \ \forall i,$$

$$N = P \oplus P'.$$

令 $P_1 = N_1$ 易见

$$N = \sum_{i=1}^{\infty} \oplus P_i \oplus P'. \tag{6.3.2}$$

另一方面, $a \in N$, 故

$$a = b_1 + \cdots + b_m + b, \quad b_i \in P_i, i = 1, \cdots, m, b \in P',$$

而 N 是由元素 a 生成的, 所以有

$$N \subseteq P_1 + \cdots + P_m + P'. \tag{6.3.3}$$

(6.3.3) 与 (6.3.2) 是矛盾的. 故 $M'' = 0$. 即 $M = M' = \sum\limits_{\alpha \in W} M_\alpha$. 和前面证明一样, 舍去若干个 M_α, 便得

$$M = \sum_{\alpha \in U} \oplus M_\alpha, \tag{6.3.4}$$

其中, U 是 W 的一个子集. 由 (6.3.4) 还知极小子模 M_α 都是弱单模. 这样, 定理证完. |

定理 6.3.2(唯一性定理)　若 R- 模 $M = \sum\limits_{\alpha \in W} \oplus M_\alpha = \sum\limits_{\beta \in U} \oplus N_\beta$, 其中, M_α, N_β 为 R- 弱单模, 则存在 W 到 U 上的一个一一对应 φ, 使 $M_\alpha \cong N_{\alpha\varphi}, \forall \alpha \in W$.

把这个定理的证明留给读者 (刘绍学, 1963).

作为定理 6.3.1 的一个推论, 写出下面的定理:

定理 6.3.3　R- 模 M 是完全可约模且对任意 $0 \neq x \in M$ 有 $xR \neq 0$ 当且仅当 M 是 R- 既约模的直和.

定理 6.3.4 R-模 M 是完全可约模当且仅当 M 是 R-弱单模的和.

我们知道域和除环上的模都有线性无关的生成元组, 即有基, 因而是完全可约的, 而且是彼此同构的既约模的直和. 这样, 完全可约模可以看成是向量空间的一个自然推广.

6.4 半单环与完全可约模

当环 R 有单位元 1 时, 如无特别声明, 永远假定 1 是 R-模 M 的恒等自同构, 即 $x \cdot 1 = x, \forall x \in M$.

引理 6.4.1 当环 R 有单位元时, R-弱单模必是 R-既约模.

定理 6.4.1 设 R 有单位元 1, 则 R 是半单环 $\Longleftrightarrow$ R_R 是完全可约模.

证 "$\Rightarrow$". 设 R 是半单环. 由于 R_R 的非零子模 N 是环 R 的右理想, 故由定理 6.2.3 得知, $N = eR$, 其中, $e \in N$ 且 $e^2 = e$. 考虑子模 $N' = (1-e)R$. 易见 $R_R = N \oplus N'$, 即 R_R 的每一子模都是直和项, 即 R_R 是完全可约模.

"$\Leftarrow$". 设 R_R 是完全可约模. 由定理 6.3.1 并注意到引理 6.4.1, 知 R_R 是 R-既约模的直和. 但 R_R 以单位元 1 为模生成元, 故 R_R 只能是有限个 R-既约模的直和. 此时显然 R_R 有组成列, 因而 R_R 对子模 (也就是 R 的右理想) 有极小条件, 即 R 是 Artin 环. 为了证明 R 是半单的, 设 N 是 Artin 环 R 的幂零根. N 是 R_R 的一个子模, 故有

$$R_R = N \oplus N',$$

此时

$$1 = x + x', \quad x \in N, x' \in N'.$$

由之得 $x - x^2 = x'x \in N \bigcap N' = 0$. 但 $x \in N$ 是幂零元素. 故有

$$x = x^2 = x^3 = \cdots = x^n = 0.$$

这样 $1 = x' \in N'$, 即 $N' = R$. 故 $N = 0$, 即 R 是半单环. ∎

作为定理 6.4.1 的一个推论, 有

定理 6.4.2 半单环 R 是它的有限个极小右理想的 (在加群意义下) 直和.

定理 6.4.3 设 R 有单位元 1, 则 R 是半单环 $\Longleftrightarrow$ 任意 R-模 M 都是完全可约模.

证 "$\Leftarrow$". R_R 是 R-模, 由假设它是完全可约的, 由定理 6.4.1, R 是半单环.

"$\Rightarrow$". 设 M 是任意 R-模. 由定理 6.4.2,

$$R = \sum_{i=1}^{n} \oplus I_i,$$

I_i 是 R 的极小右理想, 此时可将 M 写成

$$M = MR = \sum_{m\in M}\sum_{i=1}^{n} mI_i.$$

今证每个子模 mI_i 或为零或为 R- 既约模. 考虑对应

$$\varphi: I_i \to mI_i,$$
$$x \mapsto mx.$$

φ 显然是 R- 模 I_i 到 R- 模 mI_i 上的同态对应. 但 I_i 是极小右理想, 因而是 R- 既约模, 故 φ 或为同构对应或为零同态对应, 亦即或 mI_i 是 R- 既约模或 $mI_i = 0$. 这样 M 是一些既约子模之和. 仿定理 6.3.1 的证明, 舍去其中一些既约子模后, 便得 M 是既约模的直和, 因而由定理 6.3.1, M 是完全可约模. |

这样, 每一 R- 模的完全可约性便把半单环从有单位元的环类中分划出来了. 上面已提到域或除环上的模都是完全可约的. 半单环是保证其上的模是完全可约的最广泛的环类.

在定理 6.4.3 的证明中包含了下面定理的证明:

定理 6.4.4　设 R 是半单环, 则 R- 既约模必与 R 的一个极小右理想 (看成 R- 模) 同构.

定理 6.4.5　设 R 有单位元 1, 则 R 是单 Artin 环 $\Longleftrightarrow$ R_R 是有限个互相同构的 R- 既约模的直和.

证　"$\Rightarrow$". 设 R 是单 Artin 环. 由定理 6.4.2 知,

$$R_R = \sum_{i=1}^{n} \oplus N_i, \tag{6.4.1}$$

其中, 每一 N_i 都是 R 的极小右理想, 亦即是 R- 既约模. 设 $N_i, i = 1, \cdots, n$ 中与 N_1 作为 R- 模同构的刚好是 (需要时重新编号) 前 $r \geqslant 1$ 个.

今证 $I = N_1 + \cdots + N_r$ 是 R 的理想. 首先, 若 N 是 R_R 的一个既约子模且有 $N \cong N_1$, 则必有 $N \subseteq I$. 这是因为利用直和 (6.4.1), 设 φ_i 是 R_R 到 N_i 上的投射, 则 φ_i 是模 N 到 N_i 的一个同态对应. 由于 N 是既约模, φ_i 或是同构对应或是零同态对应. 但已知 N 和 $N_j, j > r$ 是不同构的, 所以 $\varphi_j, j > r$ 必是零同态对应. 故 $N \subseteq N_1 + \cdots + N_r = I$. 这样 I 是 R_R 中所有与 N_1 同构的子模的和.

其次, 任意取定 $a \in R$. 易见

$$\varphi: N_i \to aN_i,$$
$$x \mapsto ax$$

是模 N_i 到模 aN_i 的同态对应. 由 N_i 的既约性, φ 或者是同构对应, 此时由上面的讨论, 有 $aN_i \subseteq I$ 或 φ 是零同态对应, 此时 $aN_i = 0$. 故右理想 I 有性质 $aI \subseteq I$, 即 I 是非零理想. 由于 R 是单环, 故有 $R = I$, 即知 (6.4.1) 中所有 N_i 都是彼此同构的.

"$\Leftarrow$". 设 $R = \sum_{i=1}^{n} \oplus N_i, N_i$是环 R 的极小右理想且作为 R- 模它们彼此同构. 由定理 6.4.1 知 R 是半单环. 由定理 6.4.4 还知 R 的每一极小右理想, 作为 R- 模必与某个 N_i 同构, 因而它们作为 R- 模彼此同构. 若 R 非单 Artin 环, 则 $R = R_1 \oplus \cdots \oplus R_n$, R_i 是单 Artin 环而 $n > 1$. 此时易见含于不同的 R_i 的极小右理想, 作为 R- 模, 彼此必不同构. 此矛盾说明 R 是单 Artin 环. |

作为定理 6.4.5 的推论, 可以给出如下定理:

定理 6.4.6 设 R 是半单环, 则有

$$R = N_1 \oplus \cdots \oplus N_m, \quad \text{其中}, N_i \text{ 是 } R \text{ 的极小右理想},$$
$$R = R_1 \oplus \cdots \oplus R_n, \quad \text{其中}, R_i \text{ 是 } R \text{ 的极小理想}.$$

若用 I_i 表示环 R_i 中的一个极小右理想, 则还有

(1) R_i 恰是 R 中一切与 I_i, 作为 R- 模, 同构的极小右理想之和;

(2) R_i 恰是 $N_j, j = 1, \cdots, m$ 中一切与 I_i, 作为 R- 模, 同构者之和. |

定理 6.4.7 设 R 是半单环, 若有

$$R = \sum_{i=1}^{n} \oplus N_i = \sum_{j=1}^{m} \oplus M_j,$$

其中, N_i, M_j 都是 R 的极小右理想, 则必有 $n = m$ 且 $N_i \cong M_{\pi(i)}$(作为 R- 模), 其中, π 是 $1, \cdots, n$ 的一个置换. |

这个定理是定理 6.3.2 的直接推论, 也是关于 R- 模的 Jordan-Hölder 定理的一个直接推论.

定理 6.4.8 设 R 是单 Artin 环, 则 R 的任意两个极小右理想, 作为 R- 模是彼此同构的.

现在能证明 6.1 节中所说的: 带有单位元的 Artin 环必是 Noether 环. 为此先引入

定义 6.4.1 R- 模 M 称为 Artin 模 (Noether 模), 若对子模有极小 (大) 条件.

类似于命题 6.4.1, 可有

引理 6.4.2 M 为 R- 模, N 为其子模, 若 $M/N, N$ 都是 Artin(Noether) 模, 则 M 亦是 Artin(Noether) 模.

现在可证

定理 6.4.9 若 R 是 Artin 环且有单位元, 则 R 是 Noether 环.

证 R 是 Artin 环, 故有幂零根, 记作 N. 作理想链

$$R \supseteq RN \supseteq RN^2 \supseteq \cdots \supseteq RN^m = 0.$$

考虑 $A_k = RN^{k-1}/RN^k, A_k$ 自然可看成 R- 模. 然而由于 $A_kN = (RN^{k-1}/RN^k)N = \bar{0}, A_k$ 也可看成 $R/N = \bar{R}$ 上模, 这是因为可以定义模运算

$$x\bar{a} = xa, \quad \forall x \in A_k, a \in R, \bar{a} \in R/N.$$

利用 $A_kN = \bar{0}$ 可直接检验此定义是合理的, 且符合模运算的条件. 这样 A_k 看成 R-模和看成 $\bar{R}$- 模作用相同. 由 $\bar{1} \in \bar{R}, A_k$ 是 $\bar{R}$- 模, $\bar{R}$ 是半单的, 由定理 6.4.3 得 A_k 是完全可约 $\bar{R}$- 模. 注意到 A_k 的 R- 子模均形如 B/RN^k, 其中, B 是介于 RN^{k-1} 和 RN^k 之间的 R 的右理想, R 是 Artin 环, 有极小条件, 故 A_k 作为 R- 模有极小条件. 从上述知 A_k 的 R- 子模和 A_k 的 $\bar{R}$- 子模是一回事, 故 A_k 作为 $\bar{R}$- 模也有极小条件. 这样从定理 6.3.3(注意到 $\bar{1} \in \bar{R}$) 得出 A_k 是有限个既约 $\bar{R}$- 模的直和, $A_k = M_1 \oplus M_2 \oplus \cdots \oplus M_n$.

由此可得一个长度有限 (如 n) 的组成列

$$0 \subset M_1 \subset M_1 \oplus M_2 \subset \cdots \subset M_1 \oplus M_2 \oplus \cdots \oplus M_n = A_k.$$

这样由 Schreier 定理 A_k 中任一个子模的升链

$$0 \subset M_1' \subset M_2' \subset \cdots \subset M_m' \subset \cdots$$

必可加细成为组成列, 而组成列长度均为 n, 故 A_k 中任一子模升链长度不超过 n, 这导致 A_k 对子模有极大条件.

上述讨论对 k 未加任何限制, 故对任何 k 成立, 而 $RN^{m-1} = A_{m-1}, RN^{m-2}/RN^{m-1} = A_{m-2}$, 用引理 6.4.2 得 RN^{m-2} 对 R- 子模有极大条件. 利用 RN^{m-2} 和 $RN^{m-3}/RN^{m-2} = A_{m-3}$ 同样可导出 RN^{m-3} 是 Noether R- 模, 如此逐个类推, 经有限步即可导出 R 是 Noether R- 模. 而 R 作为 R- 模, 其子模就是右理想, 故说 R 是 Noether R- 模就是说 R 对右理想有极大条件, 即 R 是 Noether 环. |

许永华 (1977) 给出了极小条件包括极大条件的一个充要条件.

最后, 举一个 Artin 半单环的实例.

定理 6.4.10(Maschke) G 是阶数为 n 的有限群, F 是特征不整除 n 的域, 则 $F[G]$ 是 Artin 半单的.

为证明此定理, 先做些准备. 设 M, N 是 $F[G]$-(右)- 模, 因 G 含有单位元, 在等同 $F \cdot 1$ 和 F 之后, 有 $F \subseteq F[G]$, 故 M, N 也是 F- 模. 若 α 是 $M \to N$ 的一个

F-模同态, 则从 α 可诱导出一个 $M \to N$ 的 $F[G]$-模同态 $\widetilde{\alpha}$

$$\begin{aligned}\widetilde{\alpha}: M &\to N,\\ x &\mapsto \sum_{g\in G}\alpha(xg^{-1})g, \forall x\in M.\end{aligned}$$

由 M, N 是 $F[G]$-(右) 模, 知上述定义是有确切意义的, 保持加法运算是易见的. 而 $\forall g_0 \in G$, 有 $\widetilde{\alpha}(xg_0)=\sum\limits_{g\in G}\alpha(xg_0g^{-1})g$. 令 $g_0g^{-1}=h$. 因 G 是有限群, 故当 g 历遍 G 中元时, h 也历遍 G 中元, 故有

$$\begin{aligned}\sum_{g\in G}\alpha(xg_0g^{-1})g &= \sum_{h\in G}\alpha(xh)h^{-1}g_0=\left[\sum_{h\in G}\alpha(xh)h^{-1}\right]g_0\\ &=[\widetilde{\alpha}(x)]g_0,\end{aligned}$$

即 $\widetilde{\alpha}$ 是一个 $M\to N$ 的 $F[G]$-模同态.

欲证 $F[G]$ 是 Artin 半单的, 由定理 6.4.3 知只要证明任意的 $F[G]$-模 M 均是完全可约的就够了. 下面就来证此.

定理 6.4.10 的证明 设 M 是任意的 $F[G]$-模, L 是其任意 $F[G]$-子模, 把 M 看成 F-模, 此时 L 亦是 M 的 F-子模. 而域上的模均是完全可约模, 故 L 是 M 的直和项, 这样 M 到 L 上的投影 α 是一个 F-模同态, 使得 $\alpha(l)=l, \forall l\in L$. 据上说明可从 α 诱导出一个 $M\to L$ 的 $F[G]$-模同态 $\widetilde{\alpha}$. 由 F 的特征不能整除 n, 知 $\dfrac{1}{n}$ 在 F 中是有意义的. 令 $\varphi=\dfrac{1}{n}\widetilde{\alpha}$. φ 亦是 $M\to L$ 的 $F[G]$-模同态, 且对 $\forall l\in L$ 有

$$\varphi(l)=\frac{1}{n}\widetilde{\alpha}(l)=\frac{1}{n}\sum_{g\in G}\alpha(lg^{-1})g=\frac{1}{n}\sum_{g\in G}(lg^{-1})g=\frac{1}{n}\cdot nl=l,$$

即 $\varphi|_L=\alpha$. 故 $\bar{M}=M/\ker\varphi\cong L$.

由 $L, \ker\varphi$ 均为 M 的 $F[G]$-子模, 故 $M\supseteq L+\ker\varphi$. 另一方面, 对 $\forall m\in M$ 有 $\bar{m}\in L$, 故有 $m=l+n, l\in L, n\in \ker\varphi$, 即 $M\subseteq L+\ker\varphi$, 故 $M=L+\ker\varphi$. 对 $\forall x\in L\bigcap\ker\varphi$, 由 $x\in L$ 得 $\varphi(x)=\alpha(x)=x$. 由 $x\in\ker\varphi$, 得 $\varphi(x)=0$, 故 $x=0$, 即 $L\bigcap\ker\varphi=0$. 由此得 $M=L\oplus\ker\varphi$. 这正是所要证的, 故定理得证. |

该说一下的是: 定理 6.4.10 中当 F 的特征为 $p\neq 0$ 的情况, 曾作为更一般的一个定理的推论在第 2 章中得出过.

6.5 单 Artin 环的构造

考察除环 D 上所有 n 阶矩阵组成的环 D_n. 与域 F 上的全矩阵代数 F_n 的情况类似, 容易证明 D_n 是单环. 又由于 D_n 可看成除环 D 上的右 (或左) 向量空间,

其维数为 n^2, 而 D_n 的每一右理想必是子向量空间, 故 D_n 关于右理想满足极小条件, 因而 D_n 是单 Artin 环.

反过来, 将证明单 Artin 环必是除环上的全矩阵环. 即本节的主要结果是下面的定理.

定理 6.5.1(Wedderburn-Artin)

(1) R 是单 Artin 环 $\Longleftrightarrow R = D_n$, 其中, D 是除环, n 是自然数;

(2) 若单 Artin 环 $R = D_n = D'_m$, 其中, D, D' 是除环, 而 n, m 是自然数, 则必有 $D \cong D', n = m$.

这是有限单代数的结构定理的很完整的推广.

这个定理有许多不同的证明方法, 这里介绍其中的一种. 首先做一些准备.

定理 6.5.2 设环 R 没有非零的幂零单侧理想, e 是 R 的一个幂等元, 则下述命题是等价的:

(1) eR 是极小右理想;

(2) Re 是极小左理想;

(3) eRe 是除环.

证 (1)⇒(3). 由 e 是幂等元, 所以 eRe 是以 e 为单位元的环. 为了证明 eRe 是除环, 任取 $0 \neq a \in eRe$. 显然 $a \in eR$, 因而 $aR \subseteq eR$. 易见 $aR \neq 0$. 由假设 eR 是极小右理想, 故 $aR = eR$, 因而 $aRe = eRe$. 又因为 $a = ae$, 故得 $a(eRe) = eRe$. 这样, 在 eRe 中 a 至少有一个右逆元 b, 有 $ab = e$. 因此 eRe 是除环.

(3)⇒(1). 此时已知 eRe 是除环. 设 $I = eR$. 并设 I' 是含于 I 中的非零右理想. 若 $I'e = 0$, 则 $I'I' \subseteq I'I = 0$, 这与假设 R 中没有非零的幂零单侧理想是矛盾的. 因而 I' 中含有形如 eae 的非零元素. 但 eRe 是除环, 故有 ebe 使 $eae \cdot ebe = e$. 这样, $e \in I'$, 因而 $I' = I$. 这就证明了 $I = eR$ 是极小右理想.

由于 eRe 是左右对称的, 仿上可证 (2) 和 (3) 是等价的. |

定理 6.5.3 设 R 是单 Artin 环. 设 eR 是 R 的极小右理想, e 是幂等元, 则 $N = Re$ 是除环 eRe 上的 m 维右向量空间, 其中, m 等于 R 的表为极小右理想的直和中直和项的个数.

证 由于 $I = eR$ 是极小右理想, 由定理 6.5.2, 知 $N = Re$ 是极小左理想而 $D = eRe$ 是除环. 由于

$$ND = NeRe \subseteq Re = N$$

且 D 的单位元 e 也是 N 的右单位元, 故加群 N 可看成 D 上的右向量空间.

任取 N 中 n 个 D 线性无关的元素 $a_1e, \cdots, a_ne$. 今证

$$\sum_{i=1}^{n} a_ieR = a_1eR \oplus \cdots \oplus a_neR. \tag{6.5.1}$$

首先, 由 $0 \neq a_i e \in a_i eR$ 以及 eR 是极小右理想, 知 $a_i eR$ 是极小右理想. 其次, 设

$$a_1 e x_1 + \cdots + a_n e x_n = 0, \quad x_i \in R, \forall i. \tag{6.5.2}$$

为了证明 (6.5.1), 只需证由 (6.5.2) 可得其左侧每一项都是零. 若其中有一, 说是 $a_1 e x_1 \neq 0$, 则有

$$a_1 e x_1 \in a_1 eR \cap \sum_{i=2}^{n} a_i eR,$$

又因 $a_1 eR$ 是极小右理想, 故得

$$a_1 eR \subseteq \sum_{i=2}^{n} a_i eR.$$

这样, 由 $a_1 e \in a_1 eR$, 便有

$$a_1 e + a_2 e y_2 + \cdots + a_n e y_n = 0, \quad y_i \in R, \forall i.$$

用幂等元 e 右乘上式, 即得

$$a_1 e \cdot e + a_2 e \cdot e y_2 e + \cdots + a_n e \cdot e y_n e = 0,$$

$a_i e$ 的系数 $e, e y_2 e, \cdots, e y_n e$ 都在 $eRe = D$ 中, 而 $e \neq 0$, 这与 $a_i e, i = 1, \cdots, n$ 是 D 线性无关是矛盾的. 由之得证 (6.5.1).

由于 R- 模 R_R 是完全可约模, (6.5.1) 可扩充成为 R 的极小右理想的直和. 设 R 可表为 m 个极小右理想的直和, 则由定理 6.4.7, R 的任意这种直和表示中都恰由 m 个极小右理想组成, 所以 $n \leqslant m$. 这样 D 向量空间 N 的维数必小于或等于 m.

设 N 在 D 上的维数为 n, 则 $N = a_1 D + \cdots + a_n D$, 其中, $a_i, i = 1, \cdots, n$ 是其基. 但 $N \cdot eR = ReR$ 是非零理想, 由 R 的单性得 $R = N \cdot eR$, 所以, 注意到 $D \cdot eR = eRe \cdot eR = eR$ 便得 $R = a_1 eR + \cdots + a_n eR$. 但 $a_i eR$ 是极小右理想, 由定理 6.4.7 知 $n \geqslant m$. 与刚证的结果合在一起就得 $n = m$. |

下面继续使用定理 6.5.3 中所用的符号. 设 $a_1, \cdots, a_m$ 是 D 上右向量空间 N 的基. 由于 N 还是左 R- 模且还有

$$(xa)d = x(ad), \quad \forall x \in R, a \in N, d \in D,$$

因而 R 中元素 x 对 N 的作用必确定 N 的一个 D 线性变换, 随之确定 D 上的一个 $m \times m$ 矩阵. 详细地说就是, 设 $x a_i = b_i$,

$$\begin{aligned} x(a_1, \cdots, a_m) &= (x a_1, \cdots, x a_m) = (b_1, \cdots, b_m) \\ &= (a_1, \cdots, a_m) A_x, \end{aligned}$$

其中, $A_x = (d_{ij}), d_{ij} \in D$. 直接验证可知

$$\varphi: R \to D_m,$$
$$x \mapsto A_x$$

是环 R 到 D_m 内的同态对应.

为了证明 Wedderburn-Artin 定理中的 (1), 只要证明 φ 是 R 到 D_m 上的一一对应就够了. 这个结论可以写成下面的定理:

定理 6.5.4 设 R 是单 Artin 环. $a_1, \cdots, a_m$ 是把极小左理想 $N = Re$ 看成是除环 $D = eRe$ 上右向量空间时的基, 而 $b_1, \cdots, b_m$ 是 N 中任意一组元素, 则存在且仅存在一个元素 $x \in R$, 使 $xa_i = b_i, i = 1, \cdots, m$.

证 易见

$$B = \{x \in R | xa_i = 0, i = 1, \cdots, m\} = \{x \in R | xN = 0\}$$

是 R 的理想. 但 R 的单位元 1 不在 B 中, 再由 R 的单性知 $B = 0$. 这样, 若 $xa_i = x'a_i, i = 1, \cdots, m$, 则 $x - x' \in B$, 即 $x = x'$. 这就证明了最多只有一个元素 $x \in R$ 满足条件 $xa_i = b_i, i = 1, \cdots, m$.

今证确有元素 $x \in R$ 满足 $xa_i = b_i, i = 1, \cdots, m$. 为此只需证明确有 $x_i \in R$ 满足 $x_i a_i = b_i, x_i a_j = 0, i \neq j$, 因为那时只要取 $x = \sum_{i=1}^{m} x_i$ 即为所求. 只说明 x_m 的存在就够了. 令

$$C = a_1 eR + \cdots + a_{m-1} eR,$$

则 C 是 R 的右理想, $C \neq R$, 因为 C 只是 $m-1$ 个极小右理想的和. 设 e' 为 C 的幂等生成元, $C = e'R$. 易见 $(1-e')C = (1-e')e'R = 0$. 但 $a_i \in C, i = 1, \cdots, m-1$, 故 $(1-e')a_i = 0, i = 1, \cdots, m-1$. 这样, 就不能再有 $(1-e')a_m = 0$, 否则将有 $(1-e')R = 0$, 而 $1 - e' \neq 0$, 但这是不可能的. 这样 $0 \neq R(1-e')a_m \subseteq Re = N$. 但 N 为极小左理想, 故 $R(1-e')a_m = N$. 因而有 $y \in R$, 使 $y(1-e')a_m = b_m$. 取 $x_m = y(1-e')$, 它就是所要求者. |

有了定理 6.5.4, φ 便是 R 到 D_m 上的同构对应. 这样定理 6.5.1 的 (1) 便证完了.

为了证明定理 6.5.1 的唯一性部分 (2), 先证下面一些结果.

命题 6.5.1 设 e 是环 R 的幂等元, 则 R- 模 eR 的自同态环 $\mathrm{End}_R(eR)$ 与 eRe 是反同构的.

证 任取 $\phi \in \mathrm{End}_R(eR)$, 由于 e 是模 eR 的一个生成元, 故 φ 由元素 $e\varphi = a$ 完全确定且若 $\varphi_1 \neq \varphi_2$, 则必 $e\varphi_1 \neq e\varphi_2$. 由 $a = e\varphi = (ee)\varphi = (e\varphi)e = ae \in Re$ 知

$a \in Re \bigcap eR = eRe$. 这样对应

$$\begin{aligned} \theta:\ \mathrm{End}_R(eR) &\to eRe, \\ \phi &\mapsto e\phi \end{aligned}$$

是 $\mathrm{End}_R(eR)$ 到 eRe 内的一一对应.

任取 $a \in eRe$, 注意到 $aeR \subseteq eR$, 故若规定

$$\begin{aligned} \varphi_a:\ eR &\to eR, \\ y &\mapsto ay, \end{aligned}$$

则易见 $\varphi_a \in \mathrm{End}_R(eR)$ 且 $e\varphi_a = ae = a$. 这样 θ 是 $\mathrm{End}_R(eR)$ 到 eRe 上的一一对应.

直接验证可知 θ 是此两环之间的反同构对应. 例如, 看乘法运算

$$\begin{aligned} (\varphi_1\varphi_2)\theta &= e(\varphi_1\varphi_2) = (e\varphi_1)\varphi_2 = (e(e\varphi_1))\varphi_2 \\ &= (e\varphi_2)(e\varphi_1) = (\varphi_2\theta)(\varphi_1\theta). \quad | \end{aligned}$$

定理 6.5.5 设 R 是单 Artin 环, 而 eR, fR 是两个极小右理想, e, f 是幂等元, 则有

(1) $\mathrm{End}_R(eR) \cong \mathrm{End}_R(fR)$ 且是除环;

(2) $eRe \cong fRf$ 且是除环.

证 (1) eR 是极小右理想以及 R 有单位元, 因而 eR 是 R- 既约模. R- 既约模的自同态或是自同构或是零自同态, 故 $\mathrm{End}_R(eR)$ 是除环. 由定理 6.4.8 知, 单 Artin 环的极小右理想作为 R- 模是彼此同构的, 因而它们的自同态环亦是彼此同构的. 故得 (1).

(2) 由 (1), 利用命题 6.5.1 即得 (2). |

定理 6.5.1 中 (2) 的证明 已知 $R = D_n = D'_m$, 其中, D, D' 是除环. 我们来考察 D_n. 设 D 的单位元为 1, 令 $e_{ij}, i, j = 1, \cdots, n$ 表示矩阵单位的全体, 则

$$\begin{aligned} 1 &= e_{11} + \cdots + e_{nn}, \\ D_n &= e_{11}D_n \oplus \cdots \oplus e_{nn}D_n \ (\text{右理想的直和}). \end{aligned}$$

易见 $e_{ii}D_ne_{ii} \cong D$, 故 $e_{ii}D_ne_{ii}$ 是除环, 因而 $e_{ii}D_n$ 是极小右理想. 这样 $D_n = R$ 是 n 个极小右理想的直和.

今考察 D'_m 而令 $f_{ij}, i, j = 1, \cdots, m$ 为其矩阵单位的全体, 仿前同样可从 $f_{ii}D'_mf_{ii} \cong D'$ 导出 $f_{ii}D'_m$ 为极小右理想, D'_m 是 m 个极小右理想的直和.

但已知 $R = D_n = D'_m$, 而单 Artin 环表成极小右理想的直和时, 由定理 6.4.7, 其中, 所含极小右理想的个数是唯一确定的, 故得 $m = n$. 又由定理 6.5.5 有

$$D \cong e_{11}D_ne_{11} = e_{11}Re_{11} \cong f_{11}Rf_{11} = f_{11}D'_mf_{11} \cong D'. \quad |$$

Artin 环的理论与群的表示论有密切的联系参看 (Curtis et al., 1962) 下面第 7 章的一些内容可看成 Artin 环理论的进一步发展. 谢邦杰 [2] 中讨论了半极小条件环是 Artin 环沿另一方向的推广. 本章中一些定理, 特别是 Wedderburn-Artin 定理, 可由下章相应的结果得出.

用投射模和入射模的语言叙证 Wedderburn-Artin 定理是很有趣的, 这方面可参看 (Jans, 1964).

Artin 结合环的理论已非常完整地推广到交错 Artin 环 —— 也就是对单侧理想有极小条件的交错环上去. 平行地, 对所谓二次理想 (相当于结合环的单侧理想) 有极小条件的 Jordan 环也有了相当完整的理论. 这方面可参看 (Zhevlakov et al., 1978).

学习本章时读一下 (Artin et al., 1943) 是很有益的.

习 题

6.1 有单位元没有零因子的右 Artin 环是除环.

6.2 证明一切 2×2 上三角矩阵 $\begin{pmatrix} a & b \\ 0 & c \end{pmatrix}$, 其中, a 是整数, b, c 是有理数, 作成右 Noether 环但不是左 Noether 环.

6.3 证明一切 2×2 上三角矩阵 $\begin{pmatrix} a & b \\ 0 & c \end{pmatrix}$, 其中, a 是有理数, b, c 是实数, 作成右 Artin 环, 但不是左 Artin 环.

6.4 设 R 是有单位元的 Artin 环, 则 R 的每个极大左理想都包含 R 的幂零根.

6.5 域 F 上的一个向量空间是完全可约 F- 模.

6.6 证明关于有单位元的环 R 的下列条件等价:

(i) 每一个右 R- 模是完全可约的;

(ii) 右 R- 模 R_R 是完全可约的;

(iii) 每一个左 R- 模是完全可约的;

(iv) 左 R- 模 ${}_RR$ 是完全可约的.

6.7 设 N 是 Artin 环 R 的幂零根, M 是左 R- 模, 设 $R \neq N$. 若 $NM = 0$, 则 M 是完全可约模.

6.8 设 Re 是半单 Artin 环 R 的极小左理想, e 是幂等元. M 是不含真子模的左 R- 模. 则 $M \cong Re$ 当且仅当 $eM \neq 0$.

6.9 单 Artin 环 R 的每个右理想 J 是一个右零化子.

第 7 章　环的 Jacobson 理论

回顾一下前几章关于有限代数和 Artin 环的研究, 可以得到这样一种讨论结构问题的格式：欲考察某一代数系统类 W(如有限代数) 的结构, 先选定一特殊的、较简单的子类 U(如有限单代数). 取 $R \in W$. 考虑 R 的一切理想 (同态对应的核)$I_\alpha, \alpha \in \Omega$, 有性质：商代数系统 $R/I \in U$. 令 $N = \bigcap_{\alpha \in \Omega} I_\alpha$, 可称 N 为 R 的根. 这样 R/N 可表成 U 中的代数系统的亚直和 (见定理 5.2.2), 即它们在某种意义上可通过 U 中的代数系统去刻画而组成某个特定类 S. 另一方面, R 的根 N 的性质实际上也由 U 确定了, 它们组成另一较特殊的代数系统类 V. 这样对 R 的结构的研究便在一定程度上归结为对 U 中较简单的代数系统以及对 V 中较特殊的代数系统的研究.

根据前几章的结果, 有下述特殊情形：

设 W 是域 F 上有限代数类, 而取 U 为有限单代数类, 则 V 为有限幂零代数类, S 为有限半单代数类, S 中代数可表为 U 中有限个代数的直和. 这是代数的 Wedderburn 理论.

设 W 是 Artin 环类而取 U 为单 Artin 环类, 则 V 为幂零环类, S 为半单 Artin 环类, 而 S 中的环可表为 U 中有限个环的直和, 这就是环的 Artin 理论.

在本章中, 将研究一般 (指不附加任何条件) 结合环的结构. 选取本原环 (见 7.1 节) 作为特殊的、简单的环类 U 而利用上述格式去讨论. 这就是环的 Jacobson 理论, 它是 Artin 环理论的一个很好的推广.

7.1　本原环与 Jacobson 根

设 M 是可换加群, 而 $E = \mathrm{End}(M)$ 是其全自同态环, 任取环 E 的子环 R, 易见 M 可看成是 R- 模. 要求此 R- 模 M 具有一些特殊性质, 这样就在全自同态环 E 中划分出一些特殊子环.

定义 7.1.1　设 $E = \mathrm{End}(M)$ 而 R 是环 E 的子环. 若 R- 模 M 是 R- 既约模, 就称 R 为既约环.

在任意环中, 可用下述方法划分出一些特殊环类：

定义 7.1.2　设 R 为环, 如果 R 有一个忠实既约右模 M, 即有性质

(1) R- 模 M 是 R 的忠实模, 亦即 $Ma = 0, a \in R$ 当且仅当 $a = 0$;

(2) M 是 R- 既约模,

此时便称 R 为右本原环. 相应地可定义左本原环. 以后简称右本原环为本原环.

关于本原环的例子将在 7.3 节介绍, 这里只指出环 (0) 不是本原环, 因为它没有忠实既约模.

命题 7.1.1　R 是既约环 $\Longleftrightarrow$ R 是本原环.

证　"$\Rightarrow$". 设 R 是既约环, 则由定义, 有一加群 $M, R \subseteq \mathrm{End}(M)$ 且 R- 模 M 是既约模. 由于 R 的元素就是 M 的自同态对应, 故 $Ma = 0, a \in R$ 当且仅当 $a = 0$, 即 M 是忠实模. 故 R 是本原环.

"$\Leftarrow$". 设 R 是本原环, 则由定义, R 有忠实既约模 M. 因为 M 是 R- 忠实模, 故模 M 决定的环 R 到 $\mathrm{End}(M)$ 内的同态对应是同构对应, 即 R 可看成 $\mathrm{End}(M)$ 的子环. 又由 M 是 R- 既约模, 故得 R 是既约环.　|

设 U 是所有本原环组成的类, 而 R 是任意环. 下面来考察 R 的所有同态对应 φ, 使 $R\varphi \in U$. 也就是考察 R 的所有理想 I, 有性质: R/I 是本原环.

定义 7.1.3　称环 R 的理想 I 为本原理想, 如果 R/I 是本原环.

因为 $R/R = (0)$ 不是本原环. 故 R 本身不是 R 的本原理想.

定义 7.1.4　R 是环. 如果 R 没有本原理想, 则定义 R 本身是 R 的 Jacobson 根; 如果 R 有本原理想, 则定义 R 的 Jacobson 根为 R 的所有本原理想 $I_\alpha, \alpha \in \Omega$ 的交 $\bigcap\limits_{\alpha \in \Omega} I_\alpha$. R 的 Jacobson 根记作 $J(R)$.

显然, 环 R 的 Jacobson 根 $J(R)$ 是 R 的理想. 由于在本原环的定义中使用右 R- 模, 所以更准确地说, 这样定义的 Jacobson 根应记作右 Jacobson 根.

下面来给出 Jacobson 根的另一种刻画方法.

为了方便约定下面这种说法: 加群 M 是 R- 模, 也是 R'- 模. R- 模 M 给出环 R 到 $\mathrm{End}(M)$ 的子环 R_1 上的同态对应; 同样 R'- 模 M 给出环 R' 到 $\mathrm{End}(M)$ 的子环 R_1' 上的同态对应. 如果 $\mathrm{End}(M)$ 的这两个子环 R_1 和 R_1' 相重合, 就说 R- 模 M 和 R'- 模 M 是等效的. 易见, 若 R- 模 M 和 R'- 模 M 是等效的, 则 M 的子群 N 是 R- 子模当且仅当 N 是 R'- 子模.

定义 7.1.5　设 N 是 R- 模 M 的子模. 规定

$$(N : M) = \{x \in R | Mx \subseteq N\}.$$

特别当 $N = 0$ 时, $(0 : M)$ 称作 R- 模 M 的零化子, 并记作 $A(M)$.

易见, $(N : M)$ 是环 R 的理想. 特别, $A(M)$ 是 R 的理想.

设 M 是 R- 模, 而 $A(M)(\subseteq R)$ 是其零化子. 任取 R 的理想 $I \subseteq A(M)$. 令 $\bar{R} = R/I, a \in R, \bar{a}$ 表示含 a 的 I 的剩余类. 注意到 $MI = 0$, 则若规定模运算

$$x\bar{a} = xa, \quad x \in M, a \in R, \tag{7.1.1}$$

易见, 此运算与剩余类 $\bar{a}$ 的代表选择无关, 并使 M 成为 $\bar{R}$- 模, 容易证明 R- 模 M 和 $\bar{R}$- 模 M 是等效的.

反之, 设 I 是环 R 的理想, $\bar{R}=R/I$, 而 M 是 $\bar{R}$- 模, 若规定

$$xa = x\bar{a}, \quad x\in M, a\in R, \bar{a}=a+I\in\bar{R}, \tag{7.1.2}$$

则关于此模运算, M 成 R- 模而 I 含在 R- 模 M 的零化子中且 $\bar{R}$- 模 M 和 R- 模 M 是等效的.

为了引用方便, 把上面这种 R- 模 M 和 R/I- 模 M 等效性的结果, 概括成下面的命题:

命题 7.1.2 R- 模 M 和 R/I- 模 M, 其中, 理想 I 含在 R- 模 M 的零化子中, 是等效的.

命题 7.1.3 I 是环 R 的本原理想 $\Longleftrightarrow I=A(M)$, 其中, M 是一个 R- 既约模.

证 "$\Leftarrow$". 设 M 是 R- 既约模而 $I=A(M)$, 则由命题 7.1.2, R- 模 M 和由 (7.1.1) 定义的 R/I- 模 M 是等效的, 因而 M 是 R/I- 既约模. 由 $I=A(M)$ 又知 R/I- 模 M 是忠实的, 这是因为若 $M\bar{a}=0, \bar{a}\in R/I$, 则 $Ma=0, a\in R$, 因而 $a\in A(M)=I$, 故 $\bar{a}=\bar{0}$.

"$\Rightarrow$". 设 I 是环 R 的本原理想, 则 R/I 是本原环, 因而 R/I 有忠实既约模 M. 由命题 7.1.2 R/I- 模 M 和由 (7.1.2) 定义的 R- 模 M 是等效的. 由 R/I- 模 M 是既约的得 R- 模 M 是既约的. 由于 R/I- 模 M 是忠实的, 故若对 $a\in R$, 有 $0=Ma$, 则由 (7.1.2) 有 $M\bar{a}=0$, 故 $\bar{a}=\bar{0}$, 随之 $a\in I$, 即 R- 模 M 的零化子 $A(M)\subseteq I$. 另一方面, 显然有 $I\subseteq A(M)$, 故 $I=A(M)$. |

由命题 7.1.3, 便得到与定义 7.1.4 等价的另一种定义 Jacobson 根的方法. 这就是下面的定理.

定理 7.1.1 R 是环, 如果没有 R- 既约模, 则 R 本身是 R 的 Jacobson 根; 如果有 R- 既约模, 则 R 的 Jacobson 根为 R 的所有既约模 $M_\alpha, \alpha\in\Omega$ 的零化子 $A(M_\alpha)$ 的交 $\bigcap\limits_{\alpha\in\Omega} A(M_\alpha)$.

定义 7.1.6 若环 R 的 Jacobson 根 $J(R)=0$, 则称之为半本原环或 Jacobson 半单环, 记作 J 半单环.

定理 7.1.2 设环 R 的 Jacobson 根为 $J(R)$, 则 $R/J(R)$ 是半本原环.

证 令 $M_\alpha, \alpha\in\Omega$ 是所有的 R- 既约模. 由定理 7.1.1 $J(R)=\bigcap\limits_{\alpha\in\Omega} A(M_\alpha)$. 这样 $J(R)\subseteq A(M_\alpha), \alpha\in\Omega$, 因而若令 $\bar{R}=R/J(R)$, 则由命题 7.1.2, R- 模 M_α 和由 (7.1.1) 定义的 $\bar{R}$- 模 M_α 是等效的, 故 M_α 是 $\bar{R}$- 既约模. 由 (7.1.1) 易见, $\bar{R}$- 模 M_α 的零化子是 $A(M_\alpha)/J(R)$. 这样 $\bar{R}$ 的 Jacobson 根

$$J(\bar{R})\subseteq \bigcap_{\alpha\in\Omega}(A(M_\alpha)/J(R)) = J(R)/J(R)=\bar{0},$$

故 $\bar{R}=R/J(R)$ 是半本原的. |

定理 7.1.3　R 是半本原环 $\Longleftrightarrow$ R 是本原环的亚直和.

证　"$\Rightarrow$". 设 R 是半本原环, 则 $J(R)=\bigcap\limits_{\alpha\in\Omega}I_\alpha=0$, 其中, I_α 是 R 的本原理想. 由定理 5.2.2, R 是商环 $R/I_\alpha,\alpha\in\Omega$ 的亚直和. 但每一 R/I_α 都是本原环, 故 R 是本原环的亚直和.

另一方向的证明留给读者. |

7.2　Jacobson 根的内刻画

今后, Jacobson 根将简写成 J 根.

7.1 节中环 R 的 J 根是通过本原理想或 R- 既约模来刻画的. 这些刻画都需要借助环 R 以外的 R- 模语言. 能不能用环 R 的内部语言去刻画 J 根而使我们能从另一个角度弄清 J 根的含义呢! 回答这个问题的关键是把 R- 既约模的零化子概念通过环 R 的语言来刻画.

设 M 是 R- 模, $m\in M$. 令 $(0:m)=\{x\in R|mx=0\}$. 易见 $(0:m)$ 是 R 的右理想, 称之为 元素 m 的零化子或阶右理想 (这是因为, 它类似群中元素的阶). 显然 $A(M)=(0:M)=\bigcap\limits_{m\in M}(0:m)$. 这样可以通过 $(0:m)$ 来刻画 $A(M)$.

定义 7.2.1　环 R 的一个右理想 T 叫做正则的, 如果存在一元素 $e\in R$, 使 $x-ex\in T,\forall x\in R$.

命题 7.2.1　若 M 是 R- 既约模, 则对任意 $0\neq m\in M,(0:m)$ 是 R 的极大右理想且是正则右理想.

证　设 M 是 R- 既约模. 令 $T=(0:m),0\neq m\in M$. 若 T 不是 R 的极大右理想, 则有右理想 S, 有

$$T\subset S\subset R. \tag{7.2.1}$$

由 (7.2.1) 得 $mS\neq 0$; 又由 M 的既约性, 故有 $mS=M=mR$. 这样对任意 $a\in R$, 有 $s\in S$ 使 $ma=ms$, 即 $a-s\in T$, 因而 $a\in s+T\subseteq S$, 即 $R=S$. 这是和 (7.2.1) 矛盾的, 故得 T 是 R 的极大右理想.

由 $M=mR$, 知有 $e\in R$, 使 $m=me$. 这样对任意 $x\in R, mx=mex$, 故 $x-ex\in T$, 即 T 是正则右理想. |

命题 7.2.2　若 T 是环 R 的极大右理想, 正则右理想, 则存在一个 R- 既约模 M 及 $m\in M$, 使 $T=(0:m)$.

证　由于 T 是正则右理想, 故有 $e\in R$ 使 $x-ex\in T,\forall x\in R$, 即 $x\in T+ex\subseteq T+R^2$, 故 $R\subseteq T+R^2$, 从而 $R=T+R^2$. 由于 T 是极大右理想, 即是 R- 模 R 的极大子模. 于是 R- 模 R/T 无非零真子模. 又由于 $T+R^2=R$ 知 $R^2\not\subseteq T$, 故

$R/T\cdot R=R^2/T\neq 0$. 即得 R/T 是 R- 既约模. 取模 R/T 中的元素 $e+T$. 由于 $e\notin T$(否则将导致 $R=T$, 而这是不成立的), 故 $e+T\neq 0+T$. 注意到 $ex\in T$ 当且仅当 $x\in T$, 便得 $T=(0:e+T)$. |

定理 7.2.1 R 是环, W 是 R 中一切极大右理想, 正则右理想 T 的集合, 则 $J(R)=\bigcap\limits_{T\in W}T$.

证 由定理 7.1.1, $J(R)=\bigcap\limits_{\alpha\in\Omega}A(M_\alpha)$, M_α 是 R- 既约模. 由命题 7.2.2, 得

$$J(R)=\bigcap_{\alpha}A(M_\alpha)=\bigcap_{\alpha}(0:M_\alpha)=\bigcap_{\substack{m\in M_\alpha\\ \alpha\in\Omega}}(0:m)\subseteq\bigcap_{T\in W}T.$$

由命题 7.2.1 得

$$\bigcap_{T\in W}T\subseteq\bigcap_{\substack{m\in M_\alpha\\ \alpha\in\Omega}}(0:m)=\bigcap_{\alpha\in\Omega}(0:M_\alpha)=J(R).$$

故得

$$J(R)=\bigcap_{T\in W}T. \quad |$$

极大右理想, 正则右理想是用环 R 的内部语言刻画的. 这样定理 7.2.1 给出了 J 根的内定义.

以前看到 Artin 环 R 的幂零根是一切幂零右理想的和. 关于一般环 R 的 J 根是由具有哪些特性的右理想或元素组成的呢?

设 a 是 R 中的元素. 若 R 有单位元 1 而 $1+a$ 有右逆元, 并将此右逆元表成 $1+a'$, 则有 $(1+a)(1+a')=1$, 即

$$a+a'+aa'=0. \tag{7.2.2}$$

易见, 若 a 是幂零元素, 则 $1+a$ 是有右逆元和左逆元. 这样, 在一般环 R 中有性质 (7.2.2) 的元素 a 可看成幂零元素的一种推广. 给出下面的定义:

定义 7.2.2 R 是环, R 的元素 a 叫做右拟正则元, 如果有 $a'\in R$, 使 (7.2.2) 成立, 并称 a' 为元素 a 的一个右拟逆元. 相应地可以定义左拟正则元和左拟逆元.

环 R 的右理想叫做右拟正则的, 如果它的每一元素都是右拟正则的.

每一元素都是幂零元素的右理想, 叫做幂零元右理想.

命题 7.2.3 环 R 的任意幂零元右理想都是右拟正则右理想.

证 设 T 是幂零元右理想. 任意 $a\in T, a$ 是幂零元, $a^n=0$. 取 $a'=-a+a^2+\cdots+(-a)^{n-1}$. 直接验证得 $a+a'+aa'=0$, 即 a 是右拟正则元. 故 T 是右拟正则右理想. |

利用 R 的元素 a 可以确定 R 的一个正则右理想 $J(a)=\{x+ax, x\in R\}$. 如果 a 是右拟正则元则有 $a'\in R$ 使 $a+a'+aa'=0$, 于是 $a=-a'+a(-a')\in J(a)$. 反之, 如果 $a\in J(a)$, 则有 $c\in R, a=c+ac$, 即 $a+(-c)+a(-c)=0$, 即 a 是右拟正则元. 故 a 是右拟正则元当且仅当 $a\in J(a)$. 这个事实可以看成是利用正则右理想 $J(a)$ 给出的右拟正则元的另一种定义.

为了用拟正则概念来刻画 J 根, 先证

命题 7.2.4 环 R 的任一正则右理想 $S\neq R$ 必可扩大成 R 的一个极大右理想、正则右理想.

证 由 S 的正则性知有 $e\in R$, 使 $x-ex\in S, \forall x\in R$. 这样, 易见任意含 S 的右理想都是正则的. 因而只需找一个含 S 的极大右理想就行了. 令 W 是 R 中一切含 S 的真右理想的集合. 若 $T\in W$, 则 $e\notin T$, 因为不然将由 $x-ex\in S\subseteq T$ 而得 $T=R$. 这样, W 中任意升链 $T_1\subseteq T_2\subseteq\cdots\subseteq T_n\subseteq\cdots$, 它的并 $T=\bigcup\limits_{n=1}^{\infty}T_n$ 必也不含 e, 因而 T 是 R 中含 S 的真右理想, 即 $T\in W$. 随之可以应用 Zorn 引理知 W 中必有极大元, 这也就是说, R 中有含 S 的极大右理想 T. |

在下面常将 $a-xa$ 记作 $(1-x)a$, 虽然环 R 中不一定有单位元 1. 这样, 在 R 中即使 $1-x$ 没有意义, 但 $(1-x)a$ 以及 $a(1-x)$ 等都是有意义的. 例如, 易见, $(1-x)R=\{(1-x)a, \forall a\in R\}$ 是 R 的正则右理想, 而 a 是右拟正则元当且仅当有 $a'\in R$, 使 $(1+a)a'=-a$.

定理 7.2.2 设环 R 的 J 根是 $J(R)$, 则

(1) $J(R)$ 是 R 中最大的右拟正则理想;

(2) $J(R)$ 包括一切右拟正则右理想.

证 先证 (2). 设 S 是右拟正则右理想. 任取 $a\in S$, 则 $ax, \forall x\in R$ 都是右拟正则的. 令 M 是 R- 既约模并设 $a\notin A(M)$. 这样必有 $m\in M, ma\neq 0$. 由 M 的既约性, 有 $maR=M$. 故有 $x\in R$, 使 $max=m$, 即 $m-max=0$. 取 $(-ax)$ 的一个右拟逆元 y, 则由 $0=m(1-ax)$ 得

$$0=m(1-ax)(1+y)=m(1+(-ax))(1+y)=m.$$

这与 m 的取法矛盾. 故知对任意 R- 既约模 M 有 $a\in A(M)$, 因而 $a\in\bigcap A(M)=J(R)$.

今证 (1). 设 $a\in J(R)$ 且 a 不是右拟正则元. 若 $(1+a)R=R$, 则易见 a 将是右拟正则元, 故有 $(1+a)R\neq R$. 但 $(1+a)R=(1-(-a))R$ 是 R 的正则右理想, 由命题 7.2.4, 存在极大正则右理想 T, 有 $(1+a)R\subseteq T$, 即对任意 $x\in R, x+ax\in T$. 但由定理 7.2.1, $J(R)\subseteq T$, 故 $a\in T$, 因而 $T=R$. 这与 T 的意义矛盾. 故 a 必是右拟正则元, 即 $J(R)$ 是右拟正则理想. 再用 (2) 便得 (1). |

定理 7.2.2 还可以改进.

为此, 首先, 如果把上面的讨论中的 “右” 都换成 “左”, 便得左 Jacobson 根以及与关于右 Jacobson 根相平行的下述结果:

定理 7.2.3 设 I 是环 R 的左 Jacobson 根, 则

(1) $I=\bigcap A(M')$, 其中, M' 取遍一切左 R- 既约模;

(2) $I=\bigcap T'$, 其中, T' 取遍 R 的一切正则极大左理想;

(3) I 是 R 中最大的左拟正则理想;

(4) I 包含 R 的一切左拟正则左理想.

其次证明左拟正则理想必是右拟正则理想, 反之亦然. 今考虑 R 中一元素 a, 它既是右拟正则元又是左拟正则元. 这时便有 $b,c\in R$, 使

$$a+b+ba=0,\quad a+c+ac=0. \tag{7.2.3}$$

为了计算方便, 对 R 添加一个单位元 1, (7.2.3) 就变成

$$(1+b)(1+a)=1,\quad (1+a)(1+c)=1.$$

这时当然有

$$1+b=(1+b)(1+a)(1+c)=1+c,$$

即 $b=c$. 如果不引进单位元而直接计算, 这就是

$$ac+bc+bac=0,\quad ba+bc+bac=0.$$

由之有 $ac=ba$. 再由 (7.2.3) 便得 $b=c$. 这是说, 同一元素的右拟逆元和左拟逆元 (如果都存在的话) 必相等.

设 I 是右拟正则理想. I 中元素 a 有右拟逆元 $a':a+a'+aa'=0$. 由之, $-a'=a+aa'$, 因为 I 是理想, 故 $a'\in I$. 因而 a' 有右拟逆元 a''. 但等式 $a+a'+aa'=0$ 说明 a' 以 a 为左拟逆元. 故由上面讨论知 $a=a''$. 这就是说,

$$a+a'+a'a=0.$$

此式说明 a 是左拟正则元. 即证得右拟正则理想必是左拟正则理想. 同样可证, 反过来也对.

利用这个事实并注意到定理 7.2.2 的 (1) 和定理 7.2.3 的 (3), 便知对任意环 R, 其 Jacobson 根和左 Jacobson 根是一致的. 随之定理 7.2.2 可改进如下:

定理 7.2.4 设环 R 的 J 根为 $J(R)$, 则

(1) $J(R)$ 是最大右拟正则理想, 也是最大左拟正则理想;

(2) $J(R)$ 包括一切右拟正则右理想;

(3) $J(R)$ 包括一切左拟正则左理想;

(4) $J(R)$ 包括一切幂零元单侧理想.

拟正则的概念是用环 R 的内部语言刻画的, 这样定理 7.2.4 给出又一个用环 R 的内部语言刻画 J 根的方法.

7.3 本原环的结构

7.1 节和 7.2 节刻画了环 R 的 J 根 $J(R)$, 并知 $R/J(R)$ 是 J 半单环而任意 J 半单环都是本原环的亚直和. 本节中给出本原环的结构.

设 R 是单环, 则 $J(R)=R$ 或 $J(R)=0$. Jacobson 曾提出问题: 是否存在单环 R 而 $J(R)=R$, 或简言之, 是否存在单 J 根环? 这已在文献 (Sasiada, 1961) 中正面的解决了. 除了单 J 根环外, 其余的单环 R 都是 J 半单的, 因而它有本原理想. 这样 R 的唯一不等于 R 的理想 $\{0\}$ 应是它的本原理想, 亦即 R 是本原环. 这样本原环在一定意义上是单环的推广. 下面看本原环的一些例子.

例 7.3.1 设 D 是除环, 而 M 是 D 上 n 维左向量空间. 考虑 $\mathrm{End}_D(M)$. 易见它和 D_n, D 上 n 阶全矩阵环同构. 显然, 当把 M 看成是 $\mathrm{End}_D(M)$ 模时, M 是 $\mathrm{End}_D(M)$ 的忠实既约模. 因而 $\mathrm{End}_D(M)$ 是本原环. 这也就是说, 由单 Artin 环的结构定理知, 单 Artin 环是本原环.

例 7.3.2 设 D 是除环而 M 是 D 上可数维左向量空间. 说 M 的线性变换 φ 是 m 秩的, 如果 $M\varphi$, 即 M 在 φ 下的象, 是 m 维空间. 令 R 是 M 的一切有限秩线性变换的全体, 则易见 R 是全线性变换环 $\mathrm{End}_D(M)$ 的真子环, 并且 M 是 R 忠实既约模. 这样 R 是本原环. 同时还看到, $\mathrm{End}_D(M)$ 中含 R 的子环都是本原环. 当然 $\mathrm{End}_D(M)$ 本身也是本原环. 由于任意线性变换与有限秩线性变换之积仍是有限秩线性变换, 故 R 是 $\mathrm{End}_D(M)$ 的真理想. 这样 $\mathrm{End}_D(M)$, 以及它的一切真含 R 的子环, 都是本原环但不是单环的例子.

这里附带提一下, 不难证明例 7.3.2 中的 R 是单环. 因而, 由单 Artin 环的结构定理, 它是单环而非单 Artin 环的一个例子.

下面来讨论本原环的结构.

设 R 是本原环, 而 M 是它的忠实既约模. 由于 M 是 R- 忠实模, 故 R 可以看成是 $\mathrm{End}(M)$ 的子环. 另一方面, M 是 R- 既约模, M 可以很自然地看成是一个除环上的向量空间. 为此, 考虑 $\mathrm{End}_R(M)$, 即 R- 模 M 的一切自同态的全体. 注意到 M 的既约性, 其自同态或是自同构或是零自同态, 故 $\mathrm{End}_R(M)$ 是除环. 这样便得

引理 7.3.1(Schur 引理) M 是 R- 既约模, 则 $\mathrm{End}_R(M)$ 是除环.

这里应提一下的是, 容易看到, 实际上 $\mathrm{End}_R(M)$ 就是子环 R 在环 $\mathrm{End}(M)$ 内的中心化子.

这样 M 便是除环 $\mathrm{End}_R(M)$ 的右向量空间. 为了记法的方便, 把它改造成左向量空间. 为此引进与 $\mathrm{End}_R(M)$ 反同构的环 D. 当然 D 也是除环. 令 φ 是 D 到 $\mathrm{End}_R(M)$ 上的反同构对应. 规定

$$dm = m(d\varphi), \quad d \in D, m \in M, \tag{7.3.1}$$

则易验证, 此模运算使 M 成为 D 的左向量空间. 例如, 对任意 $d_1, d_2 \in D, m \in M$,

$$(d_1d_2)m = m((d_1d_2)\varphi) = m((d_2\varphi)(d_1\varphi)) = d_1(d_2m).$$

有时称与 $\mathrm{End}_R(M)$ 反同构的 D 为 R- 模 M 的中心化子 (不要和子环的中心化子混淆), 并记作 $C(M)$.

由 (7.3.1) 知, 左 D 向量空间 M 和 R- 模 M 有下面重要性质: R- 模 M 的任意自同态都可以由用 D 中一元素左乘来实现. 除此之外, 还有

$$(dm)a = d(ma), \quad \forall d \in D, m \in M, a \in R. \tag{7.3.2}$$

这是因为, 由 (7.3.1) 并注意到 $d\varphi \in \mathrm{End}_R(M)$, 有

$$(dm)a = (m(d\varphi))a = (ma)(d\varphi) = d(ma).$$

由 (7.3.2) 得 $R \subseteq \mathrm{End}_D(M)$.

定义 7.3.1 M 是除环 D 上的左向量空间. R 是全线性变换环 $\mathrm{End}_D(M)$ 的一个子环. 说 R 是 M 上的稠密线性变换环, 或简称稠密环, 如果对任意自然数 n, 以及 M 中任意两组元素 $x_1, \cdots, x_n; y_1, \cdots, y_n$, 其中, $x_1, \cdots, x_n$ 是 D 线性无关的, 都有 $a \in R$, 使 $x_ia = y_i, i = 1, \cdots, n$.

上两例中的环 R 都是稠密环.

下面由 Jacobson 和 Chevalley 给出的定理是本原环结构理论的基本定理.

定理 7.3.1(稠密定理) 设 R 是本原环而 M 是 R-忠实既约模. 设 $D = C(M)$, 则 R 是 D 上左向量空间 M 的稠密线性变换环.

证 为了证明定理, 只要证明下面的命题:

命题 7.3.1 对 D 上左向量空间 M 的任意有限维子空间 V 及元素 $m \notin V$, 可找到 $a \in R$, 使 $Va = 0$ 而 $ma \neq 0$.

这是因为, 此时对 M 中任意给定的元素 $x_1, \cdots, x_n$ 和 $y_1, \cdots, y_n$, 其中, $x_1, \cdots, x_n$ 是 D 无关的, 若令 V_i 是 $x_j, j \neq i, j = 1, 2, \cdots, n$ 支撑的子空间, 则由命题 7.3.1, 有 $a_i \in R$, 使 $V_ia_i = 0$, 而 $x_ia_i \neq 0$. 由 M 的 R 既约性, 有 $x_ia_iR = M$, 即有 $x_ia_ib_i = y_i$. 令 $a = a_1b_1 + \cdots + a_nb_n$, 则 a 即有所求性质 $x_ia = y_i, i = 1, \cdots, n$.

下面对 M 的子空间 V 的维数作归纳法来证命题 A.

先把 V 写成 $V = V_0 \oplus Dw$, 其中, 子空间 V_0 的维数等于 V 的维数减 1, 而 $w \in V, w \notin V_0$, 并任取 $m \notin V$. 由归纳假设, 对 V_0 及 $w \notin V_0$ 而言, 命题 7.3.1 是成立的. 因而若设 $A(V_0) = \{a \in R | V_0 a = 0\}$, 则有 $wA(V_0) \neq 0$. 由 M 的 R- 既约性以及 $wA(V_0)$ 是 M 的子模, 得 $M = wA(V_0)$.

若对 V, m 而言, 命题 7.3.1 不成立, 即是有

$$Va = 0 \Rightarrow ma = 0, \forall a \in R. \tag{7.3.3}$$

今证这是不可能的. 注意到任意 $x \in M$ 必有 $x = wa, a \in A(V_0)$. 规定

$$\varphi: M \to M,$$
$$wa \mapsto ma.$$

若是 $wa = wa', a, a' \in A(V_0)$, 则 $w(a - a') = 0, a - a' \in A(V_0)$, 即有 $V(a - a') = 0$. 这样由 (7.3.3) 有 $m(a - a') = 0$, 即 $ma = ma'$. 这就说明了 φ 的定义是合理的. 直接验证知 φ 是 R- 模 M 的自同态. 由定理前面的一段讨论知 φ 对 M 的作用可用 D 中一元素左乘来实现, 即有 $d \in D$,

$$dwa = ma, \quad \forall a \in A(V_0),$$

即有 $(dw - m)A(V_0) = 0$. 但对 V_0 而言命题 7.3.1 成立, 因而 $dw - m \in V_0$, 即 $m \in V_0 + Dw = V$, 这和 m 的取法是矛盾的. 故 (7.3.3) 不成立, 即对 V 而言命题 7.3.1 也成立. 由归纳法即得命题 7.3.1. |

稠密环当然有忠实既约模. 事实上, 若 R 是除环 D 上左向量空间 M 的稠密线性变换环, 则 M 就是一个 R- 忠实既约模. 再注意到曾证过本原环和既约环的等价性, 便有

定理 7.3.2　设 R 是环, 则下述性质是等价的:

(1) R 是本原环;

(2) R 是既约环;

(3) R 是稠密环.

作为定理 7.3.1 的推论, 有

定理 7.3.3　R 是本原环, 则有一除环 D, 或者对某一自然数 n 有 $R \cong D_n$, 或者对任意自然数 m, 都有 R 的子环 $S_{(m)}$ 同态于 D_m.

定理 7.3.4　交换本原环 R 必是域.

证　本原环 R 必是某一除环 D 上左向量空间 M 的稠密环. 如果 M 的维数 $(M : D) > 1$, 则易见 R 必是不交换的, 故 $(M : D) = 1$. D 上一维空间 M 上的稠密环 R 必同构于 D, 这样 R 又是交换又是除环, 故 R 是域. |

回头看一下定理 7.3.1 说明了什么?

设 E 是环, 而 R 是它的子环. R 在 E 内的中心化子是 R' 而 R' 在 E 内的中心化子是 R'', 易见 $R \subseteq R''$. 特别当 $R = R''$ 时, 说子环 R 有 双中心化子性质.

若取 $E = \mathrm{End}(M)$, 其中, M 是交换加群, 而 $R \subseteq E$ 是既约环, 则 R 在环 $\mathrm{End}(M)$ 中的中心化子 $R' = \mathrm{End}_R(M)$, 而 R' 在 $\mathrm{End}(M)$ 中的中心化子 $R'' = \mathrm{End}_{R'}(M)$. 注意到定理 7.3.1 前面的讨论及所用符号, 知 R'- 模 M 相应的左模是左 D 向量空间 M, 故

$$R'' = \mathrm{End}_{R'}(M) = \mathrm{End}_D(M).$$

由上知 $R \subseteq R''$, 因而有

$$R \subseteq \mathrm{End}_D(M) = R''.$$

定理 7.3.1 说明, 当 R 是既约环时, 虽然仍不一定有 $R = R''$, 但却知道 R 在 R'' 中是 "稠密" 的, 即对 $R'' = \mathrm{End}_D(M)$ 中的任一元素 a'' 在 M 中任意有限子空间 N 上的作用都可以通过 R 中的元素 a_N 来实现,

$$xa'' = xa_N, \quad \forall x \in N. \tag{7.3.4}$$

在定义 7.3.1 中, 用 (7.3.4) 给出了稠密环的代数定义. 为了从拓扑的观点解释一下稠密环的意义, 在除环 D 的左向量空间的全线性变换环 $R'' = \mathrm{End}_D(M)$ 内引进拓扑: 规定元素 0 的邻域系

$$x^{\perp} = \{a \in R'' | xa = 0\}, \quad \forall x \in M.$$

易见 $x^{\perp}$ 是 R'' 的右理想. 利用环 R'' 的加法运算, 规定 R'' 中任意元素 a 的邻域系为 $a + x^{\perp}$. 这些邻域系使 R'' 成为拓扑空间, 并且 R'' 的运算在此拓扑空间中是连续的, 这样 R'' 成为拓扑环. 这样引进来的拓扑通常称为 有限拓扑 或 Jacobson拓扑.

此时有, 全线性变换环 R'' 的子环 R 是稠密环当且仅当子环 R 在 Jacobson 拓扑下的闭包集等于整个 R'', 亦即在 Jacobson 拓扑意义下, 集合 R 在 R'' 中是稠密的. 这是因为式 (7.3.4) 恰好说明, R'' 中任意元素 a'' 的每一个邻域内都必含有 R 中的元素. 这就是对稠密环的拓扑解释.

7.4 对 Artin 环的应用

第 6 章中关于 Artin 环的主要结果可以作为推论由环的 Jacobson 理论得出. 本节来做这件事.

定理 7.4.1 (1) 设 R 是 Artin 环, 则 R 的 J 根 $J(R)$ 是幂零理想;

(2) Artin 环 R 的幂零根和 J 根是一致的.

证　(1) 设 $J=J(R)$. 考虑理想降链

$$J\supseteq J^2\supseteq\cdots\supseteq J^m\supseteq\cdots.$$

由于 R 是 Artin 环, 故必有 n, 使 $N=J^n=J^{n+1}=\cdots=J^{2n}=\cdots$. 若 $N=0$, 则 (1) 获证. 设 $N\neq 0$. 考虑

$$W=\{T\text{ 是 }R\text{ 的右理想 }|T\subseteq N\text{ 且 }TN\neq 0\}.$$

由于 $NN=J^{2n}=J^n=N\neq 0$, 故 $N\in W$. 这样 W 不空, 因而由极小条件, W 中有极小元 T_0.

因为 $T_0N\neq 0$, 故有 $b\in T_0$, 使 $bN\neq 0$. 但 bN 是右理想且含于 N, 而 $bN\cdot N=bN\neq 0$, 故 $bN\in W$. 再由 $bN\subseteq T_0$ 以及 T_0 的极小性, 得 $bN=T_0$. 因而有 $x\in N$, 使 $bx=b$. 但 $x\in N\subseteq J(R)$, 知一 x 有右拟逆元 x'. 这样利用以前常用的方法, 便得

$$0=(b-bx)(1+x')=b(1+(-x))(1+x')=b.$$

这与 b 之选择矛盾. 故 $J^n=N=0$, 即 $J(R)$ 是幂零的.

(2) 设 R 是 Artin 环. 由于 $J(R)$ 包含一切幂零元理想, 故 $J(R)$ 包含 R 的幂零根. 由 (1) 知 $J(R)$ 本身是幂零的, 故 $J(R)$ 等于 R 的幂零根. |

定理 7.4.1 的 (2) 说明, 一般环的 J 根是 Artin 环幂零根的一个推广.

由于 $J(R)$ 包含 R 中一切幂零元单侧理想, 这样作为定理 7.4.1 的推论, 再一次得到 Hopkin 的下述结果:

推论 7.4.1　Artin 环的每一幂零元单侧理想是幂零的.

定理 7.4.2　R 是 Artin 环, 则下述 3 个命题是等价的:

(1) R 是本原环;

(2) R 是单环;

(3) $R\cong D_n$, 其中, D_n 是除环 D 上的全矩阵环.

证　(1)⇒(3). 由稠密定理知, 本原环 R 可看成 $R''=\mathrm{End}_D(M)$ 的一个稠密子环, 其中, M 是除环 D 上的左向量空间. 今证 R 是 Artin 环时, M 必是有限维的. 若不然, 则 M 是无限维的, 因而 M 中有可数无限多个 D 线性无关元素 $\{x_i,i=1,2,\cdots\}$. 令 $x_1,\cdots,x_k$ 支撑的子空间为 M_k, 而

$$T_k=(0:M_k)=\{x\in R|M_kx=0\},\quad k=1,2,\cdots,$$

则 T_k 是右理想且 $T_1\supseteq T_2\supseteq\cdots$. 又由 R 是稠密环, 故必有 $a_k\in R$, 使 $a_k\in T_k$, 而 $a_k\notin T_{k+1}$, 因而有

$$T_1\supset T_2\supset\cdots\supset T_n\supset\cdots.$$

这和 R 是 Artin 环相矛盾. 故证得 M 是有限维的. 此时 $R \subseteq \mathrm{End}_D(M) \cong D_n$. 再由 R 的稠密性便得 $R = \mathrm{End}_D(M) \cong D_n$.

(3)⇒(2). 这是易证的.

(2)⇒(1). R 是单环, 则 R 的幂零根为零, 由定理 7.4.1(2), R 的 J- 根亦为零, 即 R 是 J 半单的. 这样 R 有本原理想, 再由 R 的单性, 知 R 的本原理想只能是 0, 故 R 是本原环. |

在上面 (1)⇒(2) 的证明, 可以得到

$$R = R'' = \mathrm{End}_D(M) \subseteq \mathrm{End}(M).$$

这就是说, 当 R 是 Artin 环且是本原环时, 把 R 看成 End(M) 的子环时, R 有双中心化子性质.

定理 7.4.2 的证明中没有利用第 6 章中的结果, 因而可看成是单 Artin 环结构定理的另一个证明.

对于半单 Artin 环的结构定理也可以通过 J 半单环的结构定理推导出来, 也就是说, Artin 环 R 若能表成本原环的亚直和, 则可推得环 R 必是有限个单 Artin 环的直和. 然而不在这里讨论而把它留给读者去做.

7.5 有极小单侧理想的本原环

从本原环类中选择一个子类 —— 有极小单侧理想的本原环, 作进一步的讨论. 它介乎单 Artin 环与本原环之间.

首先做一些准备, 即介绍一下对偶空间的概念.

定义 7.5.1 D 是除环, E 是 D 上左向量空间, F 是 D 上右向量空间. 设 (x,y) 是定义在 $E\times F$ 上 (其中, $x\in E$ 而 $y \in F$), 而在 D 中取值的双线性函数, 即有

$$(\alpha_1x_1+\alpha_2x_2,y)=\alpha_1(x_1,y)+\alpha_2(x_2,y),$$

$$(x,y_1\beta_1+y_2\beta_2)=(x,y_1)\beta_1+(x,y_2)\beta_2,$$

$$\forall \alpha_i,\beta_j\in D,\quad \forall x,x_i\in E,\quad \forall y,y_i\in F,$$

称 (x,y) 为空间 E,F 的内积.

说内积 (x,y) 是非退化的, 如果满足下面两个条件:

(1) $(x,F)=0$, 则必 $x=0$;

(2) $(E,y)=0$, 则必 $y=0$.

若空间 E,F 有一个非退化的内积, 就称 E,F 是对偶空间, 或 F 是 E 的对偶空间. 记作 $\{E,F,D,(x,y)\}$.

定义 7.5.2　E 是除环 D 上左向量空间. $f: E \to D$ 是线性函数, 即有

$$f(\alpha_1 x_1 + \alpha_2 x_2) = \alpha_1 f(x_1) + \alpha_2 f(x_2), \quad \forall \alpha_1, \alpha_2 \in D, x_1, x_2 \in E,$$

称 f 为 D 空间 E 的线性泛函.

命题 7.5.1　若 $\{x_i, i \in W\}$ 是除环 D 上空间 E 的一个 D- 基, 任意指定 D 中元素组 $\{\alpha_i, i \in W\}$, 则有且仅有 E 的一个线性泛函 f, 满足 $f(x_i) = \alpha_i, i \in W$.

设 E^* 为 D 上左空间 E 的一切线性泛函组成的集. 规定

$$(f_1 + f_2)(x) = f_1(x) + f_2(x), \quad f_1, f_2, f \in E^*,$$

$$(f\alpha)(x) = f(x) \cdot \alpha, \quad \alpha \in D, x \in E,$$

则易见 E^* 成为 D 上右向量空间. 再规定

$$(x, f) = f(x), \quad x \in E, f \in E^*, \tag{7.5.1}$$

则易见 (x, f) 是 E, E^* 的内积, 由命题 7.5.2 知 (x, f) 是非退化的. 故 E, E^* 是对偶空间. 特称 E^*为 E 的全对偶空间.

设 F 是 E 的任意一个对偶空间, 而 (x, y) 是它们的非退化内积. 对任意取定的 $y \in F$, 规定

$$f_y : E \to D,$$
$$x \mapsto (x, y),$$

则易见 $f_y \in E^*$, 而

$$\varphi : F \to E^*,$$
$$y \mapsto f_y$$

是 F 到 E^* 内的 D 同态对应. 由 (x, y) 的非退化性知若 $f_y = 0$, 即有 $(x, y) = 0, \forall x \in E$, 则必有 $y = 0$. 这就是说 φ 是 F 到 E^* 的一个子空间 F_1 上的同构对应. 再注意到

$$(x, y) = (x, f_y), \quad \forall x \in E, y \in F, f_y \in F_1.$$

因此, 对偶空间 $\{E, F, D, (x, y)\}$ 与对偶空间 $\{E, F_1, D, (x, f_y)\}$ 由下面定义是等价的:

定义 7.5.3　说对偶空间 $\{E_1, F_1, D, (x, y)_1\}$ 与对偶空间 $\{E_2, F_2, D, (x, y)_2\}$ 是等价的, 如果有 D- 同构对应 $\varphi : E_1 \to E_2, \psi : F_1 \to F_2$, 使 $(x, y)_1 = (x\varphi, y\psi)_2, \forall x \in E_1, y \in F_1$.

这样, 如果把等价的对偶空间相应地等同起来, 上面的讨论说明 E 的任意对偶空间 F 都可以看成是 E^* 的子空间.

当然, E^* 的子空间并不都是 E 的对偶空间. 易见, $E, F \subseteq E^*$ 关于内积 (7.5.1) 是对偶空间当且仅当对 E 中任意一个非零元 x, 都有属于 F 中的一个线性泛函 f, 使 $f(x) \neq 0$, 或者说, 对 E 中任意两个不同元素 x_1, x_2, 都有 F 中的线性泛函 f 能区分它们: $f(x_1) \neq f(x_2)$.

称 E^* 的子空间 F 为 E^* 的 稠密子空间, 如果 E, F 关于内积 (7.5.1) 是对偶空间.

下面看几个简单例子.

例 7.5.1 若 E 是除环 D 上 n 维左空间, n 是自然数, 则 E^* 是 D 上 n 维右空间. 此时只有 E^* 本身是 E 的对偶空间, 即 E^* 的稠密子空间只有 E^*.

例 7.5.2 设 E 是 D 上可数维左空间, $\{x_i, i = 1, 2, \cdots\}$ 是它的一个基. 由命题 7.5.1, 有唯一的线性泛函 f_i, 有 $f_i(x_j) = \delta_{ij}, j = 1, 2, \cdots$. 易见 $\{f_i, i = 1, 2, \cdots\}$ 在 E^* 中生成的子空间 F 是 E^* 的稠密子空间. F 是 E^* 的真子空间, 如线性泛函 $f : f(x_j) = 1, j = 1, 2, \cdots$ 不在 F 中.

定义 7.5.4 设 $\{E, F, D, (x, y)\}$ 是对偶空间. 设子集 $S \subseteq E, T \subseteq F$, 规定

$$S^{\perp} = \{y \in F | (S, y) = 0\},$$

$$T^{\perp} = \{x \in E | (x, T) = 0\}.$$

称 $S^{\perp\perp} = (S^{\perp})^{\perp} \subseteq E$ 为 E 的子集 S 的闭集. 如果 $S = S^{\perp\perp}$, 就称 S 为 E 中的闭集. 同样令 $T^{\perp\perp} = (T^{\perp})^{\perp} \subseteq F$, 并称之为 T 的闭集.

定理 7.5.1 设 E 是 D 上左向量空间, 而 E^* 是 E 的全对偶空间, F 是 E^* 的子空间, 则 F 是 E^* 的稠密子空间 $\Longleftrightarrow F^{\perp\perp} = E^*$.

证 "$\Rightarrow$". 设 F 是 E^* 的稠密子空间, 则由定义知, 只有当 $x = 0$ 时, 才有 $(x, F) = 0$, 故 $F^{\perp} = \{0\}$. 此时显然有 $F^{\perp\perp} = 0^{\perp} = E^*$.

"$\Leftarrow$". 若有 $F^{\perp\perp} = E^*$, 则由 $(F^{\perp}, E^*) = 0$, 知 $F^{\perp} = \{0\}$, 而这就是说, 仅当 $x = 0$ 时才有 $(x, F) = 0$, 即 F 是稠密子空间. |

定理 7.5.1 说明稠密子空间的几何意义.

定义 7.5.5 设 $\{E, F, D, (x, y)\}$ 为对偶空间. 取

$$T \in \mathrm{Hom}_D(E, E), \quad T^* \in \mathrm{Hom}_D(F, F).$$

若有 $(xT, y) = (x, yT^*), \forall x \in E, y \in F$, 则称 T, T^* 为共轭线性变换, 或 T^* 是 T 的共轭线性变换.

命题 7.5.2 在定义 7.5.5 中, T 的共轭线性变换, 若存在的话, 必是唯一的.

证 设 T_1, T_2 是与 T 共轭的, 则有

$$(xT, y) = (x, yT_1) = (x, yT_2), \quad \forall x \in E, y \in F,$$

$$(x, y(T_1 - T_2)) = 0, \quad \forall x \in E, y \in F.$$

由内积的非退化性知 $y(T_1 - T_2) = 0, \forall y \in F$, 故 $T_1 = T_2$. |

设 $\{E, F, D, (x, y)\}$ 是对偶空间, 令

$$L_F(E) = \{T \in \mathrm{Hom}_D(E, E) | T \text{ 有共轭线性变换 } T^* \in \mathrm{Hom}_D(F, F)\},$$

$$S_F(E) = \{T \in L_F(E) | T \text{ 是有限秩线性变换}\}.$$

容易看到, $S_F(E) \subseteq L_F(E) \subseteq \mathrm{Hom}_D(E, E), L_F(E)$ 是环 $\mathrm{Hom}_D(E, E)$ 的子环而 $S_F(E)$ 是 $L_F(E)$ 的理想.

下面开始讨论有极小单侧理想的本原环 R 的结构. 先证

命题 7.5.3　若 R 是右 (左) 本原环而 A_1, A_2 是 R 的非零理想, 则 $A_1A_2 \neq 0$.

证　设 R 是右本原环, 而 M 是 R 的忠实既约模. 由 $A_1 \neq 0$, 必有 $0 \neq x \in M$, 使 $xA_1 \neq 0$, 故 $xA_1 = M$. 若 $A_1A_2 = 0$, 则有 $0 = xA_1A_2 = MA_2$, 但 $A_2 \neq 0$, 这和 M 的忠实性矛盾. 故 $A_1A_2 \neq 0$. |

定理 7.5.2　设 R 是有极小单侧理想的本原环, 则

(1) R 有极小右理想且其每一极小右理想都是 R- 忠实既约模. R 的一切右 R- 忠实既约模都是彼此同构的;

(2) R 有极小左理想且其每一极小左理想都是左 R- 忠实既约模. R 的一切左 R- 忠实既约模都是同构的.

证　由于本原环没有非零单侧幂零理想, 故若 R 有极小单侧理想, 由定理 6.5.2, R 必同时又有极小右理想又有极小左理想, 且它们具有形状 Re, eR, e 是幂等元.

R 的极小左理想 Re 显然是 R- 既约模. 它还是忠实模. 因为若 $0 \neq a \in R, aRe = 0$, 则左理想 Re 的左零化子 A_1 是非零理想, 而 A_1 的右零化子 A_2 也是非零理想且 $A_1A_2 = 0$, 这与命题 7.5.3 是矛盾的. 故知 Re 是左 R- 忠实模.

设 M 是左 R- 忠实既约模. 由于 $Re \neq 0$, 必有 $x \in M, Rex \neq 0$ 因而 $Rex = M$. 易知

$$\varphi : Re \to M,$$

$$ae \mapsto aex$$

是左 R- 模 Re 和 M 间的同构对应. 这样便得 (2).

类似可得 (1). |

有例子说明, 在一般情况下右本原环不一定是左本原环 (Bergman, 1964). 然而由定理 7.5.2 有

推论 7.5.1　设 R 是有极小单侧理想的环, 则 R 是右本原环当且仅当 R 是左本原环.

定义 7.5.6 设 R 是环. 若 R 中无极小右 (左) 理想, 则规定其右基层 (左基层) 为零; 若 R 中有极小右 (左) 理想, 则规定 R 的一切极小右 (左) 理想的和为 R 的右基层 (左基层), 记作 $S(S')$.

命题 7.5.4 右基层 S(左基层 S') 是 R 的理想.

证 对 R 的每一左乘 $L_a : x \mapsto ax, x \in R$, 是右 R-模 R 的自同态, 因而 R 的任一极小子模, 也就是极小右理想 T, 在 L_a 下的象 aT 或是零或仍是极小右理想, 故总有 $aT \subseteq S$. 故 $aS \subseteq S$, 因而 S 是 R 的理想. |

命题 7.5.5 若环 R 没有非零的幂零单侧理想, 则 R 的右基层等于左基层, $S = S'$.

证 由定理 6.5.2, 若 R 中有极小左理想则必有极小右理想, 反之亦然. 故若 S, S' 中有一为零, 另一个也必是零, 因而有 $S = S' = 0$.

仍由定理 6.5.2, R 中极小左理想必具形状 Re, e 是幂等元, 而 eR 必是极小右理想, 反之亦然. 这样, $e \in eR \subseteq S$, 但 S 是理想, 故 $Re \subseteq S$ 即 $S' \subseteq S$. 对称地可得 $S \subseteq S'$. 故 $S = S'$. |

当 $S = S'$ 时, 称之为环 R 的 基层.

定理 7.5.3 设 R 是有极小单侧理想的本原环, 则

(1) R 的基层 S 是 R 的最小理想;

(2) S 本身是一个单环.

证 (1) 设 A 是 R 的非零理想, 而 Re 是 R 的任意极小左理想. 由命题 7.5.3 知 $Ae \neq 0$, 因而 $A \bigcap Re \supseteq Ae \neq 0$, 由 Re 的极小性得 $A \supseteq Re$, 即 $A \supseteq S' = S$. 故 S 是 R 的最小理想.

(2) 设 B 是 S 的非零理想, 若 $SBS = 0$, 则有

$$(BS)^2 = BSBS = 0.$$

但本原环 R 无非零幂零理想, 故 $BS = 0$. 若 $B \neq 0$, 则 R 的非零理想 S 有非零的左零化子, 这与命题 7.5.3 是矛盾的. 故 $B = 0$, 而这又与 B 的选择矛盾. 故知 $SBS \neq 0$. 这样 SBS 是 R 的非零理想, 由 (1) 知 $SBS \supseteq S$, 即有 $B = S$. 因此环 S 没有真理想. 又由 R 是本原的, 故 $S^2 \neq 0$. 这样就得 S 是单环. |

定理 7.5.4 R 是有极小单侧理想的本原环 $\Longleftrightarrow$ R 是含有有限秩线性变换的稠密环.

证 “$\Rightarrow$”. 设 R 是有极小单侧理想的本原环. 由稠密定理, 本原环 R 可看成是某一除环 D 上左向量空间 M 的线性变换稠密环. 取 R 的一个极小右理想 eR, 其中, e 是幂等线性变换. 今证 e 是秩为 1 的线性变换. 设有 $x, y \in M$, 而 xe, ye 是 M 中 D 无关元素. 由 R 的稠密性, 必有 $a \in R$, 使 $xea = 0$ 而 $yea \neq 0$, 设

$T=\{b\in eR|xb=0\}$, 则右理想 $T\neq 0$ 且 $T\subseteq eR$, 由 eR 的极小性有 $T=eR$, 因而 $xe=0$. 这与 xe 之选择矛盾. 故 e 是秩为 1 的线性变换.

"$\Leftarrow$". 设 R 是稠密环, 含有有限秩线性变换 a. 取有限维子空间 Ma 的一个 D 基 $x_1,\cdots,x_n$ 以及一个 $y\in M$, 有 $ya=x_1$. 由 R 的稠密性知有 $b\in R$, 使 $x_1b=y, x_ib=0, i=2,\cdots,n$. 令 $e=ab$, 这样 Me 是一个以 y 为基的一维子空间且 $ye=y$. 此时易得 M 的一个 D 基 $y, y_\alpha, \alpha\in W$, 有

$$ye=y, y_\alpha e=0,\quad \alpha\in W.$$

由之得 $e^2=e$, 即 e 是个秩为 1 的幂等线性变换.

今证 eR 是极小右理想. 任取 $0\neq ea\in eR$, 则有

$$y(ea)=x_1\neq 0, y_\alpha(ea)=0,\quad \alpha\in W.$$

再由 R 的稠密性, 有 $b\in R$, 使 $x_1b=y$. 这就有

$$y(eab)=y, y_\alpha(eab)=0,\quad \alpha\in W,$$

即 $(ea)b=e$, 即证得右理想 eR 的极小性. ▎

易见, 一个含有有限秩线性变换的稠密环 R, 它的基层恰是由 R 中一切有限秩线性变换组成.

定理 7.5.5 R 是有极小单侧理想的本原环 $\Longleftrightarrow$ 存在有对偶空间 $\{E,F,D,(x,y)\}$ 使 $S_F(E)\subseteq R\subseteq L_F(E)$.

证 "$\Leftarrow$". $\{E,F,D,(x,y)\}$ 是对偶空间. 任意取定 $0\neq x_0\in E, 0\neq y_0\in F$. 令

$$\begin{aligned} \varphi=\varphi_{y_0x_0}:E\to E,&\qquad \varphi^*=\varphi^*_{y_0x_0}:F\to F,\\ x\mapsto (x,y_0)x_0,&\qquad y\mapsto y_0(x_0,y), \end{aligned}\tag{7.5.2}$$

由

$$\begin{aligned} (x\varphi,y)&=((x,y_0)x_0,y)=(x,y_0)(x_0,y),\\ (x,y\varphi^*)&=(x,y_0(x_0,y))=(x,y_0)(x_0,y) \end{aligned}$$

知 φ,φ^* 是共轭且是秩为 1 的线性变换.

这样对任意 $x\in E, y\in F, \varphi_{yx}\in S_F(E)$.

利用这一点来证明 E 是 R 的既约模. 任取 $0\neq x\in E$. 注意到 E,F 是对偶空间, 必有 $y_0\in F$, 使 $(x,y_0)=1$. 这样对任意 $0\neq x_0\in E$, 都有 $\varphi_{y_0x_0}\in S_F(E)\subseteq R$, 使

$$x\varphi_{y_0x_0}=(x,y_0)x_0=x_0.$$

这就是说 E 中任意非零元 x 生成的 R- 子模必等于整个 E, 即 E 是 R- 既约模. 另一方面, E 显然是其线性变换环 R 的忠实模, 故 R 是本原环.

今证 R 有极小单侧理想. 为此取定 E 中的一个元 $x_0 \neq 0$. 令 I 是一切线性变换 $\varphi_{yx_0}, y \in F$ 组成的集合. 易见 I 对加法是封闭的. 为了说明 I 是 R 的左理想, 任取 $\varphi \in R \subseteq L_F(E)$. 注意到 $L_F(E)$ 的定义知 φ 是有共轭变换 φ^*. 这样, 对 $x \in E$,

$$x\varphi\varphi_{yx_0} = (x\varphi, y)x_0 = (x, y\varphi^*)x_0 = x\varphi_{y_1x_0},$$

其中, $y_1 = y\varphi^* \in F$. 这就是 $RI \subseteq I$, 即 I 是左理想.

I 还是极小左理想. 这是因为任取 $0 \neq \varphi_{y_0x_0} \in I$, 注意到 E, F 是对偶空间, 必有 $x_1 \in E$, 使 $(x_1, y_0) = 1$. 这时对任意 $y \in F$, 便有

$$\begin{aligned} x\varphi_{yx_1}\varphi_{y_0x_0} &= (x,y)x_1\varphi_{y_0x_0} = ((x,y)x_1, y_0)x_0 \\ &= (x,y)(x_1,y_0)x_0 = (x,y)x_0 = x\varphi_{yx_0}, \quad \forall x \in E, \end{aligned}$$

这也就是 $\varphi_{yx_0} = \varphi_{yx_1}\varphi_{y_0x_0}$, 即 $\varphi_{y_0x_0}$ 生成的左理想必等于 I, 因而 I 是极小左理想.

"⇒". 设 R 是有极小单侧理想的本原环. 由定理 6.5.2, R 有极小左理想 Re, 极小右理想 eR, e 是幂等元且 eRe 是除环. eR 可看成 eRe 上的左空间, Re 可看成 eRe 上的右空间. 定义 $eR \times Re$ 到 eRe 的一个函数

$$(ex, ye) = exye, \quad \forall ex \in eR, \forall ye \in Re. \tag{7.5.3}$$

显然 (ex, ye) 是 eRe- 空间 eR, Re 的内积. 它还是非退化的. 因为若 $(ex, Re) = 0$, 则 $exRe = 0$, 由之有 $(exR)^2 = 0$. 但本原环 R 无非零幂零单侧理想, 故 $exR = 0$. 注意命题 7.5.3 知 $ex = 0$. 类似地可得, 若 $(eR, ye) = 0$ 必 $ye = 0$, 即内积 (7.5.3) 是非退化的.

这样, $\{eR, Re, eRe, (ex, ye)\}$ 是对偶空间.

对任意 $a \in R$, 令

$$\begin{aligned} \varphi_a : eR \to eR, \quad & \varphi_a^* : Re \to Re, \\ ex \mapsto exa, \quad & \quad ye \mapsto aye, \end{aligned}$$

易见 φ_a, φ_a^* 是线性变换, 由

$$(ex\varphi_a, ye) = (exa, ye) = exaye = (ex, aye) = (ex, ye\varphi_a^*)$$

知 φ_a 和 φ_a^* 是共轭的, 故 $\varphi_a \in L_{Re}(eR)$. 令

$$\begin{aligned} \theta : R &\to L_{Re}(eR), \\ a &\mapsto \varphi_a, \end{aligned}$$

今证 θ 是单射. 由 eR 是 R 的极小右理想以及 $eR\cdot R\neq 0$ 知 eR 是 R- 既约模. 又若有 $0\neq x\in R$ 使 $eRx=0$, 则右理想 eR 的右零化子不为零, 此与命题 7.5.3 相违. 故 eR 又是 R- 忠实模, 即 eR 是 R- 忠实既约模. 又若 $\varphi_a=0$, 则 $eRa=0$. 由 eR 是 R- 忠实既约模知 $a=0$. 这就证明了 $\theta: a\to\varphi_a$ 是单射. 于是可认为 $R=R'\subseteq L_{Re}(eR)$.

剩下来要证的是 $S_{Re}(eR)\subseteq R'$. 由 R' 的稠密性, 知 $L_{Re}(eR)$ 也是空间 eR 上的稠密环. 任取 $\varphi\in S_{Re}(eR)$. 令有限维子空间 $eR\varphi$ 的一个基是 $ex_1,\cdots,ex_n$, 则此时必有 $\psi_i\in L_{Re}(eR)$, 使 $(ex_j)\psi_i=\delta_{ij}ex_i$, 这样便有

$$\varphi=\varphi\psi_1+\cdots+\varphi\psi_n,$$

而 $\varphi\psi_i\in S_{Re}(eR)$ 且 $\varphi\psi_i$ 是秩为 1 的. 因此欲证 $\varphi\in R'$, 只需证明 eR 的一切秩为 1 的且有共轭者的线性变换 ψ 都在 R' 中.

设 ex_0 是 $eR\psi$ 的基, 而 ψ^* 是 ψ 的共轭线性变换. 取 $y_0e\in Re$, 使 $(ex_0,y_0e)=e$, 这是做得到的, 因为 eR,Re 是对偶空间. 令 $ex\psi=g(ex)ex_0$, 其中, $g(ex)$ 是空间 eR 的线性泛函, $g(ex)\in eRe$, 则有

$$(ex,y_0e\psi^*)=(ex\psi,y_0e)=(g(ex)ex_0,y_0e)=g(ex)e=g(ex).$$

用 (7.5.2) 中的符号, 取 φ_{y_1e,ex_0}, 其中, $y_1e=y_0e\psi^*$, 则有

$$ex\varphi_{y_1e,ex_0}=(ex,y_1e)ex_0=(ex,y_0e\psi^*)ex_0=g(ex)ex_0,$$

即是 $\psi=\varphi_{y_1e,ex_0}$.

$\varphi_{y_1e,ex_0}\in R'$, 这是因为

$$ex\varphi_{y_1e,ex_0}=(ex,y_1e)ex_0=exy_1ex_0=(ex)(y_1ex_0),$$

故

$$\varphi_{y_1e,ex_0}=\varphi_{y_1ex_0}\in R'.$$

这样, 取 $E=eR,F=Re,D=eRe$, 即得定理.

我们知道单 Artin 环 R 表成除环 D 上全矩阵环 D_n 时, 其表示法是唯一的, 即若 $R\cong D_n\cong D'_m,D,D'$ 是除环, 则必 $n=m$ 且 $D\cong D'$. 一般本原环表成稠密环时没有相应的唯一性定理, 但对有极小单侧理想的本原环, 类似的唯一性定理是成立的. 先做一些准备.

设 M 是除环 D 上的左向量空间. 设 $S\subseteq \mathrm{End}_D(M)$. 说 S 是**二重传递的**, 如对 M 中任意 2 个线性无关的元素 x_1,x_2 以及任意给定的元素 y_1,y_2, 都有某个 $\varphi\in S$,

使 $x_i\varphi = y_i, i = 1, 2$. 类似地, 可定义 n 重传递的概念. 易见稠密环 R 对任意自然数 n, 都是 n 重传递的.

除环 D 中元素 d 去左乘 M 所确定的加群 M 的自同态记作 $L_d : x \mapsto dx, x \in M$. 令

$$L_D = \{L_d | d \in D\}.$$

易见 L_D 是 $\mathrm{End}(M)$ 的一个子环且与 D 反同构.

命题 7.5.6 设 M 是除环 D 上左向量空间. 设 $R \subseteq \mathrm{End}_D(M) \subseteq \mathrm{End}(M)$ 且 R 是二重传递环, 则 R 在 $\mathrm{End}(M)$ 内的中心化子恰是 L_D.

证 显然, R 在 $\mathrm{End}(M)$ 内的中心化子是包含 L_D 的. 若 $c \in \mathrm{End}(M)$ 且有 $ac = ca, \forall a \in R$. 任取 $0 \neq u \in M$, 则 uc 和 u 是线性相关的. 因为不然, 由 R 的二重传递性, 必有 $a \in R$, 使 $ua = 0, (uc)a \neq 0$. 但这时将有 $(uc)a = (ua)c = 0$ $c = 0$. 这是个矛盾. 故有 $d \in D$, 使 $uc = du$. 再由 R 的二重传递性得 M 中任意元素 x 必可表成 $x = ub, b \in R$. 故

$$xc = (ub)c = (uc)b = (du)b = d(ub) = dx, \quad \forall x \in M,$$

即 $c = L_d \in L_D$. |

定义 7.5.7 称除环 D_1 上左向量空间 M_1 到除环 D_2 上左向量空间 M_2 的一个映射 φ 为半线性变换, 如果

(1) φ 是加群 M_1 到加群 M_2 的同态对应;

(2) 存在一个 D_1 到 D_2 上的同构对应 σ, 有

$$(dx)\varphi = (d\sigma)(x\varphi), \quad \forall d \in D, x \in M.$$

如果需要明确指出 σ, 则将半线性变换 φ 记作 (φ, σ).

若 (φ, σ) 是 M_1 到 M_2 上一一的半线性变换, 则易见 $(\varphi^{-1}, \sigma^{-1})$ 是 M_2 到 M_1 上一一的半线性变换, 而对应 $a \mapsto \varphi^{-1}a\varphi$ 是环 $\mathrm{End}_{D_1}(M_1)$ 到 $\mathrm{End}_{D_2}(M_2)$ 上的同构对应.

定理 7.5.6(唯一性定理) R_i 是除环 D_i 上左向量空间 M_i 的稠密环且有极小单侧理想, $i = 1, 2$. 若 ψ 是环 R_1 到 R_2 上的一个同构对应, 则必存在 M_1 到 M_2 上的一个一一的半线性变换 φ, 使 $a_1\psi = \varphi^{-1}a_1\varphi, \forall a_1 \in R_1$.

证 把同构的环 R_1, R_2 按同构对应 ψ 等同起来而得一环, 记作 R. 这时 R_i-模 M_i 都可看成 R- 模 M_i. 但 R, 由假设, 是有极小单侧理想的本原环, 这样, 作为 R 的忠实既约模, 由定理 7.5.2, R- 模 M_i 之间有同构对应 φ. 把 φ 还原为 R_1- 模 M_1 到 R_2- 模 M_2 之间的同构对应 (仍记作 φ) 时, 则有

$$(x_1a_1)\varphi = (x_1\varphi)(a_1\psi), \quad \forall x_1 \in M_1, a_1 \in R_1.$$

把 a_1 看成 M_1 的自同态, $a_1\psi$ 看成 M_2 的自同态, 这就是 $a_1\varphi=\varphi(a_1\psi)$, 亦即

$$a_1\psi=\varphi^{-1}a_1\varphi,\quad \forall a_1\in R_1. \tag{7.5.4}$$

剩下来要证的是 φ 还是 D_i 上向量空间 M_i 之间的半线性变换. 由于 φ 是加群 M_1 到加群 M_2 上的同构对应, 故对应

$$\begin{aligned}\theta:\operatorname{End}(M_1)\to\operatorname{End}(M_2),\\ a_1\mapsto\varphi^{-1}a_1\varphi\end{aligned}$$

是环 $\operatorname{End}(M_1)$ 到 $\operatorname{End}(M_2)$ 上的同构对应, 而 (7.5.4) 刚好说明在同构对应 θ 下, $\operatorname{End}(M_1)$ 的子环 R_1 映到 $\operatorname{End}(M_2)$ 的子环 R_2 上去. 由命题 7.5.6 知, R_i 在环 $\operatorname{End}(M_i)$ 的中心化子为 $L_{D_i}, i=1,2$, 且同构对应是保持中心化子的, 故在 θ 下 L_{D_1} 同构地映到 L_{D_2} 上. 对应 $\theta_i: d_i\mapsto L_{d_i}, \forall d_i\in D_i, i=1,2$ 给出 D_i 到 L_{D_i} 上的反同构对应. 这样, 对应

$$\begin{aligned}\sigma: D_1\to D_2,\\ d_1\overset{\theta_1}{\mapsto}L_{d_1}\overset{\theta}{\mapsto}\varphi^{-1}L_{d_1}\varphi=L_{d_2}\overset{\theta_2}{\mapsto}d_2\end{aligned}$$

就是 D_1 到 D_2 上的同构对应. 由

$$\begin{aligned}(d_1x_1)\varphi&=x_1L_{d_1}\varphi=x_1\varphi\varphi^{-1}L_{d_1}\varphi=(x_1\varphi)L_{d_2}\\&=d_2(x_1\varphi)=(d_1\sigma)(x_1\varphi),\end{aligned}$$

即得 (φ,σ) 是 D_1 上空间 M_1 到 D_2 上空间 M_2 上的半线性变换. |

作为定理 7.5.6 的直接推论, 下面是与定理 7.5.4 相应的唯一性定理.

定理 7.5.7　若把有极小单侧理想的本原环 R 表成除环 D_i 上左向量空间 M_i 上的稠密环 $R_i, i=1,2$, 则在向量空间 M_1, M_2 间必存在一个一一的半线性变换 φ 且 $\varphi^{-1}R_1\varphi=R_2$. |

为了得出与定理 7.5.5 相应的唯一性定理, 需要下面的命题:

命题 7.5.7　设 R 是除环 D 上左向量空间 M 的二重传递线性变换环, 则 R 是 D 上空间 M 的稠密环.

证　显然 M 是 R 的忠实既约模. 由命题 7.5.6, R 在 $\operatorname{End}(M)$ 的中心化子是 L_D. 这等于说, R- 模 M 的中心化子 $C(M)$ 就是 D. 这样由定理 7.3.1 知, R 是 D 上空间 M 的稠密环. |

这里顺便指出, 若 R 是 D 上空间 M 的一重传递线性变换环, 则显然 R 是 $\operatorname{End}(M)$ 的一个既约子环. 但由于 R 在 $\operatorname{End}(M)$ 中的中心化子可能较 L_D 真正大, 因而 R- 模 M 的中心化子较 D 为大, 故 R 不一定是 D 上空间 M 的稠密环. 命题 7.5.7 是说, 二重传递环才必是 D 上空间 M 的稠密环.

定理 7.5.8 设 $\{E_i, F_i, D_i, (x,y)_i\}$ 是对偶空间, $i=1,2$, 而 $S_{F_i}(E_i) \subseteq R_i \subseteq L_{F_i}(E_i), i=1,2$ 且 $R_1 \cong R_2$, 则空间 E_1, E_2 之间必存在一个一一的半线性变换 φ 且有 $\varphi^{-1}R_1\varphi = R_2$.

证 在定理 7.5.5 的证明中已经看到, 形如

$$\varphi_{y_0x_0}: E_i \to E_i,$$
$$x \mapsto (x, y_0)x_0$$

的线性变换属于 $S_{F_i}(E_i)$ 中. 由之易见 $S_{F_i}(E_i)$ 是一重传递环. 为了证明它还是二重传递的, 只需证明对 E_i 中 D_i 无关的元素 x_1, x_2, 必有 $S_{F_i}(E_i)$ 中某个元素 φ, 使 $x_1\varphi = 0$, 而 $x_2\varphi \neq 0$. 事实上, 若这一点得到了证明, 则对于 E_i 中 D_i 无关的 x_1, x_2 以及 E_i 中的任意元素 x_1', x_2', 便有 φ 使 $x_1\varphi = 0, x_2\varphi = z \neq 0$. 再由 $S_{F_i}(E_i)$ 的一重传递性, 必 $\exists\psi$, 使 $z\psi = x_2'$. 于是令 $\varphi_1 = \varphi\psi$, 便有 $x_1\varphi_1 = 0, x_2\varphi_1 = x_2'$. 同理, 有 φ_2 使 $x_1\varphi_2 = x_1', x_2\varphi_2 = 0$. 于是 $x_1(\varphi_1+\varphi_2) = x_1', x_2(\varphi_1+\varphi_2) = x_2'$. 故 $S_{F_i}(E_i)$ 是二重传递环. 由 E_i, F_i 是对偶空间, 则必有 $y \in F_i$, 使 $(x_1, y) = 0$ 而 $(x_2, y) \neq 0$. 这是因为, 如果对任意 $y \in F_i, (x_1, y)$ 和 (x_2, y) 同时为零或同时不为零. 这时必可得非零元素 $d_1, d_2 \in D_i, y_0 \in F_i$, 使

$$(d_1x_1, y_0) = 1, \quad (d_2x_2, y_0) = 1. \tag{7.5.5}$$

由于对任意 $y \in F_i$, 也必有 $(d_1x_1, y), (d_2x_2, y)$ 同时为零或同时不为零. 因而, 注意到 (7.5.5), 必有

$$(d_1x_1, y) = (d_2x_2, y),$$

这样就有

$$(d_1x_1 - d_2x_2, y) = 0, \quad \forall y \in F_i,$$

而由 E_i, F_i 是对偶空间, 这是不可能的. 故必有 $y_1 \in F_i$, 使 $(x_1, y_1) = 0$ 而 $(x_2, y_1) \neq 0$.

取 $\varphi = \varphi_{y_1x_0}$, 则得

$$x_1\varphi_{y_1x_0} = (x_1, y_1)x_0 = 0, \quad x_2\varphi_{y_1x_0} = (x_2, y_1)x_0 \neq 0,$$

即知 $S_{F_i}(E_i)$ 是二重传递的.

因而 R_i 是二重传递的. 由命题 7.5.7, R_i 是 D_i 上空间 E_i 的稠密环. 再由定理 7.5.6 即得本定理的结论. |

由于利用 F_i 可定义 E_i 的闭集, 因而 E_i 是有拓扑结构的. 进一步还可证明, 定理 7.5.8 中的 E_1 到 E_2 上的半线性变换还是拓扑空间 E_1 到拓扑空间 E_2 上的连续变换. 请参见文献 (Jacobson, 1964).

7.6　本原代数与代数的 Jacobson 根

前几节中关于环的一些概念, 如本原环、环的 J 根等, 也都可以对域 F 上任意代数去定义. 第 1 章已定义过代数 A 的代数模的概念以及代数模的既约性、忠实性等. 这样, 本原代数 就是有忠实既约代数模的代数; 代数 A 的 本原理想 就是 A 的既约代数模 M 的零化子 $(0:M)$; 代数 A 的 J 根就是 A 的所有本原理想之交等.

本节的主要目的是说明: 代数 A 的 J 根和作为环的 A 的 J 根是相同的. 为了把 A 当成代数看待还是当成环来看待区分清楚, 本节用 "A 的代数理想" 指代数 A 的理想, 用 "A 的理想" 指环 A 的理想.

命题 7.6.1　设 A 是 F 上代数, 则 A 的正则极大右代数理想就是 A 的正则极大右理想, 反之亦然.

证　设 J 是 A 的正则极大右理想. 显然有 $A^2 \not\subseteq J$. 今证 J 也是 A 的代数理想. 对任一 $\alpha \in F, \alpha J$ 是环 A 的右理想. 若 $\alpha J \not\subseteq J$, 则由 J 的极大性, 有 $\alpha J + J = A$, 随之

$$\begin{aligned}A^2 &= (\alpha J + J)^2 = (\alpha J)(\alpha J) + (\alpha J)J + J(\alpha J) + J^2 \\ &\subseteq J(\alpha^2 J) + J(\alpha J) + J^2 \subseteq J\,A \subseteq J.\end{aligned}$$

这与上矛盾. 故 $\alpha J \subseteq J, \forall \alpha \in F$, 即 J 也是代数理想, 从而 J 是 A 的正则极大右代数理想.

反之, 若 J 是 A 的正则极大右代数理想, 则 J 是 A 的一个正则右理想且异于 A. 由命题 7.2.4, J 可扩大成 A 的一个正则极大右理想 $J' \supseteq J$. 但上面刚证过, 这样的 J' 必是正则极大右代数理想, 故 $J = J'$, 即 J 也是环 A 的正则极大右理想. |

命题 7.6.2　设 A 是 F 上代数, 则

(1) 代数 A 的既约代数模 M 必是环 A 的既约模;

(2) 环 A 的既约模 M 都有且仅有一种方式作成代数 A 的既约代数模.

证　(1) 为了证明代数模 M 是环 A 的既约模, 只需证明对任意 $0 \neq x \in M$, 有 $xA = M$. xA 显然是代数模 M 的子模. 由代数模 M 的既约性, 或者 $xA = M$, 或者 $xA = 0$. 若是后者, 则 x 所生成的一维子空间 N 必是代数模 M 的子模. 由 M 的既约性知 $M = N$, 而将有 $MA = NA = 0$, 这与代数模 M 的既约性是矛盾的. 故只能有 $xA = M$.

(2) 设 M 是环 A 的既约模. 为了把 M 定义为 A 的代数模, 需把 M 弄成 F 上向量空间. 为此任取一 $0 \neq u \in M$. 由 M 的既约性有 $M = uA$. 这样, M 中任意

元素必可写成 $ua, a \in A$, 欲使 M 成为 A 的代数模只能规定

$$\alpha(ua) = u(\alpha a), \quad \alpha \in F, a \in A. \tag{7.6.1}$$

为了说明它确给出 $F \times M$ 到 M 的一个运算, 需证明: 若 $ub = 0, b \in A$, 则必也有 $u(\alpha b) = 0$. 设 $J = \{x \in A | ux = 0\}$. 由于 M 是 A 的既约模, 故 J 是环 A 的正则极大右理想, 因而由命题 7.6.1 知 J 也是 A 的代数右理想. 显然 $b \in J$, 随之 $\alpha b \in J$, 即有 $u(\alpha b) = 0$, 即定义 (7.6.1) 是合理的. 直接验证可知环 A 的模 M 关于 (7.6.1) 确实成为 A 的代数模, 此时 M 当然也必是 A 的既约代数模. |

定理 7.6.1 设 A 是域 F 上代数, 则

(1) B 是本原代数理想当且仅当 B 是本原理想;

(2) 代数 A 的 J 根和环 A 的 J 根是相同的.

证 (1) B 是 A 的本原代数理想当且仅当 B 是 A 的既约代数模 M 的零化子 $(0 : M)$. 但由命题 7.6.2, M 也是环 A 的既约模, 因而 $B = (0 : M)$ 是环 A 的本原理想, 这是因为 M 作为代数模看待, 其零化子和把 M 作为环的模看待其零化子是完全一样的. 同样可证反过来的情况.

(2) 代数 A 的 J 根 $=$ A 的一切本原代数理想之交 $=$ A 的一切本原理想之交 $=$ 环 A 的 J 根. |

这样, 关于环的 Jacobson 理论便可直接搬到代数上来. 这里想特别指出下面这一点. 设 A 是 F 上本原代数, 则 A 是本原环. 由稠密定理, 环 A 与除环 D 上左向量空间 M 上的稠密环 A' 是同构的, 其中, M 是环 A 的忠实既约模而 D 是 A-模 M 的中心化子. 即 D 反同构于 $\mathrm{End}_A(M)$. 由命题 7.6.2, M 也是 F 上代数 A 的代数模, 因而若把 F 中元素看成是加群 M 的自同态对应, 则 $F \subseteq \mathrm{End}_A(M)$. 再注意到 F 是交换的, 可认定除环 D 包括 F 而是 F 上的代数. 此时 D 上左向量空间 M 上的稠密环 A' 也就是 F 上代数, 并与 F 上代数 A 同构. 这一点在进一步讨论本原代数时是很有用的.

最后看一下代数的 J 根的特点.

定理 7.6.2 设 A 是 F 上代数, 则 A 的 J 根 N 中的元素或是幂零的或是超越的 (即不是代数的).

证 设 $b \in N$ 且 b 是代数元, 则 $\langle b \rangle = B$ 是有限子代数. 由 $b^k B \supseteq b^{k+1} B, k = 1, 2, \cdots$ 知必有正整数 m, 使 $b^{m-1} B = b^m B$. 因而有 $b^m \in b^{m-1} B = b^m B$. 故有 $c \in B$ 使 $b^m = b^m(-c)$. 但 $B \subseteq N$, 故 c 有拟逆元 c'. 这样

$$\begin{aligned} 0 &= b^m + b^m c + (b^m + b^m c)c' \\ &= b^m + b^m(c + c' + cc') = b^m, \end{aligned}$$

故 b 是幂零元. |

本章的主要结果包含在文献 (Jacobson, 1945a, 1945b, 1947) 中. 在学习本章时阅读这些经典文章是非常有益的.

由于 Jacobson 根在结合环理论中的成功, 很自然地去探讨对其他类型的环定义相应的 Jacobson 根的可能性. 这类的文章是很多的. 这里只想指出: 对交错环有很完整的推广. 对 Jordan 环定义了 Jacobson 根, 然而相应的半单环的结构定理至今还没有得到. 关于这两类环的 Jacobson 根可参见文献 (Zhevlakov et al., 1978).

重要的稠密定理有进一步的推广, 请参见文献 (Amitsur, 1971).

与完全线性变换环有关的在文献 (许永华, 1979) 中作了许多讨论.

习 题

7.1 整数环是 J- 半单的.

7.2 有单位元的单环是本原环.

7.3 非零环 R 叫做素环, 如果 R 的任意两个非零理想的积不为零. 证明有极小右理想的素环是本原环.

7.4 若单环 R 是 J- 半单的, 则 R 有极大右理想.

7.5 若单环 R 有极大右理想 J, 则 $xR \subseteq J \Longleftrightarrow x \in J$.

7.6 证明有极大右理想的单环是 J- 半单的.

7.7 设 R 是有单位元的环, A 是 R 的右理想, 证明下面两个条件等价:

(i) 对每个右理想 B, 由 $A+B=R$ 推出 $B=R$;

(ii) R 的 J- 根包含 A.

7.8 证明: R 是本原环 $\Longleftrightarrow$ 有 R 的极大右理想 M, 使 $(M:R)=\{r\in R|Rr\subseteq M\}=0$.

7.9 设 M 是有单位元的环 R 的极大右理想, $s\in R\backslash M$, 证明 $(M:s)=\{r\in R|sr\in M\}$ 也是 R 的极大右理想, $R/(M:s)\cong R/M$ 是模同构, 并且 $(M:R)=\{r\in R|Rr\subseteq M\}$ 等于所有 $(M:s)$ 的交, s 遍历 $R\backslash M$ 的元素.

7.10 若 R 是本原环, e 是幂等元, 则 eRe 也是本原环.

7.11 若 R 是本原环, 则 R 的非零理想也是本原环.

7.12 一个含有有限秩线性变换的稠密环 R, 它的基层恰是由 R 中一切有限秩变换组成.

第 8 章　无限代数的若干问题

本章讨论有关无限代数的一些问题. 在 8.1 节中把第 3 章中关于有限中心单代数的结果推广到无限中心单代数上去. 在 8.2 节和 8.3 节中讨论有多项式恒等式的代数, 并证明在这一领域中最基本最重要的 Kaplansky 定理. 在 8.3 节和 8.4 节中对有多项式恒等式的代数解决 Курош问题. 同时也看到 Kaplansky 定理的一个应用. 在 8.5 节中介绍关于 Burnside 问题和 Курош (Kurosh) 问题的Голод (Golod) 反例. 在 8.6 节中刻画一类很特殊的无限代数 ——Hamilton 代数.

8.1　无限中心单代数

首先说明一切单环都可以看成中心单代数.

设 A 是任意环. 令 $\mathrm{End}(A^+)$ 表示加群 A 的自同态环. 任取 $a \in A$, 和以前一样, 令

$$\begin{aligned} R_a : A &\to A, \\ x &\mapsto xa = xR_a, \\ L_a : A &\to A, \\ x &\mapsto ax = xL_a, \end{aligned}$$

则 R_a, L_a 都属于 $\mathrm{End}(A^+)$. 称集 $\{R_a, L_a, a \in A\}$ 在环 $\mathrm{End}(A^+)$ 中生成的子环 E 为 环 A 的包络环.

由于 A 是结合环, 易见 E 中元素都可写成

$$L_a + R_b + \sum_i L_{c_i} R_{d_i}.$$

A 可看是右 E- 模. 易得

命题 8.1.1　A 是单环 $\Leftrightarrow$ A 是既约 E- 模.

定义 8.1.1　环 A 的包络环 E 在 $\mathrm{End}(A^+)$ 中的中心化子 C 叫做环 A 的形心.

易见, 若 $\varphi \in C$, 则有 $(xy)\varphi = (x\varphi)y = x(y\varphi)$.

设 A 是有单位元 1 的环, 则 A 的形心 C 中任意元素 φ, 有

$$x\varphi = (x \cdot 1)\varphi = x(1\varphi) = xa = xR_a,$$

$$x\varphi=(1\cdot x)\varphi=(1\varphi)x=ax=xL_a.$$

这样 $\varphi=R_a$ 而 a 属于 A 的中心 C' 且对应

$$\theta: C'\to C,\quad a\mapsto R_a$$

是 C' 到 C 上的同构对应. 利用这个同构对应将它们等同起来, 便得

命题 8.1.2 有单位元 1 的环 A 的形心与环 A 的中心是一致的.

命题 8.1.3 A 是环.

(1) 若 $A^2=A$, 则 A 的形心 C 是交换的;

(2) 若 A 没有绝对零因子, 则其形心 C 是交换的.

证 对任意 $x,y\in A, s,t\in C$, 由

$$(xy)(st)=((xy)s)t=(x\cdot ys)t=xt\cdot ys,$$

$$(xy)(ts)=((xy)t)s=(xt\cdot y)s=xt\cdot ys$$

得

$$(xy)(st)=(xy)(ts).\tag{8.1.1}$$

(1) 若 $A^2=A$, 由 (8.1.1) 即得对任意 $a\in A$ 都有 $a(st)=a(ts)$, 即 $st=ts$, 故 C 是交换的.

(2) 对任意 $x,y\in A$, 注意到 (1), 便有

$$x\cdot y(st-ts)=(xy)(st-ts)=0,$$

$$y(st-ts)\cdot x=(yx)(st-ts)=0,$$

故 $y(st-ts)$ 是 A 的绝对零因子. 由假设, 它应为零, 即 $A(st-ts)=0$, 故 $st-ts=0$, 即 C 是交换的. |

定理 8.1.1 单环 A 的形心 C 是域.

证 由命题 8.1.1 知 A 是 E- 既约模. 但 C 是 E- 既约模 A 的自同态环, 由 Schur 引理知 C 为除环. 由命题 8.1.3 知 C 还是交换的, 故 C 是域. |

这样, 任意单环都可看成是域上的代数, 如看成其形心 C 或 C 的子域上的代数. 因此单环都是单代数.

另一方面还知道, 单代数 A 也是单环, 这是因为, 若 $B\neq 0$ 是环 A 的理想, 则 B 所支撑的空间 I 便是代数 A 的代数理想. 由代数 A 的单性, 就有 $A=I$. I 的元素必具形状 $\sum\alpha_i a_i, \alpha_i\in F, a_i\in B$, 则对任意 $x\in A$, 有

$$\left(\sum\alpha_i a_i\right)x=\sum a_i(\alpha_i x)\in B,$$

故 $IA \subseteq B$. 但 $IA = AA = A$. 故 $A = B$. 即 A 是单环.

这样单代数和单环就是完全相同的了.

定义 8.1.2　设 A 是域 F 上单代数. 若作为环, A 的形心恰是 F, 就称 A 为 F 上中心单代数. 这也就是说, 把单环 A 看成其形心 C 上的代数时, 称之为 C 上中心单代数.

中心单代数显然是有限中心单代数的一个推广, 即是说, F 上有限中心单代数是定义 8.1.2 意义下的 F 上中心单代数.

定义 8.1.3　A 是环, 则 $E' = \left\{\sum L_{x_i} R_{y_i}, x_i, y_i \in A\right\}$ 是 A 的包络环 E 的一个子环. 称 E' 为 A 的简包络环.

易见, 当 A 有单位元时, $E = E'$.

下面定理说明, 当 A 是单环时, 虽然不一定有 $E = E'$, 但 E' 和 E 对 A 有相同的效应.

定理 8.1.2　A 是单环, E' 是 A 的简包络环, 则

(1) A 是 E'- 既约模;

(2) E' 在 $\mathrm{End}(A^+)$ 中的中心化子 C' 等于 A 的形心 C.

证　(1) 由于对任意 $0 \neq a \in A$ 都有 $AaA = A$, 故得 A 是 E'- 既约模.

(2) 设 $\varphi \in C'$, 则有 $L_b R_a \cdot \varphi = \varphi \cdot L_b R_a, \forall a, b \in A$, 即对任意 $x \in A$, 有

$$(bxa)\varphi = b(x\varphi)a. \tag{8.1.2}$$

利用 (8.1.2) 就有

$$b[(xa_1)\varphi]a_2 = (bxa_1a_2)\varphi = b(x\varphi)a_1a_2,$$

即

$$b \cdot [((xa_1)\varphi)a_2 - (x\varphi)a_1a_2] = 0. \tag{8.1.3}$$

由 A 是单环, 故 A 无绝对零因子, 故由 (8.1.3) 得

$$[(xa_1)\varphi]a_2 = [(x\varphi)a_1]a_2. \tag{8.1.4}$$

对 (8.1.4) 作同样的讨论便得 $(xa_1)\varphi = (x\varphi)a_1, \forall a_1 \in A$, 即

$$R_a \cdot \varphi = \varphi \cdot R_a, \quad \forall a \in A. \tag{8.1.5}$$

类似地, 可得

$$L_a \cdot \varphi = \varphi \cdot L_a, \quad \forall a \in A. \tag{8.1.6}$$

由 (8.1.5), (8.1.6) 即得 $\varphi \in C$, 故 $C' \subseteq C$. 另一方面, 显然 $C \subseteq C'$, 故 $C = C'$.　|

作为定理 8.1.2 及稠密定理的推论, 有

命题 8.1.4　设 A 是域 F 上中心单代数, 则 A 的简包络环 E' 是域 F 上向量空间 A 上的一个稠密环.

和有限代数情况一样, 刻画单代数需要张量积的概念. 与 1.3 节类似地可定义无限代数间的张量积.

定义 8.1.4(外张量积)　A, B 是域 F 上的代数. A 以 $\{u_i\}$, B 以 $\{v_j\}$ 为 F-基. 规定 $A \otimes B$ 是以形式元素 $u_i \otimes v_j, \forall i, j$ 为基的 F 上向量空间. 规定其乘法表如下：

$$u_i \otimes v_j \cdot u_k \otimes v_l = u_i u_k \otimes v_j v_l,$$

其中, 等号右侧应作如下理解：将 A 中元素 $u_i u_k$ 表成 F- 基 $\{u_i\}$ 的线性和, 将 B 中元素 $v_j v_l$ 表成 F- 基 $\{v_j\}$ 的线性和, 然后形式地按分配律拆开便成 $A \otimes B$ 的 F-基 $\{u_i \otimes v_j\}$ 的线性和.

定义 8.1.5(内张量积)　D 是 F 上代数, 而 A, B, C 是其子代数, 若

(1) $ab = ba, \forall a \in A, b \in B$;

(2) $C = AB$;

(3) 若 $\{u_i, i \in I\}, \{v_j, j \in J\}$ 顺序为 A 和 B 的 F-基, 则 $\{u_i v_j, i \in I, j \in J\}$ 是 C 的一个 F-基,

则称 C 为代数 A, B 的内张量积.

与有限代数情况类似, 可证外张量积 $A \otimes B$ 与 A, B 的 F-基的选择无关. 代数 A, B 的每一内张量积都可看成代数 A, B 的外张量积. 反之, 每一外张量积也可以解释成为内张量积 (见习题 8.1 ~ 习题 8.3). 今后它们都将被记作 $A \otimes_F B$, 或简记作 $A \otimes B$. 由于 A, B 不一定有单位元, 故 $A \otimes B$ 不一定包含 A 或 B.

定理 8.1.3　A, B 是域 F 上代数, A 是中心单代数而 B 是单代数, 则 $A \otimes B$ 是单代数.

证　设 I 是 $A \otimes B$ 的非零理想. 今证必有 $I = A \otimes B$. 分 3 种情况来讨论.

(1) I 包含 $Ab_0, 0 \neq b_0 \in B$. 任取 $a \in A, b \in B$, 则有

$$Aa \cdot b_0 b = Ab_0 \cdot ab \subseteq I \cdot ab \subseteq I.$$

由于 $A^2 = A$, 故

$$A \cdot b_0 b = AA \cdot b_0 b \subseteq I. \tag{8.1.7}$$

同理,

$$A \cdot bb_0 \subseteq I. \tag{8.1.8}$$

由 B 的单性, b_0 在 B 中生成的理想就是 B, 由 (8.1.7), (8.1.8) 便有 $AB \subseteq I$, 即 $A \otimes B = AB = I$.

(2) I 含有 $ab, 0 \neq a \in A, 0 \neq b \in B$. 由 $BbB \neq 0$, 故有 $b_1, b_2 \in B$ 使 $b_1 b b_2 \neq 0$. 对任何 $a_1, a_2 \in A$, 有

$$(a_1 a a_2)(b_1 b b_2) = (a_1 b_1)(ab)(a_2 b_2) \in I.$$

但 $AaA = A$, 故有 $A(b_1 b b_2) \subseteq I$. 因而归结到 (1).

(3) 一般情况. 任取 $0 \neq \sum_{i=1}^{m} a_i b_i \in I$. 可认定 $a_i, i = 1, \cdots, m$ 是 F 无关的, 而 $b_i \neq 0, \forall i$. 取 A 的简包络环 E'. 由命题 8.1.4, 由于 A 是 F 上中心单代数, 故 E' 是 F 上向量空间 A 的稠密环. 因而对于 A 中 F 无关元素 $a_1, \cdots, a_m$, 必有 $\varphi \in E'$, 使

$$a_1 \varphi \neq 0, \quad a_2 \varphi = \cdots = a_m \varphi = 0.$$

由 E' 之定义知其中元素 φ 必可写成

$$\varphi = \sum_j L_{a'_j} R_{a''_j}, \quad a'_j, a''_j \in A.$$

另一方面, 由 B 的单性知有 $b' b_1 b'' \neq 0, b', b'' \in B$. 考虑 I 中元素

$$\begin{aligned}\sum_j (a'_j b') \left(\sum_j a_i b_i \right) (a''_j b'') &= \sum_i (a_i \varphi) \cdot (b' b_i b'') \\ &= a_1 \varphi \cdot (b' b_1 b'') \neq 0.\end{aligned}$$

这样就归结为情形 (2). |

定理 8.1.4 C 是 F 上代数, A, B 是其子代数, A 是 F 上中心单代数, 而 B 是单代数且 A, B 的元素间乘法可换, 则或者 $AB = 0$ 或者 $AB \cong A \otimes B$.

证 借助 A, B 的 F- 基 $\{u_i\}, \{v_j\}$, 很容易建立外张量积 $A \otimes B$ 到代数 C 的子代数 AB 上的一个同态对应. 但由定理 8.1.3, $A \otimes B$ 是单代数, 故得定理的结论. |

和过去一样, 用 A^{-1} 表示与 A 反同构的代数. 下面定理是定理 3.1.3 的推广.

定理 8.1.5 A 是 F 上中心单代数, 则 $A \otimes_F A^{-1}$ 是 F 上向量空间 (即是 A) 的稠密环.

证 设 $C = \mathrm{End}_F(A^+)$ 是 F 上向量空间 A 的一切线性变换作成的 F 上代数, 则 A_R(即一切 $R_a, a \in A$ 的全体构成的环), A_L(即一切 $L_a, a \in A$ 的全体构成的环) 是 C 的子代数. 由于 A 是单的, 因而没有绝对零因子, 故有

$$A \cong A_R, \quad A^{-1} \cong A_L.$$

由 A 的乘法结合律知 A_R, A_L 的元素是乘法可换的. 易见 $A_R A_L \neq 0$, 故由定理 8.1.4 知 $A_R A_L \cong A \otimes A^{-1}$.

另一方面, A_RA_L 恰是单环 A 的简包络环 E'. 由 A 是 F 上中心单代数以及命题 8.1.4 知, A_RA_L 是 F 上向量空间 A 的稠密环. 这样便得定理. |

当 A 是 F 上有限中心代数, 由定理 8.1.5 便得 $A\otimes A^{-1}=F_n$, 其中, n 是 F 上向量空间 A 的维数. 这样可以看到 F 上向量空间的稠密环在无限代数中所处的地位类似全矩阵代数在有限代数中所处的地位.

下面来考察中心可除代数 D. 在这些讨论中, D 的极大子域将起重要作用.

对于任意环 (或代数)A. 易见由交换子环组成的升链, 其并集仍为交换子环. 故由 Zorn 引理, 环 A 包含有极大交换子环. 显然 A 的任一极大交换子环都包含 A 的中心. 当 A 是可除代数时, A 的极大交换子代数必是子域, 这是因为若 A 的交换子代数 B 含有 $b\neq 0$, 则 $\langle B,b^{-1}\rangle$ 也是交换子代数.

定理 8.1.6 设 D 是 F 上中心可除代数, K 是它的一个极大子域, 则 $K\otimes_F D$ 是 K 上向量空间 (即是把 D 看成其子域 K 上的左空间) 的线性变换稠密环.

证 设 $C=\mathrm{End}_F(D^+)$. 易见 D_R, K_L 都是 C 的子代数.

由于 $D_R\cong D$, 故 D_R 是 F 上中心单代数, $K_L\cong K^{-1}\cong K$ 是 F 上单代数且它们的元素是乘法可换的. 故由定理 8.1.4 知 $K_LD_R\cong K\otimes D$.

今把 D 看成是右 K_LD_R- 模. 由于把 D 作为 D_R- 模看待, 它已是既约的以及 $D_R\subseteq K_LD_R$, 故 D 更是 K_LD_R- 既约模, 当然也是忠实模. 由稠密定理, K_LD_R 是 P 上左向量空间 D 上的稠密环, 其中, P 反同构于 $\mathrm{End}_{K_LD_R}(D^+)$. 显然

$$K_L\subseteq \mathrm{End}_{K_LD_R}(D^+). \tag{8.1.9}$$

任取 $\varphi\in \mathrm{End}_{K_LD_R}(D)$, 则显然也有 $\varphi\in \mathrm{End}_{D_K}(D)$. 由于 D 有单位元 1, 设 $1\varphi=d\in D$, 则

$$x\varphi=(1\cdot x)\varphi=(1\varphi)x=dx=xL_d,\quad \forall x\in D.$$

故 $\varphi=L_d$. 又由 $\varphi=L_d$ 和每一 $L_y, y\in K$ 是乘法可换的, 即有 $L_dL_y=L_yL_d$, 则把它们作用于 D 的单位元 1 上, 便得

$$yd=1L_dL_y=1L_yL_d=dy,\quad \forall y\in K.$$

由 K 是 D 中极大子域得 $d\in K$, 即 $\varphi=L_d\in K_L$. 再注意到 (8.1.9), 便得 $\mathrm{End}_{K_LD_R}(D^+)=K_L$. 但 $K_L\cong K$ 是交换的, 故 $P\cong K$, 即得 $K\otimes D\cong K_LD_R$ 是 K 上向量空间 D 的稠密环. |

推论 8.1.1 设 D 是 F 上有限中心可除代数, 而 K 是 D 的极大子域, 则 $D\otimes K\cong K_n$.

下面来考察 F 上中心可除代数 D 的维数与其最大子域 K 在 F 上的维数之间的关系. 先证

引理 8.1.1　设 D 是 F 上可除代数, A 是 F 上有限代数且有单位元, 则 $A\otimes D$ 对右理想有极小条件.

证　这就是要证右 $A\otimes D$- 模 $A\otimes D$ 对子模有极小条件. 先把 $A\otimes D$ 看成右 D 向量空间, 此时由于 $A\otimes D$ 包含 A, 故有限代数 A 的 F- 基 $a_1,\cdots,a_n$ 也是右 D 向量空间 $A\otimes D$ 的 D- 基, 因而对 $A\otimes D$ 的 D- 子模有极小条件. 但 A 有单位元, 从而 $A\otimes D$ 也包含 D, 故 $A\otimes D$ 的 $A\otimes D$- 子模显然也是 D- 子模, 这样引理得证.　|

定理 8.1.7　设 D 是 F 上中心可除代数, K 是它的一个极大子域, 则有

(1) 若 $(D:F)=\infty$, 则 $(K:F)=\infty$;

(2) 若 $(D:F)$ 是有限的, 则 $(D:F)=n^2$ 且 $(K:F)=n$.

证　设 $(K:F)=n$, 则由引理 8.1.1, $K\otimes D$ 是 Artin 环. 再由定理 8.1.6, $K\otimes D$ 是 K 上向量空间 D 的稠密环. 这样 K 上向量空间 D 必是有限维的.

设 $(D:K)=s$, 则 $D\otimes K$ 是 K 上全 $s\times s$ 矩阵环, 因而 $(D:F)=(D\otimes K:K)=s^2$. 而另一方面, $(D:F)=(D:K)(K:F)=sn$, 故得 $n=s$. 这样就得 (1) 和 (2).　|

8.2　PI- 代数

为了以后讨论方便, 首先引入 Φ 上代数 (简记为 Φ- 代数) 的概念, 其中, Φ 是有单位元的交换环. 如果 A 是一个左 Φ- 模且 A 中定义有乘法, 满足下列诸条件:

$$1a=a, 1 \text{ 是 } \Phi \text{ 的单位元}, \quad \forall a\in A,$$

$$\alpha(ab)=(\alpha a)b=a(\alpha b), \quad \forall\alpha\in\Phi, a,b\in A,$$

则称 A 为 Φ 上代数. 易见域 F 上代数是 Φ- 代数的一个特殊情况. 另一方面, 一个环 A 可以很自然地看成整数环 Z 上的代数, 因而环也是 Φ- 代数的一种特殊情况. 这样 Φ- 代数既包括域上代数也包括一般的环.

易见对 Φ- 代数可类似地定义同态、子代数等概念, 而相应的同态定理都是成立的.

在本节中 Φ 指有单位元的交换环, 而字母 F 则永远表示域.

为了定义有多项式恒等式的 Φ- 代数, 亦即 PI- 代数, 需要 Φ 上自由代数的概念. 考察用字母 $x_1,x_2,\cdots$ 作成的一切形式元

$$x_{i_1}x_{i_2}\cdots x_{i_m}, \quad m,i_j \text{ 是任意自然数}. \tag{8.2.1}$$

任意取一有单位元的交换环 Φ, 用这些形式元作基可得 Φ 上的一个自由模, 记作 $\Phi[x_1,x_2,\cdots]$. 在此自由模中关于基 (8.2.1) 规定如下的乘法表:

$$(x_{i_1}\cdots x_{i_m})\cdot(x_{j_1}\cdots x_{j_l})=x_{i_1}\cdots x_{i_m}x_{j_1}\cdots x_{j_l}.$$

这样, 利用关于基 (8.2.1) 的乘法表可定义 $\Phi[x_1, x_2, \cdots]$ 中的一个关于加法分配的乘法且关于此乘法 $\Phi[x_1, x_2, \cdots]$ 作成一个 Φ- 结合代数, 称之为 Φ上不可换不定元 $x_1, x_2, \cdots$ 的自由代数或简称Φ 上自由代数, 称 (8.2.1) 中元素及带系数者为 单项式. $\Phi[x_1, \cdots, x_n]$ 中元素 f 常记作 $f(x_1, \cdots, x_n)$.

规定单项式 (8.2.1) 的次数为 m, 即它所含因子 x 的个数, 而非零多项式 f 的次数规定为其标准式 (即表为基元 (8.2.1) 的线性和的唯一表达式) 中系数非零的单项式之次数中的最大者. 为了方便规定零元的次数是 $-\infty$. 用 $\deg f$ 表示多项式 f 的次数, 易见

$$\deg(f+h) \leqslant \max(\deg f, \deg h), \tag{8.2.2}$$

其中, 记号 max 表示取最大者.

一个多项式, 若其标准式中每一单项式的次数皆相等, 叫做齐次多项式.

规定单项式 (8.2.1) 关于 x_i 的次数为 x_i 在其中出现的次数. 相应地可定义多项式关于 x_i 的次数. 称多项式 $f(x_1, \cdots, x_n)$ 为多重线性的, 如果 f 关于每一 x_i 的次数最大是 1.

称 $f(x_1, \cdots, x_n)$ 为 幺多项式, 如果其中次数最高的单项式中有系数为 1.

定义 8.2.1 设 A 是 Φ- 代数, 说 A 满足一个 m 次多项式 $f(x_1, \cdots, x_n)$, 如果

$$f(a_1 \cdots, a_n) = 0, \quad \forall a_i \in A. \tag{8.2.3}$$

当 Φ- 代数 A 满足一个幺多项式时, 称之为具有多项式恒等式的代数, 记作 PI-代数.

(8.2.3) 常简记作 $f(A) = 0$.

这样对域 F 上代数 A 来说, 只要 A 满足一个非零多项式, 则它必也满足一个幺多项式, 因而是 PI- 代数.

交换代数可看成 PI- 代数的第一个例子, 因为它满足多项式恒等式 $xy - yx$.

命题 8.2.1 设 Φ- 代数 A 满足一 d 次幺多项式 $f(x_1, \cdots, x_n)$, 则 Φ- 代数 A 必满足一个齐次多重线性幺多项式, 其次数 $\leqslant d$.

证 若 $f(x_1, \cdots, x_n)$ 非多重线性, 如 f 关于 x_1 的次数大于 1, 则考虑多项式

$$\begin{aligned} g(x_1, \cdots, x_n, x_{n+1}) = & f(x_1 + x_{n+1}, \cdots, x_n) \\ & - f(x_1, \cdots, x_n) - f(x_{n+1}, \cdots, x_n). \end{aligned}$$

此时易见, g 是非零多项式, $\deg g \leqslant d$ 且 g 关于 x_1 的次数较 f 的为小. 显然代数 A 是满足多项式 g 的. 这样继续做下去, 便得 A 满足一个非零的多重线性多项式 $h(x_1, \cdots, x_m)$, 其次数 $\leqslant d$.

例如, 若 h 中有单项式含 x_1, 也有单项式不含 x_1, 则 $h(x_1,\cdots,x_m)=h_1(x_1,\cdots,x_m)+h_2(x_2,\cdots,x_m)$, 其中, h_1 中每一单项式都含 x_1 而 h_2 中每个单项式都不含 x_1. 由

$$\begin{aligned}0&=h(0,a_2,\cdots,a_m)=h_1(0,a_2,\cdots,a_m)+h_2(a_2,\cdots,a_m)\\&=h_2(a_2,\cdots,a_m),\quad \forall a_i\in A,\end{aligned}$$

有 $h_2(x_2,\cdots,x_m)$, 因而 $h_1(x_1,x_2,\cdots,x_m)$ 都是 A 所满足的非零多项式. 这样继续做下去便得多重线性多项式 $h(x_1,\cdots,x_m)$ 的每一个齐次部分都是代数 A 的多项式恒等式. 注意到 $h(x_1,\cdots,x_m)$ 的最高次项中和 f 一样也有系数为 1 者, 故 A 必满足一非零的齐次多重线性多项式

$$p(y_1,\cdots,y_d)=y_1y_2\cdots y_d-\sum_{1\neq\sigma\in S_d}\alpha_\sigma y_{\sigma(1)}\cdots y_{\sigma(d)},\tag{8.2.4}$$

其中, S_d 是 $1,\cdots,d$ 的置换群而 $\alpha_\sigma\in\Phi$. |

命题 8.2.2　若 F 上代数 A 满足一个齐次多重线性恒等式 p, 则对 F 的任意扩域 $K, A\otimes K$ 也满足 p.

证　由于 p 具有形状 (8.2.4), 而 A,K 的元素间乘法可换, 便有

$$p(a_1b_1,\cdots,a_kb_k)=b_1\cdots b_kp(a_1,\cdots,a_k)=0,\quad \forall a_i\in A, b_i\in K,$$

由之可进一步得 $p(A\otimes K)=0$. |

定义 8.2.2　称自由代数 $F[x_1,\cdots,x_n]$ 中的多项式

$$[x_1,\cdots,x_n]=\sum_{\sigma\in S_n}(-1)^\sigma x_{\sigma(1)}\cdots x_{\sigma(n)},\tag{8.2.5}$$

其中, 当 σ 是偶 (奇) 置换时, $(-1)^\sigma$ 是 $1(-1)$, 为标准多项式.

说代数 A 满足标准恒等式, 若对某个自然数 n, A 满足 (8.2.5).

当 $n=2$ 时, $[x_1,x_2]=x_1x_2-x_2x_1$, 故满足标准恒等式的代数可看成是交换代数的一个自然推广.

与链条件或局部条件相平行的, 满足多项式恒等式可看成关于代数的又一类有限条件, 因为有下面的定理.

定理 8.2.1　若 A 是 F 上 n 维代数, 则 A 满足 $[x_1,\cdots,x_{n+1}]$, 因而有限代数是 PI-代数.

证　设 $u_1,\cdots,u_n$ 是 A 的一个 F-基. 在 A 中任取 $n+1$ 个元素 $a_1,\cdots,a_{n+1}$, 并将它们表成 u_i 的线性和. 由于 $[x_1,\cdots,x_{n+1}]$ 是多重线性的, 故 $[a_1,\cdots,a_{n+1}]$ 是形如 $[u_{i_1},\cdots,u_{i_{n+1}}]$ 的线性和, 其中, 每一 u_{i_j} 都取自 $\{u_1,\cdots,u_n\}$. 这样 $u_{i_1},\cdots,u_{i_{n+1}}$

中至少有两个是相同的, 而由标准多项式的定义立刻得 $[u_{i_1},\cdots,u_{i_{n+1}}]$ 都是零. 故 $[a_1,\cdots,a_{n+1}]=0,\forall a_i\in A$. |

作为定理 8.2.1 的推论, 有

定理 8.2.2 域 F 上全矩阵代数 F_n 满足 $[x_1,\cdots,x_{n^2+1}]$.

Amitsur 和 Levitzki 曾证明, F_n 实际上满足 $[x_1,\cdots,x_{2n}]$. 与此联系的是下面这个有用的结果.

定理 8.2.3 域 F 上全矩阵代数 F_n 不能有次数低于 $2n$ 的多项式恒等式.

证 设 F_n 满足一个次数小于 $2n$ 的多项式. 则由命题 8.2.1, 它将满足一个齐次多重线性多项式 f, 其次数也小于 $2n$, 可将 f 写作

$$f=\alpha x_1x_2\cdots x_d+\sum_{1\neq\sigma\in S_d}\alpha_\sigma x_{\sigma(1)}\cdots x_{\sigma(d)},$$

其中, $\alpha,\alpha_\sigma\in F$ 而 $\alpha\neq 0$. 取 F_n 中如下的矩阵单位: $e_{11},e_{12},e_{22},e_{23},\cdots,e_{n-1,n},e_{n,n}$, $e_{n,n+1}$, 其个数为 $2n>d$. 将其中前 d 个代入 f, 便得

$$f(e_{11},e_{12},e_{22},\cdots)=\alpha e_{11}e_{12}e_{22}e_{23}\cdots\neq 0.$$

这是矛盾. 故得定理. |

Φ-代数 A 的一个元素 a 叫做 (Φ 上) 代数元, 如果它满足一个幺多项式 $f(x)\in\Phi[x]$, 即 $f(a)=0$. 元素 a 所满足幺多项式的最小次数也叫做代数元 a 的次数. 代数的 Φ- 代数是指每一元都是代数元的代数. 有界次代数的 Φ- 代数是指其每一代数元的次数 $\leqslant$ 某一固定自然数.

推广定理 8.2.1, 有

定理 8.2.4 设 A 是 Φ 上有界次代数的代数, 则 A 是 PI- 代数.

证 A 中元素 b 满足一个 n 次多项式 $x^n+\alpha_{n-1}x^{n-1}+\cdots+\alpha_1x$, 其中, $\alpha_i=\alpha_i(b)\in\Phi$, 而 n 是固定的. 用 $[u,v]$ 表示 $uv-vu$, 对任意 $a\in A$, 有

$$\begin{aligned}0=[0,a]&=[b^n+\alpha_{n-1}b^{n-1}+\cdots+\alpha_1b,a]\\&=[b^n,a]+\alpha_{n-1}[b^{n-1},a]+\cdots+\alpha_1[b,a],\end{aligned}\tag{8.2.6}$$

再用元素 $[b,a]$ 去和上式进行类似计算, 注意到 $[u,u]=0$, 便有

$$[[b^n,a],[b,a]]+\alpha_{n-1}[[b^{n-1},a],[b,a]]+\cdots+\alpha_2[[b^2,a],[b,a]]=0.$$

再用 $[[b^2,a],[b,a]]$ 去和上式进行类似计算, 这样继续下去, 所有的系数 α_i 都不见了, 而得到 A 所满足的一个二元多项式. 不难证明它是一个非零多项式. |

本原环在环的结构理论中占有重要地位. 已经讨论过本原 Artin 环以及有极小单侧理想的本原环. 下面来考察一个本原环同时又是 PI- 代数. 完全刻画这类本原环的 Kaplansky 定理是研究 PI- 代数方面的一个占中心地位的定理.

定理 8.2.5(Kaplansky)　设 A 是域 F 上的本原代数且是 F 上 PI- 代数, 它满足一个次数为 d 的多项式, 则 A 必是其中心 C 上的有限单代数, 且其维数 $n \leqslant (d/2)^2$.

证　注意到 7.6 节中的说明, F 上本原代数 A 可看成 D 上左向量空间 M 上的稠密代数, 其中, D 是 F 上可除代数. 由定理 7.3.3, 知代数 A 或对某一自然数 m 同构于 D_m 或对任意自然数 m, A 包含有子代数 $B_{(m)}$, 它的同态象是 D_m. 但 A 的子代数及其同态象也满足 A 所满足的多项式恒等式. 这样由定理 8.2.3, 上面的第二种情形是不可能的. 因而 A 同构于 D_m. 此时 A 有单位元, A 的中心也就是 D 的中心, 因而是域 F 的扩域, 用 C 记之.

设 K 是 D 的一个极大子域. 由定理 8.1.6, $D \otimes_C K$ 是 K 上一个向量空间的稠密环, 它当然可看成 K 上的代数. 由于 A 满足次数为 d 的多项式, 由命题 8.2.1, A, 因而 D 必满足次数 $\leqslant d$ 的齐次多重线性多项式 f. 再由命题 8.2.2, $D \otimes_C K$ 也满足 f. 重复上段的讨论, 便得 $D \otimes_C K \cong K_{m'}$. 这样得 $(D : C) = (D \otimes_C K : K)$ 是有限的. 故 $A \cong D_m$ 是 C 上有限中心代数. 设 $(A : C) = n_1^2$, 这是因为有限中心单代数的维数必是平方数. 取域 C 的一个适当的扩域 P, 由定理 8.1.6 的推论或定理 3.2.2, 有 $A \otimes_C P \cong P_{n_1}$. 由命题 8.2.2, $A \otimes_C P$, 因而 P_{n_1} 也满足 f. 再由定理 8.2.3, 知 $2n_1 \leqslant d$.　|

8.3　Курош 问题

在第 5 章中曾介绍过Курош问题: 代数的代数 A 是局部有限的吗? 本节将证明, 若 A 还是 PI- 代数, 则 A 确是局部有限的.

首先, 对代数 A 引进局部有限根的概念. 在前面曾证明过下面事实: 局部有限代数借助于局部有限代数所得到的扩张是局部有限的 (定理 5.1.1). 由之便得

命题 8.3.1　若 B 和 C 是代数 A 的局部有限理想, 则 $B+C$ 也是.　|

命题 8.3.2　代数 A 中含有最大的局部有限理想 $L(A)$. $L(A)$ 还具有下面性质:

(1) $L(A)$ 包含 A 的一切局部有限单侧理想;

(2) $A/L(A)$ 没有非零的局部有限理想.

证　由于局部有限代数升链之并仍是局部有限代数, 故由 Zorn 引理, A 中有极大的局部有限理想 $L(A)$, 由命题 8.3.1, 它包含 A 的一切局部有限理想, 故它是

唯一极大的局部有限理想. 注意到上述的定理 5.1.1, 知 $A/L(A)$ 不再有非零的局部有限理想, 这就证明了 (2).

为了证明 (1), 在商代数 $A/L(A)$ 中去考虑. 这也就是假定代数 A 的 $L(A)=0$ 而去证 A 的局部有限单侧理想 C 也等于零. 为确定起见, 设 C 是左理想.

CA 是 A 的理想. 今证它是局部有限的. 在 CA 中任取 $x_1,\cdots,x_m$, 则每一 x_i 可写成

$$x_i=\sum_j c_{ij}a_{ij},\qquad c_{ij}\in C, a_{ij}\in A. \tag{8.3.1}$$

令 $y_{ijmq}=a_{ij}c_{mq}$. 它们是 C 中元素. 由 C 的局部有限性知有限多元素 $c_{st},y_{ij,mq}$ 生成一个有限代数 B. 由 (8.3.1) 得

$$\begin{aligned}x_ix_k&=\sum_j c_{ij}a_{ij}\sum_m c_{km}a_{km}=\sum_{j,m}c_{ij}a_{ij}c_{km}a_{km}\\&=\sum_{j,m}c_{ij}y_{ijkm}a_{km}\subseteq\sum_m Ba_{km}.\end{aligned}$$

这样 $x_1,\cdots,x_m$ 中任意两个的乘积必在 $T=\sum\limits_{k,m}Ba_{km}$ 中. 显然 $x_1,\cdots,x_m$ 也在 T 中. 由 B 的有限性还知 T 是 F 上有限空间. 又

$$\begin{aligned}Ba_{km}x_l&=Ba_{km}\sum_j c_{tj}a_{tj}=\sum_j Ba_{km}c_{tj}a_{tj}\\&\subseteq\sum_j By_{kmij}a_{tj}\subseteq\sum_j Ba_{tj}\subseteq T.\end{aligned}$$

故 $x_1,\cdots,x_m$ 生成的子代数必在有限空间 T 中, 即得理想 CA 是局部有限的. 由假设 $L(A)=0$. 故 $CA=0$, 即 C 是 A 的理想, 因而 C 是局部有限理想. 再用假设 $L(A)=0$, 得 $C=0$. |

与有限代数的幂零根、代数的局部幂零根或环的 Jacobson 根相比较, 命题 8.3.2 说明 $L(A)$ 与这些根有完全类似的性质. 因而很自然地称 $L(A)$ 为代数 A 的**局部有限根**.

还需要下面几个引理.

引理 8.3.1 若代数 A 无非零的幂零元素, 则

(1) A 的幂等元必属于 A 的中心;

(2) 对 A 的任意非零代数元 a, 必有幂等元 $e\in\langle a\rangle$, 有性质 $ea=ae=a$.

证 (1) 设 e 是 A 的幂等元. 对任意 $x\in A$, 由

$$(xe-exe)^2=(ex-exe)^2=0$$

及 A 中无非零幂零元, 故 $xe=exe=ex$, 即 e 在 A 的中心内.

(2) 此时易见 $\langle a\rangle$ 是有限半单代数, 因而有单位元 e. 下面给一个更直接的证明. 设非零代数元 a 的最小多项式为 $f(x)$ 则

$$f(a)=a^n+\alpha_1a^{n-1}+\cdots+\alpha_ka^{n-k}=0,\quad \alpha_k\neq 0,k\geqslant 1.$$

若 $k=n$, 则 A 有单位元 1 且 $1\in\langle a\rangle$, 此时显然有 $1\cdot a=a\cdot 1=a$. 若 $k\neq n$, 则易见

$$\begin{aligned}(a^{k+1}+\alpha_1a^k+\cdots+\alpha_ka)^{n-k}&=((a^k+\alpha_1a^{k-1}+\cdots+\alpha_k)a)^{n-k}\\&=(a^k+\alpha_1a^{k-1}+\cdots+\alpha_k)^{n-k}a^{n-k}\\&=0.\end{aligned}$$

在上式中, 和以前一样, 将 $(a^2+\alpha a),\alpha\in F$ 记作 $(a+\alpha)a$, 虽然 $a+\alpha$ 在 A 中不一定有意义. 其次, 由于 A 无非零幂零元, 故

$$a^{k+1}+\cdots+\alpha_{k-1}a^2+\alpha_ka=0,$$

由之便得 $a=a^2p(a)$, 其中, F 上多项式 $p(x)$ 可能带常数项. 设 $e=ap(a)\in\langle a\rangle$, 则

$$e^2=ap(a)ap(a)=a^2p(a)p(a)=ap(a)=e,$$

还有 $a=ae=ea$, 由 $a\neq 0$, 知 e 是非零的. |

引理 8.3.2　若代数的代数 A 无非零的幂零元素, P 是 A 的子代数, 则对 P 中任意有限个非零元素 $a_1,\cdots,a_m$, 必有幂等元 $e\in P$, 使 $a_ie=ea_i=a_i,\forall i$.

证　对 a_i 的个数 m 作归纳法. 当 $m=1$ 时这就是引理 8.3.1 中的 (2). 设有幂等元 $e_1\in P$, 使 $a_1e_1=a_1,\cdots,a_{m-1}e_1=a_{m-1}$. 若是 $a_me_1=a_m$, 注意到 e_1 必在 A 的中心内, 则 e_1 即为所求者. 否则, 由引理 8.3.1, 有幂等元 $e_2\in P$, 有 $(a_m-a_me_1)e_2=(a_m-a_me_1)$, 由之有

$$a_m=a_m(e_1+e_2-e_1e_2).$$

设 $e=e_1+e_2-e_1e_2\in P$. 由 $a_m\neq 0$ 知 $e\neq 0$. 由引理 8.3.1, e_1,e_2 属于 A 的中心, 直接计算知 $e^2=e$ 且对 $i<m$, 注意到 $a_ie_1=a_i$, 有

$$a_ie=a_i(e_1+e_2-e_1e_2)=a_i,$$

这样 e 即所求者. |

引理 8.3.3　设 A 是 F 上代数, 有单位元. C 在 A 的中心内, C 是 F 的代数扩域且 $(A:C)$ 是有限的, 则 A 是局部有限的.

证 易见, 代数的代数又是交换的话, 它必是局部有限的, 故 F 上代数 C 是局部有限的.

设 $y_1, \cdots, y_m$ 是 A 的一个 C-基. 因而

$$y_i y_j = \sum_k c_{ijk} y_k, \quad c_{ijk} \in C.$$

任取 A 的有限子集 $\{x_1, \cdots, x_n\}$, 则

$$x_l = \sum_i c_{li} y_i, \quad c_{li} \in C.$$

C 的有限子集 $\{c_{ijk}, c_{li}, \forall i, j, k, l\}$ 生成一个有限代数 C_0. 此时一切形如 $\sum c_i y_i, c_i \in C_0$ 的元素组成有限子代数 B. 易见 $x_i \in B, \forall i$. 故 $\{x_1, \cdots, x_m\}$ 生成的子代数必也是有限维的. |

现在能够解决关于 PI-代数的Курош问题了.

定理 8.3.1 若 A 是 F 上代数的代数且是 PI-代数, 则 A 是局部有限的.

证 由于代数的 PI-代数的子代数仍是代数的 PI-代数, 因而不妨设 A 是有限生成的而去证它是有限代数, 即需证 $A = L(A)$. 若 $A \neq L(A)$, 则去考察 $A/L(A) \neq 0$, 作为 A 的商代数, 它显然也是有限生成的、代数的 PI-代数. 这样就得到一个非零的代数, 不妨仍记作 A, 它是有限生成的、代数的 PI-代数且 $L(A) = 0$. 下面来证明这是不可能的, 分两种情形来讨论.

(1) A 不含非零的幂零元. 由定理 7.6.2, 注意到 A 的元素都是代数的, 知 A 是 J 半单代数, 因而 A 有本原理想.

取代数 A 的一个本原理想 P. 由 $\bar{A} = A/P$ 是本原代数且是 PI-代数, 由 Kaplansky 定理, $\bar{A}$ 是其中心 $\bar{C}$ 上的有限代数, 由引理 8.3.3, $\bar{A}$ 是局部有限的. 但 A, 因而 $\bar{A}$, 是有限生成的, 故 $\bar{A}$ 是 F 上一个有限代数.

令 $\bar{y}_1, \cdots, \bar{y}_m$ 是 $\bar{A} = A/P$ 的 F-基, $y_i \in A$, 而 $x_1, \cdots, x_n$ 是 A 的生成元组, 此时有

$$x_i = \sum_j \alpha_{ij} y_j + u_i, \quad \alpha_{ij} \in F, u_i \in P, \tag{8.3.2}$$

$$y_i y_j = \sum_k \beta_{ijk} y_k + u_{ij}, \quad \beta_{ijk} \in F, u_{ij} \in P. \tag{8.3.3}$$

令 P_0 是由所有 u_i, u_{ij} 生成的理想. 显然 $P_0 \subseteq P$. 由于 $x_1, \cdots, x_n$ 生成 A, 由 (8.3.2), (8.3.3) 知 A 中任意元素都能表成 $\sum \alpha_i y_i + t, \alpha_i \in F, t \in P_0$. 这样任取 $a \in P$, 则有

$$a = \sum \alpha_i y_i + t, \quad a - t = \sum \alpha_i y_i \in P.$$

故在 $\bar{A}$ 中就有 $\sum \alpha_i \bar{y}_i = 0$. 但 $\bar{y}_i$ 组成 $\bar{A}$ 的 F-基, 因而 $\alpha_i = 0$, 即 $a = t \in P_0$. 这就证得 $P_0 = P$.

这样, P 是由有限多个元素 u_i, u_{ij} 生成的. 由引理 8.3.2, 有一幂等元 $e \in P$ 且 e 在 A 的中心内, 有 $u_i e = u_i, u_{ij} e = u_{ij}$. 因而对任意 $a \in P$, 有 $ae = a$. 故 $P = Ae$. 注意到 P 是 A 的本原理想, 此时必有 $e \neq 1$. 作关于 e 的 Peirce 分解: $A = Ae \oplus A(1-e) = P \oplus A(1-e)$. 这样, 理想 $A(1-e) \cong A/P$ 是有限维的, 因而 $A(1-e) \subseteq L(A)$. 即 $L(A) \neq 0$.

(2) A 含有非零的幂零元. 由命题 8.2.1, PI-代数 A 满足一个齐次多重线性多项式 f. 对 f 的次数 d 作归纳法. 当 $d = 2$ 时, f 或是 $x_1 x_2$, 此时 $A^2 = 0$, 或是 $x_1 x_2 + \alpha x_2 x_1, 0 \neq \alpha \in F$, 此时 A 中任意两元素 a, b, 有 $ab = -\alpha ba$, 即 A"基本上"是交换的. 故无论哪种情形, A 总是局部有限的.

假设对任意满足 $d-1$ 次多项式的代数的代数都是局部有限的, 而设 A 满足一个 d 次多项式 f. 不妨设 f 是 d 次多重线性齐次多项式, 而将 f 写成

$$f(x_1, \cdots, x_d) = x_1 q(x_2, \cdots x_d) + h(x_1, \cdots x_d),$$

其中, $h(x_1, \cdots, x_d)$ 中不含以 x_1 为第一个因子的单项式, 而 $q(x_2, \cdots x_d)$ 是非零多项式.

由于 A 含有非零幂零元, 故有 $a \in A, a \neq 0$ 而 $a^2 = 0$. 设 T 是由 a 生成的左理想, 显然 $Ta = 0$. 令 $x_1 = a, x_2 = t_2, \cdots, x_d = t_d, t_i \in T$, 代入 f 中便有 $aq(t_2, \cdots, t_d) = 0$. 令 $W = \{x \in T | ax = 0\}$. 由 $TW = 0$ 知 W 是 T 的一个理想. 易见 T/W 满足 $d-1$ 次多项式 $q(x_2, \cdots, x_d)$. 依归纳法假设, T/W 是局部有限的. 由 $W^2 = 0$ 知 W 也是局部有限的, 因而 T 是局部有限的, 即 T 是 A 的局部有限左理想. 由命题 8.3.2 知 $0 \neq T \subseteq L(A)$, 故 $L(A) \neq 0$.

故无论哪一种情形, 都有 $L(A) \neq 0$. 这是和 $L(A) = 0$ 的假设矛盾的. 定理得证. |

作为定理 8.3.1 与定理 8.2.4 的直接推论, 有

定理 8.3.2　若 A 是 F 上有界次代数的代数, 则 A 是局部有限的.

定理 8.3.3(Levitzki)　若 A 是 F 上幂零元代数且是 PI-代数, 则 A 是局部幂零的.

定理 8.3.4　若 A 是 F 上幂零元代数且所有元素的幂零指数有界 (即存在一自然数 n, 使得 $a^n = 0, \forall a \in A$), 则 A 是局部幂零的.

在定理 8.3.4 中如果对域 F 的特征数加以适当限制, 可以得到更强的结果, 这就是下面的 Nagata-Higman 定理, 它是 nil-nilpotence 问题 (即讨论由每个元素的幂零性推出整个代数的幂零性的问题) 中非常漂亮的一个结果. 下面叙述的证明是 P. J. Higgins 给出的.

定理 8.3.5(Nagata-Higman)　A 是域 F 上结合代数. 若 A 的每一元都是幂零元, 且它们的幂零指数有界而不大于自然数 n, 若 F 的特征为零或 $p > n$, 则必有 $A^N = 0$, 其中, $N = 2^n - 1$.

证　对 n 作归纳法, 而假定对任意 F 上代数 B, 如果 $b^{n-1} = 0, \forall b \in B$, 则 $B^m = 0$, 其中, $m = 2^{n-1} - 1$, 因为当 $n = 1$ 时定理显然成立.

先引入一个符号 1, 1 不是 A 中的元素, 但约定有下列等式:

$$a^0 = 1, 1 \cdot b = b, (a+1)b = ab + b, \quad \forall a, b \in A.$$

这完全是为了在下面计算时书写简便. 再令

$$\left\{\begin{matrix} a, & b \\ n-1, & 1 \end{matrix}\right\} = \sum_{i=0}^{n-1} a^i b a^{n-i-1}.$$

由上规定, 当 $i = 0$ 或 $n-1$ 时, 上式右侧的相应项是有意义的且是 A 中元素. 此时

$$\left\{\begin{matrix} a, & 1 \\ n-1, & 1 \end{matrix}\right\} = n a^{n-1}.$$

由定理假设, 对任意 $\alpha \in F, (a + \alpha b)^n = 0, \forall a, b \in A$. 利用上面引入的符号, 这就是

$$(a + \alpha b)^n = a^n + \alpha \left\{\begin{matrix} a, & b \\ n-1, & 1 \end{matrix}\right\} + \cdots + \alpha^n b^n = 0. \tag{8.3.4}$$

注意到关于 F 的假设, 知 F 中有多于 n 个不同的元素. 令 (8.3.4) 中 α 取 F 中 $n+1$ 个不同的值, 联合起来便得一齐次方程组, 利用范德蒙德行列式解之得 (8.3.4) 中每一项中属于 A 的因子必都是零, 特别

$$\left\{\begin{matrix} a, & b \\ n-1, & 1 \end{matrix}\right\} = 0, \quad \forall a, b \in A. \tag{8.3.5}$$

考察

$$f(a, b, c) = \sum_{i,j=0}^{n-1} a^i c b^j a^{n-i-1} b^{n-j-1}.$$

一方面,

$$f(a, b, c) = \sum_{j=0}^{n-1} \left\{\begin{matrix} a, & cb^j \\ n-1, & 1 \end{matrix}\right\} b^{n-j-1} = 0;$$

另一方面,

$$f(a, b, c) = \sum_{i=0}^{n-1} a^i c \left\{\begin{matrix} b, & a^{n-i-1} \\ n-1, & 1 \end{matrix}\right\} = a^{n-1} c (n b^{n-1}) = n a^{n-1} c b^{n-1}.$$

注意到关于 F 的特征之假设, 故有

$$a^{n-1}cb^{n-1}=0,\quad \forall a,b,c\in A. \tag{8.3.6}$$

令 R 是由所有 $a^{n-1},a\in A$ 生成的理想, 则由 (8.3.6) 有

$$RAR=0. \tag{8.3.7}$$

在商代数 $\bar{A}=A/R$ 中有 $\bar{b}^{n-1}=0,\forall b\in\bar{A}$, 故利用归纳法假设有 $\bar{A}^m=0$, 其中, $m=2^{n-1}-1$. 这样 $A^m\subseteq R$. 再利用 (8.3.7) 得

$$A^{2m+1}\subseteq RAR=0,$$

其中, $2m+1=2^n-1$. |

8.4 Курош (Kurosh) 问题 (续)

8.3 节介绍了 Levitzki 和 Kaplansky 对 PI-代数解决Курош(Kurosh) 问题的证明方法. 它是建立在环的结构理论上的. 本节中介绍证明此结果的Ширшов(Shirshov) 的证明方法 (见 (Ширшов(Shirshov), 1957a, 1957b) 以及 (Jacobson, 1978)). 他针对问题的特点直接使用组合方法来讨论而得到较一般的结果. 其证明思路是这样的: 设 A 是有限生成的代数, $\{a_1,\cdots,a_k\}$ 是它的一组生成元, 此时 A 中任意元素可表成一些次数为任意的单项式

$$a_{i_1}a_{i_2}\cdots a_{i_l},\quad a_{i_t}\in\{a_1,\cdots,a_k\},t=1,\cdots,l \tag{8.4.1}$$

的线性和. 因而欲证 A 作为 Φ- 模 (其中, Φ 是有单位元的交换环) 是有限生成的, 只要证明存在一个自然数 N, 使得当 $l\geqslant N$ 时任意单项式 (8.4.1) 都可表成次数较小的单项式的线性和即可.

设 R 是有限集, 其元素记作 $x_1,\cdots,x_k$. 规定当 $i>j$ 时 $x_i>x_j$, 这样 R 成为一个有序集.

考察 Φ 上自由结合代数 $\Phi[x_1,\cdots,x_k]$, 并简称不带系数的单项式

$$x_{i_1}x_{i_2}\cdots x_{i_l}\quad x_{i_t}\in\{x_1,\cdots,x_k\},t=1,\cdots,l$$

为字, 或更详细些, 由 R 中元素组成的字, 记作 R- 字, 而其次数 l 为该字的长, 或更详细些 R- 长. 如果字 α 是字 β 的一部分, 即若

$$\beta=x_{i_1}\cdots x_{i_t}\alpha x_{j_1}\cdots x_{j_s},$$

其中, $x_{i_p}, x_{j_q} \in R = \{x_1, \cdots, x_k\}$, 而 $t \geqslant 0, s \geqslant 0$, 则称 α 为 β 的子字.

这些字的全体记作 W. W 关于自由代数 $\Phi[x_1, \cdots, x_h]$ 中的乘法作成一个半群.

定义 8.4.1 　称形如

$$x_k x_k \cdots x_k x_{i_1} x_{i_2} \cdots x_{i_s}$$

(其中, x_k 至少出现一次而 $s \geqslant 1, i_t \neq k, t = 1, \cdots, s$) 的字是 x_k-型字. 如果一个字 α 可表成 x_k- 型字的乘积形式, 则称此分解式为字 α 的 x_k- 分解式.

易见, 任意字 α 最多只有一种可能写成 x_k- 分解式, 并且字 α 有 x_k- 分解式当且仅当 α 以元素 x_k 开头而以 $x_i, i \neq k$, 结尾.

在 W 中如下引入偏序：如果字 α, β 有相同的长, 则按字典排列 (注意已规定了 R 的序) 排列之.

在所有 x_k- 型字的集 T 中如下引入序：设 α, β 是 T 中任意两个字 (即不一定有相同的长). 如果按字典排列 α 大于 β 或者 α 是字 β 的开始部分 (即 $\beta = \alpha x_{i_1} \cdots x_{i_t}, t \geqslant 1$), 则规定 $\alpha > \beta$.

定义 8.4.2 　称字 α 是 n- 可裂的, 其中, n 是自然数, 如果 $\alpha = \alpha_1 \alpha_2 \cdots \alpha_n$, 每一子字 α_i 的长 $\geqslant 1$, 且对 $1, 2, \cdots, n$ 的任一排列 $(i_1, i_2, \cdots, i_n)$, 只要它不等于 $(1, 2, \cdots, n)$, 就有

$$\alpha_{i_1} \alpha_{i_2} \cdots \alpha_{i_n} < \alpha_1 \alpha_2 \cdots \alpha_n.$$

例如, 字 $x_3 x_1 x_2 x_2 x_1 x_1 x_2 x_1 x_1 x_1$ 是 3- 可裂字且有几种 3- 可裂的分解式, 如

$$(x_3 x_1)(x_2 x_2 x_1 x_1)(x_2 x_1 x_1 x_1),$$

$$(x_3 x_1 x_2)(x_2 x_1 x_1)(x_2 x_1 x_1 x_1),$$

$$(x_3)(x_1 x_2 x_2 x_1 x_1 x_2)(x_1 x_1 x_1).$$

直接检验可知此字是 2- 可裂字.

具有 x_k- 分解式的字 α 可唯一地表成 $t_1 t_2 \cdots t_s$, 其中, $t_i \in T$, 因而可看成是由 T 中元素组成的字. 此时为了和把 α 看成 R- 字相区别, 称之为 T- 字. 相应地, 术语 R- 长, T- 长的意义是清楚的. 例如, 当 $k = 4$ 时, 取

$$\alpha = x_4 x_4 x_1 x_4 x_3 x_1 x_4 x_4 x_4 x_2 x_2 x_3 x_1 x_2.$$

α 之 R- 长是 14, α 是 T- 字, 其 T- 长是 3.

对全体 T- 字组成的集合 W_T 也引入偏序 $\prec$: 如果 α, β 是两个 T- 字且有相同的 T- 长, 则当 α 按字典排列小于 β 时 (注意上面对 T 已规定序了) 规定 $\alpha \prec \beta$.

与定义 8.4.2 一样, 对 T- 字也有 n- 可裂的概念. 在容易引起混淆的地方, 把 R- 字 α 和 T- 字 α 的 n- 可裂分别记作 α 的 n_R- 可裂和 n_T- 可裂.

注意到 T 中序的规定 (特别地, 如果 α 是 β 的开始部分且 $\alpha \neq \beta$, 则 $\alpha > \beta$) 以及 x_k 型字都是以 x_k 开始的, 易知 T 中任意两个字 α, β, 如果作为 T- 字有 $\alpha \succ \beta$, 则作为 R- 字也必有 $\alpha > \beta$. 利用这一点来证明下面的命题:

命题 8.4.1　T- 字 α 的 n_T- 可裂分解式也是 R- 字 α 的 n_R- 可裂分解式.

证　设 $\alpha = \alpha_1\alpha_2\cdots\alpha_n$ 是 T- 字 α 的 n_T- 可裂分解式, 因而由定义作为 T- 字有

$$\alpha \succ \alpha_{i_1}\cdots\alpha_{i_n},$$

其中, 排列 $(i_1, \cdots, i_n) \neq (1, \cdots, n)$. 由上面刚说过的, 作为 R- 字也必有

$$\alpha > \alpha_{i_1}\cdots\alpha_{i_n},$$

即 α 的这个 n_T- 可裂分解式 $\alpha = \alpha_1\cdots a_n$ 也是 α 的 n_R- 可裂分解式.　|

命题 8.4.2　若 T- 字 α 是 $(n-1)_T$- 可裂字, 则 R- 字 αx_k 是 n_R- 可裂字.

证　取 T- 字 α 的一个 $(n-1)_T$- 可裂分解式

$$\begin{aligned}\alpha &= \alpha_1\alpha_2\cdots\alpha_{n-1}\\ &= (x_k x_{i_1}\cdots x_{j_1})(x_k x_{i_2}\cdots x_{j_2})\cdots(x_k x_{i_{n-1}}\cdots x_{j_{n-1}}),\end{aligned} \tag{8.4.2}$$

其中, $x_{i_t}, x_{j_t} \in R$ 且 $x_{j_t} \neq x_k, t = 1, \cdots, n-1$. 由命题 8.4.1 知 (8.4.2) 也是 $(n-1)_R$- 可裂式. 今证 αx_k 的下面分解式:

$$\begin{aligned}\alpha x_k = (x_k)(x_{i_1}\cdots x_{j_1}x_k)(x_{j_2}\cdots x_{j_2}x_k)\cdots\\ (x_{i_{n-1}}\cdots x_{j_{n-1}}x_k)\end{aligned} \tag{8.4.3}$$

是 n_R- 可裂分解式. 这是因为, 保持第一个位置上 (x_k) 不动的那些置换把 αx_k 变成 $\alpha' x_k$, 这里 α' 是由 α 的 $(n-1)_R$- 可裂式 (8.4.2) 经过某一置换得到的, 因而有 $\alpha > \alpha'$, 随之有 $\alpha x_k > \alpha' x_k$. 其次, 若 αx_k 的 n_R- 可裂式 (8.4.3) 经过一个使 (x_k) 离开第一个位置的置换, 则所得到的字其开始处 x_k 的个数必较 αx_k 的开始处之 x_k 的个数为少 (为此只要注意到 (8.4.2) 中每一括号内 x_k 的个数必大于或等于其后面括号中的 x_k 的个数), 因而它比 αx_k 为小. 命题证完.　|

命题 8.4.3(Ширшов)　对于任意 3 个自然数 k, s, n 必存在一个自然数 $N = N(k, s, n)$, 它依赖于 k, s, n, 使得在由 k 个有序符号组成的长为 $N(k, s, n)$ 的任意结合字中或者出现 s 个相邻的相同子字 (即含有形如 β^s 的子字, β 之长 $\geqslant 1$) 或者含有一个 n- 可裂子字.

证　和前面一样, 设 k 个有序符号之集为 $R = \{x_1, \cdots, x_k\}$. 对 n 作归纳法来证明 $N(k, s, n)$ 的存在性. 易见对任意 $k, s, N(k, s, 1)$ 是存在的, 并作归纳假设: 对

任意 $k,s,N(k,s,n-1)$ 是存在的. 另一方面, 易见 $N(1,s,n)$ 是存在的, 为此只要取 $N(1,s,n)=s$ 便可. 这样在下面的证明中又可对 k 作归纳法, 即又作一个归纳假设: 对任意 $s,n,N(k-1,s,n)$ 是存在的. 现在在这双重归纳假设下来证明 $N(k,s,n)$ 的存在性.

考察任意一个长为

$$[s+N(k-1,s,n)][N(k^{N(k-1,s,n)+s},s,n-1)+1]$$

的字 α. α 可分解成下面形式:

$$\alpha=\alpha_1\alpha_2\alpha_3,$$

其中, 子字 α_1(可以不出现) 只含符号 $x_1,\cdots,x_{k-1}$, 子字 α_3(也可以不出现) 只含符号 x_k, 而子字 α_2 是一个 x_k- 分解式. 若

$$\alpha_1 \text{ 之长} \geqslant N(k-1,s,n),$$

则由归纳法假设, α_1, 因而 α 或含有 s 个相邻的相同子字, 或含有一个 n- 可裂字. 若

$$\alpha_3 \text{ 之长} \geqslant s,$$

则 α_3, 因而 α, 含有 s 个相邻的子字 x_k. 这样, 可以认定

$$\begin{aligned}\alpha_2 \text{ 之长} &= \alpha \text{ 之长} - \alpha_1 \text{ 之长} - \alpha_3 \text{ 之长}\\ &\geqslant [s+N(k-1,s,n)]\cdot N(k^{N(k-1,s,n)+s},s,n-1).\end{aligned} \tag{8.4.4}$$

把 x_k- 分解式 α_2 写成

$$\alpha_2=\alpha_{21}\alpha_{22}\cdots\alpha_{2m},$$

其中, 每一子字 α_{2i} 都是 x_k- 型字. 重复上面的讨论, 可认定

$$\alpha_{2i} \text{ 之长} < s+N(k-1,s,n). \tag{8.4.5}$$

易见满足 (8.4.5) 的 x_k- 型字的个数小于 $k^{N(k-1,s,n)+s}$.

现在把 α_2 看成 T- 字 (和前面一样, 这里的 T 是一切 x_k- 型字之集). 由 (8.4.4) 知

$$\alpha_2 \text{ 的 } T \text{ 长} > N(k^{N(k-1,s,n)+s},s,n-1). \tag{8.4.6}$$

这样, 根据归纳法假设 T- 字 α_2 或有 s 个相邻的 T- 子字, 或者含有 $(n-1)_T$- 可裂字 β.

若是出现第一种可能性，则这 s 个相邻相同的 T- 子字当然也是 R- 字 α 的 s 个相邻相同的 R- 子字，这样问题就解决了．若是出现第二种可能性，则由 (8.4.6) 可知子字 β 之后必还至少出现一个 x_k，这样 βx_k 是 α 的子字．由命题 8.4.2，βx_k 是 n_R- 可裂字，这样 α 也满足命题的要求．这样，只要取

$$\begin{aligned} N(k,s,n) = &[N(k-1,s,n)+s]\\ &\cdot[N(k^{N(k-1,s,n)+s},s,n-1)+1] \end{aligned}$$

即可． |

命题 8.4.4　设 α 是长为 m 的字，则或者 $\alpha=\beta^t, t>1$，或者对于任意自然数 $n\leqslant m$，字 α^{2n} 含有 n- 可裂子字．

证　设 $\alpha=z_1z_2\cdots z_m$，其中，$z_1\in\{x_1,\cdots,x_k\}$．用 σ 表示置换 $(12\cdots m)$ 且若 θ 是任意一个置换．则令

$$\alpha\theta=z_{\theta(1)}\cdots z_{\theta(m)}.$$

此时有

$$\alpha_{i+1}=\alpha\sigma^i=z_{i+1}z_{i+2}\cdots z_mz_1z_2\cdots z_i,\quad i<m, \tag{8.4.7}$$

上面第一个等号是对符号 α_{i+1} 的定义．由 (8.4.7) 可以看到，若令 $v_j=z_1z_2\cdots z_{j-1}, u_j=z_jz_{j+1}\cdots z_m$，则有

$$\alpha=v_ju_j,\quad \alpha_j=u_jv_j. \tag{8.4.8}$$

令 G 是由 σ 生成的循环群，而

$$H=\{\theta|\theta\in G,\alpha\theta=\alpha\}.$$

易见 H 是循环群，设其生成元为 σ^d，其中，$1\leqslant d\leqslant m$．此时显然有 $m=dt, t$ 是自然数且

$$\alpha=z_1z_2\cdots z_m=z_{d+1}\cdots z_{d+m}(\text{足标按模 } m \text{ 计算}).$$

如果 $d\neq m$，则 $t>1$ 且 $\alpha=\beta^t$，其中，$\beta=z_1\cdots z_d$；如果 $d=m$，则 $\alpha=\alpha_1,\alpha_2,\cdots,\alpha_m$ 为互不相同的字．

若出现第二种情形，把这 m 个不相同的字按字典排列如下：

$$\alpha_{i_1}>\alpha_{i_2}>\cdots>\alpha_{i_m}. \tag{8.4.9}$$

现在任取自然数 $n\leqslant m$，来考察 α^{2n}，将它写成下面的形式：

$$\begin{aligned} \alpha^{2n} &= (\alpha\alpha)(\alpha\alpha)\cdots(\alpha\alpha)\\ &= (v_{i_1}u_{i_1}v_{i_1}u_{i_1})(v_{i_2}u_{i_2}v_{i_2}u_{i_2})\cdots(v_{i_n}u_{i_n}v_{i_n}u_{i_n}), \end{aligned}$$

这里用到 (8.4.8) 中 $\alpha = v_j u_j$, 将最初的两个 α 写成 $v_{i_1}u_{i_1}$, 将其次的两个 α 写成 $v_{i_2}u_{i_2}$ 等. 重新结合便得到下面的等式:

$$\begin{aligned}\alpha^{2n} &= v_{i_1}(u_{i_1}v_{i_1}u_{i_1}v_{i_2})\cdots(u_{i_{n-1}}v_{i_{n-1}}u_{i_{n-1}}v_{i_n})(u_{i_n}v_{i_n}u_{i_n})\\ &= v_{i_1}(\alpha_{i_1}u_{i_1}v_{i_2})\cdots(\alpha_{i_{n-1}}u_{i_{n-1}}v_{i_n})(\alpha_{i_n}u_{i_n}).\end{aligned}$$

这里用到 (8.4.8). 注意到 (8.4.9), 容易看出, 在上式右侧中去掉第一个 v_{i_1} 后所余下的 n 个括号组成的子字是一个 n- 可裂字. |

利用命题 8.4.4 可将命题 8.4.3 改进成下面的命题.

命题 8.4.5 对于任意 3 个自然数 k, s, n 必存在一个自然数 $M(k, s, n)$, 使得在长为 $M(k, s, n)$ 的含 k 个有序符号的字 α 中必含一子字 α_0 具有下列两种形式之一:

(i) $\alpha_0 = \beta^s$, 并且 $1 \leqslant \beta$ 之长 $\leqslant n$;

(ii) α_0 是一个 n- 可裂字.

证 $N(k, s, n)$ 之意义如命题 8.4.3, 而令

$$M(k, s, n) = N(k, s', n), \tag{8.4.10}$$

其中, $s' = \max(s, 2n)$. 设 α 是由 k 个有序符号 $\{x_1, \cdots, x_k\}$ 组成的字, 设其长为 $M(k, s, n)$, 则由命题 8.4.3 及 (8.4.10) 知, 字 α 或者含有子字 $\alpha_0 = \beta^{s'}, 1 \leqslant \beta$ 之长, 或者含有 n- 可裂子字, 这样为了证明本命题, 要进一步讨论的唯一情形是: $\alpha_0 = \beta^{s'}$ 而 β 之长 $= l > n$. 此时来证明: $\alpha_0 = \beta^{s'}$ 或含有子字 β_0^s 且 $1 \leqslant \beta_0$ 之长 $\leqslant n$ 或含有 n- 可裂子字. 为此对 β 之长 l 作归纳法. 由命题 8.4.4, 或者有 $\beta = \beta_0^t, t > 1$, 随之, β_0 之长 $< \beta$ 之长, 或者 β^{2n} 中含有 n- 可裂子字, 因而 α_0 含有 n- 可裂子字. 在第一种情况, $\beta^{s'}$ 中含有子字 $\beta_0^{s'}$, 注意到 β_0 之长 $< \beta$ 之长, 这样用一下归纳法假设即得所求结果. 在第二种情况, 注意到 $s' \geqslant 2n$, 由 β^{2n} 中含有 n- 可裂子字可得 $\beta^{s'}$ 中更含有 n- 可裂子字, 命题证完. |

由于采用组合的方法, 因此和 8.3 节不同, 在这里可以用交换环 Φ 上的代数来代替域 F 上的代数. 为此要引入相应的概念.

定义 8.4.3 Φ 是有单位元的交换环. 说 Φ- 代数 A 是有限 Φ- 代数, 如果 Φ- 模 A 是有限生成的. 说 Φ- 代数 A 是局部有限的, 如果 A 的任意有限子集生成一个有限 Φ- 代数.

易见当 Φ 是域时这里的有限 Φ- 代数的定义和域上代数的相应定义是一致的. 对于域上代数显然有有限代数是局部有限的. 对于 Φ- 代数也有

命题 8.4.6 有限 Φ- 代数 A 是局部有限的.

证 设 $u_1, \cdots, u_n$ 是 Φ- 模 A 的一组生成元. 令 $H = \{b_1, \cdots, b_m\}$ 是 A 中任

意有限个元素而来考察子代数 $B=\langle b_1,\cdots,b_m\rangle$. 此时有

$$u_iu_j=\sum\gamma_{ijk}u_k,\quad \gamma_{ijk}\in\Phi,$$

$$b_l=\sum\mu_{li}u_i,\quad \mu_{li}\in\Phi.$$

令 Φ' 是由集合 $\{\gamma_{ijk},\mu_{li},1,\forall i,j,k,l\}$ 在 Φ 中生成的子环. 根据 Hilbert 基的定理 (Jacobson, 1951) 知这个有限生成的交换环 Φ' 是 Noether 环. 易见

$$A'=\Phi'u_1+\cdots+\Phi'u_n$$

是 Φ'- 代数且 $H\subseteq A'$. 考察 H 所生成的 Φ'- 子代数 $B'\subseteq A'$. Φ'- 模 A', 作为 Noether 环 Φ' 上的有限生成模, 是 Noether 模, 所以其子模 B' 是 Φ' 上的有限生成模. 但另一方面, 我们知道 $B=\Phi B'$, 故 B 也是 Φ 上的有限生成模, 即 B 是有限 Φ- 代数. |

现在来叙证下面这个重要的Ширшов (Shirshov) 定理就没有什么困难了.

定理 8.4.1　设 A 是有单位元的交换环 Φ 上的一个代数. 若 A 满足一个次数为 d 的幺多项式恒等式, 且若代数 A 有一个生成元集 $\{a_i,i\in I\}$, I 可为任意足码集, 而由这些 $a_i,i\in I$ 作成的长小于或等于 d 的字 (看成 A 中元素) 都是 Φ 上代数元, 则 Φ- 代数 A 是局部有限的.

证　由于 A 中任意有限个元素所生成的子代数总包含在由有限个 a_i 所生成的子代数中, 因而根据命题 8.4.6, 欲证定理只要能证明, 由 $\{a_1,\cdots,a_k\}$ 所生成的子代数 B 是 Φ 上有限代数即可.

取符号 $\{x_1,\cdots,x_k\}$ 所作得的自由代数 $\Phi[x_1,\cdots,x_k]$. 这时存在一个 $\Phi[x_1,\cdots,x_k]$ 到代数 B 上的自然同态对应 θ:

$$\begin{aligned}\theta:\Phi[x_1,\cdots,x_k]&\to B,\\ x_i&\mapsto a_i,\quad i=1,\cdots,k.\end{aligned}$$

命同态对应 θ 之核为 K. 此时易见 $\Phi[x_1,\cdots,x_k]$ 中两个元素 f,g 模 K 相等 (记作 $f\equiv g(K)$, 指 $f-g\in K$), 当且仅当它们在 θ 下在 B 中的象相等: $f\theta=g\theta$. 由此即得定理中关于代数 A 的两条假设相当于关于 K 的下述两条性质:

(a) 对于任意 $u_1,\cdots,u_d\in\Phi[x_1,\cdots,x_k]$,

$$u_1\cdots u_d\equiv\sum_{1\neq\sigma\in S_d}\alpha_\sigma u_{\sigma(1)}\cdots u_{\sigma(d)}\quad (K).$$

这是因为由命题 8.2.1, B 满足 d 次齐次线性幺多项式;

(b) 设 U 是 $\Phi[x_1,\cdots,x_k]$ 中一切次数 $\leqslant d$ 的单项式的集合, 则存在一正整数 e, 使得对任一 $u\in U$ 都有

$$u^e\equiv\{u^{e-1},\cdots,u \text{ 的一个 } \Phi \text{ 线性和}\}\quad (K).$$

这是因为, 由定理假设 $u\theta$ 都是 Φ 上代数元且 U 是一个有限集.

欲证代数 B 是有限生成的 Φ- 模只要能证明下面这个命题 (C)：存在一个自然数 N, 使得 $x_1,\cdots,x_k$ 的任意长大于 N 的字 (亦即 $\Phi[x_1,\cdots,x_k]$ 中次数大于 N 的单项式) 都能模 K 等于长小于或等于 N 的字的 Φ 线性和 (亦即 $\Phi[x_1,\cdots,x_k]$ 中次数 $\leqslant N$ 的一个多项式.)

取 $N=M(k,e,d)$. 注意这时有 $N>e$.

设自然数 $l>N$ 并假设对长小于 l 的字命题 (C) 已成立, 而取 α 为长为 l 的一个字. 由于长为 l 而按字典排列最小的字是 x_1^l, 并且由 (b)(因为有 $l>N>e$) 以及上面的归纳假设, 对于它命题是成立的, 故还可以作如下的归纳假设：对长为 l 而小于 α 的字命题 (C) 已成立. 下面在这双重归纳假设下证明对字 α 命题也成立.

由命题 8.4.5, 由于 α 的长 $l>M(k,e,d)$, 字 α 必有下面两种情形之一：字 α 或者含有形如 α_1^e 的子字, 其中, 字 α_1 之长 $\leqslant d$, 因而有 $\alpha_1\in U$, 这时由上面的性质 (b),

$$\alpha_1^e\equiv\{\text{长} < e \text{ 的一些字的线性和}\}\quad (K),$$

因而

$$\alpha\equiv\{\text{长} < l \text{ 的一些字的线性和}\}\quad (K),$$

由归纳假设得

$$\alpha\equiv\{\text{长} \leqslant N \text{ 的一些字的线性和}\}\quad (K);$$

或者字 α 含有 d–可裂子字 $\alpha'=\alpha_1\alpha_2\cdots\alpha_d$, 此时由上面的性质 (a), $\alpha'=\alpha_1\alpha_2\cdots\alpha_d$ 模 K 等于一些与 α' 同长但在字典排列中较 α' 为小的字的线性和, 这样 α 本身也是模 K 等于一些长为 l 而较 α 为小的一些字的线性和, 关于这些字上述第二个归纳假设保证命题 (C) 是成立的, 故 α- 模 K 等于长 $\leqslant N$ 的一些字的线性和. 总之无论哪种情形都有 α 满足命题 (C), 故得定理. |

定理 8.4.2(Ширшов)　设 A 是有单位元的交换环 Φ 上的一个代数. 若 A 满足一个次数为 d 的幺多项式恒等式, 且若代数 A 有一个生成元集 $\{a_i,i\in I\},I$ 可为任意足码集, 而由这些 $a_i,i\in I$, 作成的长小于或等于 d 的字 (看成 A 中元素) 都是幂零元素, 则 A 是局部幂零代数.

这个定理的证明和前面定理的证明完全类似, 留给读者作为练习.

显然, 8.3 节中的 Kaplansky 定理和 Levitzki 定理是本节中Ширшов (Shirshov) 两个定理的推论, 比较这些定理的陈述可以看到一个很重要的差别：Kaplansky 定

理 (Levitzki 定理) 要求代数 A 的每一个元都是代数元 (幂零元), 而在Ширшов (Shirshov) 定理只要求代数 A 中一部分元素是代数元或幂零元, 特别当代数是有限生成的时候只要求其中特定的有限个元是代数元或幂零元.

与结合代数中Курош问题相平行的问题当然也可以对其他类型的代数提出. 关于交错代数、Jordan 代数、Lie 代数的类似结果可参见 (Ширшов (Shirshov), 1957a, 1957b; Кострикин(Kostrikin)[1]; Латышев(Lataishev)[1]; 刘绍学, 1956).

8.5　Голод 的反例

本节给出前面已提出的Голод的反例, 从而否定地解决了群论中的 Burnside 问题和环论中的Курош (Kurosh) 问题.

设 F 是域. 令 $T = F[x_1, \cdots, x_d]$ 是 F 上 d 个不可换不定元 $x_1, \cdots, x_d$ 的多项式环. T 可看成是 8.2 节中定义过的 F 上 d 个不定元 $x_1, \cdots, x_d$ 的自由代数 $F[x_1, \cdots, x_d]$ 添加单位元而得, 也就是有单位元的自由代数. 这样, 如令非零常数的次数为零, 便有单项式、多项式、多项式的次数等概念, 以及关于次数的相应结果 (见 8.2 节).

设 n 是自然数, 用 T_n 表示 T 中一切 n 次单项式所支撑成的子空间, 亦即 T_n 是 T 中一切 n 次齐次多项式的全体, 则有

$$T = T_0 + T_1 + \cdots + T_n + \cdots (\text{向量空间的直和}).$$

因为 T 中恰有 d^n 个不同的 n 次单项式, 故 $(T_n : F) = d^n$. 易见 $T_0 = F$.

上面引入的符号在本节内通用.

命题 8.5.1　设 A 是由齐次多项式 $f_i, i \in I$, 生成的理想, 则 $A = A_0 + A_1 + \cdots + A_n + \cdots$, 其中, $A_i = A \bigcap T_i$.

证　显然 $A \supseteq \sum A_i$. 另一方面, 形如

$$t f_i t', \quad \text{其中}, \ t, t' \text{ 是 } T \text{ 中单项式} \tag{8.5.1}$$

的元素都是齐次多项式且都在 A 中, 因而必属于某一 $A_n = A \bigcap T_n$ 中. 注意到 A 中任意元素都是形如 (8.5.1) 的元素的 F 线性和, 即得命题. |

命题 8.5.2　设 A 是 T 中由元素 $f_1, f_2, f_3, \cdots$ 生成的理想. 设 f_i 是 $n_i \geqslant 1$ 次齐次多项式, 而 $\beta_n = (T_n / A \bigcap T_n : F)$, 则对所有 $n \geqslant 1$, 有不等式

$$\beta_n \geqslant d\beta_{n-1} - \sum_{n_i \leqslant n} \beta_{n-n_i}.$$

证 由命题 8.5.1 知

$$A=\sum_{h=0}^{\infty}A_n,\quad 其中,\ A_n=A\cap T_n.$$

取 A_n 在向量空间 T_n 中的一个补空间 B_n, 则有 $T_n = A_n + B_n$(空间的直和), $\beta_n=(B_n:F)$.

今证, 当 $n\geqslant 1$ 时,

$$A_n\subseteq\sum_{j=1}^{d}A_{n-1}x_j+\sum_{n_i\leqslant n}B_{n-n_i}f_i. \tag{8.5.2}$$

注意到 A_n 是由形如 (8.5.1) 且次数为 n 的元素支撑成的子空间, 故欲证 (8.5.2), 只要能证, 当 $a=tf_it'\in A_n, t, t'$ 是单项式时, 必也有 a 属于 (8.5.2) 的右侧. 若 $t'\neq 1$, 则有某个 j, 使 $t'=t''x_j$. 这时 $a=tf_it''x_j=a'x_j$ 而 $a'\in A_{n-1}$, 故有 $a\in A_{n-1}x_j$. 若是 $t'=1$, 则 $a=tf_i$. 这时 t 是 $n-n_i$ 次单项式, 故 $n_i\leqslant n$ 且

$$t\in T_{n-n_i}=A_{n-n_i}+B_{n-n_i}, \tag{8.5.3}$$

故有 $t=a_1+b_1, a_1\in A_{n-n_i}, b_1\in B_{n-n_i}$. 又因为 $n_i\geqslant 1$, 又可把 f_i 写成 $f_i=\sum\limits_j c_jx_j$, 其中, c_j 或为零或为 n_i-1 次齐次多项式. 这样, 注意到 $a_1c_j\in A\bigcap T_{n-1}=A_{n-1}$, 有

$$\begin{aligned}a&=tf_i=a_1f_i+b_1f_i\\&=\sum_j a_1c_jx_j+b_1f_i\in\sum_j A_{n-1}x_j+B_{n-n_i}f_i.\end{aligned}$$

至此便证得 (8.5.2).

令 $\alpha_n=(A_n:F)$. 显然 $(A_{n-1}x_i:F)=(A_{n-1}:F)=\alpha_{n-1}, (B_{n-n_i}f_i:F)=(B_{n-n_i}:F)=\beta_{n-n_i}$, 由 (8.5.2) 便有

$$\alpha_n\leqslant d\alpha_{n-1}+\sum_{n_i\leqslant n}\beta_{n-n_i}. \tag{8.5.4}$$

注意到 $\alpha_n+\beta_n=(T_n:F)=d^n$, 由 (8.5.4) 便得

$$\beta_n\geqslant d\beta_{n-1}-\sum_{n_i\leqslant n}\beta_{n-n_i}.$$

命题证完. |

下面是有很多重要应用, 都是既简单又非常有力量的重要结果.

定理 8.5.1(Голод-Шафаревич(Golod-Shafarevich))　令 $T = F[x_1, \cdots, x_d]$ 是 F 上 d 个不交换不定元的多项式环. 令 A 是 T 中齐次多项式 $f_i, i = 1, 2, 3 \cdots$ 生成的理想, 其中, f_i 的次数为 $n_i \geqslant 2$, 而 n_i 中等于 k 的个数 $r_k \leqslant (d-1)^2/4$, 则 T/A 是无限维代数.

证　若 $d = 1$, 则 $(d-1)^2/4 = 0$, 即没有什么 f_i, 故 $A = 0$. 此时 $T/A = T$ 显然是无限维的.

今设 $d > 1$. 继续延用命题 8.5.2 中的符号, 有

$$(T/A : F) = \sum_{n=0}^{\infty} \beta_n.$$

因而欲证定理只要能知每一 $\beta_n \neq 0$ 即可. 由于 $n_i \geqslant 2$, 故 $A_0 = A \bigcap T_0 = 0, A_1 = A \bigcap T_1 = 0$. 这样 $\beta_0 = 1, \beta_1 = d$. 今对 n 作归纳法, 证明不等式

$$\beta_n \geqslant \frac{d-1}{2} \sum_{i=0}^{n-1} \beta_i. \tag{8.5.5}$$

由之, 并注意到 $d > 1$ 的假设, 便知 $\beta_n \neq 0$.

当 $n = 1$ 时, (8.5.5) 显然成立.

设 $n > 1$. 由命题 8.5.2, 有

$$\beta_n \geqslant d\beta_{n-1} - \sum_{n_i \leqslant n} \beta_{n-n_i}. \tag{8.5.6}$$

考察其右侧中的和 $\sum\limits_{n_i \leqslant n} \beta_{n-n_i}$. 由于 $n_i \geqslant 2$, 故 β_n 和 β_{n-1} 不会出现在该和中. 其次, 在该和中 β_{n-k} 出现的次数刚好等于 f_i 中其次数等于 k 的个数 r_k, 注意到 $r_k \leqslant (d-1)^2/4$ 以及 $n - n_i \leqslant n - 2$, 故有

$$\sum_{n_i \leqslant n} \beta_{n-n_i} \leqslant \frac{(d-1)^2}{4} \sum_{i=0}^{n-2} \beta_i. \tag{8.5.7}$$

这样, 利用归纳法假设 $\beta_{n-1} \geqslant \dfrac{d-1}{2} \sum\limits_{i=0}^{n-2} \beta_i$ 以及 (8.5.6), (8.5.7) 便有

$$\begin{aligned}\beta_n &\geqslant d\beta_{n-1} - \sum_{n_i \leqslant n} \beta_{n-n_i} \\ &\geqslant \frac{d-1}{2}\beta_{n-1} + \frac{d+1}{2}\beta_{n-1} - \frac{(d-1)^2}{4} \sum_{i=0}^{n-2} \beta_i\end{aligned}$$

$$\geqslant \frac{d-1}{2}\beta_{n-1} + \left(\frac{(d+1)(d-1)}{4} - \frac{(d-1)^2}{4}\right)\sum_{i=0}^{n-2}\beta_i$$
$$= \frac{d-1}{2}\sum_{i=0}^{n-1}\beta_i.$$

定理证完. |

下面是关于Курош问题的Голод反例.

定理 8.5.2 设 F 是任意可数域, 则有 F 上无限维代数, 它是幂零元代数且由 3 个元素生成.

证 令 $T = F[x_1, x_2, x_3]$, 则 T 是可数集. 和上面一样, $T = T_0 + T_1 + T_2 + \cdots$. 令 $M = T_1 + T_2 + \cdots$. M 是子代数. 当然 M 也是可数集, 故可把 M 的元素排列成 $s_1, s_2, \cdots$. 任取正整数 $m_1 \geqslant 2$, 则

$$s_1^{m_1} \in T_2 + T_3 + \cdots, s_1^{m_1} = s_{12} + s_{13} + \cdots + s_{1k_1}, \quad 其中, s_{1j} \in T_j.$$

选正整数 m_2, 使

$$s_2^{m_2} \in T_{k_1+1} + T_{k_1+2} + \cdots,$$
$$s_2^{m_2} = s_{2,k_1+1} + \cdots + s_{2,k_2}, \quad s_{2,j} \in T_j.$$

这样继续下去, 可得一组正整数 $m_1, m_2, \cdots$ 以及正整数 $k_1 < k_2 < \cdots < k_i < \cdots$, 使

$$s_i^{m_i} \in T_{k_{i-1}+1} + T_{k_{i-1}+2} + \cdots,$$
$$s_i^{m_i} = s_{i,k_{i-1}+1} + \cdots + s_{i,k_i}, \quad s_{ij} \in T_j.$$

令所有 $s_{ij}, i = 1, 2, \cdots, j = k_{i-1}+1, \cdots, k_i$ 在 T 中生成的理想为 A. 由上面选取 s_{ij} 的做法知, 它们都是具有不同次数的齐次多项式, 故定理 8.5.1 中的 $r_k \leqslant 1, \forall k$. 注意到 $d = 3$, 故有 $r_k \leqslant (d-1)^2/4$. 这样, 由定理 8.5.1 知 T/A 是无限维的, 因而 M/A 也是无限维的. 由上面作法知, M 中的任意元素 s_i, 有 $s_i^{m_i} \in A$, 故代数 M/A 是幂零元素的. M 是由 3 个元素 x_1, x_2, x_3 生成的, 故 M/A 也是由 3 个元素生成的. |

下面是关于 Burnside 问题的Голод反例.

定理 8.5.3 若 p 是任意素数, 则有由 3 个元素生成的无限群, 此群中每一元素的阶都是 p 的幂.

证 取 $F = J_p, p$ 个元素的素域. 令 M 和 A 顺序是 $T = F[x_1, x_2, x_3]$ 中由定理 8.5.2 的做法所得到的子代数和理想. 令 $B = T/A, b_i = x_i + A \in B, i = 1, 2, 3$. 取 G 为 $1 + b_1, 1 + b_2, 1 + b_3$ 生成的乘法半群. 这样 G 中任意元素都可写成 $1 + b$, 而 $b \in M/A$. 由定理 8.5.2 知 b 是幂零的, 故有 n 使 $b^{p^n} = 0$; 注意到 F 的特征为 p, 故

$$(1+b)^{p^n}=1+b^{p^n}=1,$$

即半群 G 实际上是一个群且每一元的阶都是 p 的幂. 若 G 是有限群, 则群代数 $F[G]=\langle G\rangle$ 是 B 的有限维子代数. 但又因为 $1+b_i$ 和 1 都在 G 中, 故 $F[G]=B$. 这与定理 8.5.2 中说 $B=T/A$ 是无限维代数是矛盾的, 故得定理. |

8.6 Hamilton 代数

代数 A 的子集按满足的条件强弱为序可分为下列 5 个等级：子空间、子代数、次理想、理想以及直和项. 要求每一满足较弱条件的子集都是某一满足较强条件的子集, 用这种方法可以划分出一些特殊的代数类来. 例如, 每一理想都是直和项的代数, 这类代数在前面已讨论过. 又如, 每一子代数都是理想的代数, 这是与 Hamilton 群 (即每一子群都是正规子群的群, 或称 Dedekind 群) 相平行的代数类. 将称之为 Hamilton 代数. 相应地, 把每一子代数都是左理想的代数称之为左 Hamilton 代数, 其他的还有如每一子代数都是次理想的代数等. 类似地, 对其他代数系统, 如群、环、Lie 环与代数等也可划分出一些相应的类去进行刻画.

本节的目的在于完全刻画左 Hamilton 代数和 Hamilton 代数, 即证明下面的两个定理 (刘绍学, 1964, 1979).

定理 8.6.1　设 R 是域 F 上的结合代数且 R 的每一子代数都是左理想, 则 R 是且仅是下面类型的代数：

(1) 零乘代数 A(即 $A^2=0$);

(2) 一维幂等代数 $\langle e\rangle$, 其中, e 是幂等元;

(3) $\langle e\rangle\oplus A$, 其中, $A^2=0,e$ 是幂等元;

(4) $\langle e\rangle+A$(向量空间的直和), 其乘法表如下：$e^2=e,Ae=0,A^2=0,ea=a,\forall a\in A$;

(5) $A+B$(向量空间的直和), 其乘法表如下：$AB=BA=AA=0,a$ 是 A 中一固定非零元, $b_i,i\in I$ 是非零空间 B 的一个 F- 基,

$$b_ib_j=\beta_{ij}a,\quad \beta_{ij}\in F,\quad \forall i,j\in I,$$

其中, 系数 β_{ij} 满足下面的非退化条件：若 W 是 I 的任意有限子集, 二次型 $\sum\limits_{i,j\in W}\beta_{ij}x_ix_j$ 是非退化的, 即若任取 $x_i\in F,i\in W$, 不全是零, 则该二次型的值不为零;

(6) $\langle e\rangle\oplus(A+B)$, 其中, 代数 $A+B$ 为如 (5) 中给出者而 e 是幂等元.

定理 8.6.2　设 R 是域 F 上的结合代数且 R 的每一子代数都是理想, 则 R 是且仅是定理 8.6.1 内 (1), (2), (3), (5), (6) 中的代数.

定理 8.6.2 是定理 8.6.1 的推论. 因为 Hamilton 代数既是左 Hamilton 代数, 又是右 Hamilton 代数, 而定理 8.6.1 中 (4) 中代数是左右不对称的, 其余的都是左右对称的, 故得.

下面来证定理 8.6.1. R 永远表示左 Hamilton 代数 (简记左 H- 代数), 并把证明分写成若干个引理形式.

引理 8.6.1 R 是局部有限的.

证 由于 R 的每一个元素生成的子代数都是左理想, 因而欲证引理, 只需证对任意 $a \in R, \langle a \rangle$ 是有限维的. 设 $\langle a \rangle$ 是无限维的, 则易见此时 $a^n, n = 1, 2 \cdots$ 必是线性无关的. 考虑 $\langle a^2 \rangle$. 由于它是左理想, 故 $a^3 = a \cdot a^2 \in \langle a^2 \rangle$, 这与 $a^n, n = 1, 2, \cdots$ 是线性无关的相矛盾. 故得引理. |

引理 8.6.2 若 R 有非幂零元, 则 $R = \langle e \rangle + C$(向量空间的直和), 其中, e 是幂等元, C 是幂零元左 H- 代数且 $Ce = 0$.

证 设 $a \in R$ 是非幂零元, 则 $\langle a \rangle$ 是含非幂零元的有限代数. 由定理 2.1.1 和定理 2.1.2 知 $\langle a \rangle$ 中有幂等元 e. 考虑 R 关于幂等元 e 的左 Peirce 分解

$$R = Re + C \quad (\text{向量空间直和}),$$

其中, $C = \{x - xe | x \in R\}$ 是左理想, $Ce = 0$. 由于 $\langle e \rangle$ 是左理想, 故 $Re = \langle e \rangle$, 即有

$$R = \langle e \rangle + C \quad (\text{空间的直和}).$$

若 C 不是幂零元的, 则 C 中有非幂零元 b. 重复上面讨论知 $\langle b \rangle$ 中有幂等元 e_1. 由于 R 是左 H- 代数, 故 $\langle e_1 \rangle$ 是左理想, 因而有 $ee_1 = \alpha e_1, \alpha \in F$. 由 $e_1 \in C$ 而 $Ce = 0$, 故得

$$0 = (e_1 e) e_1 = e_1 (ee_1) = e_1 (\alpha e_1) = \alpha e_1.$$

因而 $\alpha = 0$, 即 e, e_1 是互相正交的幂等元. 这样 $e + e_1$ 是幂等元, 而 $\langle e + e_1 \rangle$ 是一维左理想, 此时有

$$e_1 = e_1 (e + e_1) = \beta (e + e_1), \quad \beta \in F.$$

这与 e, e_1 必是线性无关元素相矛盾. 故 C 是幂零元的. 作为左 H- 代数的子代数, 易见 C 是左 H- 代数. |

引理 8.6.3 R 中幂零元的幂零指数 $\leqslant 3$.

证 设 $a \in R, a^n = 0$, 而 $a^{n-1} \neq 0, n > 3$. 令 m 是 $(n+1)/2$ 的整数部分. 令 $b = a^m$, 则 $b^2 = a^{2m} = 0$. 这样 $\langle b \rangle$ 是一维左理想, 有

$$a^{m+1} = ab = \alpha b = \alpha a^m, \quad \alpha \in F.$$

由于当 $n>3$ 时, $m+1<n$, 故 $a^{m+1}\neq 0$, 因而 $\alpha\neq 0$. 这样就有 $a^{m+n}=\alpha^n a^m\neq 0$, 这与 $a^n=0$ 是矛盾的. 故 $n\leqslant 3$. |

引理 8.6.4　设 R 是幂零元的, $a,b\in R$ 且 $a^2=b^2=0$, 则 $ab=ba=0$.

证　由于 $\langle a\rangle,\langle b\rangle$ 都是一维左理想, 故

$$ab=\beta b, ba=\alpha a,\quad \alpha,\beta\in F. \tag{8.6.1}$$

此时有

$$bab=b(\beta b)=0,\quad bab=(\alpha a)b=\alpha\beta b.$$

故 $\alpha\beta=0$. 由对称性, 不妨设 $\beta=0$. 此时注意到 $a+b$ 是幂零元以及引理 8.6.3, 有

$$(a+b)^2=ba=\alpha a,$$

$$0=(a+b)^3=(a+b)\cdot\alpha a=\alpha^2 a,$$

故也有 $\alpha=0$. 引理得证. |

取引理 8.6.2 中的 $R=\langle e\rangle+C$. 令

$$A=\{a\in C|a^2=0\}, \tag{8.6.2}$$

则由引理 8.6.4, A 是子代数. 任取定 A 在向量空间 C 中的一个补子空间 B, 则有

$$C=A+B\quad (\text{空间的直和}). \tag{8.6.3}$$

此时由引理 8.6.3 知, B 中非零元素都是幂零指数为 3 的幂零元. 在下面的讨论中, 将 C,A,B 的意义如上这样固定下来.

引理 8.6.5　设 $R=\langle e\rangle+A+B$, 则必 $be=eb=0,\forall b\in B$.

证　由引理 8.6.2 知 $be=0$. 其次, 取 $0\neq b\in B,\langle b\rangle$ 是以 b 和 b^2 为基的二维左理想, 故有

$$eb=\alpha b+\beta b^2,\quad \alpha,\beta\in F,$$

$$eb^2=\alpha b^2.$$

由 $0=beb=\alpha b^2$, 得 $\alpha=0$, 即 $eb^2=0,eb=\beta b^2$. 再由

$$\beta b^2=eb=eeb=e(\beta b^2)=0$$

得 $\beta=0$, 即有 $eb=0$. |

引理 8.6.6　设 $R=\langle e\rangle+A+B$, 则或者 $ea=a,\forall a\in A$, 或者 $ea=0,\forall a\in A$.

证 取 $0 \neq a \in A$. $\langle a\rangle$ 是一维左理想, 故 $ea = \alpha a, \alpha \in F$. 由 $\alpha a = ea = eea = \alpha^2 a$ 得 $\alpha = 0$ 或 $\alpha = 1$. 若 $\exists a \in A$, 有 $ea = a$ 且 $\exists a' \in A$, 有 $ea' = 0$, 则

$$e(a + a') = a \in \langle a + a'\rangle.$$

随之也有 $a' \in \langle a + a'\rangle$. 这样一维左理想 $\langle a + a'\rangle$ 含有两个线性无关的元素 a, a'. 这是矛盾的. 故得引理. |

引理 8.6.7 设 $R = \langle e\rangle + A + B$, 而 $B \neq \{0\}$, 则 $ea = 0, \forall a \in A$.

证 任取 B 的一个非零元 b, 则 $0 \neq b^2 \in A$. 但由引理 8.6.5, $eb^2 = (eb)b = 0$. 故由引理 8.6.6 知 $ea = 0, \forall a \in A$. |

引理 8.6.8 设 $R = \langle e\rangle + A + B$, 则 $ab = ba = 0, \forall a \in A, \forall b \in B$.

证 由 $\langle a\rangle$ 是一维左理想知 $ba = \beta a, \beta \in F$. 由引理 8.6.4 知, $0 = b^2 a = b(\beta a) = \beta^2 a$, 故 $\beta = 0$, 即 $ba = 0$.

另一方面, 若 $0 \neq b \in B$, 则 $\langle b\rangle$ 是二维左理想, 故有

$$ab = \alpha_1 b + \alpha b^2,$$

$$ab^2 = \alpha_1 b^2.$$

由引理 8.6.4 知 $ab^2 = 0$, 故 $\alpha_1 = 0$, 即有 $ab = \alpha b^2$. 若 $\alpha \neq 0$, 则 $-\alpha^{-1}a + b \notin A$, 因而它是幂零指数为 3 的幂零元素. 由上得 $0 \neq (-\alpha^{-1}a + b)^2 = (-\alpha^{-1}\alpha + 1)b^2 = 0$. 此矛盾说明 $\alpha = 0$, 即 $ab = 0$. |

引理 8.6.9 设 $R = \langle e\rangle + A + B$, 则 $b_1 b = \alpha b^2, \alpha = \alpha(b_1, b) \in F, \forall b_1, b \in B$.

证 由 $b_1 b = \alpha_1 b + \alpha_2 b^2, b_1 b^2 = \alpha_1 b^2$ 及引理 8.6.8 有 $0 = b_1 b^2 = \alpha_1 b^2$, 故 $\alpha_1 = 0$, 即 $b_1 b = \alpha_2 b^2$. |

引理 8.6.10 设 $R = \langle e\rangle + A + B, 0 \neq b$ 是 B 中任一取定的元素, 则 $b'^2 = \alpha b^2, \alpha = \alpha(b') \in F, \forall b' \in B$.

证 取 B 的含元素 b 的一个基 $b, b'_i, i \in I$. 由引理 8.6.9, $b'_i b = \alpha_i b^2, \alpha_i \in F, i \in I$. 令 $b_i = b'_i - \alpha_i b$, 则

$$b_i b = (b'_i - \alpha_i b)b = 0. \tag{8.6.4}$$

易见 $b, b_i, i \in I$ 仍是向量空间 B 的一个基. 由引理 8.6.9 可设 $bb_i = \beta_i b_i^2$. 此时有

$$b_i(b_i + b) = b_i^2 \neq 0. \tag{8.6.5}$$

注意到 $b_i + b \in B$ 以及引理 8.6.9 和 (8.6.4) 有

$$\begin{aligned} b_i(b_i + b) &= \gamma_i(b_i + b)^2 = \gamma_i(b_i^2 + b^2 + b_i b + bb_i) \\ &= \gamma_i(b_i^2 + b^2 + \beta_i b_i^2), \end{aligned} \tag{8.6.6}$$

其中, $\gamma_i \in F$. 由 (8.6.5), (8.6.6) 有 $b_i^2 = \gamma_i(b_i^2 + b^2 + \beta_i b_i^2)$, 即

$$\gamma_i b^2 = (1 - \gamma_i - \gamma_i\beta_i)b_i^2.$$

但由 (8.6.5), (8.6.6) 知 $\gamma_i \neq 0$, 故 $(1 - \gamma_i - \gamma_i\beta_i) \neq 0$, 因而有

$$b_i^2 = \delta_i b^2, \quad 其中, \ \delta_i = \gamma_i(1 - \gamma_i - \gamma_i\beta_i)^{-1} \in F. \tag{8.6.7}$$

任取 $b' \in B$, 则由 (8.6.7) 及 $bb_i = \beta_i b_i^2 = \beta_i\delta_i b^2, b_i b = \theta_i b^2, \theta_i \in F$,

$$b' = \varphi b + \sum \varphi_i b_i, \quad \varphi, \varphi_i \in F$$

有

$$b'^2 = \left(\varphi b + \sum \varphi_i b_i\right)^2 = \alpha b^2, \quad \alpha = \alpha(b') \in F. \ |$$

定理 8.6.1 的证明　设 R 是左 H- 代数. 按 R 中是否包含非幂零元、幂零指数为 3 的幂零元分别情形来讨论.

若 R 无非幂零元和幂零指数为 3 的幂零元, 则由引理 8.6.4, R 是 (1) 中的零乘代数 A.

若 R 中有非幂零元而无幂零元, 则由引理 8.6.2, R 是 (2) 中的幂等代数 $\langle e\rangle, e$ 是幂等元.

若 R 有非幂零元而无幂零指数为 3 的幂零元, 则由引理 8.6.2 和引理 8.6.6, 知 R 或是 (3) 中的 $\langle e\rangle \oplus A$, 或是 (4) 中的 $\langle e\rangle + A$.

若 R 无非幂零元而有幂零指数为 3 的幂零元, 则由引理 8.6.5 前面的讨论, 知 $R = A + B, B \neq 0$. 取 B 的一个基 $b_i, i \in I$. 由引理 8.6.8 ~ 引理 8.6.10 有 $b_i b_j = \beta_{ij} a_0, \beta_{ij} \in F, 0 \neq a_0 \in A$. 由引理 8.6.4 和引理 8.6.8 有 $AA = 0, BA = 0, AB = 0$. 为了说明 β_{ij} 符合 (5) 中所说的非退化条件, 取元素 $\alpha_i \in F, i \in K, K$ 是 I 的一个有限子集, 而 α_i 不全是零. 令 $b = \sum\limits_{i\in K} \alpha_i b_i$, 则 $0 \neq b \in B$, 即 b 是幂零指数为 3 的幂零元, 故有

$$0 \neq b^2 = \left(\sum_{i,j\in K} \alpha_i\alpha_j\beta_{ij}\right) a_0.$$

因而

$$\sum_{i,j\in K} \alpha_i\alpha_j\beta_{ij} \neq 0,$$

即 β_{ij} 符合非退化条件. 故此时 R 是 (5) 中的代数 $A + B$.

若 R 有非幂零元及幂零指数为 3 的幂零元, 则由引理 8.6.2 以及刚才的讨论, 知 $R = \langle e\rangle + (A + B)$, 其中, 代数 $A + B$ 如 (5) 中的代数. 注意到 $B \neq 0$ 及引理

8.6.2, 引理 8.6.5 和引理 8.6.7 有 $e(A+B)=(A+B)e=0$, 故 $R=\langle e\rangle\oplus(A+B)$, 即得 R 是 (6) 中的代数.

至此, 定理的必要性一面证明完毕.

另一方面, 易见 (1)~(6) 中代数都是结合代数. (1)~(4) 中代数显然是左 H- 代数. 下面来证明 (5) 中的代数 $A+B$ 是左 H- 代数. 为此只需证 $A+B$ 中任一元 x 生成的子代数都是左理想. 若 $x\in A$, 由于 $(A+B)x=0$, 故 $\langle x\rangle$ 是左理想. 若 $x=a+b, a\in A, 0\neq b\in B$, 则欲证 $\langle x\rangle$ 是左理想, 由 (5) 中的乘法表, 只需证明 $a_0\in\langle x\rangle$ 就够了. 用 B 的基 b_i 去表示 b, 则有

$$x=a+\sum_{i\in K}\alpha_i b_i,\quad a_i\in F, a\in A,$$

其中, K 是 I 的一个有限子集. 由 (5) 中乘法表,

$$x^2=\left(\sum_{i,j\in K}\alpha_i\alpha_j\beta_{ij}\right)a_0.$$

由 (5) 中规定的 β_{ij} 符号非退化条件, 故知上式中 a_0 的系数不为零, 即 $a_0\in\langle x\rangle$. 这样就证得 (5) 中代数 $A+B$ 是左 H- 代数. 随之, 易见 (6) 中代数 $\langle e\rangle\oplus(A+B)$ 也是左 H- 代数. 至此定理全部证完. |

本节讨论左 H- 结合代数. 实际上对于交错代数这些定理也都是成立的 (刘绍学, 1964, 1979), 对幂结合代数则只知道关于 H- 代数的定理是对的 (Outcalt, 1967). H- 结合环也已完全刻画了 (Андри яков, 1967). 一些广义 H- 代数也已刻画了 (刘绍学, 1982). 然而左 H- 结合环尚未刻画, 有兴趣的读者可作为练习去做.

习　题

8.1　证明代数 A, B 的外张量积 $A\otimes_F B$ 与 A, B 的 F- 基的选择无关.

8.2　设 A, B 是代数 D 的子代数, 而 $C=AB$ 是 A, B 的内张量积. 证明 $C=AB$ 同构于代数 A, B 的外张量积.

8.3　已知域 F 上代数 A, B. 设 A^*, B^* 顺序为对 A, B 添加单位元之后所得到的 F 上代数. 这样, A, B 和其外张量积 $C=A\otimes_F B$ 可以自然方式同构嵌入外张量积 $A^*\otimes_F B^*=D$ 中, 证明 D 的子代数 C 是 D 的子代数 A, B 的内张量积.

8.4　举例说明两个 Artin 代数的张量积不一定是 Artin 代数.

8.5　设 $A_\alpha, \alpha\in I$ 是域 F 上的有限代数并且它们的维数是有界的. 证明 $A_\alpha, \alpha\in I$ 的全直和 A 是一个 PI- 代数.

8.6　说多项式 f 是代数 A 的中心多项式, 如果 $f(A)\neq 0$ 且 $f(A)$ 属于 A 的中心中. 证明 $f(x_1,x_2)=[x_1,x_2]^2$ 是矩阵代数 F_2 的中心多项式.

8.7　给出满足下列条件的 F 上有限 H 代数 R 的所有不同构者 (即在每一互相同构的代数集中选出一个代表来)：

(1) F 是复数域 (实数域);

(2) 代数 R 有如定理 8.6.1 中 (5) 的乘法表.

8.8　称域 F 上代数 R 为广义 Hamilton 代数, 如果 R 的每一非零子代数都含有一个非零理想. 试刻画这类代数.

第 9 章　分　次　环

研究带有附加条件的环与代数, 如中心单代数、Artin 环、本原环等, 可得其特有的优美结果. 而研究带有附加结构的环与代数, 如分次环、Hopf 代数、有序环、拓扑环等, 同样如此. 后者也是环与代数理论的重要内容. 分次环在射影几何学、微分几何学、拓扑学、数学物理等诸多数学分支中都有非常重要的应用. 本章将介绍分次环的一些基本理论. 除非特别声明, 本章所提及的环都是幺环, 并设 G 为一乘法群, e 为 G 的单位元, $\mathbb{Z}$ 为整数加群.

9.1　分　次　环

本节介绍有关分次环的一些基本概念及其性质, 并给出分次环的一些例子及构造. 设 R 为环, M 为 R-模, S, N 分别为 R, M 的子集, 用 SN 来记 S 中元与 N 中元的乘积的有限和的全体做成的 M 的子集.

定义 9.1.1　若存在环 R 的加法子群 $R_g, g \in G$, 使得 $R = \bigoplus\limits_{g\in G} R_g$(加群内直和) 且 $R_gR_h \subseteq R_{gh}, \forall g, h \in G$, 则称 R 为一个 G- 分次环.

设 $R = \bigoplus\limits_{g\in G} R_g$ 为 G- 分次环. 集合 $h(R) = \bigcup\limits_{g\in G} R_g$ 中的元称为 R 的齐次元, R_g 中的非零元 r 称为 R 的 g 次齐次元, 记作 $\deg r = g$. 并称 R_g 为 R 的 g 次齐次分支. 由定义, G- 分次环 R 中的任一元素 r 均可唯一地写成$r = \sum\limits_{g\in G} r_g$, 其中, $r_g \in R_g, \forall g \in G$, 并且只有有限多个 r_g 非零. 有限集 $\mathrm{Supp}(r) = \{g \in G | r_g \neq 0\}$ 称为 r 在 G 中的支集. 集合 $\mathrm{Supp}(R) = \{g \in G | R_g \neq 0\}$ 称为 G- 分次环 R 的支集. 若 $\mathrm{Supp}(R) = \{e\}$, 则称 R 为平凡 G- 分次环. 任意环 R 均可看成平凡 G- 分次环, 其 e 次齐次分支为 R, 其余齐次分支皆为 0.

设 R, S 为 G- 分次环. 若环同态 $\phi : R \to S$ 满足 $\phi(R_g) \subseteq S_g, \forall g \in G$, 则称 ϕ 为一个 G- 分次环同态. 所有 G- 分次环及 G- 分次环同态关于集合映射的合成作成一个范畴. 若 G- 分次环同态作为集合映射为单射 (满射、双射), 则称其为 G- 分次环单同态 (满同态、同构).

命题 9.1.1　设 R 为 G- 分次环. 则下列结论成立:

(1) $1 \in R_e$ 且 R_e 为 R 的子环;

(2) R 中可逆 g 次齐次元 r 的逆元 r^{-1} 为 g^{-1} 次齐次元.

证 (1) 设 $1=\sum_{g\in G}r_g$, 其中, $r_g\in R_g$, 则对任意 $x_h\in R_h$ 有 $x_h=x_h1=\sum_{g\in G}x_hr_g$. 因为 $x_hr_g\in R_{hg}$, 所以 $x_hr_g=0,\forall e\neq g\in G$. 于是 $xr_g=0,\forall x\in R,e\neq g\in G$. 特别地, 取 $x=1$ 便有 $r_g=0,\forall e\neq g\in G$. 从而, $1=r_e\in R_e$. 因 $R_eR_e\subseteq R_e$, 故 R_e 为 R 的一个子环.

(2) 设 $r^{-1}=\sum_{h\in G}(r^{-1})_h$, 其中, $(r^{-1})_h\in R_h$, 则 $1=rr^{-1}=\sum_{h\in G}r(r^{-1})_h$. 因为 $1\in R_e$ 且 $r(r^{-1})_h\in R_{gh}$, 所以 $r(r^{-1})_h=0,\forall h\neq g^{-1}$. 又 r 可逆, 故 $(r^{-1})_h=0,\forall h\neq g^{-1}$. 于是 $r^{-1}=(r^{-1})_{g^{-1}}\in R_{g^{-1}}$. |

命题 9.1.1 表明 $R_eR_g=R_gR_e=R_g$, 于是 R_g 为 R_e-R_e- 双模.

定义 9.1.2 若 G- 分次环 $R=\bigoplus_{g\in G}R_g$ 满足 $R_gR_h=R_{gh},\forall g,h\in G$, 则称 R 为一个强 G- 分次环.

命题 9.1.2 设 R 为 G-分次环. 则 R 为强 G-分次环当且仅当 $1\in R_gR_{g^{-1}},\forall g\in G$.

证 充分性. 若 $1\in R_gR_{g^{-1}},\forall g\in G$, 则对于任意 $g,h\in G$, 有 $R_{gh}\subseteq(R_gR_{g^{-1}})R_{gh}=R_g(R_{g^{-1}}R_{gh})\subseteq R_gR_h$. 于是 $R_{gh}=R_gR_h$, 即 R 为强分次环.

必要性. 由 $R_e=R_gR_{g^{-1}}$ 及命题 9.1.1(1) 立得. |

定义 9.1.3 若 G- 分次环 R 的每个齐次分支 R_g 都包含可逆元, 则称 R 为一个 G- 交叉积.

由命题 9.1.1 和命题 9.1.2 知, 一个 G- 交叉积必为一个强 G- 分次环.

定义 9.1.4 设 F 为域, A 为 F- 代数. 若存在 A 的 F- 子空间 $A_g,g\in G$, 使得 $A=\bigoplus_{g\in G}A_g$, $A_gA_h\subseteq A_{gh},\forall g,h\in G$, 则称 A 为一个 G- 分次 F- 代数.

现在列举分次环的一些例子.

例 9.1.1 多项式环. 域 F 上的多项式环 $R=F[x_1,\cdots x_m]$ 为一个 $\mathbb{Z}$- 分次 F- 代数, 其 n 次齐次分支 R_n 为所有 n 次齐次多项式生成的 F- 向量空间. 因为 $R_n=0,\forall n<0$, 所以 R 不是强 $\mathbb{Z}$- 分次环.

例 9.1.2 Laurent 多项式环. 域 F 上的未定元为 x 的 Laurent 多项式环

$$R=F[x,x^{-1}]=\left\{\sum_{n\in\mathbb{Z}}k_nx^n|k_n\in F\text{ 且只有有限多个非零}\right\}$$

关于加法

$$\left(\sum_{n\in\mathbb{Z}}k_nx^n\right)+\left(\sum_{n\in\mathbb{Z}}l_nx^n\right)=\sum_{n\in\mathbb{Z}}(k_n+l_n)x^n$$

及乘法

$$\left(\sum_{n\in\mathbb{Z}} k_n x^n\right)\left(\sum_{n\in\mathbb{Z}} l_n x^n\right)=\sum_{n\in\mathbb{Z}}\left(\sum_{m\in\mathbb{Z}} k_m l_{n-m}\right)x^n$$

作成一个 $\mathbb{Z}$- 分次 F- 代数, 其 n 次齐次分支 $R_n = Fx^n$. 显然, R 为一个 $\mathbb{Z}$- 交叉积. 注意: $\mathbb{Z}$ 为整数加群.

例 9.1.3　群环. 设 R 为环, 则 G 在 R 上的群环

$$RG=\left\{\sum_{g\in G} r_g g \mid r_g\in R \text{ 且只有有限多个非零}\right\}$$

关于加法

$$\left(\sum_{g\in G} r_g g\right)+\left(\sum_{g\in G} s_g g\right)=\sum_{g\in G}(r_g+s_g)g$$

及乘法

$$\left(\sum_{g\in G} r_g g\right)\left(\sum_{g\in G} s_g g\right)=\sum_{g\in G}\left(\sum_{h\in G} r_h s_{h^{-1}g}\right)g$$

作成一个 G- 交叉积, 其 g 次齐次分支 $(RG)_g = R_g$.

接下来列举分次环的一些构造方法.

例 9.1.4　剩余类环. 若 S 为 G-分次环 R 的加法子群, 则记 $S_g = S\cap R_g, \forall g\in G$. 若 $S=\sum\limits_{g\in G} S_g$, 则称 S 为分次的或齐次的. 特别地, 若 S 既是 R 的一个子环 (左理想、右理想、理想) 又是分次的, 则称 S 为 R 的一个分次子环 (分次左理想、分次右理想、分次理想). 若 I 为 G- 分次环 R 的一个分次理想, 则 R 模 I 所得的剩余类环 R/I 也是一个 G- 分次环, 其 g 次齐次分支为 $(R/I)_g = (R_g + I)/I$.

例 9.1.5　反环. 设 R 为 G- 分次环, R^{op} 为 R 的反环, 即作为加群 $R^{op} = R$, 但 R^{op} 中的乘法由 $r_1 \circ r_2 = r_2 r_1$ 所定义, 则 R^{op} 也是一个 G- 分次环, 其 g 次齐次分支 $(R^{op})_g = R_{g^{-1}}$. 令 G^{op} 为 G 的反群, 即作为集合 $G^{op} = G$, 但 G^{op} 中的乘法由 $g_1\circ g_2 = g_2 g_1$ 所定义. 则 R^{op} 还是一个 G^{op}- 分次环, 其 g 次齐次分支 $(R^{op})_g = R_g$.

例 9.1.6　张量积. 若 A 是一个 G-分次 F-代数, B 是一个 F-代数, 则它们在 F 上的张量积 $A\bigotimes_F B=\sum\limits_{g\in G}(A_g\bigotimes_F B)$ 为一个 G- 分次 F- 代数. 一般地, 设 A 为一个 G- 分次 F- 代数, B 为一个 H- 分次 F- 代数, 其中, H 为一乘法群, 则张量积代数 $A\bigotimes_F B$ 为一个 $G\times H$- 分次代数, 其 (g,h)- 次齐次分支 $(A\bigotimes_F B)_{(g,h)} = A_g\bigotimes_F B_h$.

若 G 为交换群, A,B 为 G- 分次 F- 代数, 则张量积代数 $A\bigotimes_F B$ 为 G- 分次 F- 代数, 其 g 次齐次分支 $(A\bigotimes_F B)_g$ 为 $A\bigotimes_F B$ 中所有形如 $a_h\otimes b_{h^{-1}g}$, 其中, $h\in G$, $a_h\in A_h, b_{h^{-1}g}\in B_{h^{-1}g}$, 的元素生成的 F- 向量空间.

注 9.1.1 这里所定义的分次环皆为 "群分次环", 然而其定义只用到群的乘法. 事实上, 完全可以代群 G 以半群来定义 "半群分次环" 及 "半群分次代数". 记 $\mathbb{N}$ 为非负整数半群, 则例 9.1.1 中的多项式环为 $\mathbb{N}$- 分次代数.

注 9.1.2 在诸多数学分支中出现了各种各样非常重要的分次环及分次代数, 如 Clifford 代数、Grassmann 代数、Koszul 代数等, 限于篇幅不再列举. 有兴趣的读者可查阅相关文献.

9.2 分 次 模

分次模是分次环上的模中特殊一部分, 通常尤其重要. 本节将介绍有关分次模的一些基本概念及其性质.

定义 9.2.1 设 R 为 G- 分次环. 若对于左 R- 模 M 存在加法子群 $M_g, g\in G$, 使得 $M=\bigoplus\limits_{g\in G} M_g$ 且 $R_gM_h\subseteq M_{gh}, \forall g,h\in G$, 则称 M 为一个 G- 分次左 R- 模.

设 $M=\bigoplus\limits_{g\in G} M_g$ 为 G- 分次左 R- 模. 集合 $h(M)=\bigcup\limits_{g\in G} M_g$ 中的元称为 M 的齐次元, M_g 中的非零元 m 称为 M 的 g 次齐次元, 记作 $\deg m=g$, 并称 M_g 为 M 的 g 次齐次分支. 由定义, M 中的每个元素 m 均可唯一地写成 $m=\sum\limits_{g\in G} m_g$, 其中, $m_g\in M_g$ 且只有有限个非零. 有限集 $\mathrm{Supp}(m)=\{g\in G|m_g\neq 0\}$ 称为 m 在 G 中的支集. 集合 $\mathrm{Supp}(M)=\{g\in G|M_g\neq 0\}$ 称为 G- 分次左 R- 模 M 的支集.

设 M,N 为 G- 分次左 R- 模. 若左 R- 模同态 $\phi: M\to N$ 满足 $\phi(M_g)\subseteq N_g, \forall g\in G$, 则称 ϕ 为一个 G- 分次左 R- 模同态. 从 M 到 N 的所有 G- 分次左 R- 模同态的集合记为 $\mathrm{Hom}_{R\text{-gr}}(M,N)$, 其为 $\mathrm{Hom}_R(M,N)$ 的加法子群. 所有 G- 分次左 R- 模及所有 G- 分次左 R- 模同态关于集合映射的合成做成一个范畴, 称为 G- 分次左 R- 模范畴, 记作 R-gr. 若 G- 分次左 R- 模同态作为集合映射为单射 (满射、双射), 则称其为 G- 分次左 R- 模单同态 (满同态、同构).

类似地, 可定义 G- 分次右 R- 模、G- 分次右 R- 模同态、G- 分次右 R- 模范畴 gr-R. 不难证明, G- 分次右R- 模范畴与 G^{op}- 分次左 R^{op}- 模范畴及 G- 分次左 R^{op}- 模范畴同构 (见例 9.1.5). 因此, 只陈述关于 G- 分次左R- 模的结论, 关于 G- 分次右 R- 模的类似结果可平行得到, 不再赘述.

对于任意 $g\in G$ 及 $M\in R$-gr, 定义 G- 分次左R- 模 $M[g]=\bigoplus\limits_{h\in G} M[g]_h$, 其中, $M[g]_h=M_{hg}, \forall h\in G$, 称之为 M 的 g- 平移. 对任一 $g\in G$, 定义函子 $\mathcal{S}_g: R\text{-gr}\to R$-

gr, 其作用 M 为 $M[g]$, 作用同态不变, 即 $\mathcal{S}_g(M) = M[g], \mathcal{S}_g(\phi) = \phi, \forall M \in R\text{-gr}$, $\phi \in \mathrm{Hom}_{R-\mathrm{gr}}(M, N)$. 显然, $\mathcal{S}_g\mathcal{S}_h = \mathcal{S}_{gh}, \mathcal{S}_g\mathcal{S}_{g^{-1}} = \mathcal{S}_{g^{-1}}\mathcal{S}_g = \mathcal{S}_e = 1, \forall g, h \in G$. 特别地, $\mathcal{S}_g$ 为 R-gr 的自同构, $\forall g \in G$.

设 R 为 G- 分次环, M, N 为 G- 分次左 R- 模. 若存在 $g \in G$ 使得 R- 模同态 $\phi: M \to N$ 满足 $\phi(M_h) \subseteq N_{hg}, \forall h \in G$, 则称 ϕ 为一个 g 次 G- 分次左 R- 模同态. 从 M 到 N 的所有 g 次 G- 分次左 R- 模同态的集合记为 $\mathrm{Hom}_R(M, N)_g$, 其为 $\mathrm{Hom}_R(M, N)$ 的加法子群. 显然, 作为 $\mathrm{Hom}_R(M, N)$ 的加法子群

$$\mathrm{HOM}_R(M, N)_e = \mathrm{Hom}_{R\text{-gr}}(M, N),$$

并且

$$\mathrm{HOM}_R(M, N)_g = \mathrm{Hom}_{R\text{-gr}}(M, N[g]) = \mathrm{Hom}_{R\text{-gr}}(M[g^{-1}], N).$$

令$\mathrm{HOM}_R(M, N) = \sum_{g \in G} \mathrm{HOM}_R(M, N)_g$, 则 $\mathrm{HOM}_R(M, N) = \bigoplus_{g \in G} \mathrm{HOM}_R(M, N)_g$, 它也是 $\mathrm{Hom}_R(M, N)$ 的加法子群. 设 $\phi: M \to N$ 和 $\psi: N \to P$ 分别为 g 次和 h 次 G- 分次左 R- 模同态, 则它们的合成 $\psi \circ \phi: M \to P$ 为 gh 次分次 R- 模同态. 于是 $\mathrm{HOM}_R(M, N)$ 关于乘法 $\phi * \psi = \psi \circ \phi$ 作成一个 G- 分次环, 记作 $\mathrm{END}_R(M)$.

命题 9.2.1 设 $M, N \in R$-gr, 则

$$\begin{aligned}\mathrm{HOM}_R(M, N) = \{\phi \in \mathrm{Hom}_R(M, N) |\ & \text{存在 } G \text{ 的有限子集 } H \text{ 使得有} \\ & \phi(M_g) \subseteq \sum_{h \in H} N_{gh}, \forall g \in G\}.\end{aligned} \tag{9.2.1}$$

证 设 $\phi \in \mathrm{HOM}_R(M, N)$, 则存在 $g_1, \cdots, g_t \in G$ 使得 $\phi = \phi_{g_1} + \cdots + \phi_{g_t}$, 其中, $\phi_{g_i} \in \mathrm{HOM}_R(M, N)_{g_i}$, $\forall i = 1, \cdots, t$. 显然, ϕ 满足 (9.2.1). 反过来, 设 $\phi \in \mathrm{Hom}_R(M, N)$ 满足 (9.2.1). 对任意 $m_g \in M_g$, 由 (9.2.1) 得$\phi(m_g) = \sum_{h \in H} n_{m_g, gh}$, 其中, $n_{m_g, gh} \in N_{gh}$, 由 m_g 唯一确定. 对任意 $h \in H$, 定义 $\phi_h(m_g) = n_{m_g, gh}$. 显然, $\phi_h \in \mathrm{HOM}_R(M, N)_h$ 且 $\phi = \sum_{h \in H} \phi_h$. 于是 $\phi \in \mathrm{HOM}_R(M, N)$. |

推论 9.2.1 设 R 为 G- 分次环. 若 G 为有限群, 则 $\mathrm{HOM}_R(M, N) = \mathrm{Hom}_R(M, N)$, $\forall M, N \in R$-gr.

推论 9.2.2 设 R 为 G- 分次环, M, N 为 G- 分次左 R- 模. 若 M 是有限生成左 R- 模, 则 $\mathrm{HOM}_R(M, N) = \mathrm{Hom}_R(M, N)$.

证 设 M 由 $m_1, \cdots, m_t$ 生成, 并假定 $m_1, \cdots, m_t$ 是次数分别为 $g_1, \cdots, g_t$ 的非零齐次元. 对任意 $\phi \in \mathrm{Hom}_R(M, N)$, 设 $\phi(m_i) = \sum_{j=1}^{s_i} n_{g_{ij}}$, 其中, $n_{g_{ij}} \in N_{g_{ij}}$.

令 $H=\{g_i^{-1}g_{ij}|1\leqslant i\leqslant t,1\leqslant j\leqslant s_i\}$. 要证明 $\phi(M_g)\subseteq\sum\limits_{h\in H}N_{gh},\forall g\in G$. 事实上, 对任意 $m_g\in M_g$, 有 $m_g=\sum\limits_{i=1}^{t}r_im_i$, 其中, $r_i\in h(R)$ 且 $\deg r_i=gg_i^{-1}$, 于是 $\phi(m_g)=\sum\limits_{i=1}^{t}r_i\phi(m_i)=\sum\limits_{i=1}^{t}\sum\limits_{j=1}^{s_i}r_in_{g_{ij}}$. 因 $\deg r_in_{g_{ij}}=gg_i^{-1}g_{ij}$, 故 $r_in_{g_{ij}}\in N_{gh}$, 其中, $h=g_i^{-1}g_{ij}$. 于是 $\phi(m_g)\in\sum\limits_{h\in H}N_{gh}$, 从而 $\phi(M_g)\subseteq\sum\limits_{h\in H}N_{gh},\forall g\in G$. 再应用命题 9.2.1 即可. |

下面给出分次模的一些构造.

例 9.2.1 商模. 若 G-分次左 R-模 M 的左 R-子模 N 满足 $N=\sum\limits_{g\in G}(N\cap M_g)$, 等价地, $N=\bigoplus\limits_{g\in G}(N\cap M_g)$, 则称 N 为 M 的一个分次子模. 若 N 为 G-分次左 R-模 M 的一个分次子模, 则商模 M/N 也是一个 G-分次左 R-模, 其 g 次齐次分支 $(M/N)_g=(M_g+N)/N$.

定义 9.2.2 设 R 和 S 为 G-分次环. 若 R-S-双模 M 满足

(1) $M=\bigoplus\limits_{g\in G}M_g$, 其中, M_g 为 M 的加法子群;

(2) $R_gM_hS_l\subseteq M_{ghl},\forall g,h,l\in G$, 则称 M 为一个 G-分次 R-S-双模.

例 9.2.2 张量积. 设 R 为 G-分次环, $M\in\text{gr-}R, N\in R\text{-gr}$. 将整数环 $\mathbb{Z}$ 看成平凡 G-分次环, 则 $M\otimes_RN\in\mathbb{Z}\text{-gr}$, 其 g 次齐次分支 $(M\otimes_RN)_g$ 为 $M\otimes_RN$ 的由所有形如 $m_h\otimes n_{h^{-1}g}$, 其中, $h\in G$, $m_h\in M_h, n_{h^{-1}g}\in N_{h^{-1}g}$, 的元素生成的加法子群. 若 N 为 G-分次 R-S-双模, 则 $M\otimes_RN$ 有自然的 G-分次右 S-模结构. 若 M 为 G-分次 T-R-双模, 则 $M\otimes_RN$ 有自然的 G-分次左 T-模结构. 若 M 为 G-分次 T-R-双模且 N 为 G-分次 R-S-双模, 则 $M\otimes_RN$ 有自然的 G-分次 T-S-双模结构.

例 9.2.3 过滤环及过滤模. 若存在环 R 的加法子群升链 $\{F_iR|i\in\mathbb{Z}\}$ 使得 $1\in F_0R,(F_iR)(F_jR)\subseteq F_{i+j}R,\forall i,j\in\mathbb{Z}$, 则称 R 为一个过滤环, 并称 $\{F_iR|i\in\mathbb{Z}\}$ 为 R 的一个过滤.

设 R 为过滤环. 若存在左 R-模 M 的加法子群升链 $\{F_iM|i\in\mathbb{Z}\}$, 使得 $(F_iR)(F_jM)\subseteq F_{i+j}M,\forall i,j\in\mathbb{Z}$, 则称 M 为一个过滤左 R-模, 并称 $\{F_iM|i\in\mathbb{Z}\}$ 为 M 的一个过滤.

设 R 为过滤环, M 为过滤左 R-模. 考虑加法群 $G(R)=\bigoplus\limits_{i\in\mathbb{Z}}(F_iR/F_{i-1}R)$ 和 $G(M)=\bigoplus\limits_{i\in\mathbb{Z}}(F_iM/F_{i-1}M)$. 若 $r\in F_pR$, 则用 r_p 记 r 在 $G(R)_p=F_pR/F_{p-1}R$

中的象. 若 $m \in F_pM$, 则用 m_p 记 m 在 $G(M)_p = F_pM/F_{p-1}M$ 中的象. 若 $r \in F_iR, m \in F_jM$, 则定义 $r_im_j = (rm)_{i+j}$, 并将此乘法扩充为 $\mathbb{Z}$- 双线性映射 $\mu_{R,M}$: $G(R) \times G(M) \to G(M)$, 则 $\mu_{R,R}$ 定义了 $G(R)$ 上的乘法, 于是 $G(R)$ 成为一个 $\mathbb{Z}$- 分次环, 而 $G(M)$ 成为一个 $\mathbb{Z}$- 分次左$G(R)$- 模. 通常称 $\mathbb{Z}$- 分次环 $G(R)$ 为与过滤环 R 相伴的分次环.

反过来, 若 R 为 $\mathbb{Z}$-分次环,M 为 $\mathbb{Z}$-分次左 R-模, 则定义 $F_pR=\bigoplus_{i\leqslant p} R_i$ 及 $F_pM=\bigoplus_{i\leqslant p} M_i, \forall p \in \mathbb{Z}$. 于是 R 可视为过滤环而 M 可视为过滤模. 此外, 作为 G- 分次环 $G(R) \cong R$. 若将 $G(R)$ 与 R 等同, 则有 G- 分次左 R- 模同构 $G(M) \cong M$.

注 9.2.1 过滤环及过滤模的理论也相当丰富, 有兴趣的读者可参阅文献 (Năstăsescu et al., 1982).

9.3 分次 Jacobson 根

在普通环论中环的 Jacobson 根非常重要, 关于分次环还有同样重要的分次 Jacobson 根. 本节将给出有关分次 Jacobson 根的一些基本概念及其性质. 本节总设 R 为 G- 分次环, 并简称 G- 分次左 R- 模为分次模.

定义 9.3.1 所有非零齐次元都可逆的分次环称为分次除环.

例 9.3.1 Laurent 多项式环 $F[x, x^{-1}]$ 为 $\mathbb{Z}$- 分次除环, 但不是除环 (见习题 9.4). 更一般地, 域 F 上的群代数 FG 为 G- 分次除环.

定义 9.3.2 若非零分次模 M 除了 0 和它本身外没有其他分次子模, 则称 M 为分次单模. 分次单模的直和称为分次半单模.

命题 9.3.1(分次情形的 Schur 引理) 设 M 为分次单 R- 模, 则 $\mathrm{END}_R(M)$ 为分次除环.

证 设 $0 \neq \phi \in (\mathrm{END}_R(M))_g$, 则 $\phi \in \mathrm{Hom}_{R\text{-gr}}(M, M[g])$. 于是 $\ker\phi$ 与 $\mathrm{Im}\phi$ 分别为 M 与 $M[g]$ 的分次子模. 因 M 及 $M[g]$ 为分次单模且 $\phi \neq 0$, 故 $\ker\phi = 0$, $\mathrm{Im}\phi = M$, 即 $\phi : M \to M[g]$ 是一个 G- 分次左 R- 模同构. |

定义 9.3.3 设 N 为分次模 M 的分次真子模. 若 M/N 为分次单模, 即 M 的包含 N 的分次子模或为 M 或为 N, 则称 N 为 M 的分次极大子模.

定义 9.3.4 若分次模 M 无分次极大子模, 则定义 M 的分次 Jacobson 根为 M. 否则, 称 M 的所有分次极大子模的交为 M 的分次 Jacobson 根. 记 M 的分次 Jacobson 根为 $J_G(M)$.

类似地, 可定义分次右模的分次 Jacobson 根.

命题 9.3.2 设 $M \neq 0$ 为有限生成分次 R- 模. 则 M 有分次极大子模, 从而 $J_G(M) \neq M$. 特别地, R 有分次极大左理想, 从而分次单 R- 模存在.

证 只需证明 M 有分次极大子模. 更强地, 证明 M 的每个分次真子模 N 都包含在 M 的一个分次极大子模中. 设 M 由 $m_1,\cdots,m_t$ 生成. 若记 $\mathbb{S}$ 为 M 的包含 N 的分次真子模的集合, 则 $N\in\mathbb{S}$, 即 $\mathbb{S}$ 非空. 如果 $\{L_i\}$ 为 $\mathbb{S}$ 中一个升链, 那么 $\bigcup\limits_i L_i$ 为 M 的包含 N 的分次子模. 假设 $\bigcup\limits_i L_i=M$, 则每个 m_j 都包含在某个 L_{k_j} 中. 取 L_k 为 $L_{k_1},\cdots,L_{k_t}$ 中最大者, 则 L_k 包含 $m_1,\cdots,m_t$, 从而 $L_k=M$. 这与 L_k 为 M 的分次真子模矛盾, 故 $\bigcup\limits_i L_i\in\mathbb{S}$. 由 Zorn 引理, $\mathbb{S}$ 中有极大元, 其为 M 的分次极大子模且包含 N. |

命题 9.3.3 设 M 为分次 R- 模. 则 $J_G(M)=\bigcap\limits_{N,\phi}\ker\phi=\bigcap\limits_{N,\psi}\ker\psi$, 其中, N 取遍所有分次单 R- 模, ϕ 取遍 $\mathrm{Hom}_{R\text{-gr}}(M,N)$ 中所有元, ψ 取遍 $\mathrm{HOM}_R(M,N)$ 中所有元.

证 分次模 M 的分次极大子模 L 必为典范分次模同态 $M\to M/L$ 的核. 反之, M 到任意分次单模的非零分次模同态的核必为 M 的分次极大子模, 故前一等号成立. 因 $\mathrm{Hom}_{R\text{-gr}}(M,N[g])\subseteq\mathrm{HOM}_R(M,N)$, 故 $\bigcap\limits_{N,\phi}\ker\phi\supseteq\bigcap\limits_{N,\psi}\ker\psi$. 反之, 对任意 $\psi=\sum\limits_{g\in G}\psi_g\in\mathrm{HOM}_R(M,N)=\bigoplus\limits_{g\in G}\mathrm{Hom}_{R\text{-gr}}(M,N[g])$, 都有 $\ker\psi\supseteq\bigcap\limits_{g\in G}\ker\psi_g$. 从而 $\bigcap\limits_{N,\phi}\ker\phi\subseteq\bigcap\limits_{N,\psi}\ker\psi$, 故后一等号成立. |

命题 9.3.4 设 M,N 为分次 R- 模, $\phi\in\mathrm{Hom}_{R\text{-gr}}(M,N)$, 则 $\phi(J_G(M))\subseteq J_G(N)$.

证 若 N 无分次极大子模, 则 $J_G(N)=N$, 结论自然成立. 若 L 是 N 的一个分次极大子模, 则映射 $\phi':M\to N/L, m\mapsto\phi(m)+L$ 为分次模同态. 因 $\mathrm{Im}\phi'$ 或为 0 或为 N/L, 故 $\ker\phi'$ 或为 M 或为 M 的分次极大子模. 于是 $J_G(M)\subseteq\ker\phi'$. 从而 $\phi(J_G(M))\subseteq L$. 因此 $\phi(J_G(M))\subseteq J_G(N)$. |

引理 9.3.1 任意分次 R- 模 M 的零化子 $\mathrm{Ann}_R(M)=\{r\in R|rM=0\}$ 都是 R 的分次理想.

证 众所周知, $\mathrm{Ann}_R(M)$ 为 R 的理想. 此外, 对任意 $a\in\mathrm{Ann}_R(M)$, 因 $\left(\sum\limits_{g\in G}a_g\right)M_h=0,\forall h\in G$, 故 $a_gM_h=0,\forall g,h\in G$. 从而 $a_gM=0$, 即 $a_g\in\mathrm{Ann}_R(M)$, $\forall g\in G$. 于是 I 为 R 的分次理想. |

命题 9.3.5 设 R 为 G- 分次环.

(1) $J_G({}_RR)=\cap_N\mathrm{Ann}_R(N)$, 其中, N 取遍所有分次单 R- 模;

(2) $J_G({}_RR)$ 是分次理想;

(3) $J_G({}_RR)$ 是 R 的满足性质 "若 $a\in h(R)$ 且 $a+I$ 在 R/I 中可逆, 则 a 可逆" 的最大分次真理想 I;

(4) $J_G({}_RR)=J_G(R_R)$.

证　(1) 设 I 为 R 的分次极大左理想, 则 R/I 为分次单模. 于是左侧包含右侧. 反过来, 设 N 为分次单 R- 模, 则存在 $g\in G, n\in N_g$ 使得 $n\neq 0$. 因 N 是分次单模, 故 N=Rn. 若 $\mathrm{Ann}_R(n):=\{r\in R|rn=0\}$ 不是 R 的分次极大左理想, 则存在 R 的分次极大左理想 I 使得 $\mathrm{Ann}_R(n)\subset I\subset R$. 于是 $0\subset In\subseteq Rn=N$. 因 N 是分次单模, 故 $N=In$. 于是对任意 $r\in R$ 存在 $i\in I$ 使得 $rn=in$, 即 $r-i\in \mathrm{Ann}_R(n)\subset I$, 从而 $R=I$, 矛盾. 因此 $\mathrm{Ann}_R(n)$ 必为 R 的分次极大左理想. 于是 $\mathrm{Ann}_R(N)=\bigcap\limits_{n\in N}\mathrm{Ann}_R(n)$ 为 R 的一些分次极大左理想的交, 从而右侧包含左侧.

(2) 由 (1) 及引理 9.3.1 知 $J_G({}_RR)$ 为分次理想之交, 从而为分次理想.

(3) 先证 $J_G({}_RR)$ 是 R 的满足性质 "若 $a\in h(R)$ 且 $a+I$ 在 R/I 中可逆, 则 a 可逆" 的分次真理想. 设 $\phi: R\to R/J_G({}_RR)$ 为典范环同态, $a\in h(R)$ 且 $a+J_G({}_RR)$ 在 $R/J_G({}_RR)$ 中可逆. 假设 $Ra\neq R$, 则存在 R 的包含 Ra 的分次极大左理想 M. 因 $J_G({}_RR)\subseteq M$ 且 $\phi(a)$ 可逆, 故 $R=M$, 矛盾. 因此 $Ra=R$, 即存在 $b\in R$ 使得 $ba=1$. 不妨设 $b\in h(R)$. 因 $\phi(b)$ 为 $\phi(a)$ 在 $R/J_G({}_RR)$ 中的逆, 同理可证存在 $c\in h(R)$ 使得 $cb=1=ba$. 从而 $a=c$, 即 a 在 R 中可逆.

下证 $J_G({}_RR)$ 是具有此性质的最大分次理想. 假设 I 是 R 的具有该性质的分次理想且 $I\not\subseteq J_G({}_RR)$, 则存在 R 的分次极大左理想 $M\not\supseteq I$. 于是 $M+I=R$. 从而存在 $a\in M, b\in I$ 使得 $a+b=1$. 因 $1+I=a+I$, 故由 I 所满足的性质得 a 在 R 中可逆. 因此 $M=R$, 矛盾. 于是 $I\subseteq J_G({}_RR)$.

(4) 类似 (3) 可证明 $J_G(R_R)$ 也是 R 的满足性质 "若 $a\in h(R)$ 且 $a+I$ 在 R/I 中可逆, 则 a 可逆" 的最大分次真理想. 故 $J_G({}_RR)=J_G(R_R)$. |

定义 9.3.5　分次环 R 的分次理想 $J_G({}_RR)=J_G(R_R)$ 称为 R 的分次 Jacobson 根. 记为 $J_G(R)$.

命题 9.3.6(分次情形的 Nakayama 引理)　若 $M\neq 0$ 为有限生成分次 R- 模, 则 $J_G(R)M\neq M$.

证　由命题 9.3.5(1) 知, 对任意分次单模 N 均有 $J_G(R)N=0$. 因 $M\neq 0$ 为有限生成分次 R- 模, 故 M 有分次极大子模. 令 L 为 M 的一个极大分次子模, 则 $J_G(R)(M/L)=0$. 于是 $J_G(R)M\subseteq L\neq M$. |

注 9.3.1　分次环 R 的分次 Jacobson 根 $J_G(R)$ 与其 Jacobson 根 $J(R)$ 之间关系密切, 如当 G 为有限群时, $J_G(R)\subseteq J(R), J(R)^{|G|}\subseteq J_G(R)$; 若 $|G|$ 在 R 中可逆, 则 $J_G(R)=J(R)$. 有兴趣的读者可参阅文献 (Cohen et al., 1984; Năstăsescu et al., 1836).

9.4 分次 Artin 环

本节将介绍分次 Artin 环及分次半单环, 给出分次情形的 Hopkins 定理、分次半单环的结构定理、分次情形的 Wedderburn-Artin 定理.

定义 9.4.1 若 G- 分次环 R 上的 G- 分次左 R- 模 M 满足分次子模的升 (降) 链条件, 等价地极大 (小) 条件, 则称 M 是一个分次左 Noether(Artin) 模. 若 G- 分次环 R 本身作为左R- 模是分次左 Noether(Artin) 模, 则称 R 为一个分次左 Noether(Artin) 环.

类似地, 可定义分次右 Noether(Artin) 模及分次右 Noether(Artin) 环.

类似非分次情形 (见引理 6.4.2), 有

引理 9.4.1 设 M 为分次 (左或右)R- 模, N 为 M 的分次子模, 则 M 为分次 Noether(Artin) 模当且仅当 N 与 M/N 同为分次 Noether(Artin) 模.

命题 9.4.1 若 R 为分次左 Noether(Artin) 环, 则 R_e 为左 Noether(Artin) 环.

证 若 L_e 为 R_e 的一个左理想, 则 L_e 在 R 中生成的分次左理想为 $L = L_e\bigoplus(\bigoplus\limits_{e\neq g\in G} R_gL_e)$. 假设 R_e 有无限左理想真升 (降) 链, 则 R 有元限分次左理想真升 (降) 链. |

下面介绍一种特殊的分次左 (右)Artin 环, 即分次半单环.

定义 9.4.2 若 G- 分次环 R 本身作为分次左 R- 模可以分解成分次极小左理想 (等价地, R 的分次单子模) 的直和,

$$R = \bigoplus_{i=1}^{n} L_i, \tag{9.4.1}$$

则称 R 为分次左半单环. 若分解 (9.4.1) 还满足 $\mathrm{HOM}_R(L_i, L_j) \neq 0, \forall i, j \in \{1, \cdots, n\}$, 等价地, 对任意 $i, j \in \{1, \cdots, n\}$ 存在 $g_{ij} \in G$, 使得作为分次左 R- 模 $L_j \cong L_i[g_{ij}]$, 则称 R 为一个分次左单环. 若分次左单环 R 有分解 (9.4.1), 并且作为分次左 R- 模 $L_i \cong L_j, \forall i, j \in \{1, \cdots, n\}$, 则称 R 为分次一致左单环.

类似地, 可定义分次右半单环、分次右单环、分次一致右单环.

例 9.4.1 分次除环为分次一致左 (右) 单环. 事实上, 分次除环只有平凡的分次极小左 (右) 理想.

定理 9.4.1(分次半单环、分次单环、分次一致单环的左右对称性) 分次环 R 是分次左半单的 (分次左单的、分次一致左单的) 当且仅当它是分次右半单的 (分次右单的、分次一致右单的).

证 设 R 是分次左半单环并有分次极小左理想分解 (9.4.1). 因 $\bigoplus\limits_{j\neq i} L_j, i =$

$1,\cdots,n$ 为 R 的分次极大左理想, 且它们的交为 0, 故 $J_G(R)=0$. 令$1=\sum\limits_{i=1}^{n}e_i$, 其中, $e_i\in(L_i)_e$, 则 $e_i(i=1,\cdots,n)$ 为 R 的正交幂等元且 $L_i=Re_i$. 因 Re_i 为分次单模, 故 $\mathrm{END}_R(Re_i)\cong e_iRe_i$ 为分次除环. 显然 $R_R=\bigoplus\limits_{i=1}^{n}e_iR$. 故只需证明 e_iR 为分次极小右理想. 事实上, 若 $0\neq L'\subseteq e_iR$ 为 R 的一个分次右理想, 则 $e_iL'=L'\neq 0$. 假设 $e_iL'e_i=0$, 那么 $(e_iL')^2=0$. 于是 $e_iL'\subseteq J_G(R)=0$(见习题 9.6), 矛盾. 从而, $e_iL'e_i\neq 0$. 因为 $(e_iL'e_i)(e_iRe_i)\subseteq e_iL'e_i$, 所以 $e_iL'e_i$ 为 e_iRe_i 的一个分次右理想. 而 e_iRe_i 为分次除环, 故 $e_iL'e_i=e_iRe_i$. 于是 $e_i=e_il'e_i\in e_iL'$, 从而 $e_iR\subseteq e_iL'R=L'R\subseteq L'$, 即有 $L'=e_iR$.

设 R 是分次左单环. 则存在 $g_{ij}\in G$ 使得作为分次左 R- 模 $Re_i\cong(Re_j)[g_{ij}]$. 于是存在 g_{ij} 次分次左 R- 模同态 $\phi_{ij}:Re_i\to Re_j$, 使得 $\phi_{ij}\phi_{ji}=1,\forall i,j=1,\cdots,n$. 又 $\mathrm{HOM}_R(Re_i,Re_j)_{g_{ij}}\cong(e_iRe_j)_{g_{ij}}$, 故存在 $r_{ij}\in(e_iRe_j)_{g_{ij}}$ 使得 $\phi_{ij}(e_i)=r_{ij}$ 且 $r_{ij}r_{ji}=e_i,\forall i,j=1,\cdots,n$. 而 $(e_iRe_j)_{g_{ij}}\cong\mathrm{HOM}_R(e_jR,e_iR)_{g_{ij}}$, 故存在 g_{ij} 次分次右 R- 模同态 $\psi_{ji}:e_jR\to e_iR$, 使得 $\psi_{ji}(e_j)=r_{ij}$ 且 $\psi_{ji}\psi_{ij}=1$, 即作为分次右 R- 模 $e_jR\cong(e_iR)[g_{ij}],\forall i,j=1,\cdots,n$.

设 R 是分次一致左单环. 则同上可证 R 是分次一致右单环. |

因 Noether(Artin) 环不具有左右对称性 (见习题 6.2 和习题 6.3), 故分次 Noether (Artin) 环也不具有左右对称性.

类似定理 6.4.3, 有

命题 9.4.2 分次环 R 为分次半单环当且仅当其上的模均为分次半单模.

证 充分性. 因 ${}_RR$ 为分次半单模, 故其为有限个分次单模的直和. 于是 R 为分次半单环.

必要性. 设$R=\bigoplus\limits_{i=1}^{n}L_i$ 为 R 的分次极小左理想直和分解, M 为分次 R- 模. 则 $M=RM=\sum\limits_{m\in M}\sum\limits_{i=1}^{n}L_im$. 因 L_im 为 $L_i[\deg m]$ 的分次模同态象, 故其或为零或为分次单模, 于是 M 为分次单模的和. 舍去重复的和项即得 M 为分次单模的直和. |

定理 9.4.2(分次情形的 Hopkins 定理) 若 R 是分次左 Artin 环, 则其必为分次左 Noether 环.

证 因 R 为分次左 Artin 环, 故 $J_G(R)$ 为有限个分次极大左理想的交. 设 $J_G(R)=\bigcap\limits_{i=1}^{t}M_i$, 其中, M_i 为 R 的分次极大左理想. 则存在分次左 R- 模单同态

$R/J_G(R)=R/\bigcap_{i=1}^{t} M_i \rightarrowtail \bigoplus_{i=1}^{t} R/M_i$. 因分次半单模的分次子模亦为分次半单的 (见习题 9.7), 故 $R/J_G(R)$ 为分次半单左 R- 模, 从而为分次半单左 $R/J_G(R)$- 模. 于是 $R/J_G(R)$ 为分次半单环. 因降链 $J_G(R) \supseteq J_G(R)^2 \supseteq \cdots \supseteq J_G(R)^n \supseteq \cdots$ 必稳定, 故存在 $n \in \mathbb{N}$ 使得 $J_G(R)^n = J_G(R)^{n+1} = \cdots$. 假设 $J_G(R)^n \neq 0$, 则存在齐次元 $x \in J_G(R)^n$ 使得 $J_G(R)^n x \neq 0$. 选取齐次元 $x \in J_G(R)^n$ 使得 Rx 关于性质 " $J_G(R)^n Rx = J_G(R)^n x \neq 0$" 极小. 因 $J_G(R)^{n+1}x = J_G(R)^n x \neq 0$, 故存在齐次元 $a \in J_G(R)$ 使得 $J_G(R)^n ax \neq 0$. 由分次情形的 Nakayama 引理得 $Rax \subseteq J_G(R)x \subset Rx$. 利用 Rx 的极小性得 $ax = 0$, 矛盾. 因此 $J_G(R)^n = 0$. 对于任意 $i = 1, 2, \cdots, n-1$, 因 $J_G(R)^i/J_G(R)^{i+1}$ 被 $J_G(R)$ 零化, 故其为 $R/J_G(R)$- 模. 而 $R/J_G(R)$ 是分次半单环, 由命题 9.4.2 知 $J_G(R)^i/J_G(R)^{i+1}$ 均为分次半单模. 再由引理 1 知它们也是分次 Artin 模, 于是为有限个分次单模的直和, 从而必为分次 Noether 模. 再次应用引理 9.4.1 得 R 为分次 Noether 模. |

由定理 9.4.2 的证明得

推论 9.4.1 分次左 Artin 环 R 的分次 Jacobson 根 $J_G(R)$ 是幂零的, 即存在正整数 n 使得 $J_G(R)^n = 0$. 从而, $J_G(R) \subseteq J(R)$.

定理 9.4.3 R 为分次半单环当且仅当 R 为分次左 (右)Artin 环且 $J_G(R) = 0$.

证 充分性. 因 R 为分次左 Artin 环, 故 $J_G(R)$ 为有限个分次极大左理想的交. 设 $0 = J_G(R) = \bigcap_{i=1}^{t} M_i$, 其中, M_i 为 R 的分次极大左理想, 则存在分次左 R- 模单同态 $R = R/J_G(R) = R/\bigcap_{i=1}^{t} M_i \rightarrowtail \bigoplus_{i=1}^{t} R/M_i$. 因分次半单模的分次子模亦为分次半单的, 故 R 为分次半单左 R- 模, 即 R 为分次半单环.

必要性. 设 $R = \bigoplus_{i=1}^{n} L_i$ 为 R 的分次极小左理想直和分解, 则 $M_j := \bigoplus_{i\neq j} L_i$ 为 R 的分次极大左理想, $\forall j = 1, \cdots, n$. 它们的交为零, 故 $J_G(R) = 0$. 因分次半单模 R 的分次子模必分次半单且为其分次直和项 (习题 9.7), 并且 R 的分次单模直和分解具有唯一性 (见习题 9.8), 故 R 的分次子模降链必稳定. 从而 R 为分次左 Artin 环. 当然, 此处也可通过 "分次合成列" 的方法来证明. |

定理 9.4.4(分次半单环的结构定理) 分次环 R 为分次半单环当且仅当 R 为有限个分次单环的直和.

证 充分性显然, 下证必要性. 设 R 为分次半单环且有分解 (9.4.1). 按照平移分次同构关系将这些 L_i 分成一些等价类, 即设$R = \bigoplus_{i=1}^{s} \bigoplus_{j=1}^{t_i} L_{ij}$, 其中, L_{ij} 为 R 的分次极小左理想, 满足对任意 $1 \leqslant i \neq k \leqslant s$ 及 $1 \leqslant j, l \leqslant t_i$, 存在 $g_{ijl} \in G$ 及分次模同

构 $L_{ij}\cong L_{il}[g_{ijl}]$, 且作为分次模 $L_{ij}\ncong L_{kl}[g],\forall g\in G$. 令 $R_i=\bigoplus\limits_{j=1}^{t_i}L_{ij},\forall i=1,\cdots,s$. 对任意 $r_g\in R_g$, 有分次模满同态 $L_{ij}[g]\to L_{ij}r_g, a_{ij}\mapsto a_{ij}r_g$. 因 L_{ij} 为分次单模, 故 $L_{ij}[g]$ 为分次单模, 从而 $L_{ij}r_g$ 或为零或与 $L_{ij}[g]$ 分次同构. 若 $L_{ij}r_g\neq 0$, 则设 $r_g=\sum\limits_{k=1}^{s}\sum\limits_{l=1}^{t_k}a_{klg}$, 其中, $a_{klg}\in(L_{kl})_g$. 如果 $L_{ij}a_{klg}\neq 0$, 那么 $L_{ij}a_{klg}=L_{kl}\subseteq R_i$. 于是 $L_{ij}r_g\subseteq R_i$. 因此 $R_ir_g\subseteq R_i,\forall i=1,\cdots,s$, 即 R_i 为 R 的分次理想. 设 $1=\sum\limits_{i=1}^{s}e_i$, 其中, $e_i\in(R_i)_e$, 则 $e_1,\cdots,e_n$ 为 R 的正交幂等元且$R_i=e_iRe_i$. 于是 e_i 为 R_i 的单位元, $\forall i=1,\cdots,s$. 显然 $R_i=\bigoplus\limits_{j=1}^{t_i}L_{ij}(\forall i=1,\cdots,s)$ 为分次环 R_i 的分次极小左理想分解, 故 R_i 为分次左单环. |

定理 9.4.5 R 为分次单环当且仅当 R 为只有平凡分次理想的分次 Artin 环.

证 充分性. 由定理 9.4.3 知 R 为分次半单环. 再由定理 9.4.4 知 R 为分次单环.

必要性. 由定理 9.4.3 知 R 为分次 Artin 环. 设 I 为 R 的非零分次理想, $R=\bigoplus\limits_{i=1}^{n}L_i$ 为 R 的分次极小左理想分解. 因 $I=IR=\sum\limits_{i=1}^{n}IL_i$, 故存在 $i\in\{1,\cdots,n\}$ 使得 $IL_i\neq 0$. 由 R 为分次单环知存在 $g_{ij}\in G$, 使得作为分次模 $L_i\cong L_j[g_{ij}],\forall j\in\{1,\cdots,n\}$. 因此 $IL_j\neq 0$, 于是 $IL_j=L_j$, 从而 $L_j\subseteq I,\forall j\in\{1,\cdots,n\}$, 即 $I=R$. |

接下来要给出分次 (一致) 单环的结构定理, 即分次情形的 Wedderburn-Artin 定理.

设 R 为 G-分次环, n 为正整数, $M_n(R)$ 为元素在 R 中的 $n\times n$ 矩阵环. 固定 $\bar{g}=(g_1,\cdots,g_n)\in G^n$. 对任意 $h\in G$, 考虑 $M_n(R)$ 的加法子群

$$M_n(R)[\bar{g}]_h=\begin{pmatrix} R_{g_1hg_1^{-1}} & R_{g_1hg_2^{-1}} & \cdots & R_{g_1hg_n^{-1}}\\ R_{g_2hg_1^{-1}} & R_{g_2hg_2^{-1}} & \cdots & R_{g_2hg_n^{-1}}\\ \vdots & \vdots & & \vdots\\ R_{g_nhg_1^{-1}} & R_{g_nhg_2^{-1}} & \cdots & R_{g_nhg_n^{-1}}\end{pmatrix}=(R_{g_ihg_j^{-1}})_{ij}.$$

命题 9.4.3 环 $M_n(R)$ 根据分次 $M_n(R)_h:=M_n(R)[\bar{g}]_h,\forall h\in G$, 作成一个 G-分次环, 记之为 $M_n(R)[\bar{g}]$. 此外, $M_n(R)[\bar{g}]\cong\mathrm{END}_R(R[g_1]\bigoplus\cdots\bigoplus R[g_n])$.

证 前半部分显然, 下证后半部分. 设 $e_i\in R[g_1]\bigoplus\cdots\bigoplus R[g_n]$, 其第 i 个分量为 1 其余分量为 0. 对任意 $h\in G$ 及 $\phi\in\mathrm{END}_R(R[g_1]\bigoplus\cdots\bigoplus R[g_n])_h$, 令

$\phi(e_i) = \sum_{j=1}^{n} r_{ij}e_j$, 则 $\deg r_{ij} = g_i h g_j^{-1}$. 显然 $\psi : \mathrm{END}_R(R[g_1] \bigoplus \cdots \bigoplus R[g_n]) \to M_n(R)[\bar{g}], \phi \mapsto (r_{ij})_{ij}$ 为分次环同构.

定理 9.4.6(分次情形的 Wedderburn-Artin 定理) 若 R 为 G- 分次单环, 则存在分次除环 D, 正整数 n, 及 $\bar{g} = (g_1, \cdots, g_n) \in G^n$, 使得作为分次环 $R \cong M_n(D)[\bar{g}]$. 特别地, 若 R 为分次一致单环, 则存在分次除环 D 及正整数 n, 使得作为分次环 $R \cong M_n(D)$.

证 因 R 是分次单的, 故可设 $R = L[g_1] \bigoplus \cdots \bigoplus L[g_n]$, 其中, L 为 R 的分次极小左理想, $g_1 = e, g_2, \cdots, g_n \in G$. 令 $D = \mathrm{END}_R(L)$, 则 D 为分次除环. 作为分次环

$$\begin{aligned} R \cong \mathrm{END}_R(R) &\cong \mathrm{END}_R(L[g_1] \bigoplus \cdots \bigoplus L[g_n]) \\ &\cong (\mathrm{HOM}_R(L[g_j], L[g_i]))_{ij} \\ &= \left(\bigoplus_{h \in G} \mathrm{HOM}_R(L[g_j], L[g_i])_h \right)_{ij} \\ &= \left(\bigoplus_{h \in G} \mathrm{END}_R(L)_{g_i h g_j^{-1}} \right)_{ij} \\ &= M_n(D)[\bar{g}] \end{aligned}$$

其中, $\bar{g} = (g_1, \cdots, g_n) \in G^n$. 后一结论显然成立. |

9.5 分次本原环

本节将引入分次本原环, 并通过分次稠密和分支稠密给出两种不同形式的稠密性定理.

定义 9.5.1 设 R 为 G- 分次环, M 为分次右 R- 模. 若 M 中有限个齐次元 $m_1, \cdots, m_t$ 满足如果 $\sum_{i=1}^{t} m_i r_i = 0$, 其中, r_i 为 R 中齐次元, 那么 $r_i = 0, \forall i = 1, \cdots, t$, 则称 $m_1, \cdots, m_t$ 为 R- 无关的. 一般地, 若 M 的一个齐次元集 N 的每个有限子集都是 R- 无关的, 则称 N 为 R- 无关的. 若 M 的一个齐次元集 N 既是 M 的生成集又是 R- 无关的, 则称 N 为 M 的一个齐次基. 若分次右 R- 模 M 有齐次基, 则称 M 为分次自由右 R- 模.

命题 9.5.1 设 D 为分次除环, V 为非零分次右 D- 模, 则 V 为分次自由右 D- 模, 且 V 的任意两个齐次基具有相同的基数.

证 设 $\mathbb{S}$ 为 V 的所有 D- 无关子集的集合. 因 D 为分次除环, 故 V 中任一非零齐次元都是 D- 无关的. 于是 $\mathbb{S}$ 非空. 利用 Zorn 引理可得, $\mathbb{S}$ 的极大元. 设 N 为

$\mathbb{S}$ 的极大元. 对任意齐次元 $v\in V$, 根据 N 的极大性可知, $N\cap\{v\}$ 非 D- 无关的. 于是 v 可表成 N 中元素的 D- 线性组合. 因此 N 为 V 的生成集, 从而为 V 的齐次基.

令 $H=\mathrm{Supp}(D)$, 则 H 为 G 的子群. 分次 D- 模 V 可以分解成 $V=\bigoplus\limits_{gH\in G/H}V_{gH}$, 其中, $V_{gH}=\bigoplus\limits_{h\in H}V_{gh}=V_gD$. 设 N 为 V 的一个齐次基, 则 $N\cap V_gD$ 为 V_gD 的一个齐次基. 故只需证明非零 V_gD 的任意齐次基的基数恒同. 设 $\{v_i|i\in I\}$ 为 $V_gD\neq 0$ 的任一齐次基且 $v_i\in V_{gh_i},\forall i\in I$, 则 $V_gD=\sum\limits_{i\in I}v_iD$. 任选 $0\neq d_i\in D_{h_i^{-1}}$, 则 $V_g=\sum\limits_{i\in I}v_id_iD_e$. 显然 $\{v_id_i|i\in I\}$ 为 D_e- 无关的, 即其为 D_e- 模 V_g 的一个基. 因此 V_gD 的任意齐次基的基数恰为 D_e- 模 V_g 的基的基数. 而 D_e 为除环, 故 D_e- 模 V_g 的任意基的基数恒同. 从而命题成立. |

对于左模有类似的定义及命题. 由命题 9.5.1 有下述定义:

定义 9.5.2　设 D 为分次除环, 则称任一分次右 D- 模 M 为分次右 D- 向量空间, 并称 M 的齐次基的基数为 M 的维数.

定义 9.5.3　若对于 G- 分次环 R 存在一个忠实分次单左 R- 模, 则称 R 为一个分次左本原环.

定义 9.5.4　设 D 为分次除环, M 为分次右 D- 向量空间. 若 $\mathrm{END}_D(M)$ 的分次子环 R 满足对于 M 的任意 D- 无关子集 $\{x_1,\cdots,x_t\}$ 及 M 的任意子集 $\{y_1,\cdots,y_t\}$, 存在 $r\in R$, 使得 $rx_i=y_i,\forall i=1,\cdots,t$, 则称 R 在 $\mathrm{END}_D(M)$ 中分次稠密, 并称 R 为分次右 D- 向量空间 M 上的一个分次稠密环.

显然, 若 R 为分次右 D- 向量空间 M 上的一个分次稠密环, 则 M 为忠实分次左单 R- 模. 故 R 为分次左本原环.

定理 9.5.1(分次情形 Jacobson-Chevalley 稠密性定理)　设 R 为 G- 分次左本原环, M 为忠实分次单左 R- 模, D=$\mathrm{END}_R(M)$. 于是 M 有自然的分次 R-D- 双模结构. 因 M 忠实, 故 R 可自然地看成 $\mathrm{END}_D(M)$ 的一个分次子环. 则 R 在 $\mathrm{END}_D(M)$ 中分次稠密.

证　类似非分次情形, 仿照定理 7.3.1 的证明. |

下面要将分次情形 Jacobson-Chevalley 稠密性定理中的分次除环用平凡分次除环来代替, 将分次稠密用分支稠密来代替, 从而得到另一种形式的稠密性定理 (Liu, 1991; Liu et al., 1991).

定义 9.5.5　设 K 为具有平凡分次的分次除环, M 为分次右 K- 向量空间. 若 $\mathrm{END}_K(M)$ 的分次子环 R 满足对任意 $g,h\in G$ 及 M_g 的 K- 无关子集 $\{x_1,\cdots,x_t\}$ 及 M_{hg} 的子集 $\{y_1,\cdots,y_t\}$, 存在 $r\in R_h$, 使得 $rx_i=y_i,\forall i=1,\cdots,t$, 则称 R 在

$\text{END}_K(M)$ 中分支稠密, 并称 R 为分次右 K- 向量空间 M 上的一个分支稠密环.

命题 9.5.2 设 R 为 G- 分次环, M 为分次左单 R- 模, $D = \text{End}_R(M)$. 若 $M_g \neq 0$, 则作为环 $\text{End}_{Re}(M_g) \cong D_e$.

证 任取 $0 \neq m_g \in M_g$, 由 M 的分次左单性知 $M = Rm_g = \bigoplus\limits_{h \in G} R_h m_g$. 于是 $M_g = R_e m_g$. 对任一 $\phi \in \text{End}_{Re}(M_g)$, 定义映射 $\phi' : M \to M, r_h m_g \mapsto r_h \phi(m_g)$, 其中, $r_h \in R_h, h \in G$. 要证明 ϕ' 定义合理只要证明若 $r_h m_g = 0$, 则 $r_h \phi(m_g) = 0$. 因 ϕ 是 M_g 的 R_e- 模自同态, 故 $h = e$ 时正确. 一般地, 对任意 $h \in G$, $r_h m_g = 0$ 表明 $R_{h^{-1}} r_h m_g = 0$. 因为 $R_{h^{-1}} r_h \subseteq R_e$, 所以 $R_{h^{-1}} r_h \phi(m_g) = 0$. 假设 $r_h \phi(m_g) \neq 0$, 则由 M 的分次左单性知 $M = Rr_h \phi(m_g)$, 从而 $M_g = R_{h^{-1}} r_h \phi(m_g) = 0$. 这与 $M_g \neq 0$ 矛盾. 因 ϕ' 为 e 次分次 R- 模同态, 故 $\phi' \in D_e$. 于是 $\text{End}_{R_e}(M_g)$ 中任一元均可扩充为 D_e 中的元. 定义映射 $\psi : D_e \to \text{End}_{R_e}(M_g)$, $\phi' \mapsto \phi'|_{M_g}$. 由上述讨论知 ψ 为满射. 再由 M 的分次左单性知, M 的每个分次左 R- 模自同态均由 M 中任一非零元的象所唯一决定. 于是 D_e 中的任意两个元一旦限制到 M_g 上相等则它们本身必相等. 这表明 ψ 为单射. 其又保持运算, 故为环同构. |

引理 9.5.1 设 R 为除环 K 上的右向量空间 $M \neq 0$ 上的稠密环, 则 $\text{End}_R(M) = K$.

证 设 $\phi \in \text{End}_R(M), 0 \neq m \in M$. 首先, $\phi(m)$ 与 m 是 K- 相关的. 否则, 由 R 在 M_K 上稠密知, 存在 $r \in R$ 使得 $r\phi(m) \neq 0$ 且 $rm = 0$, 矛盾. 于是存在 $k \in K$ 使得 $\phi(m) = mk$. 其次, 对任意 $m' \in M$, 由 R 在 M_K 上稠密知, 存在 $r' \in R$ 使得 $r'm = m'$. 于是 $\phi(m') = \phi(r'm) = r'\phi(m) = r'mk = m'k$, 即 $\phi \in K \subseteq \text{End}_R(M)$. 从而, $\text{End}_R(M) = K$. |

命题 9.5.3 (1) 设 K 为平凡分次除环, M 为分次右 K- 向量空间, R 为 M_K 上的分支稠密环. 则 R 为分次右 D- 向量空间 M 上的分次稠密环, 其中, $D = \text{END}_R({}_RM)$ 为分次除环且作为环 $D_e \cong K$;

(2) 设 R 为分次除环 D 上的分次右向量空间 M 上的分次稠密环, 则 R 为分次右 D_e- 向量空间 M 上的分支稠密环.

证 (1) 显然, M 可自然地看成一个分次左 R- 模, 且 M 为一个忠实分次左单 R- 模. 设 $D = \text{END}_R(M)$, 则 D 为分次除环. 由分次情形的 Jacobson-Chevalley 稠密性定理知, R 是分次右 D- 模 M 上的分次稠密环. 于是只要证明 $D_e \cong K$. 由于 $M \neq 0$, 故存在 $g \in G$ 使得 $M_g \neq 0$. 由命题 9.5.2 知 $D_e \cong \text{End}_{R_e}(M_g)$. 因 R 为 M_K 上的分支稠密环, 故 R_e 在 $\text{End}_K(M_g)$ 中稠密. 由引理 9.5.1 知 $\text{End}_{R_e}(M_g) = K$.

(2) 若 $N = \{x_1, \cdots, x_t\}$ 为 M_g 的 D_e- 无关子集, 则 N 在分次右 D- 向量空间 M 中亦是 D- 无关的. 否则, 令 $\sum\limits_{i=1}^{t} x_i d_i = 0$, 其中, $d_i \in D$ 为齐次元且不全为

0. 不妨设 $d_i \in D_h, \forall i$. 于是 $D_h \neq 0$. 从而 $D_{h^{-1}} \neq 0$. 任取 $0 \neq d \in D_{h^{-1}}$, 则 $0 = \sum_{i=1}^{t} x_i d_i d = \sum_{i=1}^{t} x_i (d_i d)$. 因为 N 是 D_e- 无关的, 所以 $d_i d = 0$, 从而 $d_i = 0, \forall i$, 矛盾. 于是结论由前提假设立得. |

由分次情形的 Jacobson-Chevalley 稠密定理及命题 9.5.3 立得

定理 9.5.2 G- 分次环 R 为分次左本原环当且仅当存在平凡分次除环 K 及其上的分次右向量空间 M 使得 R 为 M 上的分支稠密环. |

9.6 冲 积

本节假定 G 为有限群. 下面将引入 G- 分次代数 A 通过有限群 G 的冲积, 从而将分次代数非分次化、将分次代数上的分次模范畴转化为冲积上的模范畴, 并给出 (余) 作用的对偶定理.

设 F 为域, A 为 F- 代数. 则称任一群同态 $\sigma: G \to \mathrm{Aut}_F(A)$ 为 G 在 A 上的一个作用. 记 ${}^g a = \sigma(g)(a), \forall g \in G, a \in A$.

定义 9.6.1 设 A 为 F- 代数, σ 为 G 在 A 上的一个作用, 则 $A \bigotimes_F FG$ 关于乘法 $(a \bigotimes g)(b \bigotimes h) = a^g b \bigotimes gh$ 作成一个 F- 代数, 称之为 G 在 A 上的斜群代数, 记为 $A * G$.

若将 A 与 $A \bigotimes 1$ 等同, 将 FG 与 $1 \bigotimes FG$ 等同, 则斜群代数的乘法可简写为 $(ag)(bh) = a^g bgh$.

设 $FG^* = \mathrm{Hom}_F(FG, F)$ 为 FG 的对偶代数, 其乘法由 $(\phi\psi)\left(\sum_{g\in G} k_g g\right) = \sum_{g\in G} k_g \phi(g)\psi(g), \forall \phi, \psi \in FG^*$, 定义. 显然 FG^* 有对偶基 $\{p_g | g \in G\}$ 满足 $p_g(x) = k_g, \forall x = \sum_{g\in G} k_g g \in FG$ 且 $\phi = \sum_{g\in G} \phi(g) p_g, \forall \phi \in FG^*$. 此外, $\{p_g | g \in G\}$ 为 FG^* 的完备正交幂等元集. 特别地, $\sum_{g\in G} p_g$ 为 FG^* 的单位元.

定义 9.6.2 设 A 为 G-分次 F-代数, 则 $A \bigotimes_F FG^*$ 关于乘法 $(a \bigotimes p_g)(b \bigotimes p_h) = ab_{gh^{-1}} \bigotimes p_h$ 作成一个 F- 代数, 称之为 A 通过 G 的冲积, 记为 $A\#FG^*$.

通常将$A\#FG^*$ 中的元 $a \bigotimes x$ 记为 $a\#x$. 因为 $(a\#1)(b\#1) = ab\#1, (1\#p_g)(1\#p_h)$ 当 $g = h$ 时为 $1\#p_g$ 当 $g \neq h$ 时为 0, 且 $(a\#1)(1\#p_h) = \left(a\# \sum_{g\in G} p_g\right)(1\#p_h) = \sum_{g\in G} a1_{gh^{-1}}\#p_h = a\#p_h$, 所以可将 A 与 $A\#1$ 等同, 将 FG^* 与 $1\#FG^*$ 等同. 于是

$A\#FG^*$ 的乘法可简写为 $(ap_g)(bp_h) = ab_{gh^{-1}}p_h$.

命题 9.6.1　设 A 为 G- 分次 F- 代数. 则 $A\#FG^*$ 为自由左 (右)A- 模, 并且 $\{p_g|g \in G\}$ 为其一组基, 同时也是 $A\#FG^*$ 的一完备正交幂等元集. 此外,

(1) $p_h a = \sum\limits_{g\in G} a_{hg^{-1}}p_g, \forall a \in A$;

(2) $p_h a_g = a_g p_{g^{-1}h}, \forall a_g \in A_g$;

(3) 每个 p_h 均中心化 A_e, 即与 A_e 中元素可换.

证　(1) 由定义 $p_h a = (1\#p_h)\left(a\#\sum\limits_{g\in G} p_g\right) = \sum\limits_{g\in G} a_{hg^{-1}}p_g$.

(2) 由 (1) 得$p_h a_g = \sum\limits_{l\in G}(a_g)_{hl^{-1}}p_l$. 而 $(a_g)_{hl^{-1}}$ 当 $hl^{-1} = g$ 时为 a_g, 当 $hl^{-1} \neq g$ 时为 0. 于是 $p_h a_g = a_g p_{g^{-1}h}$.

(3) 由 (2) 取 $g = e$ 立得.

因为 $\{p_g|g \in G\}$ 是 FG^* 的一完备正交幂等元集, 并且 $(1\#p_g)(1\#p_h) = 1_{gh^{-1}}\#p_h = \delta_{g,h}\#p_h$, 即 $g = h$ 时其为 $1\#p_h$ 而 $g \neq h$ 时其为 0, 所以 $\{1\#p_g|g \in G\}$ 为 $A\#FG^*$ 的一完备正交幂等元集.

显然, $\{1\#p_g|g \in G\}$ 为 $A\#FG^*$ 的一组自由左 (右)A- 模基, 其左 (右)A- 无关性可通过右 (左) 乘 $1\#p_h$ 得到.

推论 9.6.1　设 A 为 G- 分次 F- 代数, I 为 A 的一个分次理想, 则

(1) $p_h(I\#FG^*)p_g = I_{hg^{-1}}p_g = p_h I p_g$;

(2) $p_e(I\#FG^*)p_e = I_e p_e$ 且其作为环与 I_e 同构.

证　(1) 对任意 $a \in I, l \in G$, 当 $l = g$ 时由命题 9.6.1(1) 得 $p_h(ap_l)p_g = a_{hg^{-1}}p_g$, 当 $l \neq g$ 时 $p_h(ap_l)p_g = 0$. 再由命题 9.6.1(2) 得 $p_h(I\#FG^*)p_g \subseteq I_{hg^{-1}}p_g \subseteq p_h I p_g \subseteq p_h(I\#FG^*)p_g$. 故等式成立.

(2) 前半部分由 (1) 取 $g = h = 1$ 立得. 由命题 9.6.1(3) 知 $\phi: I_e \to I_e p_e, a \mapsto ap_e$ 为环同态. 显然 ϕ 满. 再由命题 9.6.1 得 p_e 是 A- 无关的, 故 ϕ 单. 从而 ϕ 是一个环同构.　|

定理 9.6.1　G- 分次代数 A 上的分次模范畴 A-gr 与冲积 $A\#FG^*$ 上的模范畴 $A\#FG^*$-mod 同构.

证　首先, 若 $V \in A\#FG^*$-mod, 则 V 为分次 A- 模, 其 g 次齐次分支 $V_g = p_g V$. 事实上, 由命题 9.6.1 知 $\{p_g|g \in G\}$ 为 $A\#FG^*$ 的一完备正交幂等元集, 故 $V = \bigoplus\limits_{g\in G} V_g$. 对于任意 $a_g \in A_g, v_h \in V_h$, 存在 $v \in V$ 使得 $v_h = p_h v$, 并且由命题 9.6.1(2) 得 $a_g v_h = a_g p_h v = p_{gh}a_g p_h v \in V_{gh}$, 即 $A_g V_h \subseteq V_{gh}$. 故 V 为分次 A- 模, 将其记为 V_{Gr}.

其次, 若 $V \in A$-gr, 则 V 为 $A\#FG^*$- 模, 其模作用由 $(ap_g)v = av_g$ 所定义. 事实上, 对任意 $a, b \in A, v \in V, g, h \in G$, 都有

$$(ap_g)((bp_h)v) = (ap_g)(bv_h) = a(bv_h)_g = ab_{gh^{-1}}v_h$$
$$= (ab_{gh^{-1}}p_h)v = ((ap_g)(bp_h))v.$$

另外, $1v = \left(\sum_{g\in G} p_g\right) v = \sum_{g\in G} v_g = v$. 故 V 为 $A\#FG^*$- 模, 将其记为 $V^\#$.

对 A-gr 中的任意分次 A- 模同态 $\phi : V \to W$ 定义 $\phi^\# : V^\# \to W^\#$ 使得 $\phi^\# = \phi$. 对任意 $ap_g \in A\#FG^*$ 及 $v \in V$ 有

$$\phi^\#(ap_g v) = \phi(ap_g v) = \phi(av_g) = a\phi(v_g)$$
$$= a\phi(v)_g = ap_g\phi(v) = ap_g\phi^\#(v).$$

因此 $\phi^\#$ 为 $A\#FG^*$- 模同态, 于是有函子 $(-)^\#$: A-gr→ $A\#FG^*$-mod.

对 $A\#FG^*$-mod 中的任意同态 $\phi : V \to W$ 定义 $\phi_{Gr} : V_{Gr} \to W_{Gr}$ 使得 $\phi_{Gr} = \phi$. 对任意 $v_g = p_g v \in V_g = p_g V$ 有 $\phi_{Gr}(v_g) = \phi(p_g v) = p_g\phi(v) \in (W_{Gr})_g$. 因此 ϕ_{Gr} 为分次 A- 模同态, 于是有函子 $(-)_{Gr}$: $A\#FG^*$-mod→ A-gr.

函子 $(-)_{Gr}$ 与 $(-)^\#$ 为互逆的同构函子, 即 $((-)_{Gr})^\# = 1, ((-)^\#)_{Gr} = 1$. 若 $V \in A\#FG^*$-mod, 则在 $((V)_{Gr})^\#$ 中, 对任意 $ap_g \in A\#FG^*$ 及 $v \in V$ 有 $(ap_g) \cdot v = av_g = (ap_g)v$, 即 $((V)_{Gr})^\#$ 与 V 的 $A\#FG^*$- 模作用完全相同. 于是 $((-)_{Gr})^\# = 1$. 若 $V \in A$-gr, 则在 $((V)^\#)_{Gr}$ 中, 对任意 $g \in G$ 有 $(((V)^\#)_{Gr})_g = p_g(V)^\# = V_g$, 即 $((V)^\#)_{Gr}$ 与 V 的 G- 分次完全相同. 于是 $((-)^\#)_{Gr} = 1$. |

引理 9.6.1　设 R 为环, $\{e_1, \cdots, e_n\}$ 为 R 的一完备正交幂等元集, G 是 R 的可逆元群的一个子群, 且 G 在集合 $\{e_1, \cdots, e_n\}$ 上的共轭作用可迁. 则 $R \cong M_n(S)$, 其中, $S = e_1Re_1$.

证　对任意 $i \in \{1, \cdots, n\}$, 由于 G 在集合 $\{e_1, \cdots, e_n\}$ 上的共轭作用可迁, 故存在 $g_i \in G$ 使得 $g_i^{-1}e_1g_i = e_i$. 容易验证映射$\phi : R \to M_n(S), r \mapsto (e_1g_irg_j^{-1}e_1)_{ij}$ 为环同构, 其逆为 $\psi : M_n(S) \to R, (s_{ij})_{ij} \mapsto \sum_{i,j=1}^{n} g_i^{-1}s_{ij}g_j$.　|

定理 9.6.2(作用的对偶定理)　设 A 为 F- 代数, $\sigma : G \to \mathrm{Aut}_F(A)$ 为 G 在 A 上的作用, 于是有斜群代数 $A * G$. 显然, $A * G$ 是 G- 分次 F- 代数, 其 g 次齐次分支为 $(A * G)_g = Ag$, 于是有冲积 $(A * G)\#FG^*$, 则 $(A * G)\#FG^* \cong M_{|G|}(A)$.

证　首先, G 可迁作用在 $(A * G)\#FG^*$ 的完备正交幂等元集 $\{p_h | h \in G\}$ 上. 对任意 $a \in A$, 有 $ag \in (A * G)_g$. 由命题 9.6.1(2) 知 $p_h(ag) = (ag)p_{g^{-1}h}$. 取 $a = 1$,

则 $p_h g = g p_{g^{-1}h}$, 即 $g^{-1}p_h g = p_{g^{-1}h}$. 由推论 9.6.1 知, 作为环 $p_e((A*G)\#FG^*)p_e = p_e(A*G)p_e \cong (A*G)_e \cong A$. 再由引理 9.6.1 立得. |

通常将 F- 代数 A 的一个 G- 分次称为 G 在 R 上的一个余作用. 为给出余作用的对偶定理要做些准备:

引理 9.6.2　设 A 为 G- 分次 F- 代数. 则

$$\sigma: G \to \mathrm{Aut}_F(A\#FG^*),$$
$$\sigma(g)(ap_h) = ap_{hg^{-1}}$$

为 G 在 F- 代数 $A\#FG^*$ 上的作用.

证　对任意 $ap_h, bp_l \in A\#FG^*$, 因

$$\begin{aligned}\sigma(g)(ap_h bp_l) &= \sigma(g)(ab_{hl^{-1}}p_l)\\ &= ab_{hl^{-1}}p_{lg^{-1}}\\ &= ab_{(hg^{-1})(lg^{-1})^{-1}}p_{lg^{-1}}\\ &= ap_{hg^{-1}}bp_{lg^{-1}}\\ &= \sigma(g)(ap_h)\sigma(g)(bp_l),\end{aligned}$$

故 $\sigma(g) \in \mathrm{Aug}_F(A\#FG^*)$, 其逆为 $\sigma(g^{-1})$. |

由引理 9.6.2 有 G 在 $A\#FG^*$ 上的斜群代数 $(A\#FG^*)*G$.

引理 9.6.3　$p_e((A\#FG^*)*G)p_e \cong A$.

证　在 $(A\#FG^*)*G$ 中有 $gp_e = \sigma(g)(p_e)g = p_{g^{-1}}g, \forall g \in G$. 由推论 9.6.1 得 $p_e((A\#FG^*)*G)p_e = p_e\left(\sum_{g\in G}(A\#FG^*)p_{g^{-1}}g\right) = \sum_{g\in G} A_g p_{g^{-1}}g$. 任意 $a \in A$ 均可唯一地写成 $a = \sum_{g\in G} a_g$, 其中, $a_g \in A_g$. 定义

$$\phi: A \to \sum_{g\in G} A_g p_{g^{-1}}g,$$
$$a \mapsto \sum_{g\in G} a_g p_{g^{-1}}g.$$

显然, ϕ 是一个加群同构. 要证明其保持乘法只需证明 $\phi(a_g a_h) = \phi(a_g)\phi(a_h), \forall a_g \in A_g, a_h \in A_h$. 因 $a_g a_h \in A_{gh}$, 故

$$\begin{aligned}\phi(a_g)\phi(a_h) &= (a_g p_{g^{-1}}g)(a_h p_{h^{-1}}h)\\ &= a_g p_{g^{-1}} a_h p_{h^{-1}g^{-1}} gh\end{aligned}$$

$$= a_g(a_h)_{g^{-1}(h^{-1}g^{-1})^{-1}}p_{h^{-1}g^{-1}}gh$$
$$= a_g a_h p_{(gh)^{-1}}(gh) = \phi(a_g a_h).\quad |$$

定理 9.6.3(余作用的对偶定理)　设 A 为 G- 分次 F- 代数, 则 $(A\#FG^*)*G \cong M_{|G|}(A)$.

证　由 G 在 $A\#FG^*$ 上的作用知, 在 $(A\#FG^*)*G$ 中有 $gp_e = p_{g^{-1}}g$, 即 $p_g = g^{-1}p_e g, \forall g \in G$. 于是 G 在完备正交幂等元集 $\{p_h | h \in G\}$ 上的共轭作用可迁. 由引理 9.6.1 及引理 9.6.3 立得.　|

注 9.6.1　冲积还有矩阵形式 (Liu et al., 1988): 设 G 为有限群, A 为 G- 分次 F- 代数. 令 $B := (A_{gh^{-1}})_{(g,h)\in G\times G}$, 即 B 中元素为 $|G|\times|G|$ 矩阵, 其 (g,h) 元取自 $A_{gh^{-1}}$. 则 B 关于矩阵的加法和乘法做成一个 F- 代数, 也称之为 A 通过 G 的冲积. 易证, 映射 $\phi: A\#FG^* \to B, \sum\limits_{g,h\in G} a_g p_h \mapsto (a_{gh^{-1}})_{(g,h)}$ 为 F- 代数同构.

注 9.6.2　若 G 为群, R 为 G- 分次环, 利用上面的矩阵形式仍可定义 R 通过 G 的冲积 “$R\#G$”. 当 G 为无限群时, 冲积 “$R\#G$” 不再有单位元, 但 (余) 作用的对偶定理仍然成立 (Liu et al., 1988).

注 9.6.3　若 G 为任意群, H 为 G 的子群, R 为 G- 分次环. 则可定义 R 通过 “G- 集”G/H 的冲积 $R\#(G/H)$, 并可得到类似的 (余) 作用的对偶定理 (刘绍学, 1993). 如果将 G- 分次环通过群 G 的冲积看成分次环的非分次化, 那么 G- 分次环通过 G- 集的冲积可看成分次环的部分非分次化.

注 9.6.4　G- 分次 F- 代数 A 通过 G 的冲积 $A\#FG^*$ 的 Jacobson 根与 A 的分次 Jacobson 根之间关系密切, 有兴趣的读者可参阅文献 (Cohen et al., 1984).

9.7　强 分 次 环

本节将给出一类强 G- 分次环, 即 G- 交叉积的交叉系构造, 及强分次环的范畴刻画.

定义 9.7.1　设 R 为环, Aut(R) 为其环自同构全体做成的群, $U(R)$ 为 R 的可逆元群. 若映射 $\sigma: G \to$Aut(R) 及 $\alpha: G\times G \to U(R)$ 满足下列条件: 对任意 $g_1, g_2, g_3 \in G$ 及 $r \in R$ 都有

(1) ${}^{g_1}({}^{g_2}r) = \alpha(g_1,g_2){}^{g_1g_2}r\alpha(g_1,g_2)^{-1}$;

(2) $\alpha(g_1,g_2)\alpha(g_1g_2,g_3) = {}^{g_1}\alpha(g_2,g_3)\alpha(g_1,g_2g_3)$;

(3) $\alpha(g_1,e) = a(e,g_1) = 1$,

其中, ${}^g r := \sigma(g)(r)$, 则称 (G,R,σ,α) 为 G 在 R 上的一个交叉系.

命题 9.7.1 设 (G,R,σ,α) 为群 G 在环 R 上的一个交叉系. 则以 $\{\bar{g}|g\in G\}$ 为基的自由 R- 模 $R\star G$ 关于乘法 $(r_1\bar{g}_1)(r_2\bar{g}_2)=r_1{}^{g_1}r_2\alpha(g_1,g_2)\overline{g_1g_2}$ 作成一个 G- 交叉积, 其 g 次齐次分支为 $(R\star G)_g=R\bar{g}=\bar{g}R$ (通常将 $1\bar{g}$ 与 $\bar{g}$ 等同、将 $r\bar{e}$ 与 r 等同).

证 对任意 $r_1,r_2,r_3\in R,g_1,g_2,g_3\in G$ 都有

$$\begin{aligned}
&(r_1\bar{g}_1)((r_2\bar{g}_2)(r_3\bar{g}_3))\\
=&(r_1\bar{g}_1)(r_2\,{}^{g_2}r_3\alpha(g_2,g_3)\overline{g_2g_3})\\
=&r_1\,{}^{g_1}(r_2\,{}^{g_2}r_3\alpha(g_2,g_3))\alpha(g_1,g_2g_3)\overline{g_1g_2g_3}\\
=&r_1\,{}^{g_1}r_2\,{}^{g_1}({}^{g_2}r_3)^{g_1}(\alpha(g_2,g_3))\alpha(g_1,g_2g_3)\overline{g_1g_2g_3}\\
=&r_1\,{}^{g_1}r_2\alpha(g_1,g_2)^{g_1g_2}r_3\alpha(g_1,g_2)^{-1}\alpha(g_1,g_2)\alpha(g_1g_2,g_3)\overline{g_1g_2g_3}\\
=&r_1\,{}^{g_1}r_2\alpha(g_1,g_2)^{g_1g_2}r_3\alpha(g_1g_2,g_3)\overline{g_1g_2g_3}\\
=&(r_1\,{}^{g_1}r_2\alpha(g_1,g_2)\overline{g_1g_2})(r_3\bar{g}_3)\\
=&((r_1\bar{g}_1)(r_2\bar{g}_2))(r_3\bar{g}_3).
\end{aligned}$$

故 $R\star G$ 为环, $1\bar{e}$ 为其单位元. 显然 $R\star G=\bigoplus\limits_{g\in G}R\bar{g}$ 为 G- 分次环. 因为每个齐次分支中都含有可逆元, 所以其为 G- 交叉积. 另外, 对任意 $g\in G,r\in R$, 都有 $\bar{g}r={}^g r\bar{g}$, 故 $R\bar{g}=\bar{g}R$. |

设 (G,R,σ,α) 为群 G 在环 R 上的一个交叉系. 若 $\alpha(g_1,g_2)=1,\forall g_1,g_2\in G$, 则 $R\star G$ 即为 G 在 R 上的斜群环. 若除此之外还有 $\sigma(g)=1,\forall g\in G$, 则 $R\star G$ 即为 G 在 R 上的群环.

定理 9.7.1 若 R 为一个 G- 交叉积, 则存在交叉系 (G,R_e,σ,α), 使得 $R=R_e\star G$.

证 对任意的 $g\in G$, 固定 $\bar{g}\in R_g\cap U(R)$, 其中, $\bar{e}=1$. 定义 $\sigma:G\to\mathrm{Aut}(R_e)$, $\sigma(g)(r)=\bar{g}r\bar{g}^{-1}$, $\forall r\in R_e$, $g\in G$. 定义 $\alpha(g_1,g_2)=\bar{g}_1\bar{g}_2\overline{g_1g_2}^{-1},\forall g_1,g_2\in G$. 因 $\bar{g}$ 为 R 中可逆元, 故右乘 $\bar{g}$ 为 R_e 到 $R_e\bar{g}=R_g$ 的 R_e- 模同构. 从而 R 为以 $\{\bar{g}|g\in G\}$ 为基的自由 R_e- 模. 对任意 $r_1,r_2\in R_e,g_1,g_2\in G$ 都有 $(r_1\bar{g}_1)(r_2\bar{g}_2)=r_1(\bar{g}_1r_2\bar{g}_1^{-1})(\bar{g}_1\bar{g}_2)=r_1{}^{g_1}r_2\alpha(g_1,g_2)\overline{g_1g_2}$. 对任意 $r\in R_e,g_1,g_2\in G$ 都有 ${}^{g_1}({}^{g_2}r)=\bar{g}_1(\bar{g}_2r\bar{g}_2^{-1})\bar{g}_1^{-1}=\alpha(g_1,g_2)\overline{g_1g_2}r\overline{g_1g_2}^{-1}\alpha(g_1,g_2)^{-1}=\alpha(g_1,g_2)^{g_1g_2}r\alpha(g_1,g_2)^{-1}$. 对任意 $g_1,g_2,g_3\in G$ 都有 $(\bar{g}_1\bar{g}_2)\bar{g}_3=\alpha(g_1,g_2)\overline{g_1g_2}\bar{g}_3=\alpha(g_1,g_2)\alpha(g_1g_2,g_3)\overline{g_1g_2g_3}$ 且 $\bar{g}_1(\bar{g}_2\bar{g}_3)=\bar{g}_1(\alpha(g_2,g_3)\overline{g_2g_3})={}^{g_1}\alpha(g_2,g_3)\bar{g}_1\overline{g_2g_3}={}^{g_1}\alpha(g_2,g_3)\alpha(g_1,g_2g_3)\overline{g_1g_2g_3}$. 于是 (G,R_e,σ,α) 为 G 在 R_e 上的一个交叉系且 $R=R_e\star G$. |

设 R 为 G- 分次环, $N\in R_e$-mod. 则 R- 模 $R\bigotimes_{R_e}N$ 为分次模, 其 g 次齐次分支为 $R_g\bigotimes_{R_e}N,\forall g\in G$. 分次 R- 模 $R\bigotimes_{R_e}N$ 称为由 R_e- 模 N 诱导出的分

次 R- 模, 记作 Ind$N$. 对于范畴 R_e-mod 中的任意 R_e- 模同态 $\phi: N_1 \to N_2$, 令 $\mathrm{Ind}(\phi) = R \bigotimes \phi: R \bigotimes_{R_e} N_1 \to R \bigotimes_{R_e} N_2$. 于是有诱导函子

$$\mathrm{Ind} = R \bigotimes_{R_e} - : R_e\text{-mod} \to R\text{-gr}.$$

设 $g \in G$, 通过 $(M)_g = M_g, (\phi)_g = \phi_g = \phi|_{M_g}$ 可定义函子

$$(-)_g : R\text{-gr} \to R_e\text{-mod}.$$

显然, $(-)_g = (-)_e \circ \mathcal{S}_g$, 并且 $(-)_e \circ \mathrm{Ind} \cong 1_{R_e\text{-mod}}$.

定理 9.7.2(Dade 定理) 设 R 为 G- 分次环, 则下列条件等价:

(1) R 为强分次环;

(2) 诱导函子 Ind: R_e-mod→ R-gr 为范畴等价;

(3) 函子 $(-)_e : R$-gr→ R_e-mod 为范畴等价;

(4) 对任意 $g \in G$, 函子 $(-)_g : R$-gr→ R_e-mod 为范畴等价;

(5) 对任意 $M = \bigoplus\limits_{g \in G} M_g \in R$-gr, $M = 0$ 当且仅当对于某个 $g \in G$ 有 $M_g = 0$.

证 (1)⇒(2). 因 R 为强分次的, 故 $R_g R_h = R_{gh}, \forall g, h \in G$. 对任意分次 R- 模 M, 都有 $M_{gh} = R_e M_{gh} = R_g R_{g^{-1}} M_{gh} \subseteq R_g M_h \subseteq M_{gh}$. 于是 $M_{gh} = R_g M_h$. 考虑分次 R- 模同态 $\phi: R \bigotimes_{R_e} M_e \to M, r \bigotimes m \mapsto rm$. 因 $\phi(R_g \bigotimes_{R_e} M_e) = R_g M_e = M_g$, 故 ϕ 为分次 R- 模满同态. 显然 $(\mathrm{Ker}\phi)_e = 0$, 于是 $(\mathrm{Ker}\phi)_g = R_g(\mathrm{Ker}\phi)_e = 0$, $\forall g \in G$. 因此 Kerϕ=0, 从而 ϕ 为分次 R- 模同构. 故 $\mathrm{Ind} \circ (-)_e \cong 1_{R\text{-gr}}$, 于是 Ind 为等价函子.

(2)⇔(3). 由 $(-)_e \circ \mathrm{Ind} \cong 1_{R_e\text{-mod}}$ 立得.

(3)⇔(4). 由 $\mathcal{S}_g$ 为同构函子及 $(-)_g = (-)_e \circ \mathcal{S}_g$ 立得.

(4)⇒(5). 显然.

(5)⇒(1). 考虑分次 R- 模同态 $\phi : R \bigotimes_{R_e} (R[h])_e \to R[h], r \bigotimes s \mapsto rs$. 因 Coker$\phi$ 为分次 R- 模且 $(\mathrm{Coker}\phi)_e = 0$, 故 Coker$\phi$=0, 即 $\mathrm{Im}\phi = R[h]$. 于是 $R_g R_h = R_g (R[h])_e = (\mathrm{Im}\phi)_g = (R[h])_g = R_{gh}$, 即 R 为强分次环. |

推论 9.7.1 设 G 为有限群, A 为强 G- 分次 F- 代数. 则 $A\#FG^*$ 与 A_e 两个 F- 代数 Morita 等价.

证 由定理 9.6.1 及定理 9.7.2 立得. |

注 9.7.1 关于强分次环上分次单模的 Clifford 理论以及分次不可分解模的 Green 理论内容丰富, 有兴趣的读者可参阅文献 (Năstăsescu et al., 1836).

习 题

9.1 设 R 为 G- 分次环, N 为 G 的正规子群, 则 R 为 G/N- 分次环.

9.2　设 R 为交换强 G- 分次环, 则 G 为交换群.

9.3　设 R 为 G- 分次环, M, N, P 为分次 R- 模, $f: M \to P$ 为分次 R- 模同态, $g: N \to P, h: M \to N$ 为 R- 模同态, 且 $f = gh$. 若 g(分别地, h) 为分次 R- 模同态, 则存在分次 R- 模同态 $h': M \to N$(分别地, $g': N \to P$) 使得 $f = gh'$(分别地, $f = g'h$).

9.4　设 $R = F[x, x^{-1}] = \bigoplus\limits_{i \in \mathbb{Z}} Fx^i$ 为 $\mathbb{Z}$- 分次环, 其中, Fx^i 为 R 的 i 次齐次分支. 则零理想为 R 的分次极大理想, 但不是 R 的极大理想.

9.5　设 F 为代数闭域, 则 $\mathbb{Z}_2$- 分次可除 F- 代数只有两个.

9.6　设 R 为 G- 分次环. 若 R 的分次左 (右) 理想 I 中的每个齐次元都是幂零的, 则称 I 为 R 的分次诣零左 (右) 理想. 证明 $J_G(R)$ 包含 R 的所有分次诣零左 (右) 理想.

9.7　若分次模 M 的任一分次子模 N 均为 M 的分次直和项, 即存在 M 的分次子模 L 使得 $M = N \bigoplus L$, 则称 M 为分次完全可约模. 证明 M 为分次完全可约模当且仅当其为分次半单模 (仿照定理 6.3.1 的证明).

9.8　若分次半单模 $M = \bigoplus\limits_{i \in I} M_i = \bigoplus\limits_{j \in J} N_j$, 其中, M_i, N_j 为分次单模, $\forall i \in I, j \in J$, 则存在 I 到 J 的双射 ϕ 及分次模同构 $M_i \cong N_{\phi(i)}, \forall i \in I$(参考定理 6.3.2).

第 10 章　路代数与张量代数

如何将一个代数, 特别是一个非半单代数, 用一种容易理解和方便运用的方法表示出来, 是一个非常重要的问题. 在代数表示论中, 运用箭图对代数的表示很好地解决了这一个问题. 箭图方法是近 30 年发展起来的一个新的方法, 它实质上是抽象的范畴思想的一种可视化, 也可看成代数的张量积构造的具体化, 已经成为了代数学, 特别是代数表示论的强有力的工具. 同时, 也影响了许多其他数学领域的发展. 本章介绍箭图方法一些基本而又非常重要的概念: 路代数及相关概念、代数的张量积构造等, 还将讨论如何用箭图的几何性质刻画路代数的代数性质, 证明路代数是遗传代数.

10.1　路代数及相关概念

定义 10.1.1　称 $Q=(Q_0,Q_1,s,t)$ 为一个箭图, 其中, Q_0 为顶点集合, Q_1 为箭向(即有向边) 的集合, s,t 为由 Q_1 到 Q_0 的映射, 分别将一个箭向映到其起点和终点.

当然, Q_0,Q_1 可以是无限集. 但本书只讨论有限的情形, 假定它们都是有限集. 用 $|Q_0|,|Q_1|$ 分别表示它们中元素个数, 即 Q 的顶点和箭向的个数. 约定记 $n=|Q_0|$.

定义 10.1.2　称箭向的序列 $\alpha_l,\cdots,\alpha_1$ 为一条路, 如果对 $i=1,\cdots,l-1$ 有 $t(\alpha_i)=s(\alpha_{i+1})$, 即 α_i 的终点与 α_{i+1} 的起点相同. 令 $a=s(\alpha_1),b=t(\alpha_l)$, 将路记为 $p=(b|\alpha_l\cdots\alpha_1|a)=\alpha_l\cdots\alpha_1$, 称 $s(p)=a$, $t(p)=b$ 为该路的起点和终点. 这时称 l 为路 p 的长度, 它是路 p 中所含箭向的个数.

对每一个顶点 $i\in Q_0$, 约定有一条长度为零的平凡路 $e_i=(i|i)$.

如果 $1\leqslant k\leqslant h\leqslant l$, 称 $(t(\alpha_h)|\alpha_h\ldots\alpha_k|s(\alpha_k))$ 为路 p 的一条子路.

当 $l\geqslant 1$ 而 $a=b$ 时, 称 p 是一条长度为 l 的有向循环. 如果 $t(\alpha)=s(\alpha)$, 称箭向 α 为一个圈箭(loop).

定义 10.1.3　设 F 是一个域. 用 $\mathcal{P}(Q)$ 表示 Q 中所有路的集合. 用 FQ 表示 $\mathcal{P}(Q)$ 在域 F 上自由张成的向量空间, 即

$$FQ=\left\{\sum_{h=1}^{m}a_hp_h|a_h\in F,p_h\in\mathcal{P}(Q),m\text{为非负整数}\right\},$$

$\mathcal{P}(Q)$ 构成 FQ 的基. 对 $p=(d|\beta_h\cdots\beta_1|c), q=(b|\alpha_l\cdots\alpha_1|a)\in\mathcal{P}(Q)$ 定义乘法如下：

$$pq=\begin{cases}(d|\beta_h\cdots\beta_1\alpha_l\cdots\alpha_1|a), & b=c,\\ 0, & b\neq c.\end{cases}$$

将这个乘法双线性地扩张到 FQ, 即对 $\sum\limits_{h=1}^{m}a_hp_h, \sum\limits_{l=1}^{m'}b_lq_l\in FQ$, 定义

$$\left(\sum_{h=1}^{m}a_hp_h\right)\left(\sum_{l=1}^{m'}b_lq_l\right)=\sum_{h,l}a_hb_lp_hq_l.$$

它是一个结合代数 (命题 10.1.1), 称为 Q 在 F 上的**路代数**.

显然对 $i,j\in Q_0$, $e_i^2=e_i$, 而当 $i\neq j$ 时 $e_ie_j=0$. 这样 $e_1,\cdots,e_n$ 是两两正交的幂等元, 且对 $p\in\mathcal{P}(Q)$, 如果 $j=s(p)$, $i=t(p)$ 有 $e_ip=p=pe_j$, 而当 $j\neq s(p)$ 或 $i\neq t(p)$ 时则有 $e_jp=0=pe_i$. 容易证明

命题 10.1.1 FQ 是以 $1=e_1+\cdots+e_n$ 为单位元的结合代数.

自然会问, FQ 是不是有限维的? 什么时候是有限维的? 下面的定理回答了这个问题.

定理 10.1.1 FQ 是有限维代数的充分必要条件是 Q 中没有有向循环.

证 充分性. 如果 Q 中没有有向循环, 每一条路中顶点和箭向都不会重复, 由于 Q 中只有有限多个顶点和有限多个箭向, 从而 Q 中仅有有限条路. 即 FQ 有一个有限基, 因而 FQ 维数有限.

必要性. 如果 Q 中有有向循环, 不妨设 $p=(a|\alpha_l\cdots\alpha_1|a)$ 是 Q 中一个长度为 l 的有向循环. 这时 $p,p^2,\cdots$ 是 Q 中长度分别为 $l,2l,\cdots$ 的无限多条路. 由定义, 它们都是 FQ 中一个基中的元素, 即 FQ 有一个含有无限多元素的基, 因而 FQ 维数无限. |

事实上, FQ 作为向量空间可以有下面的直和分解：

$$FQ=V_0+V_1+\cdots,$$

其中, V_l 是由 Q 中长度为 l 的路所张成的子空间, 且具有性质对所有 $l,h\geqslant 0$,

$$V_lV_h=V_{l+h}.$$

V_0 是 FQ 的子代数, 是 n 个 F(作为 F 上一维代数) 的直和. 这时, $J=V_1+V_2+\cdots$ 是 FQ 的一个理想. 事实上 $J=(Q_1)$ 是由 Q 中箭向所生成的理想, 而且有如下的代数同构:

$$FQ/J\simeq V_0.$$

当 Q 中没有有向循环时, J 恰好是 FQ 的幂零根.

例 10.1.1　设 F 是域, Q 是一个没有箭向的箭图. 这时 $FQ=V_0$ 是半单代数.

例 10.1.2　设 F 是域, Q 是单圈箭图 , 用 x 表示它的箭向. 这时 $FQ\simeq F[x]$ 是 F 上的一元多项式代数.

例 10.1.3　设 F 是域, Q 是单向 A_n 箭图 $\bullet\!\rightarrow\!\bullet\!\rightarrow\!\cdots\cdots\!\bullet\!\rightarrow\!\bullet$. 对其顶点适当编号, 使对每一箭向 α, $t(\alpha)=s(\alpha)+1$, 于是对于 $1\leqslant i\leqslant j\leqslant n$, Q 中有唯一从 j 到 i 的路, 记作 p_{ij}, 则有

$$FQ=\left\{\sum_{1\leqslant i\leqslant j\leqslant n}a_{ij}p_{ij}|a_{ij}\in F\right\}.$$

设 T_n 是 F 上 n 阶矩阵代数 F_n 中全体上三角阵构成的子代数, 用 $\{e_{ij}|1\leqslant i,j\leqslant n\}$ 表 F_n 的矩阵单位的集合, 则 $\{e_{ij}|1\leqslant i\leqslant j\leqslant n\}$ 是 T_n 的一个基.

定义 $f:FQ\to T_n$,

$$f\left(\sum_{1\leqslant i\leqslant j\leqslant n}a_{ij}p_{ij}\right)=\sum_{1\leqslant i\leqslant j\leqslant n}a_{ij}e_{ij},$$

则 f 是 FQ 到 T_n 的一个同构.

下列命题的证明留给读者.

命题 10.1.2　设 F 是一个域, Q 中两个顶点间最多有一条路, 则 FQ 与 F_n 的一个子代数同构.

10.2　箭图的几何性质与路代数的代数性质

设 F 是一个域, Q 是一个箭图, $A=FQ$ 是 Q 在 F 上的路代数. 本节讨论箭图 Q 的几何性质与路代数 A 的代数性质之间的关系.

设 e_i 是顶点 i 处的平凡路, 则 Ae_i 是由所有以 i 为起点的路张成的向量空间. 这是 A 的一个左理想. 作为左 A-模, 有直和分解

$$A=Ae_1\oplus\cdots\oplus Ae_n.$$

同样, e_iA 是由所有以 i 为终点的路张成的向量空间, 它是 A 的一个右理想. 作为右 A-模, 有直和分解

$$A=e_1A\oplus\cdots\oplus e_nA.$$

这时 e_jAe_i 是由所有以 i 为起点 j 为终点的路张成的向量空间, 且 A 作为向量空间有直和分解

$$A = \bigoplus_{i,j} e_iAe_j.$$

路代数的许多性质可以用箭图刻画. 对于 Artin 和 Noether 条件, 有下面的定理:

定理 10.2.1 下列命题等价:

(1) Q 中无有向循环;

(2) FQ 是左 (右)Artin 环.

证 (1) $\Rightarrow$ (2). 由定理 10.1.1, 如果 Q 中无有向循环, 则 FQ 是有限维代数, 因而是左 (右)Artin 环.

(2) $\Rightarrow$ (1). 如果 Q 中有有向循环 $x = (a|\alpha_l \cdots \alpha_1|a)$, 若用 $\langle x^t \rangle$ 表示由 x^t 生成的左理想, 则 $x^t \notin \langle x^{t+1} \rangle$. 因而

$$\langle x \rangle \supset \langle x^2 \rangle \supset \langle x^3 \rangle \supset \cdots$$

是一个无限递降的左理想链, 从而 FQ 不是左 Artin 环. |

定理 10.2.2 下列命题等价:

(1) 对 Q 中任意有向循环 $(a|\alpha_l \cdots \alpha_1|a)$, 不存在箭向 $(b|\alpha|a) \neq \alpha_1$;

(2) FQ 是左 Noether 环.

证 (2) $\Rightarrow$ (1). 如果 Q 中存在有向循环 $P = (a|\alpha_l \cdots \alpha_1|a)$ 和箭向 $(b|\alpha|a) \neq \alpha_1$. 如果用 $\langle x_1, \cdots, x_r \rangle$ 表示由元素 $x_1, \cdots, x_r$ 生成的左理想. 这时有 FQ 的左理想的无限递增链

$$\langle \alpha p \rangle \subset \langle \alpha p, \alpha p^2 \rangle \subset \langle \alpha p, \alpha p^2, \alpha p^3 \rangle \subset \cdots,$$

于是 FQ 不是左 Noether 环.

(1) $\Rightarrow$ (2). 设对 Q 中任意有向循环 $(a|\alpha_l \cdots \alpha_1|a)$, 不存在箭向 $(b|\alpha|a) \neq \alpha_1$. 设

$$I_1 \subseteq I_2 \subseteq I_3 \subseteq \cdots$$

是 FQ 的左理想的递增链, 证它在有限步终止. 这时对每一 t 有

$$I_t = 1I_t1 = \left(\sum_{i \in Q_0} e_i\right) I_t \left(\sum_{i \in Q_0} e_i\right) = \sum_{i,j \in Q_0} e_jI_te_i.$$

于是对 $i, j \in Q_0$ 亦有子空间的递增链

$$e_jI_1e_i \subseteq e_jI_2e_i \subseteq e_jI_3e_i \subseteq \cdots.$$

只需证这个增链在有限步终止即可.

Q 中一条有向循环 $w=(j|\alpha_l\cdots\alpha_1|j)$ 称为极小的, 如果对 $1\leqslant t<t'\leqslant l$ 有 $\alpha_t\neq\alpha_{t'}$. 条件表明, 对任意定点 j, Q 中以 j 为起点和终点的极小有向循环最多有一条. 如果 w 是 Q 中以 j 为起点和终点的极小有向循环, 则任意以 j 为起点和终点的有向循环具有 w^r 的形式, 并且如果路 v 的长度 $\geqslant 1$ 且不是 w 的子路, 则 Q 中没有形如 vw 的路. 于是 Q 中以 i 为起点和 j 为终点的路具有 $w'u$ 形式, 其中, w' 是一个有向循环而路 u 没有循环子路. 由极小有向循环的唯一性, 我们知道存在极小有向循环 w(即以 w' 的起点 j 为起点和终点的极小有向循环) 及非负整数 s 使 $w'=w^s$. 又 Q 是有限的, 以 j 为终点而没有循环子路的路只有有限多条, 记之为 $u_0=e_j,u_1,\cdots,u_m$. 于是

$$e_jFQe_i=\left\{\sum_{t=0}^{m}\sum_{s=0}^{r}a_{t,s}w^su_t|a_{t,s}\in F,r<\infty\right\}.$$

当 $i=j$ 时, 亦即非平凡的 u_t 不出现时, 有 $m=0$. 这时如果存在以 j 为起点和终点的极小有向循环 w, 则 $e_jFQe_j=F[w]\simeq F[x]$ 是 F 上一个未定元的多项式环. 如果不存在以 j 为起点和终点的有向循环, 则 $e_jFQe_j=F$. 从而 e_jFQe_j 总是一个 Noether 环. 而对任意 i, $e_jI_1e_i\subseteq e_jI_2e_i\subseteq e_jI_3e_i\subseteq\cdots$ 是 e_jFQe_j 的一个有限生成左模的递增链, 因而在有限步终止. 于是 $I_1\subseteq I_2\subseteq I_3\subseteq\cdots$ 亦而在有限步终止. 这就证明了 FQ 是一个左 Noether 代数. |

对于右 Noether 环有类似的刻画, 其叙述与证明留给读者.

箭图 Q 中一条有向循环 $w=(a|\alpha_l\cdots\alpha_1|a)$ 称为孤立的, 如果 w 所经过的顶点 $s(\alpha_1),\cdots,s(\alpha_l)$ 互不相同且与 Q 中其他顶点没有箭向相连. 由定理 10.2.2 及其对偶, 可以得到.

定理 10.2.3 下列断言等价:

(1) Q 中任意有向循环都是孤立的;

(2) FQ 同时是左、右 Noether 环.

现在讨论如何用箭图来刻画路代数的 Jacobson 根. 设 Q 是一个箭图, Q 中一条道路 $(j|\alpha_l\cdots\alpha_1|i)$ 称为正则的, 如果 $l>0$ 且它不是有向循环的子路. 用 $\mathcal{R}(Q)$ 表示 Q 中正则道路集合.

定理 10.2.4 FQ 的 Jacobson 根 J 是由 Q 的所有正则道路张成的子空间.

证 需要证明

$$J=\left\{\sum_t a_tz_t|a_t\in F,z_t\in\mathcal{R}(Q)\right\}.$$

首先证明 $\left\{\sum_t a_tz_t|a_t\in F,z_t\in\mathcal{R}(Q)\right\}\subseteq J$. 设 z 为 Q 的正则道路, (z) 为 z 生成的理想. 设 x_1,x_2,y_1,y_2 是 Q 的路, 则有 $x_1zx_2y_1zy_2=0$. 如果 $x_1zx_2y_1zy_2\neq 0$,

则 zx_2y_1 以 z 的起点为其起点和终点, 因而是一个包含 z 为其子路的有向循环, 这与 z 的正则性矛盾. 于是得到 $(z)^2=0$, 因而 (z) 是一个幂零理想且 $(z)\subseteq J$. 从而 $\left\{\sum\limits_t a_tz_t|a_t\in F, z_t\in\mathcal{R}(Q)\right\}\subseteq J$.

如果 $\left\{\sum\limits_t a_tz_t|a_t\in F, z_t\in\mathcal{R}(Q)\right\}\neq J$. 存在 $x=\sum\limits_{t=1}^{r}a_tp_t\in J$ 且有 $a_{t_0}\neq 0$ 使 p_{t_0} 非正则. 设 p_{t_0} 是以 i 为起点和 j 为终点的路. 必要时左乘 e_j 右乘 e_i, 可设每一 p_t 都是以 i 为起点和 j 为终点的路. 又 p_{t_0} 非正则, 它是某个有向循环的子路, 即存在 Q 中以 j 为起点和 i 为终点的路 u, 使 up_{t_0} 为有向循环. 于是对所有 t, up_t 是以 i 为起点和终点的有向循环. 于是所有 p_t 都不是正则元. 可设 $a_r\neq 0$. 由于 $ux\in J$, ux 是拟正则元. 这时存在 $0\neq y\in FQ$, 使得

$$ux+y+yux=0.$$

如果 $y=\sum\limits_{t=1}^{r'}b_tq_t, b_{r'}\neq 0$, 必要时用 e_i 左、右乘 y 及 $xu+y+xuy=0$, 可设所有 q_t 都是以 i 为起点和终点的有向循环. 于是

$$ux+y+yux=\sum_{t=1}^{r}a_tup_t+\sum_{t=1}^{r'}b_tq_t+\sum_{t=1}^{r}\sum_{t'=1}^{r'}a_tb_{t'}q_{t'}up_t=0.$$

假设当 $t\geqslant l$ 时, p_t 是在所有 p_i 中有最大长度者, 而当 $t'\geqslant l'$ 时, $q_{t'}$ 是在所有 q_i 中有最大长度者. 注意到 x,y 都在 J 中, 而 J 中没有幂等元, 这两个长度皆 $\geqslant 1$, 于是这时在上面等式左边和中, 这样的 $q_{t'}up_t$ 具有最大长度且其长度大于其他项中路的长度. 于是得到 $\sum\limits_{t=l}^{r}\sum\limits_{t'=l'}^{r'}a_tb_{t'}q_{t'}up_t=0$. 但作为 Q 中的路, 由于 p_t 的长度与 p_s 的长度相同而 $q_{t'}$ 的长度与 $q_{s'}$ 的长度相同, $q_{t'}up_t=q_{s'}up_s$ 当且仅当 $p_t=p_s$ 且 $q_{t'}=q_{s'}$. 于是 $l=r, l'=r'$. 由于路构成 FQ 的基, 立即得到 $a_rb_{r'}=0$, 即 $a_r=0$ 或 $b_{r'}=0$, 矛盾.

这就证明了 $J=\left\{\sum\limits_t a_tz_t|a_t\in F, z_t\in\mathcal{R}(Q)\right\}$. ∎

10.3 自由代数, 张量积和张量代数

路代数事实上是一类自由代数, 即它具有某种泛性. 设 F 是一个域, X 是一个集合.

定义 10.3.1 一个 F-代数 A 称为 X 生成的自由代数, 如果存在一个映射 $i:X\to A$, 使对任意 F-代数 A' 及映射 $f':X\to A'$ 存在唯一代数同态 $f:A\to A'$, 使得 $f'=f\circ i$. 这个性质也称为自由代数的泛性.

这一泛性由下面的交换图描述：

$$\begin{array}{ccc} X & \xrightarrow{i} & A \\ & f' \searrow & \downarrow f \\ & & A' \end{array}.$$

事实上, 用 $W(X)$ 表示以 X 为字母表的字的集合, 直观地讲, 也就是集合

$$W(X)=\{x_1\cdots x_r|x_t\in X, r<\infty\}.$$

用 $A(X)$ 表示以 $W(X)$ 为基的 F-向量空间. 对 $W(X)$ 的字, 通过字的连接定义其乘法, 即如果 $w_1=x_1\cdots x_r, w_2=z_1\cdots z_s\in W(X)$, 定义

$$w_1w_2=x_1\cdots x_rz_1\cdots z_s.$$

将它双线性地扩张到 $A(X)$ 上, 即对 $\sum_h a_hw_h, \sum_l b_lw'_l\in A(X)$, 其中, $a_h, b_l\in F$, 定义

$$\left(\sum_h a_hw_h\right)\left(\sum_l b_lw'_l\right)=\sum_{h,l}a_hb_lw_hw'_l.$$

读者可自行证明, 关于这个乘法 $A(X)$ 构成 X 生成的自由代数. 注意单位元可通过一个空字定义. 这个关于自由代数的事实可以叙述为下面的命题.

命题 10.3.1 设 X 是一个集合, X 生成的自由代数存在.

对任一代数 A, 存在自由代数 F_A 及满同态 $f: F_A\to A$.

命题的第二个断言中的 F_A 可取由 $X=A$ 生成的自由代数. 它告诉我们, 任一代数 A 是自由代数 F_A 的商代数, 即是自由代数的同态象. 自由代数的另一个构造方法是通过双模的张量积来构造.

设 A 是一个 F-代数, M 是一个右 A-模, N 是一个左 A-模. 对向量空间 L, 映射:$f: M\times N\to L$ 称为内A-双线性的, 如果对任意 $x, x'\in M, y, y'\in N$ 及 $r\in A$, 有

$$\begin{aligned} f(x+x', y)&=f(x,y)+f(x',y),\\ f(x,y+y')&=f(x,y)+f(x,y'),\\ f(xr,y)&=f(x,ry). \end{aligned}$$

定义 10.3.2 如果 F-向量空间 $M\bigotimes\limits_A N$ 及映射 $t: M\times N\to M\bigotimes\limits_A N$ 满足条件: 对任意向量空间 L 及任意内双线性映射 $f: M\times N\to L$, 存在唯一线性映射 $\tilde{f}: M\bigotimes\limits_A N\to L$, 使 $f=\tilde{f}\circ t$, 则将 $(M\bigotimes\limits_A N, t)$ 称为右 A-模 M 和左 A-模 N 在 A 上的张量积. 通常简记为 $M\bigotimes\limits_A N$.

张量积可用下面的交换图描述:

$$\begin{array}{ccc} M\times N & \stackrel{t}{\longrightarrow} & M\bigotimes\limits_{A} N \\ & f\searrow & \downarrow \tilde{f} \\ & & L \end{array}.$$

注意到域上的模, 即向量空间, 既是左模又是右模. 第 1 章中定义的代数的张量积作为向量空间实际上是代数作为域 F 上向量空间的张量积. 这时, 乘法可看成是由 $(a\otimes b)(a'\otimes b')=aa'\otimes bb'$ 定义的.

命题 10.3.2 设 A 是一个 F-代数, M 是一个右 A-模, N 是一个左 A-模. 张量积 $M\bigotimes\limits_{A} N$ 存在.

证 证明是构造性的, 其过程概述如下: 首先构造一个以 $M\times N$ 中元素为基的向量空间 W. 考虑其中由集合

$$\begin{aligned} U_1&=\{(x+x',y)-(x,y)-(x',y)|x,x'\in M,y\in N\},\\ U_2&=\{(x,y+y')-(x,y)-(x,y')|x\in M,y,y'\in N\},\\ U_3&=\{(xr,y)-(x,ry)|x\in M,y\in N,r\in A\} \end{aligned}$$

张成的子空间

$$\bar{U}=\left\{\sum_s r_sx_s|x_s\in U_1\bigcup U_2\bigcup U_3,r_s\in F\right\},$$

则商空间 $W/\bar{U}$ 就是 M 与 N在A上的张量积$M\bigotimes\limits_{A} N$. 这时, 映射 t 是 $M\times N$ 到 W 的自然嵌入与 W 到 $M\bigotimes\limits_{A} N=W/\bar{U}$ 的自然投射 (线性映射) 的合成. (a,b) 在 t 下的象记作 $a\otimes b$. 证明细节请读者自行补全. |

设 A,B 为两个代数, 一个同时是左 A-模和右 B-模的 M 称为一个 A-B-双模, 如果对任意 $r\in A,s\in B$ 和 $x\in M$, 有

$$(rx)s=r(xs).$$

设 M 是一个 A-B-双模. 如果 N 是一个左 B-模, 对 $x\in M,y\in N,r\in A$, 定义模乘法

$$r(x\otimes y)=(rx)\otimes y,$$

则 $M\bigoplus\limits_{B} N$ 自然地成为左 A-模. 如果 L 是一个右 A-模, 则 $L\bigoplus\limits_{A} M$ 可类似地自然定义为右 B-模. 如果这时 C 是一个代数而 L 还是一个左 C-模, 则 $L\bigotimes\limits_{A} M$ 是一个 C-B-双模.

我们知道, 如果 N 是一个左 A-模, 则 $A\bigotimes\limits_A N\simeq N$. 如果 N 是一个右 A-模, 则 $N\bigotimes\limits_A A\simeq N$.

有下面关于张量积结合律的命题.

命题 10.3.3　设 A,B 为两个代数, 设 L 是一个右 A-模, M 是一个 A-B-双模, N 是一个左 B-模, 则有

$$\left(L\bigotimes_A M\right)\bigotimes_B N\simeq L\bigotimes_A\left(M\bigotimes_B N\right).$$

证　对任意 $z\in N$, 考虑映射 $h_z: L\times M\to L\bigotimes\limits_A\left(M\bigotimes\limits_B N\right)$, 对 $(x,y)\in L\times M$,

$$h_z(x,y)=x\otimes\left(y\otimes z\right).$$

则 h_z 是一个内 A 双线性映射. 于是存在唯一线性映射 $f_z: L\bigotimes\limits_A M\to L\bigotimes\limits_A\left(M\bigotimes\limits_B N\right)$, 使得

$$f_z\left(x\otimes y\right)=x\otimes\left(y\otimes z\right).$$

对 $(u,z)\in(L\bigotimes\limits_A M)\times N$ 定义 $f'(u,z)=f_z(u)$, 则对任意 $u=\sum\limits_t x_t\otimes y_t\in L\bigotimes\limits_A M, z\in N$ 有

$$f'(u,z)=\sum_t x_t\otimes\left(y_t\otimes z\right).$$

容易看出 f' 是内 B-双线性映射. 于是存在唯一线性映射

$$f:\left(L\bigotimes_A M\right)\bigotimes_B N\to L\bigotimes_A\left(M\bigotimes_B N\right),$$

使得

$$f\left(\left(x\otimes y\right)\otimes z\right)=x\otimes\left(y\otimes z\right).$$

类似地, 存在唯一线性映射

$$g: L\bigotimes_A\left(M\bigotimes_B N\right)\to\left(L\bigotimes_A M\right)\bigotimes_B N,$$

使得

$$g\left(x\otimes\left(y\otimes z\right)\right)=\left(x\otimes y\right)\otimes z.$$

显然 f 和 g 是互逆的线性映射, 即有

$$\left(L\bigotimes_A M\right)\bigotimes_B N\simeq L\bigotimes_A\left(M\bigotimes_B N\right).\quad\blacksquare$$

这个证明说明, 在自然同构下, 张量积的结合律对元素也是成立的.

定义 10.3.3 设 A 是一个代数, M 是一个 A-A-双模, 则对任意非负整数 m, 定义

$$M^{\otimes m}=\begin{cases}A, & m=0,\\ M, & m=1,\\ M^{\otimes l}\bigotimes\limits_{A}M, & m=l+1.\end{cases}$$

显然对任意 m, $M^{\otimes m}$ 仍是 A-A-双模. A 上 M 的张量代数是向量空间的直和

$$T_A(M)=M^{\otimes 0}\oplus M^{\otimes 1}\oplus M^{\otimes 2}\oplus\cdots,$$

加上自然定义的乘法, 即对 $x_1\otimes\cdots\otimes x_s\in M^{\otimes s}, y_1\otimes\cdots\otimes y_t\in M^{\otimes t}$, 定义

$$\Big(x_1\otimes\cdots\otimes x_s\Big)\cdot\Big(y_1\otimes\cdots\otimes y_t\Big)=x_1\otimes\cdots\otimes x_s\otimes y_1\otimes\cdots\otimes y_t,$$

而对任意元素 $x=\sum\limits_{t,l}x_{t,l}, y=\sum\limits_{t',l'}y_{t',l'}$, 其中, $x_{t,l}$ 和 $y_{t',l'}$ 分别具有 $x_1\otimes\cdots\otimes x_t$ 和 $y_1\otimes\cdots\otimes y_{t'}$ 的形式, 定义

$$xy=\sum_{t,l,t',l'}x_{t,l}\cdot y_{t',l'}.$$

命题 10.3.3 保证了这样定义的乘法是结合的. 有下面的命题:

命题 10.3.4 $T_A(M)$ 是一个结合代数.

张量代数是一个重要的构造方法, 它包括了所知道的自由代数和路代数的构造.

例 10.3.1 设 $A=F$ 是域, 而 X 是一个集合. 令 M 是以 X 为基的 F-向量空间, 则 M 是 A-A-双模, 则有下面的命题:

命题 10.3.5 设 M 是如上述定义的 A-A-双模, 则 $T_A(M)$ 是 X 生成的自由代数. |

例 10.3.2 设 F 是一个域, 而设 Q 是一个有 n 个项点的箭图, 对于 $i,j\in Q_0$, 定义 M_{ij} 为以从 j 到 i 的箭向为基的向量空间 (F-F-双模), 而当 j 到 i 无箭向时为 0. 令

$$A=F^n=\bigoplus_{i=1}^{n}F=\{(a_1,\cdots,a_n)|a_i\in F\}$$

为 n 个 F 作为 F-代数的直和, 令 $e_i=(0,\cdots,0,1,0,\cdots,0)$ 为其中第 i 个分量为 1 而其他分量为 0 的向量, 则 $e_1,\cdots,e_n$ 是 A 的一个基且是交换正交幂等元集. 记 $F_i=Ae_i=e_iA$. 令 $M=\sum\limits_{i,j\in Q_0}\oplus M_{ij}$ 是向量空间的直和. 对 $a=(a_1,\cdots,a_n)\in A$,

$x = \sum_{i,j \in Q_0} x_{ij} \in M$, 其中 $x_{ij} \in M_{ij}$. 定义

$$ax = \sum_{i,j \in Q_0} a_i x_{ij}, \quad xa = \sum_{i,j \in Q_0} x_{ij} a_j,$$

则有

$$e_i M e_j = e_i M_{ij} e_j = M_{ij}$$

是一个 F_i-F_j-双模. 而

$$M_{i,j_{r-1}} \otimes M_{j_{r-1},j_{r-2}} \otimes \cdots \otimes M_{j_3,j_2} \otimes M_{j_2,j}$$

是从 j 到 i 经过点 $j_2, \cdots, j_{r-1}$ 的全体路所张成的向量空间. 这时有下面的结果, 它表明了路代数与张量代数的联系.

命题 10.3.6 M 是一个如上述的 A-A-双模, 则 $FQ \simeq T_A(M)$.

设 X 是一个有限集合, $Q = (\{1\}, X, s, t)$ 满足对所有 $x \in X$, $s(x) = t(x) = 1$, 即是一个顶点, 而以 X 的元素为圈箭的箭图. 则 FQ 是 X 生成的自由代数.

10.4 赋值图的张量代数与路代数的同构

给定箭图 $Q = (Q_0, Q_1, s, t), Q' = (Q'_0, Q'_1, s', t')$, 如果存在一对一一映射

$$f_0 : Q_0 \to Q'_0, \quad f_1 : Q_1 \to Q'_1,$$

使得对所有 $\alpha \in Q_1$, 有

$$s'(f_1(\alpha)) = f_0(s(\alpha)), \quad t'(f_1(\alpha)) = f_0(t(\alpha)),$$

则称 $f = (f_0, f_1)$ 为箭图 Q 到箭图 Q' 的一个同构. 如果 Q 与 Q' 同构, 则显然有 FQ 与 FQ' 作为代数是同构的. 自然要问, 如果 FQ 与 FQ' 作为代数同构, Q 与 Q' 是否同构呢? 本节回答这一问题. 事实上, 先将路代数推广到赋值图的张量代数, 然后对赋值图的张量代数解决同构问题.

定义 10.4.1 一个赋值图 G 是一个三元组 $G = (V, d, g)$, 其中, V 是一个有限 (顶点) 集合,

$$d : i \to d_i$$

是一个从顶点集合 V 到正整数集合的映射,

$$g = (g^l, g^r)$$

是从顶点集合的卡氏积 $V \times V$ 到非负整数集合的映射对,

$$g^l : (i,j) \to g^l_{ij}, \quad g^r : (i,j) \to g^r_{ij},$$

对任意 $(i,j) \in V \times V$ 满足条件

$$d_i g^l_{ij} = g^r_{ij} d_j.$$

显然对任意 $(i,j) \in V \times V$, 有 $g^l_{ij} \neq 0$ 当且仅当 $g^r_{ij} \neq 0$.

设 Q 是一个箭图, 令 $V = Q_0$. 对每一 $i \in V$, 定义 $d_i = 1$, 而对任意 $(i,j) \in V \times V$ 定义 $g^l_{ij} = g^r_{ij}$ 为从 i 到 j 的箭向的个数, 则 (V,d,g) 是一个赋值图. 反过来, 如果 (V,d,g) 是一个赋值图且对每一 $i \in V$, 有 $d_i = 1$, 则 $g^l_{ij} = g^r_{ij}$, 取 V 为顶点集合, 而对任意 $(i,j) \in V \times V$ 作 g^r_{ij} 条从 i 到 j 的箭向, 则得到一个箭图 Q.

定义 10.4.2 设 $G = (V,d,g)$ 是一个赋值图, 并设 F 是一个域. G 的一个 *F-实现*是一个 F 上的有限维可除代数及其双模的集合

$$(D,M) = \{(D_h, {}_iM_j) | h \in V, (i,j) \in V \times V\},$$

其中, D_h 是有限维可除代数, ${}_iM_j$ 是 D_i-D_j-双模, 满足下列条件:

(1) D_i 作为 F 向量空间的维数 $\dim_F D_i = d_i$;

(2) ${}_iM_j$ 作为左 D_i-向量空间的维数 $\dim_{D_i} {}_iM_j = g^l_{ij}$, 而 ${}_iM_j$ 作为右 D_j-向量空间的维数 $\dim_{D_j} {}_iM_j = g^r_{ij}$.

令 $D = \bigoplus\limits_i D_i$ 为代数直和, 而 $M = \bigoplus\limits_{i,j} {}_iM_j$ 为向量空间的直和. 像 10.3 节一样将 M 自然地定义为 D-D-双模. 这时张量代数 $T_D(M)$ 称为*赋值图G的F-实现(D,M)的张量代数*.

定义 10.4.3 假设 V 是有限集合. 设 $G = (V,d,g)$, $G' = (V',d',g')$ 是两个赋值图. 如果存在一一映射 $\sigma : V \to V'$, 使对任意 $i,j \in V$ 有

$$d_i = d'_{\sigma(i)} \quad \text{和} \quad g_{ij} = g'_{\sigma(i)\sigma(j)},$$

则称这两个赋值图同构. 设 (D,M) 和 (D',M') 分别是 G 和 G' 的 F-实现. 如果赋值图 G与 G' 同构, 且对每一 $i \in V$ 存在 F- 代数同构 $\phi : D_i \to D'_i$, 用此同构将 D_i与 D'_i 等同, 则对任意 $i,j \in V$ 存在 D_i -D_j-双模同构 $\psi_{ij} : {}_iM_j \to {}_iM'_j$, 则称这两个 *$F$-实现同构*.

显然, 如果 G 与 G' 是同构的赋值图, 而 (D,M) 与 (D',M') 分别是它们的 F-实现且同构, 则其张量代数 $T_D(M)$ 与 $T_{D'}(M')$ 同构. 这个事实的逆命题是下面的定理.

定理 10.4.1 设 $G=(V,d,g)$, $G'=(V',d',g')$ 是两个赋值图. 并假设 (D,M) 和 (D',M') 分别是 G 和 G' 的 F-实现, 设 $T=T_D(M)$ 和 $T'=T_{D'}(M')$ 分别是它们的张量代数. 如果存在一个代数同构 $f:T\to T'$, 则存在一一映射 $\sigma:V\to V'$, 使得对任意 $i,j\in V$ 有 $D_i\simeq D'_{\sigma(i)}$ 和 ${}_iM_j\simeq_{\sigma(i)} M_{\sigma(j)}$.

证 设 I 和 I' 分别是 T 和 T' 中由所有 $i\neq j$ 的 ${}_iM_j$ 和所有 $s\neq t$ 的 ${}_sM'_t$ 生成的理想. 令

$$N=\bigoplus_{i\in V}{}_iM_i,\quad N'=\bigoplus_{i\in V'}{}_iM'_i,$$
$$B=\bigoplus_{t\geqslant 1}N^{\otimes t},\quad B'=\bigoplus_{t\geqslant 1}N'^{\otimes t},$$

则作为加群, 有

$$T=D\oplus B\oplus I \quad 和 \quad T'=D'\oplus B'\oplus I'.$$

先证 $f(I)\subseteq I'$. 只需证对所有 $i\neq j$ 有 $f({}_iM_j)\subseteq I'$. 设 $x\in{}_iM_j$, 并设

$$f(x)=d'+b'+z',\quad d'\in D',b'\in B',z'\in I',$$

由于 $i\neq j$, 有 $x^2=0$, 于是

$$0=f(x^2)=f^2(x)={d'}^2+(b'd'+d'b'+{b'}^2)+z'',$$
$$b'd'+d'b'+{b'}^2\in B',z''\in I'.$$

于是 ${d'}^2=0$, $b'd'+d'b'=0$ 且 $z''=0$. 由于 D 是可除代数的直和, 由 ${d'}^2=0$ 得 $d'=0$, 随之 ${b'}^2=0$ 而得到 $b'=0$, 因而 $f(x)=z'\in I'$.

同样, $f^{-1}(I')\subset I$, 故 $I'\subset f(I)$, 这样便得 $f(I)=I'$.

这样, 同构 f 就诱导一个同构

$$\tilde{f}:D\oplus B\simeq T/I\to T'/I'\simeq D'\oplus B'.$$

容易看出, $D\oplus B$ 中的每一个幂等元实际上都在 D 中, 同样 $D'\oplus B'$ 中的每一个幂等元也都在 D' 中. $E=\{e_i|i\in V\}$, 其中, e_i 是 D_i 的恒等元, 是 D 的本原幂等元的集合, 而 $E'=\{e'_s|s\in V'\}$, 其中, e_s 是 D'_s 的恒等元, 是 D' 的本原幂等元的集合. 而 $\tilde{f}(E)$ 是本原幂等元的集合. 于是 $\tilde{f}$ 诱导出 E 与 E' 间的一个双射来. 这样就建立了一个双射 $\theta:V\to V'$. 利用这个双射将 V 与 V' 等同起来, 这样, 对所有 i 都有 $\tilde{f}(e_i)=e'_i$.

考虑子环

$$T_i=e_iT/Ie_i=e_iD\oplus Be_i=D_i\oplus B_i$$

及

$$T'_i=e'_iT'/I'e'_i=e'_iD'\oplus B'e'_i=D'_i\oplus B'_i,$$

其中, $B_i = \bigoplus\limits_{t\geqslant 1} {}_iM_i^{\otimes t}$, $B_i' = \bigoplus\limits_{t\geqslant 1} {}_iM_i'^{\otimes t}$. 显然 $\tilde{f}$ 诱导出同构

$$\tilde{f}_i : T_i \to T_i'.$$

易见 T_i 和 T_i' 中所有的可逆元的集合分别为 $D_i\setminus\{0\}$ 和 $D_i'\setminus\{0\}$, 因而对每个 $i \in V$, $\tilde{f}$ 导出同构 $D_i \simeq D_i'$, 在这个同构下把每个 D_i 与 D_i' 等同起来.

证明作为 D_i-D_i-双模, 有 ${}_iM_i \simeq {}_iM_i'$. 为此, 考虑上面的同构对应 $f_i : T_i \to T_i'$. 对 $x \in {}_iM_i \subseteq T_i$, 记

$$f_i(x) = -d_x + x' + z',$$

其中, $d' \in D', x' \in_i M_i', z' \in {}_iM_i^{\otimes 2} + {}_iM_i^{\otimes 3} + \cdots$. 由于对 $d \in D_i$, $f_i(d) = d$, 于是有

$$f_i(d_x + x) = x' + z'.$$

设 L_i 是由 $\{d_x + x | x \in {}_iM_i\}$ 生成的子加群, 由于对所有 $a, b \in D_i, x \in {}_iM_i$ 有

$$f_i(axb) = a \cdot f_i(x) \cdot b,$$

容易验证, 对于 $a_t, b_t \in D_i, x_t \in {}_iM_i$,

$$d_{a_1\cdot x_1\cdot b_1+\cdots+a_r\cdot x_r\cdot b_r} = a_1 \cdot d_{x_1} \cdot b_1 + \cdots + a_r \cdot d_{x_r} \cdot b_r.$$

这说明作为 D_i-D_i-双模有 ${}_iM_i \simeq L_i$. 于是要证 ${}_iM_i \simeq {}_iM_i'$, 只需证 ${}_iM_i' \simeq L_i$ 即可. 令

$$B_{L_i} = L_i + L_i^2 + \cdots \subseteq T_i,$$

由于对任意 $a, b \in D_i$ 有 $aB_{L_i}b \subseteq B_{L_i}$, 且对 $d_x + x, d_y + y \in L_i$ 有 $(d_x + x)B_{L_i}(d_y + y) \subseteq B_{L_i}$, 故 B_{L_i} 是 T_i 的理想. 显然 $f_i(B_{L_i}) \subseteq B_i'$, 这样 $B_{L_i} \neq T_i$ 且作为加群的直和有 $T_i = D_i \oplus B_{L_i}$. 于是作为加群的直和亦有 $T_i' = D_i \oplus f_i(B_{L_i})$, 这样, $f_i(B_{L_i}) = B_i'$. 这样可以得到如下的 D_i-D_i-双模同构:

$$L_i \simeq B_{L_i}/B_{L_i}^2 \simeq f_i(B_{L_i})/(f_i(B_{L_i}))^2 \simeq B_i'/(B_i')^2 \simeq {}_iM_i',$$

这正是要证的.

最后证明对 $i \neq j$, 有 D_i-D_j-双模同构 ${}_iM_j \simeq {}_iM_j'$.

令 $B^* = \sum_i B_{L_i}$, 则由于 $B_{L_i} \subseteq T_i$,

$$B^* = \sum_i B_{L_i} = \bigoplus_i B_{L_i}.$$

这样, 有

$$T = D \oplus B^* \oplus I \quad 和 \quad T' = D' \oplus B' \oplus I'.$$

由于 $f(I) = I'$ 及 $f(B_{L_i}) = B'_i$, 还有 $f(B^* \oplus I) = B' \oplus I'$, 因而

$$f((B^* \oplus I)^2) = (B' \oplus I')^2.$$

有一个同构

$$\bar{f} : D \oplus \left(\bigoplus_{\substack{i,j \\ i \neq j}} {}_iM_j \right) \oplus \left(\bigoplus_i L_i \right) \simeq T/(B^* \oplus I)^2 \to T'_i/(B' \oplus I')^2 \simeq D' \oplus \left(\bigoplus_{i,j} {}_iM'_j \right).$$

已经证明 $\tilde{f}(e_i + I^2) = e'_i + I'^2$, 这样

$$\bar{f}(e_i + (B^* + I)^2) = e'_i + z'_i + B' + I'^2,$$

其中, $z'_i \in I$. 由此得到, 对 $i \neq j$, 有同构对应

$$\begin{aligned} \bar{f} : {}_iM_j &= e_i \cdot (\bigoplus_{\substack{i,j \\ i \neq j}} {}_iM_j) \oplus (\bigoplus_i L_i) \cdot e_j \\ &\simeq (e_i + (B^* + I)^2) \cdot (B^* + I/(B^* + I)^2) \cdot (e_j + (B^* + I)^2) \\ &\xrightarrow{\simeq} (e'_i + z'_i + (B' + I')^2) \cdot (B' + I'/(B' + I')^2) \cdot (e'_j + z'_i + I'^2) \\ &\simeq {}_iM'_j. \end{aligned}$$

这给出一个加群同构

$$\bar{f}_{ij} : {}_iM_j \to {}_iM'_j.$$

由于 $\bar{f}$ 导出 D_i 与 D'_i 的同构, 从而 $\bar{f}_{ij}$ 自然地成为一个 D_i-D_j-双模同构.

这就完成了证明. |

有下面的推论.

推论 10.4.1 设 T 与 T' 分别是赋值图 G 和 G' 的某个实现的张量代数, 如果 $T \simeq T'$, 则 G 与 G' 同构.

推论 10.4.2 设 F 是一个域, 并设 Q 与 Q' 是两个箭图, 则路代数 FQ 与 FQ' 同构的充分必要条件是箭图 Q 与 Q' 同构.

10.5 有限维代数的箭图和 Gabriel 定理

设 F 是一个域, A 是一个有限维 F-代数. 用 $J(A)$ 记 A 的 Jacobson 根. 我们知道, 这时 $J(A) = N$ 是 A 的幂零根. 对正整数 t, 记 $J^t(A) = (J(A))^t$. 如果

$A/J(A) = \bigoplus_i D_i$ 是可除代数 $D_1, \cdots, D_n$ 的直和, 称 A 为一个基代数. 我们知道每一个有限维代数 Morita 等价于一个基代数 (见附录).

设 A 是基代数. 将其单位元写成正交本原幂等元的和, $1 = e_1 + \cdots + e_n$. 把 e_i 在 $A/J(A)$ 中的象仍记为 e_i. 于是 $e_iA/J(A)e_i = D_i$ 且 $e_1, \cdots, e_n$ 是 $A/J(A)$ 中的唯一的一组正交本原中心幂等元.

A 的乘法导出 A 的 A-A-双模结构, $J(A)$ 和 $J^2(A)$ 是其子模, 故 $J(A)/J^2(A)$ 也是 A-A-双模, 并且作为 A-A-双模, $J(A) \cdot J(A)/J^2(A) = J(A)/J^2(A) \cdot J(A) = 0$. 于是 $J(A)/J^2(A)$ 自然地构成一个 $A/J(A)$-$A/J(A)$-双模, 且有向量空间直和分解

$$J(A)/J^2(A) = 1 \cdot J(A)/J^2(A) \cdot 1 = \bigoplus_{i,j} e_iJ(A)/J^2(A)e_j.$$

定义 10.5.1 设 A 是一个域 F 上的有限维代数. 取 A 的一个正交本原幂等元完全集 $\{e_1, \cdots, e_n\}$ 的指标为顶点集 V, 这时对 $i, j \in V = \{1, \cdots, n\}$ 定义

$$d_i = \dim_F D_i,$$
$$g_{ij}^l = \dim_{D_i} e_iJ(A)/J^2(A)e_j,$$
$$g_{ij}^r = \dim_{D_j} e_iJ(A)/J^2(A)e_j,$$

其中, $\dim_{D_i} e_iJ(A)/J^2(A)e_j$ 和 $\dim_{D_j} e_iJ(A)/J^2(A)e_j$ 分别是 $e_iJ(A)/J^2(A)e_j$ 作为左 D_i-空间和右 D_j-空间的维数. $G = (V, d, g)$ 称为代数A的赋值图, 记作 G_A.

为了简单起见, 在代数闭域上讨论问题, 即约定域 F 是一个代数闭域. 对一般情形有兴趣的读者可自行探讨或参考相关的文献. 由于代数闭域 F 上的有限维可除代数只能是自己, 因而 $D_i \simeq F$. 于是对所有 i, $\dim_F D_i = 1$ 且

$$g_{ij}^l = \dim_F e_iJ(A)/J^2(A)e_j = g_{ij}^r.$$

令 $Q_0 = V$, 对 $i, j \in Q_0$, 取 $e_jJ(A)/J^2(A)e_i$ 在 F 上的一个基

$$\{\alpha_1, \cdots, \alpha_{n_{ij}}\} = A_{ij}$$

为从 i 到 j 的箭向集. 令 $Q_1 = \bigcup_{i,j} A_{ij}$. 这时 $Q_A = (Q_0, Q_1)$ 称为代数A的箭图.

由定义直接得到下面的结论:

命题 10.5.1 代数 A 与 $A/J^2(A)$ 有相同的箭图.

著名的 Gabriel 定理指出了箭图对于研究代数的重要意义.

定理 10.5.1 (Gabriel 定理) 代数闭域上任意有限维基代数是一个路代数的商代数.

证 设 A 是代数闭域 F 上的一个有限维基代数. 设 $Q = (Q_0, Q_1)$ 是其箭图, FQ 是它的路代数. 我们证明存在一个满同态 $f: FQ \to A$.

由于 F 是代数闭域, F 上没有非平凡的有限扩域, 于是 $A/J(A)$ 是分离代数. 因而由 Wedderburn 主要定理 (见第 4 章), 存在 A 的半单子代数 S, 使得作为向量空间的直和, 有

$$A = S \oplus J(A)$$

且 $S \simeq A/J(A)$. 这时

$$1 = e_1 + \cdots + e_n \in S,$$

对 $i = 1, \cdots, n$ 有 $e_i \in S$, 且它们是 S 中两两正交的中心本原幂等元. 于是 $e_i S = e_i S e_i \simeq F$,

$$S = e_1 S \oplus \cdots \oplus e_n S = F e_1 \oplus \cdots \oplus F e_n$$

是单代数的直和分解.

考虑自然同态 $\pi : J(A) \to J(A)/J^2(A)$, 它导出同态

$$\pi_{ij} : e_i J(A) e_j \to e_i J(A)/J^2(A) e_j.$$

取 $e_i J(A)/J^2(A) e_j$ 的一个基 $\bar{\beta}_1, \cdots, \bar{\beta}_{n_{ij}}$, 设 $B_{ij} = \{\beta_1, \cdots, \beta_{n_{ij}}\}$ 为其原象的一个代表集, 则对任意 $z_{ij} = z_{ij}^{(1)} \in e_i J(A) e_j$, 有

$$z_{ij}^{(1)} = \sum_{t=1}^{n_{ij}} a_{1t} \beta_t + z_{ij}^{(2)},$$

其中, $a_{1t} \in F, z_{ij}^{(2)} \in e_i J^2(A) e_j$. 类似地, 对任意 $r \geqslant 1$ 及任意 $z_{ij}^{(r)} \in e_i J^r(A) e_j$, 有

$$z_{ij}^{(r)} = \sum_{t} a_{rt} \beta_{rt} \cdots \beta_{1t} + z_{ij}^{(r+1)},$$

其中, $a_{rt} \in F, \beta_{st} \in B_{i_{st}, j_{st}}, i_{rt} = i, i_{st} = j_{s\,t-1}, j_{r1} = j, z_{ij}^{(r+1)} \in e_i J^{t+1}(A) e_j$. 这样, 如果 $J(A)^{k+1} = 0$, 可将 z_{ij} 写为

$$z_{ij} = \sum_{t=1}^{n_{ij}} a_{1t} \beta_t + \sum_{t} a_{2t} \beta_{2t} \beta_{1t} + \cdots + \sum_{t} a_{kt} \beta_{kt} \cdots \beta_{1t}.$$

用 ϵ_i 表示 FQ 中对应于点 i 的长度为零的路, 则在 FQ 中,

$$1 = \epsilon_1 + \cdots + \epsilon_n.$$

令

$$\Lambda_0 = F\epsilon_1 \oplus \cdots \oplus F\epsilon_n.$$

对 $t \geqslant 1$ 用 Q^t 表示 Q 中长度为 t 的路的集合, 并令

$$\Lambda_t = \left\{ \sum_s a_s p_s | a_s \in F, p_s \in Q^t \right\}$$

为 FQ 中由长度为 t 的路张成的向量空间. 显然 $\epsilon_i \Lambda_t \epsilon_j$ 是以从 j 到 i 的长度为 t 的路为基的向量空间, 且有

$$\Lambda_t = \bigoplus_{i,j} \epsilon_i \Lambda_t \epsilon_j.$$

这时作为向量空间, 有

$$FQ = \Lambda_0 \oplus \Lambda_1 \oplus \cdots \oplus \Lambda_l,$$

其中, l 是 Q 中路的最大长度, 且对所有 t, t', 有

$$\Lambda_t \Lambda_{t'} = \Lambda_{t+t'}.$$

首先定义 $f_0 : \Lambda_0 \to S$, 对 $\sum\limits_{i=1}^{n} a_i \epsilon_i \in \Lambda_0$,

$$f_0 \left(\sum_{i=1}^{n} a_i \epsilon_i \right) = \sum_{i=1}^{n} a_i e_i \in S.$$

显然 f_0 是 Λ_0 到 S 的一个代数同构.

用 Q_{ij} 表示 Q 中以 j 为起点, i 为终点的箭向的集合, 则

$$|Q_{ij}| = n_{ij} = \dim_F \epsilon_i \Lambda_1 \epsilon_j = \dim_F e_i J(A)/J^2(A) e_j.$$

设 $Q_{ij} = \{\alpha_1, \cdots, \alpha_{n_{ij}}\}$. 这样, 对 $x_{ij} \in \epsilon_i \Lambda_1 \epsilon_j$, 有 $x_{ij} = \sum\limits_{t=1}^{n_{ij}} a_t \alpha_t$, 其中, $a_t \in F$. 定义 $f_1(\alpha_t) = \beta_t$, 即

$$f_1(x_{ij}) = f_1 \left(\sum_{t=1}^{n_{ij}} a_t \alpha_t \right) = \sum_{t=1}^{n_{ij}} a_t \beta_t.$$

这时, 对 $x \in \Lambda_1$, 有 $x = \sum\limits_{i,j \in Q_0} x_{ij}$, 定义

$$f_1(x) = \sum_{i,j \in Q_0} f_1(x_{ij}).$$

如果将 S 与 Λ_0 等同起来, 则显然 f_1 是一个从 Λ_1 到 $J(A)$ 的 S-S-双模单同态, 且它导出 Λ_1 到 $J(A)/J^2(A)$ 的双模同构.

类似地, 可以对所有 t, 定义 Λ_t 到 $J^t(A)$ 的 S-S-双模同态 f_t, 满足条件如果 $p=\gamma_t\cdots\gamma_1$ 是一条由箭向为 $\gamma_1,\cdots,\gamma_t$ 构成的长度为 t 的路, 则有

$$f_t(p)=f_1(\gamma_t)\cdots f_1(\gamma_1),$$

它导出 Λ_t 到 $J(A)^t/J^{t+1}(A)$ 的满同态.

对任意 $x\in FQ$, 有正数 r, 对于 $0\leqslant t\leqslant r$ 存在 $x_t\in\Lambda_t$, 使得 $x=\sum\limits_{t=1}^{r}x_t$. 定义 $f:FQ\to A$ 如下:

$$f(x)=\sum_{t=0}^{r}f_t(x_t),$$

则显然 f 是从 FQ 到 A 的满射. 容易验证 f 是从 FQ 到 A 的代数同态.

这就证明了 Gabriel 定理. |

由 Gabriel 定理可以看到, 同态 f 在 $\Lambda_0\oplus\Lambda_1$ 上的限制是一个单射. 于是得到 $I=\ker f\subseteq\Lambda_2\oplus\cdots$. 另一方面, 令

$$J=\Lambda_1\oplus\Lambda_2\oplus\cdots,$$

则 $J(A)$ 是 J 的像. 由于 A 是有限维的, 于是有 $l\geqslant 2$, 使得 $J^l(A)=0$. 于是有 $\Lambda_t\subseteq I=\ker f$ 对所有 $t\geqslant l$ 成立. 于是有

$$J^l\subseteq I=\ker f\subseteq J^2.$$

路代数中满足这样条件的一个理想称为一个允许理想. 这个理想的一个生成元集 ρ 称为这个代数的关系, 这时代数 A 由其箭图 Q_A 和关系 ρ 唯一确定.

这样, 可以得到代数闭域上任意有限维代数的一个更为精细的刻画.

命题 10.5.2 代数闭域上一个有限维基代数是其箭图的路代数关于某个允许理想的商代数.

10.6 遗传代数和路代数

Gabriel 定理告诉我们代数闭域上每一个有限维代数是路代数的商代数. 而有限维路代数本身恰好是一类称为遗传代数的重要而有趣的代数类.

定义 10.6.1 一个代数称为遗传代数, 如果其每个左理想都是投射模.

设 A 是 F 上的一个有限维代数, M 是一个有限生成 A-模, M 是有限维模, 因而 M 有极大子模 (事实上, 取 M 中维数极大的子模即可). M 的根定义为 M 的所有极大子模的交, 记为 $J(M)$. M 的子模 N 称为是一个小子模, 如果对 M 的一个子模 X, 由 $N+X=M$ 可以得到 $X=M$. 下面的引理刻画了 M 的小子模.

引理 10.6.1 M 的子模 N 是小子模当且仅当 $N \subseteq J(M)$.

证 假设 $N \subseteq J(M)$, 并设 X 是 M 的子模且有 $X+N=M$. 如果 $X \neq M$, 则由于 M 是有限生成的, 存在 M 的极大子模 L, 使 $X \subset L$, 而由定义 $N \subseteq J(M) \subseteq L$, 于是 $X+N \subseteq L \neq M$. 这是个矛盾. 从而含于根中的子模是小子模.

反之, 如果 $N \not\subseteq J(M)$, 则存在 M 的极大子模 X, 使得 $N \not\subseteq X$, 由 X 的极大性得 $X+N=M$. 于是 N 不是小子模. |

下面的命题刻画了代数的根与其模的根之间的关系:

命题 10.6.1 A 和 M 如上面定义, 则

$$J(M)=J(A)M.$$

证 先证 $J(A)M \subseteq J(M)$. 设对 M 的子模 X 有 $J(A)M+X=M$, 则对所有 $m>0$, 亦有 $J(A)^m M+X=M$. 而 $J(A)$ 幂零, 于是 $X=M$. 即 $J(A)M$ 是小子模, 由引理 10.6.1, $J(A)M \subseteq J(M)$.

另一方面, 由于 $J(A) \cdot M/J(A)M=0$, 于是 $M/J(A)M$ 是 $A/J(A)$-模, 因而是半单 $A/J(A)$-模, 也是半单 A-模. 从而 $J(M/J(A)M)=J(M)/J(A)M=0$, 即 $J(M) \subseteq J(A)M$. 于是 $J(M)=J(A)M$. |

作为推论, 可以得到著名的 Nakayama 引理.

推论 10.6.1 设 M 是 A-模, 则 $J(A)M=M$ 当且仅当 $M=0$.

对于遗传代数, 有如下的刻画:

定理 10.6.1 对一个有限维代数 A, 下列条件等价:

(1) A 是遗传代数;

(2) 主 A-模的子模是投射模;

(3) $J(A)$ 是投射模;

(4) 投射 A-模的子模是投射模.

证 (1)⇒ (2), (4)⇒(1). 显然成立.

(2)⇒(3). 设 $A=P(1)\oplus\cdots\oplus P(n)$, 而每个 $P(i)$ 是主子模. 由于 $J(A)=J(P(1))\oplus\cdots\oplus J(P(n))$, 由 (2), 每一 $J(P(i))$ 是投射模, 因而 $J(A)$ 也是投射模.

(3) ⇒ (4). 设 M 是投射 A-模 P 的子模. 对 P 的维数 $\dim_F P$ 作数学归纳.

如果 $\dim_F P=1$, P 是单投射模, 从而 M 也是投射模.

设 $l>1$ 且对维数小于 l 的投射模, 其子模是投射模.

设 $\dim_F P=l$, 可设 $P=P_1\oplus P_2$, 其中, P_1 是 P 的主模直和项. 用 π 表示 P 到 P_1 的投影. 如果 $\pi(M)=P_1$, 则 $M\simeq P_1\oplus N$, 这时有 $N=P_2\bigcap M$ 是 P_2 的子模. 而由于 $\dim_F P_2<l$, 于是 N 投射, 从而 M 亦投射.

如果 $\pi(M)\neq P_1$, 则有 $M\subset J(P_1)\oplus P_2$. 由 (3), $J(P_1)$ 投射. 而 $\dim_F P_1\oplus P_2<l$, 由归纳假设, M 投射.

这就证明了定理. |

由 (4) 可以看到 A 是遗传代数当且仅当其整体维数为 1. 遗传代数的投射模具有下面的性质.

命题 10.6.2 设 A 是遗传代数, P, Q 是不可分解 A-模. 如果 Q 是投射模, 则任意非零同态 $f: P \to Q$ 是单射且 P 是投射模.

证 由于 $0 \neq f(P) \subseteq Q$, $f(P)$ 是投射模, 而 $f: P \to f(P)$ 是满同态, 于是 $P \simeq f(P) \oplus \ker f$. 但 P 是不可分解 A-模, 于是 $\ker f = 0$, 从而 f 是单射. 由于 $f(P)$ 是投射模, 于是 $P \simeq f(P)$ 是投射模. |

对偶地, 还有下面的命题:

命题 10.6.3 设 A 是遗传代数, I, N 是不可分解 A-模. 如果 I 是入射模, 则任意非零同态 $f: I \to N$ 是满射且 N 是入射模. |

对于基代数, 下面的定理给出了遗传代数与路代数的联系:

定理 10.6.2 设 F 是域, 而设 Q 是没有有向循环的箭图, 则路代数 FQ 是有限维遗传代数.

如果 F 是代数闭域, 而 A 是 F 上的有限维遗传基代数, 则 A 是一个无圈箭图的路代数.

证 设 $A = FQ$ 是没有有向循环的箭图 Q 的路代数, 由定理 10.1.1, A 是 F 上的有限维代数. 对 $i \in Q_0$, 设 e_i 是对应于顶点 i 的幂等元 (平凡路), 单位元 1 可以写成两两正交的本原幂等元的和 $1 = e_1 + \cdots + e_n$. 于是

$$A = Ae_1 \oplus \cdots \oplus Ae_n$$

是 A 的一个左模直和分解, 其中, $P(i) = Ae_i$ 是不可分解投射模. 于是

$$J(A) = J(Ae_1) \oplus \cdots \oplus J(Ae_n).$$

由定理 10.6.1, 只需证明对每个 i, $J(Ae_i)$ 是投射模.

注意到 Ae_i 是以由顶点 i 发出的路为基的向量空间, 而左模运算由代数 A 的乘法自然地定义, 这相当于由顶点 i 发出的路与其他路的连接. 而由命题 1, $J(Ae_i) = J(A)Ae_i$ 作为向量空间以由顶点 i 发出的长度大于或等于 1 的路为基. 设 $\alpha_1, \cdots, \alpha_r$ 是由 i 发出的所有箭向, 其终点分别为 $j_1, \cdots, j_r$(可能有相同的), 则有

$$J(Ae_i) = A\alpha_1 e_i \oplus \cdots \oplus A\alpha_r e_i.$$

对 $1 \leqslant t \leqslant r$, 显然 $A\alpha_t e_i$ 是 A-模, 且对任意 $x \in A$,

$$xe_{j_t} \to xe_{j_t}\alpha_t e_i$$

是由 Ae_{j_t} 到 $A\alpha_t e_i$ 的同构. 故 $A\alpha_t e_i$ 是投射模. 随之 $J(Ae_i)$ 是投射模, 从而 $J(A)$ 是投射模, 即 A 是有限维遗传代数. 这就证明了第一个断言.

现在证明第二个断言. 如果 A 是代数闭域 F 上的有限维遗传基代数, 设 Q 是 A 的箭图. 由 Gabriel 定理, $A \simeq FQ/I$, 其中, I 是一个允许理想. 设 $Q_0 = \{1, \cdots, n\}$, e_i 是 A 中与 i 相应的本原幂等元, 则 $1 = e_1 + \cdots + e_n$. 而 $P(i) = Ae_i$ 是 A 的不可分解投射模.

先证明 Q 中没有有向循环. 如果 Q 中有有向循环 $(i|\alpha_r \cdots \alpha_1|i)$, 记 $j_1 = i$, 设 α_t 的终点是 j_{t+1}, α_r 的终点是 $j_1 = i$. 对 $x \in A$ 及 $t > 1$, $f_t : xe_{j_t} \to xe_{j_t}\alpha_t e_{t-1}$ 定义 $P(j_t)$ 到 $P(j_{t-1})$ 的一个同态, 而 $f_1 : xe_{j_1} \to xe_{j_1}\alpha_r e_r$ 定义 $P(j_1) = P(i)$ 到 $P(j_r)$ 的同态. 它们显然不是满射. 由命题 10.6.2, 每个 f_t 都是单射. 故 $P(i)$ 同构于 $P(i)$ 的一个真子模. 但 $P(i)$ 维数有限, 这是个矛盾. 于是 Q 中没有有向循环. FQ 是一个有限维遗传代数.

现在证明理想 $I = 0$. 由于 Q 中没有有向循环, 由定理 10.2.4, 路代数 FQ 的 Jacobson 根 J 是由箭向生成的理想. 如果 $I \neq 0$, $A \simeq FQ/I$ 且有 $I \subseteq J^2 \subseteq J$. 特别 $I \neq J$, 这时 $f : J/JI \longrightarrow J/I$ 是一个左 FQ/I-模满同态, 其核为 $\ker f = I/JI$. 由定理 10.6.1, J 是投射 FQ-模而 J/I 是投射 FQ/I 模. 由于 $I \neq 0$, JI 是 I 的根, 由推论 10.6.1, $I \neq JI$, 于是 $I/JI \neq 0$. 由于 J/I 是投射 FQ/I-模, 故有 $J/JI \simeq I/JI \oplus J/I$, 且 $f : J/JI \longrightarrow J/I$ 是到 J/I 的投射. 于是 $J(J/JI) = J(I/JI) \oplus J(J/I) \not\supseteq I/JI$. 这与 $I \subseteq J^2$ 而 $I/JI \subset J(J/I)$ 矛盾.

所以 $I = 0$ 而 $A \simeq FQ$ 是路代数. |

习　题

10.1　证明命题 10.1.1, FQ 是以 $1 = e_1 + \cdots + e_n$ 为单位元的结合代数.

10.2　证明箭图 Q 没有有向循环当且仅当由箭向生成的理想 J 是幂零理想.

10.3　证明如果 Q 中两个顶点间最多有一条路, 则 FQ 与 F_n 的一个子代数同构.

10.4　讨论路代数成为左 Noether 环和左右 Noether 环的充分必要条件并证明.

10.5　证明命题 10.3.1 前面定义的代数 $A(X)$ 是结合代数, 并且是 X 的自由代数.

10.6　对 F-代数 A 的右模 M 和左模 N, 补全命题 10.3.2 的证明.

10.7　对 F-代数 A 的左模 N, 证明 $N \simeq A \bigotimes\limits_A N$.

10.8　对 F-代数 A 的双模 M, 证明命题 10.3.4, $T_A(M)$ 是一个结合代数.

10.9　证明例 10.3.2 定义的 M 是一个 A-A-双模, 且 $FQ \simeq T_A(M)$.

10.10　证明代数 A 与 $A/J^2(A)$ 有相同的箭图.

10.11　验证 Gabriel 定理证明中的映射 f 是代数同态.

10.12　设 $A = T_n$ 是域 F 上全体上三角矩阵构成的代数, 求出 A 的箭图.

10.13　如果 Q 是一个顶点, 两个圈箭构成的箭图, 证明 FQ 同构于两个元素生成的自由代数. 它与二元多项式代数有什么关系?

第 11 章　箭图及其表示

第 10 章已经看到, 给定一个箭图 Q, 可以构造路代数 FQ. 路代数本身具有很好的性质, 如它是遗传的. 它的很多代数性质均可以通过箭图的几何性质刻画. 在本章将说明路代数上的左模 (右模类似) 可以"形象地"在箭图 Q 上放向量空间与线性映射表示出来, 后者就是通常所说的箭图的表示. 箭图的表示可以方便作各种计算. 本章介绍箭图表示的基本概念以及表示范畴的 Auslander-Reiten 理论, 特别是 Auslander-Reiten 序列. Auslander-Reiten 序列是代数表示论的基本工具之一, 利用它可以非常具体、形象地将代数的不可分解模以及不可分解模之间的"基本"同态 (不可约映射) 画出来, 这就是所谓的代数的 Auslander-Reiten 箭图.

11.1　箭图的表示范畴

下面总假设 F 是一个域.

给定一个箭图 $Q=(Q_0,Q_1)$, 其中, Q_0 是顶点集, Q_1 是箭向集. 由第 10 章, 可以构造路代数 FQ, 它是一个结合 F-代数. 可以考虑代数 FQ 上的左模, 以后如不特别说明, 代数上的模均指左模. 粗略地讲, F-代数上的模就是带一簇线性变换的 F-向量空间. 因为路代数 FQ 是一类很特殊的 F-代数, 所以可以较简单地用"带一簇线性变换的向量空间"来解释 FQ 上的模.

下面就用这个观点直接解释 FQ 上的模, 这就是将要介绍的箭图的表示.

粗略地讲, Q 的一个表示指的是: 在 Q 的每一个顶点放一个向量空间, 在 Q 的每个箭向放一线性映射, 这样所构成的一个整体. 所有的表示放在一起与表示之间的同态关于同态之间的合成构成一个范畴, 称之为 Q 的表示范畴. 它是一个遗传阿贝尔范畴. 箭图的表示与数学的许多其他分支 (如李代数、量子群、代数几何、数学物理等) 具有深刻联系, 有很多重要的应用, 有兴趣的读者可参看相关文献. 下面定义箭图的表示及其表示范畴.

为了简单, 总是假设 $Q=(Q_0,Q_1)$ 是一有限箭图 (即顶点数与箭向数均有限的箭图), 不妨设 $Q_0=\{1,\cdots,n\}$. 此时路代数 FQ 有单位元. 设 $\alpha: i\to j$ 是起始于顶点 i 终止于顶点 j 的箭向, 记 $i=s(\alpha), j=t(\alpha)$, $\alpha: s(\alpha)\to t(\alpha)$.

定义 11.1.1　设 $Q=(Q_0,Q_1)$ 是一有限箭图.

(1) Q 的一个表示指的是一簇 F-向量空间 $X_i, \forall_i\in Q_0$, 以及一簇线性映射 $X_\alpha: X_{s(\alpha)}\to X_{t(\alpha)}, \forall\alpha\in Q_1$. 记之为 $X=(X_i,X_\alpha)$(简记为 X). 如果还满足

$\sum\limits_{i\in Q_0}\dim_F X_i<\infty$, 称 X 是 Q 的一个有限维表示;

(2) Q 的两个表示 $X=(X_i,X_\alpha),Y=(Y_i,Y_\alpha)$ 之间的一个同态指的是一簇线性映射 $f=(f_i)_{i\in Q_0}$, 其中, $f_i:X_i\to Y_i,\forall i\in Q_0$, 且满足对任意箭向 $\alpha:s(\alpha)\to t(\alpha)$, 下面映射图交换:

$$\begin{array}{ccc} X_{s(\alpha)} & \xrightarrow{f_{s(\alpha)}} & Y_{s(\alpha)} \\ {\scriptstyle X_\alpha}\downarrow & & \downarrow{\scriptstyle Y_\alpha} \\ X_{t(\alpha)} & \xrightarrow{f_{t(\alpha)}} & Y_{t(\alpha)} \end{array}$$

X 到 Y 的所有同态的集合记为 $\mathrm{Hom}_Q(X,Y)$, 易验证它是一个 F-向量空间;

(3) 称 Q 的两个表示 $X=(X_i,X_\alpha),Y=(Y_i,Y_\alpha)$ 是同构的, 如果存在一个同态 $f=(f_i)_{i\in Q_0}$ 且对每个顶点 i, $f_i:X_i\to Y_i$ 是向量空间的同构. 此时也称 f 是从 X 到 Y 的一个同构, 记为 $X\overset{f}{\cong}Y$, 简记为 $X\cong Y$. 此时易知, 对 Q 的任意箭向 $\alpha:s(\alpha)\to t(\alpha)$, 有 $Y_\alpha=f_{t(\alpha)}X_\alpha f_{s(\alpha)}^{-1}$;

(4) 两个同态的合成 (以自然方式定义): 若 $f=(f_i)_{i\in Q_0}:X\to Y,g=(g_i)_{i\in Q_0}:Y\to Z$ 是同态, 定义 f,g 的合成是 $(g_if_i)_{i\in Q_0}$, 记为 gf, 易验证 $gf:X\to Z$ 是同态. 当 $Y=X$ 时, 易验证 $\mathrm{Hom}_Q(X,X)$ 是一个 F-代数, 简记为 End_QX;

(5) Q 的表示范畴 Rep$Q$: 以 Q 的所有表示为对象, 表示间的同态为态射的这样一个整体关于同态的合成构成一个范畴. 称之为 Q 的表示范畴, 记为 Rep Q. Q 的所有的有限维表示和它们之间的同态关于同态的合成构成 Rep$Q$ 的一个满子范畴, 称之为 Q 的有限维表示范畴, 记为 rep$Q$.

以下用 F^n 表示 F 上 n 维的列向量空间.

例 11.1.1 设 $Q:\overset{1}{\circ}\xrightarrow{\alpha}\overset{2}{\circ}\xrightarrow{\beta}\overset{3}{\circ}$.

取 3 个 F-线性空间 $V_i,i=1,2,3$ 和两个线性映射 $V_\alpha:V_1\to V_2,V_\beta:V_2\to V_3$, 则它们构成 Q 的一个表示. 通常将此表示写为 $V:V_1\xrightarrow{V_\alpha}V_2\xrightarrow{V_\beta}V_3$. 当 V_1,V_2,V_3 均是有限维 F-空间时, V 是 Q 的有限维表示. 例如, $0\to F\xrightarrow{1}F,0\to F\xrightarrow{0}F,0\to F^2\xrightarrow{\begin{pmatrix}a&c\\b&d\end{pmatrix}}F^2,0\to 0\to F^4$ 等都是 Q 的有限维表示, 其中, $a,b,c,d\in F$.

例 11.1.2 设 $Q:\overset{\circ}{\circlearrowleft}_\alpha$ 是一个顶点, 一个圈的箭图.

Q 的表示是带一个线性变换的向量空间, 如 $\overset{F^n}{\circlearrowleft}_{\boldsymbol{I}_n},\circlearrowleft^{F^n}_{J(n,\lambda)}$ 都是有限维表示, 这里 $\boldsymbol{I}_n$ 是 n 阶单位矩阵, $J(n,\lambda)$ 是特征值为 λ 的 n 阶 Jordan 块.

定义 11.1.2 (1) 设 $V=(V_i,V_\alpha),V'=(V'_i,V'_\alpha)$ 是 Q 的两个表示. V 和 V' 的直和指的是表示 $W=(W_i,\boldsymbol{W}_\alpha)$: 其中, $W_i=V_i\oplus V'_i,\forall i\in Q_0$; $\boldsymbol{W}_\alpha=\begin{pmatrix}V_\alpha&0\\0&V'_\alpha\end{pmatrix}$, $\forall\alpha\in Q_1$;

(2) Q 的一个表示 $V=(V_i,V_\alpha)$ 称为不可分解表示, 如果它不同构于任意两个非零表示的直和. Q 的所有有限维不可分解表示的同构类之集记为 Ind FQ;

(3) 对于每个顶点 $i\in Q$, 定义如下表示 $S(i): S(i)_j=0,\forall j\neq i; S(i)_i=F,\forall\alpha\in Q_1$, $S(i)_\alpha=0$. 称 $S(i)$ 是 Q 的单表示.

由定义知, 单表示是不可分解表示. 反之不对. 如果 Q 不含有向循环, 表示范畴 rep$Q$ 中的单对象一定同构于某个 $S(i)$, 换句话说, $\{S(i)|i\in Q_0\}$ 是 rep$Q$ 中互不同构的单表示的完全集 (请有兴趣的读者自己证明).

从下面定理的证明中可以看到对于箭图表示之间的任意同态 f, 可以具体计算出 f 的核、余核, 同样类似可以计算 f 的像.

定理 11.1.1　Rep$Q$ 和 rep$Q$ 都是阿贝尔 (Abel) 范畴.

证　只证明 Rep$Q$ 是阿贝尔范畴, 类似地可证明 rep$Q$ 是阿贝尔范畴. 首先, 已知 Rep$Q$ 中有直和, 即对任意两个表示 X,Y, 可构造直和表示 $X\oplus Y$, 并且 $\mathrm{Hom}_Q(X,Y)$ 是阿贝尔群. 其次对任意同态 $f: X\to Y$, 如下定义 ker$f$, Coker$f$: $(\ker f)_i=\ker f_i$, $(\mathrm{Coker} f)_i=\mathrm{Coker} f_i,\forall i\in Q_0$, $(\ker f)_\alpha$: $\ker f_{s(\alpha)}\to\ker f_{t(\alpha)}$ 是 $X_\alpha: X_{s(\alpha)}\to X_{t(\alpha)}$ 在 $\ker f_{s(\alpha)}$ 上的限制, $(\mathrm{Coker} f)_\alpha:\mathrm{Coker} f_{s(\alpha)}\to\mathrm{Coker} f_{t(\alpha)}$ 是 $Y_\alpha: Y_{s(\alpha)}\to Y_{t(\alpha)}$ 在 $\mathrm{Coker} f_{s(\alpha)}$ 上的诱导映射, 即 $\forall\alpha\in Q_1,\forall\alpha: s(\alpha)\to t(\alpha)$, 有如下线性映射交换图:

$$\begin{array}{ccccccc}
\ker f_{s(\alpha)} & \longrightarrow & X_{s(\alpha)} & \xrightarrow{f_{s(\alpha)}} & Y_{s(\alpha)} & \longrightarrow & (\mathrm{Coker} f)_{s(\alpha)} \\
\downarrow{\scriptstyle(\ker f)_\alpha} & & \downarrow{\scriptstyle X_\alpha} & & \downarrow{\scriptstyle Y_\alpha} & & \downarrow{\scriptstyle(\mathrm{Coker} f)_\alpha} \\
\ker f_{t(\alpha)} & \longrightarrow & X_{t(\alpha)} & \xrightarrow{f_{t(\alpha)}} & Y_{t(\alpha)} & \longrightarrow & (\mathrm{Coker} f)_{t(\alpha)}.
\end{array}$$

余下可直接验证满足阿贝尔范畴定义中所有条件. |

实际上, 上面的阿贝尔范畴与对应的路代数的模范畴是同构的. 设 FQ 是 Q 的路代数, 由于 Q 是有限箭图, FQ 是有单位元的结合代数, 如果令 e_i 是对应于顶点 i 的幂等元 (即以 i 为起点, 终点的长为 0 的路), 则 $1=e_1+\cdots+e_n$ 是单位元 1 分解成本原幂等元的分解式. 记 FQ-Mod 为左 FQ-模构成的范畴, FQ-mod 为有限维左 FQ-模所构成的满子范畴.

定理 11.1.2　设 Q 是有限箭图, 则 Rep$Q$ 与 FQ-Mod 同构, 且在此同构下 rep$Q$ 与 FQ-mod 同构.

证　构造两个互逆函子 H: Rep$Q\to FQ$-mod; G:FQ-Mod$\to$Rep$Q$ 如下:

H : Rep$Q\to FQ$-Mod: 令 $H(X)=\bigoplus\limits_{i\in Q_0}X_i$, 对任意起点为 i 终点为 j 的长为 t 的路 $\rho_t\cdots\rho_1$, 对任意 $x=\sum\limits_{l\in Q_0}x_l\in H(X)=\bigoplus\limits_{l\in Q_0}X_l$, 定义 $\rho_t\cdots\rho_1x=X_{\rho_t}\cdots X_{\rho_1}(x_i)(\in X_j\subseteq X)$. 易验证如上定义给出了 $H(X)$ 的 FQ-模运算. 对 Rep$Q$

中任意态射 $f: X \to Y$, 定义 $H(f) = \bigoplus_{l\in Q_0} f_l : \bigoplus_{l\in Q_0} X_l \to \bigoplus_{l\in Q_0} Y_l : \bigoplus_{l\in Q_0} x_l \mapsto \bigoplus_{l\in Q_0} f_l(x_l)$. 可以验证 $H(f): H(X) \to H(Y)$ 是模同态, H 是一个正变函子.

定义 $G: FQ$-Mod→Rep$Q$: 设 M 是一 FQ-模, 令 $M_i = e_iM, M_\alpha : M_{s(\alpha)} \to M_{t(\alpha)}, m \mapsto \alpha m$(注意到 $\alpha m = e_{t(\alpha)}\alpha m \in M_{t(\alpha)}$). 易验证 $((M_i)_{i\in Q_0}, (M_\alpha)_{\alpha\in Q_1})$ 是 Q 的一个表示. 设 $f: M \to N$ 是 FQ-同态, 则有 $f(e_iM) = e_if(M) \subseteq e_iN$. 定义 $G(f)_i : M_i \to N_i$ 是 f 在 M_i 上的限制. 不难按照定义验证 $G(f)$ 是 Rep$Q$ 的态射, 且 G 是从 FQ-Mod 到 Rep$Q$ 的一个正变函子.

直接从定义可验证 $GH(X) = X, HG(M) = M$ 且 $GH(f) = f, HG(g) = g, \forall f \in \mathrm{Hom}_Q(X,Y), g \in \mathrm{Hom}_{FQ}(M,N)$(作为练习).

故 H, G 是互逆的同构函子.

由于 H, G 将有限维 F-空间映为有限维 F-空间, 故 H, G 诱导出从 rep$Q$ 到 FQ-mod 的互逆同构. |

由于有定理 11.1.2, 以后可以对箭图 Q 的表示和 FQ-模不加区别, 任何关于 Q 的表示的结论均可自动转化成 FQ-模的对应的结论.

以下结论是代数表示论中的一个基本出发点, 使得我们可以将一般有限维表示的研究归结为不可分解表示的研究.

定理 11.1.3(Krull-Remak-Schmidt) 设 Q 是有限箭图, 则 Q 的任意有限维表示 V 可以分解为有限多个不可分解表示的直和. 在同构意义下, 这种直和分解是唯一的, 即如果 $V = V_1 \oplus \cdots \oplus V_m \cong W_1 \oplus \cdots \oplus W_n$, 其中, V_i, W_j 均是不可分解表示, 则 $m = n$ 且有 m 元置换 σ, 使得 $W_i \cong V_{\sigma(i)}, i = 1, \cdots, m$.

为了证明此定理, 需要证明以下的 Fitting 引理:

引理 11.1.1 设 V 是 Q 的有限维非零表示, 则 V 是不可分解表示当且仅当 End_QV 是局部代数, 即它的所有不可逆元的集合是 End_QV 的理想.

证 显然 V 的任意非可逆的自同态与任意自同态的乘积非可逆, 因此要证明 $\mathrm{End}V_Q$ 的所有不可逆元的集合是理想, 只需证明任意两个非可逆元的差是非可逆的. 对于 V 的任意自同态 f, 由于 $\dim_F V < \infty$, 则存在正整数 n, 使得 $f^n(V) = f^{n+1}(V)$, 从而 $V = f^n(V) \oplus \ker f^n$.

如果 V 是不可分解的, 则有 $V = f^n(V)$ 或 $V = \ker f^n$, 从而 f 或是同构或是幂零的 (即 $f^n = 0$). 这样就证明了不可分解表示 V 的自同态或为同构或为幂零的同态. 下设 f, g 是 V 的非同构的自同态, 若 $f - g$ 是同构, 设为 σ, 则 $f = \sigma + g = \sigma(1 + \sigma^{-1}g)$, 由于 g 是非同构, 所以 $\sigma^{-1}g$ 是非同构, 从而是幂零的, 故有 $1 + \sigma^{-1}g$ 是同构, 进而 $\sigma(1 + \sigma^{-1}g)$ 是同构, 与 f 是非同构矛盾. 故 V 的所有非同构的自同态之集成为 End_QV 的一个子加群. 不难直接验证它是 End_QV 的一个理想, 从而 End_QV 是局部代数.

反之, 设 $\mathrm{End}_Q V$ 是局部代数, 对 V 的任意分解 $V=U\oplus W$, 可以构造两个幂等同态 $e_U=\lambda_U\circ\rho_U, e_W=\lambda_W\circ\rho_W$, 其中, ρ_U,ρ_W 分别是 V 到 U,W 的投射, 即 $\rho_U:V\to U, v=u+w\mapsto u; \rho_W:V\to U, v=u+w\mapsto w$. λ_U,λ_W 分别是 U,W 到 V 的嵌入, 即 $\lambda_U:U\to V, u\mapsto u+0; \lambda_W:W\to V, w\mapsto 0+w$. 有 $1=e_U+e_W, e_Ue_W=e_We_U=0$. 由此 $1=e_U$ 或 $1=e_W$, 从而 $V=U$ 或 $V=W$. 故 V 是不可分解表示. |

定理 11.1.3 的证明　分解的存在性证明是简单的. 设 V 是一个表示, 如果 V 本身是不可分解表示, 则它已是不可分解表示的直和了; 如果 V 可分解, 则将它分解成两个非零表示的直和, 这两个直和项的维数均小于 V 的维数. 再对这两个直和项作如上讨论, 如此下去, 到有限步 (因为 V 是有限维的), 即可将 V 写成有限多个不可分解表示的直和.

下面证明 V 分解成不可分解表示的直和的方式在同构意义下是唯一的, 即证明若 $V=V_1\oplus\cdots\oplus V_m\cong W_1\oplus\cdots\oplus W_n$, 其中, V_i,W_j 均是不可分解表示, 则 $m=n$ 且有 m 元置换 σ, 使得 $W_i\cong V_{\sigma(i)}$. 对 m 用数学归纳法.

当 $m=1$ 时, V 是不可分解表示, 结论显然成立.

下设 $\phi:V\to W$ 是同构映射, $V=V_1\oplus\cdots\oplus V_m, W=W_1\oplus\cdots\oplus W_n$, 其中, V_i,W_j 均为不可分解表示. 将 ϕ 写成矩阵形式 $\boldsymbol{\phi}=(\phi_{ts})_{n\times m}, \phi_{ts}:V_s\to W_t$, 同样将 $\psi=\phi^{-1}$ 写成矩阵形式 $\boldsymbol{\psi}=(\psi_{ij})_{m\times n}$. 由此有 $1_{V_1}=\sum\psi_{1j}\phi_{j1}$. 因为 $\mathrm{End}_Q V_1$ 是局部代数, 上等式的右边和式中至少有一项可逆, 不失一般性, 设 $\psi_{11}\phi_{11}$ 可逆, 从而 ψ_{11} 与 ϕ_{11} 可逆, 即 $V_1\cong W_1$. 下面令 $\boldsymbol{\phi}'=\boldsymbol{\alpha\phi\beta}$, 其中,

$$\boldsymbol{\alpha}=\begin{pmatrix}1_{W_1} & 0 & \cdots & 0\\ -\phi_{21}\phi_{11}^{-1} & 1_{W_2} & \cdots & 0\\ \vdots & \vdots & & \vdots\\ -\phi_{m1}\phi_{11}^{-1} & 0 & \cdots & 1_{W_m}\end{pmatrix},\quad \boldsymbol{\beta}=\begin{pmatrix}1_{V_1} & -\phi_{11}^{-1}\phi_{12} & \cdots & -\phi_{11}^{-1}\phi_{1n}\\ 0 & 1_{V_2} & \cdots & 0\\ \vdots & \vdots & & \vdots\\ 0 & 0 & \cdots & 1_{V_n}\end{pmatrix},$$

则 $\boldsymbol{\phi}'=\begin{pmatrix}\phi_{11} & 0\\ 0 & \psi\end{pmatrix}$, 其中, $\psi:\bigoplus\limits_{i=2}^{m}V_i\to\bigoplus\limits_{j=2}^{n}W_j$, 由于 $\boldsymbol{\alpha},\boldsymbol{\beta}$ 分别是 W,V 的自同构, 则 $\boldsymbol{\phi}'$ 是从 V 到 W 的同构, 故 ψ 是同构. 故由归纳假设, 有 $m-1=n-1$ 且重排 $W_2,\cdots,W_n$ 后有 $V_j\cong W_j$. 故 $m=n$, 且重排 $W_1,\cdots,W_n$ 后有 $V_j\cong W_j$. 定理得证. |

设 $Q=(Q_0,Q_1)$ 是有限箭图且不含有向循环, 令 $A=FQ$ 是 Q 的路代数, 则表示范畴 $\mathrm{rep}Q$ 中单对象 (称之为 Q 的单表示) 同构于某个 $S(i), i\in Q_0$. 由定理 11.1.2, 它与单 A 模对应, 直接称 $S(i), i\in Q_0$, 是单 A-模.

令 e_i 是对应于顶点 i 的幂等元, 则 $P_i=Ae_i, i=1,\cdots,n$ 是全部互不同构的不可分解投射 A-模的同构类的代表元. 同样由定理 11.1.2, 记 $P(i), i=1,\cdots,n$ 是表示范畴 $\mathrm{rep}Q$ 中分别与 $P_i=Ae_i, i=1,\cdots,n$ 对应的不可分解投射对象. 对于 $P(i)$,

有如下刻画: 对任意 $j \in Q_0, P(i)_j = e_jAe_i$ 是由所有从 i 到 j 的路所生成的 F-空间, $\alpha \in Q_1$ 所对应的线性映射 $P(i)_\alpha$ 是由 α 左乘得到的线性映射. 这样得到表示范畴 rep$Q$ 中 n 个互不同构的不可分解投射表示 $P(i), i = 1, \cdots, n$, 且任意不可分解投射表示均与某个 $P(i)$ 同构.

例 11.1.3 取 $Q : \overset{1}{\circ} \xrightarrow{\alpha} \overset{2}{\circ} \xrightarrow{\beta} \overset{3}{\circ}$, 则 Q 的单表示是 $S(1) : F \xrightarrow{0} 0 \xrightarrow{0} 0; S(2) : 0 \xrightarrow{0} F \xrightarrow{0} 0; S(3) : 0 \xrightarrow{0} 0 \xrightarrow{0} F$.

Q 的不可分解投射表示是 $P(1) : F \xrightarrow{1} F \xrightarrow{1} F; P(2) : 0 \xrightarrow{0} F \xrightarrow{1} F; P(3) : 0 \xrightarrow{0} 0 \xrightarrow{0} F$.

由定理 11.1.2, 也称 $P(i)$ 是路代数 FQ 的不可分解投射模.

至于怎么构造 Q 的不可分解内射表示或 FQ 的不可分解内射模将在下节中介绍.

11.2 Nakayama 函子

从本节开始, 总是假设箭图 Q 是不含有向循环的有限箭图, FQ 是其路代数, 它是有限维遗传代数, 设 $e_1, \cdots, e_n$ 是 FQ 的对应于 Q 的顶点 $1, \cdots, n$ 的本原幂等元, 则 $(FQ)e_1, \cdots, (FQ)e_n$ 是全部互不同构的不可分解投射 FQ-模. 本节中介绍的 Nakayama 函子将帮助我们构造 Q 的不可分解内射表示.

下面先在一般有限维代数上讨论. 假设 A 是有限维 F-代数 (不一定遗传), M, N 是左 A-模, 则 M 的对偶空间 $D(M) := \mathrm{Hom}_F(M, F)$ 以如下方式成为右 A-模: $\forall f \in D(M), a \in A$, 定义 $(fa)(m) := f(am), \forall m \in M$. 显然 $fa \in D(M)$. 对任意 $\phi \in \mathrm{Hom}_A(M, N)$, 定义 $D(\phi) : D(N) \to D(M)$ 如下: $\forall f \in D(N), D(\phi)(f)(m) = f(\phi(m)), \forall m \in M$. 直接验证可知 $D(\phi)(f) \in D(M)$ 且 $D(\phi)$ 是 A^{op} 同态, 即右 A-模同态.

同样, 如果 M, N 是右 A-模, 则 $D(M)$ 可作为左 A-模且若 $\phi \in \mathrm{Hom}_{A^{op}}(M, N)$, 则 $D(\phi)$ 是 A-同态.

定理 11.2.1 设 A 是一有限维 F-代数, 则函子 $D = \mathrm{Hom}_F(-, F) : A$-mod$\to$mod-$A$ 与函子 $D = \mathrm{Hom}_F(-, F)$: mod-$A\to A$-mod 的合成满足 $D^2 = D \circ D \cong id_{A\text{-mod}}$, 即 $D = \mathrm{Hom}_F(-, F)$ 是 A-mod 的一个对偶.

证 直接验证可知 $D(\phi\psi) = D(\psi)D(\phi), D(1_M) = 1_{D(M)}$. 从而 $D : A$-mod$\to$mod-A 是一反变子函子. 同样, D :mod-$A\to A$-mod 是一反变个函子.

今如下定义 A-mod 到自身上的两个函子 id 和 D^2 之间的一个自然变换 $t : id \to D^2$:

$$\forall M \in A\text{-mod}, \quad t_M : M \to D(D(M)) : m \mapsto t_M(m),$$

其中, $t_M(m): f \mapsto f(m), \forall f \in D(M)$.

$\forall a \in A, m \in M, t_M(am)(f) = f(am), (at_M)(m)(f) = t_M(m)(fa) = (fa)(m) = f(am), \forall f \in D(M)$. 故有 $t_M(am) = at_M(m)$, 即 t_M 是 A-同态. 对任意 A-模同态 $f: M \to N$, 有如下变换图:

$$\begin{array}{ccc} M & \xrightarrow{t_M} & D^2M \\ {\scriptstyle f}\downarrow & & \downarrow{\scriptstyle D^2(f)} \\ N & \xrightarrow{t_N} & D^2(N) \end{array}$$

故 $t: id_{A\text{-mod}} \to D^2$ 是自然变换.

又因为 M 是有限维的, 则 $t_M: M \to D(D(M)): m \mapsto t_M(m)$ 是 A-模同构.

故 $t: id_{A\text{-mod}} \to D^2$ 是一自然同构, 即 $D^2 \cong id_{A\text{-mod}}$. |

命题 11.2.1 设 A 是有限维 F-代数, 则 P 是 (不可分解) 投射 A-模当且仅当 $D(P)$ 是 (不可分解) 内射右 A-模; P 是 (不可分解) 内射 A-模当且仅当 $D(P)$ 是 (不可分解) 内射右 A-模.

证 由于 $D(-)$ 是对偶函子, 它将短正合列变为短正合列, 则 $\mathrm{Ext}_A^1(M, N) \cong \mathrm{Ext}_{A^{op}}^1(D(N), D(M))$, 从而 $\mathrm{Ext}_A^1(P, X) = 0$ 当且仅当 $\mathrm{Ext}_{A^{op}}^1(D(X), D(P)) = 0$. 故 P 是投射 A-模当且仅当 $D(P)$ 是内射 A^{op}-模. 同样可证明其余结论. |

由于 A 是 A-A-双模, 对任意左 A-模 M, $M^* := \mathrm{Hom}_A(M, A)$ 按以下方式成为右 A-模: $\forall f \in M^*, a \in A$, 定义 $(fa)(m) = f(m)a$. 同样的方式可以说明如果 N 是右 A-模, 则 $\mathrm{Hom}_{A^{op}}(N, A)$ 是左 A-模.

从而有反变函子 $\mathrm{Hom}_A(-, A)$: A-mod→mod-A, 它将左 A-模 M 变为右 A-模 $\mathrm{Hom}_A(M, A)$, 将 A-模同态 $f: M \to N$ 变为右 A-模同态 $\mathrm{Hom}_A(f, A)$, 其中, $\mathrm{Hom}_A(f, A)$ 定义如下:

$$\mathrm{Hom}_A(f, A): \mathrm{Hom}_A(N, A) \to \mathrm{Hom}_A(M, A),$$

$$\sigma \mapsto \sigma f.$$

同样有反变函子 $\mathrm{Hom}_{A^{op}}(-, A)$: mod-A → A-mod, 它将右 A-模 M 变为左 A-模 $\mathrm{Hom}_{A^{op}}(M, A)$, 将右 A-模同态 $f: M \to N$ 变为左 A-模同态 $\mathrm{Hom}_{A^{op}}(f, A)$, 其中, $\mathrm{Hom}_{A^{op}}(f, A)$ 定义如下:

$$\mathrm{Hom}_{A^{op}}(f, A): \mathrm{Hom}_{A^{op}}(N, A) \to \mathrm{Hom}_{A^{op}}(M, A),$$

$$\sigma \mapsto \sigma f.$$

有时将这两个函子都简记为 $(-)^*$.

用 $(-)^{**}$ 表示函子 $(-)^*: A\text{-mod}\rightarrow\text{mod-}A$ 与函子 $(-)^*$: mod-$A \rightarrow A$-mod 的合成.

与函子 D 类似, 存在一个从恒等函子 $id_{A-\text{mod}}$ 到 $(-)^{**}$ 的自然变换 s, 其定义如下:

$\forall M\in A-\text{mod}, s_M: M\rightarrow M^{**}, m\mapsto s_M(m), \quad s_M(m): f\mapsto f(m).$

记 $\mathcal{P}(A)$ 为 A-mod 中所有有限维投射左 A-模所构成的 (满) 子范畴.

$\mathcal{I}(A)$ 为 A-mod 中所有有限维内射左 A-模所构成的 (满) 子范畴.

命题 11.2.2 设 A 是有限维 F-代数, 则函子 $\text{Hom}_A(-,A)$: $\mathcal{P}(A)\rightarrow\mathcal{P}(A^{op})$ 是一个对偶函子, 即 $\text{Hom}_A(-,A)$ 是反变函子且有函子同构 $\text{Hom}_{A^{op}}(\text{Hom}_A(-,A),A)\cong id_{\mathcal{P}(A)}$.

证 如果 P 是 A^k 的一个直和项, 则 $\text{Hom}_A(P,A)$ 是 $\text{Hom}_A(A^k,A)\cong\text{Hom}_A(A,A)^k\cong A^k$ 的直和项, 从而是投射 A^{op}-模. 由于 $A\cong\text{Hom}_{A^{op}}(\text{Hom}_A(A,A),A)$, 故 $A^k\cong\text{Hom}_{A^{op}}(\text{Hom}_A(A^k,A),A)$. 由于任意投射模都是某个 A^k 的直和, 从而对任意投射 A-模 P, $P\cong\text{Hom}_{A^{op}}(\text{Hom}_A(P,A),A)$(留作习题). 故 $\text{Hom}_A(-A)$ 诱导了 $\mathcal{P}(A)$ 与 $\mathcal{P}(A^{op})$ 之间的一个对偶. |

定理 11.2.2 函子 $\mathcal{N}=D\text{Hom}_A(-,A): A\text{-mod}\rightarrow A\text{-mod}$ 诱导了从 $\mathcal{P}(A)$ 到 $\mathcal{I}(A)$ 的一个等价函子, 其逆函子是 $\mathcal{N}^{-1}=\text{Hom}_{A^{op}}(D(-),A)\cong\text{Hom}_{A^{op}}(D(A),-)$, 且对任意左 A-模 M, 任意投射 A-模 P, 有 $\text{Hom}_A(M,\mathcal{N}(P))\cong D\text{Hom}_A(P,M)$.

证 $\mathcal{N}$ 是两个反变函子的合成, 故它是正变函子, 由命题 11.2.2 直接可得它诱导了从 $\mathcal{P}(A)$ 到 $\mathcal{I}(A)$ 的一个等价函子, 且其逆为 $\mathcal{N}^{-1}=\text{Hom}_{A^{op}}(D(-),A)\cong\text{Hom}_{A^{op}}(D(A),-)$(留作练习). 设 M 是左 A-模, P 是投射 A-模, 因为 $M\cong\text{Hom}_A(A,M)$, 从而

$$\text{Hom}_A(P,A)\bigotimes_A M\cong\text{Hom}_A(P,A)\bigotimes_A\text{Hom}_A(A,M).$$

而取映射合成给出了后一项到 $\text{Hom}_A(P,M)$ 的一个映射, 即 $\phi_P:\text{Hom}_A(P,A)\bigotimes_A\text{Hom}_A(A,M)\rightarrow\text{Hom}_A(P,M): f\otimes g\mapsto gf$. 当 $P=A$ 时, ϕ_A 显然是同构, 从而当 P 是自由模 A^k 时, ϕ_{A^k} 是同构, 故对任意投射模 P,ϕ_P 是同构映射. 所以有 $D\text{Hom}_A(P,M)\cong\text{Hom}_F(\text{Hom}_A(P,A)\otimes M,F)\cong\text{Hom}_A(M,\text{Hom}_F(\text{Hom}_A(P,A),F))=\text{Hom}_A(M,\mathcal{N}P)$. |

定义 11.2.1 称函子 $D\text{Hom}_A(-,A): A\text{-mod}\rightarrow A\text{-mod}$ 是 Nakayama 函子. 通常记为 $\mathcal{N}$.

设 $Q=(Q_0,Q_1)$ 是不含有向循环的有限箭图, 由 11.1 节知道 $P(i), i\in Q_0$, 是 Q 的互不同构的不可分解投射表示的同构类的代表元, 再由定理 11.2.2, 表示范畴 rep$Q$ 中所有互不同构的不可分解内射表示的同构类的代表元为 $I(i)=$

$\mathcal{N}(P(i)), i\in Q_0$. 由 $I(i)=\mathcal{N}(P(i))=D\mathrm{Hom}_A(Ae_i,A)\cong D(e_iA)$, 有对任意 $j\in Q_0, I(i)_j$ 是箭图 Q 中由从 j 到 i 的路所生成的 F-空间.

例 11.2.1 取 $Q: \overset{1}{\circ}\overset{\alpha}{\rightarrow}\overset{2}{\circ}\overset{\beta}{\rightarrow}\overset{3}{\circ}$.

Q 的不可分解内射表示是

$$I(1)=F\xrightarrow{0}0\xrightarrow{0}0; I(2)=F\xrightarrow{1}F\xrightarrow{0}0; I(3)=F\xrightarrow{1}F\xrightarrow{1}F.$$

下面如非特别说明, 总是设 $Q=(Q_0,Q_1)$ 是不含有向循环的有限箭图, $A=FQ$ 是其路代数.

定义 11.2.2 称 $D\mathrm{Ext}_A^1(M,A)$ 为左 A-模 M 的 Auslander-Reiten 左平移, 记为 τM, 简称为 AR 左平移; 同样称 $\mathrm{Ext}_A^1(DA,M)$ 为左 A-模 M 的 Auslander-Reiten 右平移, 记为 $\tau^- M$, 简称为 AR 右平移.

从定义 11.2.2 可知: 如果 M 是投射模, 则 $\tau M=0$; 如果 M 是内射模, 则 $\tau^- M=0$. 反之亦对.

命题 11.2.3 设 $0\to X\to Y\to Z\to 0$ 是 A-mod 中短正合列, 则有正合列

$$0\to\tau X\to\tau Y\to\tau Z\to\mathcal{N}X\to\mathcal{N}Y\to\mathcal{N}Z\to 0,$$

$$0\to\mathcal{N}^-X\to\mathcal{N}^-Y\to\mathcal{N}^-Z\to\tau^-X\to\tau^-Y\to\tau^-Z\to 0.$$

证 用 $\mathrm{Hom}_A(-,A)$ 作用短正合列 $0\to X\to Y\to Z\to 0$, 可以得到正合列 $0\to\mathrm{Hom}_A(Z,A)\to\mathrm{Hom}_A(Y,A)\to\mathrm{Hom}_A(X,A)\to\mathrm{Ext}_A^1(Z,A)\to\mathrm{Ext}_A^1(Y,A)\to\mathrm{Ext}_A^1(X,A)\to 0$. 再用函子 $D(-)$ 作用, 有正合列

$$0\to\tau X\to\tau Y\to\tau Z\to\mathcal{N}X\to\mathcal{N}Y\to\mathcal{N}Z\to 0.$$

类似地, 有正合列

$$0\to\mathcal{N}^-X\to\mathcal{N}^-Y\to\mathcal{N}^-Z\to\tau^-X\to\tau^-Y\to\tau^-Z\to 0. \quad |$$

定理 11.2.3 设 X 是不可分解 A-模. 如果 X 非投射模, 则 $\tau^-\tau X\cong X$; 如果 X 非内射模, 则 $\tau\tau^-X\cong X$.

证 设 X 是非投射, 不可分解 A-模. 因 A 是遗传代数, X 的投射维数 Proj.dim $X\leqslant 1$, 可设 $0\to P_1\to P_0\to X\to 0$ 是 X 的投射分解. 由命题 11.2.3, 有正合列 $0\to\tau X\to\mathcal{N}P_1\to\mathcal{N}P_0\to\mathcal{N}X\to 0$. 对任意 A 同态 $f: X\to A$, $\mathrm{Im}f$ 是 A 的子模, 若非零, 则为投射模 (因 A 是遗传的), 从而 $X\xrightarrow{f}\mathrm{Im}f$ 分裂, 故有 $X\cong\mathrm{Im}f\oplus\ker f$, 因为 X 是不可分解模, $X\cong\mathrm{Im}f$, 与 X 是非投射模矛盾, 故 $f=0$. 故有 $\mathrm{Hom}_A(X,A)=0$, 从而上面正合列为 $0\to\tau X\to\mathcal{N}P_1\to\mathcal{N}P_0\to 0$. 再由命题 11.2.3, 有正合列 (因为 $\mathcal{N}P_1$ 是内射模, 从而 $\tau^-\mathcal{N}P_1=0$)

$$\mathcal{N}^-\mathcal{N}P_1\to\mathcal{N}^-\mathcal{N}P_0\to\tau^-\tau X\to 0.$$

进而有下面的交换图:

$$\begin{array}{ccccccc}
\mathcal{N}^{-}\mathcal{N}P_1 & \longrightarrow & \mathcal{N}^{-}\mathcal{N}P_0 & \longrightarrow & \tau^{-}\tau X & \longrightarrow & 0 \\
\cong\downarrow & & \cong\downarrow & & & & \\
P_1 & \longrightarrow & P_0 & \longrightarrow & X & \longrightarrow & 0
\end{array}$$

故存在同构 $\tau^{-}\tau X \cong X$.

类似地可证明当 X 是非内射, 不可分解 A-模时的结论. |

11.3 Auslander-Reiten 序列

与 11.2 节一样, Q 是一个有限箭图, 不含有向循环, $A = FQ$ 是有限维遗传代数. 本节及 11.4 节将简单介绍代数表示论的一个基本理论 ——Auslander-Reiten 理论, 它的核心是"几乎可裂序列", 现称为 Auslander-Reiten 序列. 这里只介绍箭图表示范畴, 或有限维遗传代数的 Auslander-Reiten 序列. 一般的理论同样成立, 但其涉及的证明要复杂, 有兴趣的读者可参看代数表示论方面的标准教材或参考书, 如文献 (Assem et al., 2006; Ringel, 1984; Auslander et al., 1995).

定义 11.3.1 设 X, Y 是左 A-模, $f: X \to Y$ 是 A-模同态.

(1) 称 f 是可裂单的, 如果存在 $g: Y \to X$ 使得 $gf = 1_X$;

(2) 称 f 是可裂满的, 如果存在 $g: Y \to X$ 使得 $fg = 1_Y$.

命题 11.3.1 设 $0 \to Z \xrightarrow{g} Y \xrightarrow{f} X \to 0$ 是 A-mod 中短正合列, 则以下等价:

(1) f 是可裂满的;

(2) g 是可裂单的;

(3) $Y \cong X \oplus Z$.

证明留作练习.

命题 11.3.2 设 $M, N \in A$-mod, 则

$$\mathrm{Hom}_A(N, \tau M) \cong D\mathrm{Ext}_A^1(M, N) \cong \mathrm{Hom}_A(\tau^{-}N, M).$$

证 证明右边的同构, 对偶地可以证明左边的同构. 设

$$0 \to N \to I_0 \to I_1 \to 0 \tag{11.3.1}$$

是 N 的内射分解, 则由命题 11.2.3 有正合列

$$0 \to \mathcal{N}^{-}N \to \mathcal{N}^{-}I_0 \to \mathcal{N}^{-}I_1 \to \tau^{-}N \to \tau^{-}I_0 (= 0). \tag{11.3.2}$$

将 $\mathrm{Hom}_A(M, -)$ 作用在正合列 (11.3.1) 上得到正合列

$$0 \to \mathrm{Hom}_A(M, N) \to \mathrm{Hom}_A(M, I_0) \to \mathrm{Hom}_A(M, I_1) \to \mathrm{Ext}_A^1(M, N) \to 0,$$

再将函子 $D(-)$ 作用到上正合列, 有正合列

$$0 \to D\mathrm{Ext}_A^1(M,N) \to D\mathrm{Hom}_A(M,I_1) \to D\mathrm{Hom}_A(M,I_0) \to D\mathrm{Hom}_A(M,N) \to 0.$$

将 $\mathrm{Hom}_A(-,M)$ 作用到正合列 (11.3.2) 得到正合列

$$0 \to \mathrm{Hom}_A(\tau^- N, M) \to \mathrm{Hom}_A(\mathcal{N}^- I_1, M) \to \mathrm{Hom}_A(\mathcal{N}^- I_0, M).$$

由定理 11.2.2, 有同构 $f : \mathrm{Hom}_A(\mathcal{N}^- I_1, M) \to D\mathrm{Hom}_A(M, I_1)$ 和同构 $g : \mathrm{Hom}_A(\mathcal{N}^- I_0, M) \to D\mathrm{Hom}_A(M, I_0)$, 满足下面图右边的交换图, 从而存在同构 $h : \mathrm{Hom}_A(\tau^- N, M) \to D\mathrm{Ext}_A^1(M,N)$, 且满足下面交换图:

$$\begin{array}{ccccccc}
0 & \longrightarrow & \mathrm{Hom}_A(\tau^- N, M) & \longrightarrow & \mathrm{Hom}_A(\mathcal{N}^- I_1, M) & \longrightarrow & \mathrm{Hom}_A(\mathcal{N}^- I_0, M) \\
 & & \downarrow h & & \downarrow f & & \downarrow g \\
0 & \longrightarrow & D\mathrm{Ext}_A^1(M,N) & \longrightarrow & D\mathrm{Hom}_A(M,I_1) & \longrightarrow & D\mathrm{Hom}_A(M,I_0)
\end{array}$$

故有 $\mathrm{Hom}_A(\tau^- N, M) \cong D\mathrm{Ext}_A^1(M,N)$. |

定理 11.3.1 τ, τ^- 给出了非投射不可分解 A-模的同构类之集与非内射不可分解 A-模的同构类之集之间的互逆双射.

证 设 X 是非投射, 不可分解模, 下面证明 τX 是不可分解模且非内射. 设 $\tau X = \bigoplus_{i=1}^{m} M_i$, M_i 是不可分解模. 首先 M_i 均非内射, 否则由命题 11.3.2 有 $0 \neq \mathrm{Hom}_A(M_i, \tau X) \cong \mathrm{Ext}_A^1(X, M_i) = 0$, 矛盾! 从而由定理 11.2.3 有 $X \cong \tau^-\tau X \cong \bigoplus_{i=1}^{m} \tau^- M_i$, 从而 $m = 1$. 同样, 类似的结论对 τ^- 成立. 故 τ, τ^- 给出了非投射不可分解 A-模的同构类之集与非内射不可分解 A-模的同构类之集之间的互逆双射. |

定义 11.3.2 设 X, Y 是左 A-模, $f : X \to Y$ 是 A-模同态.

(1) 称 $f : X \to Y$ 是不可约映射 (又称既约映射)(irreducible map), 如果 f 既不是可裂单, 又不是可裂满, 且若 $f = gh$, 其中, g, h 是 A-模同态, 则 h 是可裂单的或 g 是可裂满的;

(2) 设 X 是不可分解表示, 称 $f : X \to Y$ 是一个源映射 (source map), 如果 f 满足如下 3 条: ① f 是非可裂单; ② 任意非可裂单的同态 $g : X \to Z$ 均分解经过 f, 即存在同态 $h : Y \to Z$ 使得 $g = hf$; ③ 如果自同态 $\phi : Y \to Y$ 满足 $f = \phi f$, 则 ϕ 是同构;

(3) 设 Y 是不可分解表示, 称 $f : X \to Y$ 是一个汇映射 (sink map), 如果 f 满足如下 3 条: ① f 是非可裂满; ② 任意非可裂满的同态 $g : Z \to Y$, 均分解经过 f, 即存在同态 $h : Z \to X$ 使得 $g = fh$; ③ 如果自同态 $\phi : X \to X$ 满足 $f = f\phi$, 则 ϕ 是同构.

下面证明 Auslander-Reiten 理论的主要结论之一：几乎可裂序列 (又称 Auslander-Reiten 序列) 的存在性. 此结论对一般有限维代数都成立 (Assem et al., 2006; Auslander et al., 1995), 这里的证明来源于文献 (Crawley-Boevey), 利用了代数 A 的遗传性.

定理 11.3.2(Auslander-Reiten 定理) (1) 设 M 是非投射, 不可分解 A-模, 则存在一个正合列 $\xi_M: 0 \to \tau M \xrightarrow{f} E \xrightarrow{g} M \to 0$, 其中, f 是源映射, g 是汇映射;

(2) 设 M 是非内射, 不可分解 A-模, 则存在一个正合列 $\chi_M: 0 \to M \xrightarrow{f} E \xrightarrow{g} \tau^- M \to 0$, 其中, f 是源映射, g 是汇映射.

证 证明结论 (1), 可对偶地证明结论 (2). 由于 M 是不可分解非投射模, 由命题 11.3.2 有 $\mathrm{Ext}_A^1(M, \tau M) \cong D\mathrm{Hom}_A(M, M) = D\mathrm{End}_A M$. 又 $\mathrm{End}_A M$ 是局部代数 (即 $\mathrm{End}_A M/\mathrm{radEnd}_A M \cong F$). 可取 $\delta \in D\mathrm{End}_A M, \delta(\mathrm{radEnd}_A M) = 0, \delta(1_M) = 1$. 令 $\xi_M \in \mathrm{Ext}_A^1(M, \tau M)$ 是在上述同构映射下对应于 δ 的元素 $\xi_M: 0 \to \tau M \xrightarrow{f} E \xrightarrow{g} M \to 0$. 因为 $\delta \neq 0, \xi_M$ 不可裂, 即 f 不是可裂单, g 不是可裂满.

下面设 $h: X \to M$ 是非可裂满同态, 则由 h 诱导出下面两个映射, 且使得下面图交换:

$$\begin{array}{ccc} \mathrm{Ext}_A^1(M, \tau M) & \xrightarrow{\mathrm{Ext}_A^1(h, \tau M)} & \mathrm{Ext}_A^1(X, \tau M) \\ \cong\downarrow & & \downarrow\cong \\ D\mathrm{Hom}_A(M, M) & \xrightarrow{D\mathrm{Hom}_A(M, h)} & D\mathrm{Hom}_A(M, X) \end{array}$$

$D\mathrm{Hom}_A(M, h)(\delta)(\alpha) = \delta(h\alpha), \forall \alpha \in \mathrm{Hom}_A(M, X)$. 因为 h 是非可裂满, 有 $h\alpha \in \mathrm{radEnd}_A M$, 从而 $\mathrm{DHom}_A(M, h)(\delta)(\alpha) = 0$. 因此 $\mathrm{Ext}_A^1(h, \tau M)(\xi_M) = 0$, 即下面 "Pullback" 图是分裂的 (即 g' 是可裂满的), 故有 $g'': X \to E'$, 使得 $g'g'' = id_X$,

$$\begin{array}{ccccccccc} 0 & \longrightarrow & \tau M & \xrightarrow{f'} & E' & \xrightarrow{g'} & X & \longrightarrow & 0 \\ & & \| & & \downarrow h' & & \downarrow h & & \\ 0 & \longrightarrow & \tau M & \xrightarrow{f} & E & \xrightarrow{g} & M & \longrightarrow & 0 \end{array}$$

故 $h = gh'g'', h$ 分解经过 g. 下证 g 是不可约映射. 设 $g = st: E \xrightarrow{t} Y \xrightarrow{s} M$ 且 s 不是可裂满的, t 不是可裂单的. 则由上面证明有 $h_1: Y \to E, s = gh_1$, 从而 $g = gh_1 t$ 及下面图交换:

$$\begin{array}{ccccccccc} 0 & \longrightarrow & \tau M & \xrightarrow{f} & E & \xrightarrow{g} & M & \longrightarrow & 0 \\ & & \downarrow \phi & & \downarrow h_1 t & & \| & & \\ 0 & \longrightarrow & \tau M & \xrightarrow{f} & E & \xrightarrow{g} & M & \longrightarrow & 0 \end{array}$$

因为 t 不是可裂单, 所以 h_1t 不是同构, 从而 ϕ 不是同构, 故有 $m \in \mathbb{Z}^+$, 使得 $\phi^m = 0$. 由此 $(h_1t)^m$ 分解经过 g, 即有 $u: M \to E$ 使得 $(h_1t)^m = ug$, 从而 $gug = g$, 而 g 是满射, 故 $gu = 1_M$, 矛盾!

下设 $\phi_1 : E \to E$ 满足 $g = g\phi_1$. 从而有 $u_1 : \tau M \to \tau M$ 使得下面图交换:

$$\begin{array}{ccccccccc} 0 & \longrightarrow & \tau M & \xrightarrow{f} & E & \xrightarrow{g} & M & \longrightarrow & 0 \\ & & \downarrow u_1 & & \downarrow \phi_1 & & \| & & \\ 0 & \longrightarrow & \tau M & \xrightarrow{f} & E & \xrightarrow{g} & M & \longrightarrow & 0 \end{array}$$

若 u_1 不是同构, 则 $u_1 \in \mathrm{radEnd}_A(\tau M)$. 必有 $k \in \mathbb{Z}^+$, 使得 $u_1^k = 0$. 从而 $\phi_1^k g = gu_1^k = 0$, 进而存在 $t_1 : M \to E$, 使得 $\phi_1^k = t_1 g$, 故有 $g = g\phi_1 = gt_1g$. 由于 g 是满射, 有 $gt_1 = 1_M$, 矛盾!

这样就证明了 g 是汇映射. 类似可证 f 是源映射. |

定义 11.3.3　设 M 是不可分解左 A-模.

(1) 当 M 是非投射 A-模时, 称定理 11.3.2(1) 中的正合列 $\xi_M : 0 \to \tau M \xrightarrow{f} E \xrightarrow{g} M \to 0$ 是一个 (终止于 M) 的 Auslander-Reiten 序列;

(2) 当 M 是非内射 A-模时, 称定理 11.3.2(2) 中的正合列 $\chi_M : 0 \to M \xrightarrow{f} E \xrightarrow{g} \tau^- M \to 0$ 是一个 (起始于 M) 的 Auslander-Reiten 序列. Auslander-Reiten 序列简称为 AR-序列.

下面引入一个符号, 对任意有限维 A-模 M, 令 $\mathrm{rad}M$ 表示 M 的所有极大子模的交, 称之为 M 的 Jacobson 根. 当 M 是左正则 A-模 A 时, 可以证明 $\mathrm{rad}_A A$ 就是代数 A 的根 $\mathrm{rad}A$(见第 2 章). 令 $\mathrm{soc}M$ 表示 M 中所有单子模的和, 它是 A 的半单子模, 称之为 M 的基座.

定理 11.3.3　设 X 是不可分解 A-模, 则

(1) 存在起始于 X 的源映射 $f : X \to E$ 且在同构意义下唯一, 即若另有源映射 $f' : X \to E'$, 则有同构 $\phi : E \to E'$ 使得 $f' = \phi f$;

(2) 存在终止于 X 的汇映射 $g : E \to X$ 且在同构意义下唯一, 即若另有汇映射 $g' : E' \to X$, 则有同构 $\phi : E \to E'$ 使得 $g = g'\phi$.

证　证明结论 (2), 可对偶地证明结论 (1).

先证存在性. 如 X 是非投射 A-模, 由定理 11.3.2 有 Auslander-Reiten 序列 $0 \to \tau X \xrightarrow{f} E \xrightarrow{g} X \to 0$, 其中, $g : E \to X$ 是汇映射. 如果 X 是不可分解投射 A-模, 证明嵌入映射 $g : \mathrm{rad}X \hookrightarrow X$ 是汇映射: 首先 g 是非可裂满的; 又如果有非可裂满映射 $h : M \to X$, 则 h 不是满射 (因为若是满射, 由 X 是投射 A-模, 则 h 必为可裂满射), 从而 $\mathrm{Im}h \subseteq \mathrm{rad}X$. 故 h 分解经过 g. 又若有 $\phi : \mathrm{rad}P \to \mathrm{rad}P$ 使得 $g = g\phi$, 则由 g 是单同态有 ϕ 是单同态, 再由于 $\mathrm{rad}P$ 是 F 上有限维向量空间, 从而 ϕ 是同构.

下证汇映射的唯一性. 若 $g':E'\to X$ 也是汇映射, 则由定义存在 $s:E'\to E, t:E\to E'$ 满足 $g=g't$ $g'=gs$, 从而 $g=gst$. 由定义, st 是同构, 从而 s,t 均为同构. |

将定理 11.3.3 写得更具体明确些.

推论 11.3.1 设 X 是不可分解 A-模.

(1) 如果 $X=P$ 是不可分解投射模, 则 $\mathrm{rad}P\hookrightarrow P$ 是终止于 P 的汇映射 (此时若 P 还是单的, 则 $0\hookrightarrow P$ 是终止于 P 的汇映射);

(2) 如果 X 是非投射不可分解模, 则有 Auslander-Reiten 序列 $0\to\tau X\xrightarrow{f}E\xrightarrow{g}X\to 0$, 其中, $g:E\to X$ 是汇映射.

对偶地,

(1) 如果 $X=I$ 不可分解投射表示, 则 $I\twoheadrightarrow I/\mathrm{soc}I$ 是起始于 I 的源映射 (此时若 I 还是单的, 则 $I\twoheadrightarrow 0$ 是起始于 I 的源映射);

(2) 如果 X 是非内射不可分解模, 则有 Auslander-Reiten 序列 $0\to X\xrightarrow{f}E\xrightarrow{g}\tau^{-}X\to 0$, 其中, $f:X\to E$ 是源映射.

例 11.3.1 取 $Q:\overset{1}{\circ}\xrightarrow{\alpha}\overset{2}{\circ}\xrightarrow{\beta}\overset{3}{\circ}, A=FQ$. $P(1);P(2);P(3)$ 是不可分解投射 A-模. $P(3)$ 是单投射模且是 $P(2)$ 的唯一极大子模, 即 $P(3)=\mathrm{rad}P(2)$, 同理 $P(2)=\mathrm{rad}P(1)$. 对于不可分解内射模, 有 $I(3)/\mathrm{soc}I(3)\cong I(2), I(2)/\mathrm{soc}I(2)\cong I(1)$, $I(1)$ 是单内射模. 注意 $P(1)=I(3)$.

从而 $0\hookrightarrow P(3);P(3)\hookrightarrow P(2);P(2)\hookrightarrow P(1)$ 是汇映射. $I(3)\twoheadrightarrow I(2), I(2)\twoheadrightarrow I(1), I(1)\twoheadrightarrow 0$ 是源映射. 下节将介绍本例中的其他汇映射、源映射以及 Auslander-Reiten 序列.

11.4 Auslander-Reiten 箭图

与 11.3 节一样, 设 Q 是一个有限箭图, 不含有向循环, $A=FQ$ 是有限维遗传代数. 用 $\mathrm{ind}A$ 表示不可分解 A-模同构类的集合. 下面定义范畴 A-mod(或 rep$Q$) 的根 (radical):

定义 11.4.1 设 $X,Y\in A$-mod. 记

$$\begin{aligned}\mathrm{rad}(X,Y)=\{f\in\mathrm{Hom}_A(X,Y)\,|\,vfu\text{不是自同构},\\ \forall M\in\mathrm{ind}A,\forall u:M\to X,v:Y\to M\},\end{aligned}$$

$$\begin{aligned}\mathrm{rad}^2(X,Y)=\{f\in\mathrm{Hom}_A(X,Y)\,|\,\exists M\ \text{以及}\ u\in\mathrm{rad}(X,M),\\ v\in\mathrm{rad}(M,Y),\ \text{使得}\ f=vu\}.\end{aligned}$$

称 $\mathrm{rad}(-,-)$ 是范畴 A-mod 的根.

不难验证, 如果 X,Y 是互不同构的不可分解 A-模, 则有

$$\mathrm{rad}(X,Y)=\mathrm{Hom}_A(X,Y),$$

$\mathrm{rad}(X,X)=\{f:X\to X|f$不是自同构$\}=\mathrm{radEnd}_AX$.

命题 11.4.1 设 $X,Y\in A$-mod, 则

(1) $\mathrm{rad}^2(X,Y)\subseteq\mathrm{rad}(X,Y)$ 且均是 $\mathrm{Hom}_A(X,Y)$ 的 F-子空间;

(2) 如果将 $\mathrm{Hom}_A(X,Y)$ 自然地看成 End_AY-End_AX-双模, 则 $\mathrm{rad}^2(X,Y)\subseteq\mathrm{rad}(X,Y)$ 均是 $\mathrm{Hom}_A(X,Y)$ 的子双模. 从而商 $\mathrm{rad}(X,Y)/\mathrm{rad}^2(X,Y)$(记之为 $\mathrm{Irr}(X,Y)$) 是 End_AY-End_AX-双模;

(3) 设 X,Y 是不可分解 A-模, 则 $\mathrm{Irr}(X,Y)$ 是 $(\mathrm{End}_AY/\mathrm{radEnd}_AY)$-$(\mathrm{End}_AX/\mathrm{radEnd}_AX)$-双模.

证 验证 $\mathrm{rad}(X,Y)$ 是 $\mathrm{Hom}_A(X,Y)$ 的 End_AY-End_AX-子双模. 设 $f,g\in\mathrm{rad}(X,Y)$, 如果有不可分解 A-模 M, 以及 A-模同态 $u:M\to X$, A-模同态 $v:Y\to M$, 使得 $v(f+g)u:M\to M$ 是同构, 则 vfu,vgu 两者中必有一个是同构 (因为 M 不可分解, M 的非同构映射属于 radEnd_AM), 矛盾! 故 $f+g\in\mathrm{rad}(X,Y)$. 易验证对任意 $f\in\mathrm{rad}(X,Y),h\in\mathrm{Hom}_A(X,X),h'\in\mathrm{Hom}_A(Y,Y)$, 均有 $fh,h'f\in\mathrm{rad}(X,Y)$. 同样可以验证 $\mathrm{rad}^2(X,Y)$ 是 $\mathrm{Hom}_A(X,Y)$ 的 End_AY-End_AX- 子双模. 显然 $\mathrm{rad}^2(X,Y)\subseteq\mathrm{rad}(X,Y)$. 从而 $\mathrm{Irr}(X,Y)$ 是 End_AY-End_AX-双模. 若 X,Y 是不可分解 A-模, 按定义 $\mathrm{rad}(X,X)=\mathrm{radEnd}_AX$;$\mathrm{rad}(Y,Y)=\mathrm{radEnd}_AY$, 有 $fu,vf\in\mathrm{rad}^2(X,Y),\forall f\in\mathrm{rad}(X,Y),v\in\mathrm{rad}(Y,Y),u\in\mathrm{rad}(X,X)$, 从而 $\mathrm{Irr}(X,Y)$ 是 $(\mathrm{End}_AY/\mathrm{radEnd}_AY)$-$(\mathrm{End}_AX/\mathrm{radEnd}_AX)$-双模. |

命题 11.4.2 设 X,Y 是不可分解 A-模, 则 $f:X\to Y$ 是不可约映射当且仅当 $f\in\mathrm{rad}(X,Y)\setminus\mathrm{rad}^2(X,Y)$.

证 设 f 是不可约映射, 则 f 不是同构, $f\in\mathrm{rad}(X,Y)$; 又若 $f=gh$, 由定义, 或 g 是可裂满, 或 h 是可裂单, 从而 $f\notin\mathrm{rad}^2(X,Y)$. 反之, 显然.

由此知当 X,Y 是不可分解 A-模时, 存在从 X 到 Y 的不可约映射当且仅当 $\mathrm{Irr}(X,Y)\neq 0$.

定理 11.4.1 设 X 是不可分解 A-模, 则

(1) $f:M\to X$ 是不可约映射当且仅当存在 $f':N\to X$ 使得 $(f,f'):M\oplus N\to X$ 是汇映射;

(2) $g:X\to Y$ 是不可约映射当且仅当存在 $g':X\to Z$ 使得 $\begin{pmatrix}g\\g'\end{pmatrix}:X\to Y\oplus Z$ 是源映射.

证 只证结论 (1), (2) 可对偶地证明. 设 $f:M\to X$ 是不可约映射. $h:E\to X$ 是汇映射. 由 f 是非可裂满, 有 $h':M\to E$ 满足 $f=hh'$, 再由 f 是不可约映射, h 是汇映射, 有 h' 是可裂单的, 即 $E\cong M\oplus N$. 令 $f'=h|_N:N\to X$, 则 $(f,f'):M\oplus N\to X$ 是汇映射. 下面证明充分性. 设 $(f,f'):M\oplus N\to X$ 是汇映射.

设 $f = st : M \xrightarrow{t} M' \xrightarrow{s} X$ 且 s 是非可裂满. 由 (f, f') 是汇映射, 有 $\begin{pmatrix} u \\ v \end{pmatrix} : M' \to M \oplus N$ 使得 $s = (f, f')\begin{pmatrix} u \\ v \end{pmatrix}$. 易验证 $(f, f') = (f, f')\begin{pmatrix} u & 0 \\ v & 1_N \end{pmatrix}\begin{pmatrix} t & 0 \\ 0 & 1_N \end{pmatrix}$, 从而 $\begin{pmatrix} u & 0 \\ v & 1_N \end{pmatrix}\begin{pmatrix} t & 0 \\ 0 & 1_N \end{pmatrix}$ 是同构, 由此 $ut : M \to M$ 同构, t 是可裂单. 故 f 是不可约映射. |

定理 11.4.2 设 X, Y 是不可分解 A-模, 则下面 3 个数是相等的:

(1) $\dim_F \mathrm{Irr}(X, Y)$;

(2) 设 $g : N \to Y$ 是终止于 Y 的汇映射, X 作为不可分解直和项出现在 N 的次数;

(3) 设 $f : X \to M$ 是起始于 X 的源映射, Y 作为不可分解直和项出现在 M 的次数.

证 只证明 (1), (3) 中的数相等, 类似地可证明 (1), (2) 中的数相等.

设 $(f_0, f_1, \cdots, f_r)^{tr} : X \to M' \oplus Y^r$ 是起始于 X 的源映射. 显然 $f_i \in \mathrm{rad}(X, Y) \setminus \mathrm{rad}^2(X, Y), \forall i = 1, 2, \cdots, r$, 证明 $\bar{f}_1, \cdots, \bar{f}_r$ 是 $\mathrm{Irr}(X, Y)$ 的一组基. 设 $\phi : X \to Y, \phi \in \mathrm{rad}(X, Y)$, 则存在 $(g_0, g_1, \cdots, g_r) : M' \oplus Y^r \to Y$, 使得 $\phi = \sum\limits_{i=0}^{r} g_i f_i. g_1, \cdots, g_r \in \mathrm{End}_A Y$, 从而存在 $k_i \in F$, 使得 $g_i - k_i 1_Y \in \mathrm{radEnd}_A Y$. $\phi = \sum\limits_{i=0}^{r} g_i f_i = g_0 f_0 + \sum\limits_{i=1}^{r}(g_i - k_i 1_Y) f_i + \sum\limits_{i=1}^{r} k_i f_i$, 由于 $g_0 f_0 + \sum\limits_{i=1}^{r}(g_i - k_i 1_Y) f_i \in \mathrm{rad}^2(X, Y)$, $\bar{\phi} = \sum\limits_{i=1}^{r} k_i \bar{f}_i$, 即 $\bar{f}_1, \cdots, \bar{f}_r$ 是 $\mathrm{Irr}(X, Y)$ 的 F 生成元. 下证它们是线性无关的. 设 $\sum\limits_{i=1}^{r} k_i \bar{f}_i = 0$ 且某个 $k_t \neq 0$, 有 $\sum\limits_{i=1}^{r} k_i f_i \in \mathrm{rad}^2(X, Y)$, 有可裂满同态 $M' \oplus Y^r \to Y, (m, y_1, \cdots, y_r) \mapsto \sum\limits_{i=1} r k_i y_i$(因为同态 $Y \to M' \oplus Y^r, y \mapsto (0, 0, \cdots, k_t^{-1}, 0, \cdots, 0)^{tr}$ 与上映射合成等于 1_Y), 此映射与源映射 $(f_0, f_1, \cdots, f_r)^{tr} : X \to M' \oplus Y^r$ 的合成等于 $\sum\limits_{i=1}^{r} k_i f_i$ 是不可约映射. 矛盾! 故 $\bar{f}_1, \cdots, \bar{f}_r$ 是 $\mathrm{Irr}(X, Y)$ 的一组基. $\dim_F \mathrm{Irr}(X, Y) = r$. |

命题 11.4.3 (1) 设 X 是不可分解模, 则终止于 X 的汇映射是 $\bigoplus\limits_{Z \in \mathrm{ind}_A} Z^{\dim \mathrm{Irr}(Z, X)} \to X$, 起始于 X 的源映射是 $X \to \bigoplus\limits_{Z \in \mathrm{ind} A} Z^{\dim \mathrm{Irr}(X, Z)}$;

(2) 如果 X 是非投射不可分解模, Y 是不可分解模, 则 $\dim\mathrm{Irr}(\tau X,Y)=\dim\mathrm{Irr}(Y,X)$;

(3) 如果 X,Y 都是非投射不可分解模, 则 $\dim\mathrm{Irr}(\tau Y,\tau X)=\dim\mathrm{Irr}(\bar{Y},X)$.

证 结论 (1) 由定理 11.4.2 得到. 下证结论 (2). 如果 X 是非投射不可分解 A-模, 则有终止于 X 的 AR-序列 $\xi_X: 0\to\tau X\xrightarrow{f}E\xrightarrow{g}X\to 0$, g 是汇映射, f 是源映射, 从而 $\dim\mathrm{Irr}(\tau X,Y)=\dim\mathrm{Irr}(Y,X)$. 应用结论 (2) 有 $\dim\mathrm{Irr}(Y,X)=\dim\mathrm{Irr}(\tau X,Y)=\dim\mathrm{Irr}(\tau Y,\tau X)$, 从而证明了结论 (3). |

定义 11.4.2 代数 A 的 Auslander-Reiten 箭图 Γ_A 定义如下: A 的不可分解模的同构类作为 Γ_A 的顶点. 如果 $X,Y\in\mathrm{ind}A,\mathrm{Irr}(X,Y)\neq 0$, 则有从顶点 $[X]$ 到 $[Y]$ 的箭 (向) 且有 $\dim\mathrm{Irr}(X,Y)$ 条箭. 代数 A 的 Auslander-Reiten 箭图简称为 AR-箭图.

由于 Auslander-Reiten 平移 τ,τ^- 给出了非投射不可分解 A-模的同构类之集与非内射不可分解 A-模的同构类之集之间的互逆双射. τ,τ^- 诱导出 Γ_A 的非投射点与 Γ_A 的非内射点之间的互逆双射, 且若 $[X],[Y]\in\Gamma_A$, X 是非投射模, 则 "从 $[Y]$ 到 $[X]$ 的箭" 的个数等于 "从 $[\tau X]$ 到 $[Y]$ 的箭" 的个数. 换言之, τ 是 Γ_A 上的平移映射, 此时 Γ_A 是一个带平移 τ 的平移箭图.

例 11.4.1 $A=FQ_1: Q_1:\overset{3}{\circ}\to\overset{2}{\circ}\to\overset{1}{\circ}$, 其中, $P(1)=S(1)$; $P(3)=I(1)$; $I(3)=S(3)$. 下面找出所有的 AR-序列. 从单投射模开始, $P(1)$ 是唯一的单投射模, 计算知 $\dim_F\mathrm{Irr}(P(1),P(2))=\dim_F\mathrm{Hom}_A(P(1),P(2))=1$. 可设起始于 $P(1)$ 的源映射为 $P(1)\to P(2)\oplus X$, 易知 X 不含同构于 $P(2),P(3)$ 的直和项, 从而若 $X\neq 0$, 则有不可约映射 $\tau X\to P(1)$, 终止于 $P(1)$ 的汇映射应为 $Y\oplus\tau X\to P(1)$, 与 $P(1)$ 是单投射模矛盾! 故 $X=0$, 即起始于 $P(1)$ 的源映射为 $P(1)\to P(2)$, 从而有 AR-序列 $0\to P(1)\to P(2)\to\tau^-P(1)\to 0$. 易知 $\tau^-P(1)\cong S(2)$. 同样可确定起始于 $P(2)$ 的源映射为 $P(2)\to P(3)\oplus\tau^-P(1)$, 从而有 AR-序列 $0\to P(2)\to P(3)\oplus\tau^-P(1)\to\tau^-P(2)\to 0$, 易知在上 AR-序列中的从 $P(3)$ 到 $\tau^-P(2)$ 的不可约映射是满射 (请读者自己证明), 从而 $\tau^-P(2)$ 是不可分解内射模, 故应为 $I(2)$. 类似可验证起始于 $S(2)$ 的 AR-序列为 $0\to S(2)\to I(2)\to I(3)\to 0$. 由于 $I(3)\cong\tau^-S(2)\cong\tau^{-2}P(1)$ 是单内射模, 不可能再按照这种方式 "从左向右" 找到新的 AR-序列了. 实际上由第 12 章可知出现在上面 AR-序列中的不可分解模穷尽了 A 的所有不可分解模. 故 A 的所有 AR-序列为

$$0\to P(1)\to P(2)\to\tau^-P(1)\to 0,$$

$$0\to P(2)\to P(3)\oplus\tau^-P(1)\to\tau^-P(2)\to 0,$$

$$0\to S(2)\to I(2)\to I(3)\to 0,$$

从而代数 A 的 AR-箭图为

Γ_A:

$$
\begin{array}{ccccccccc}
 & & & & P(3) & & & & \\
 & & & \nearrow & & \searrow & & & \\
 & & P(2) & & \cdots\ \cdots\ \cdots & & I(2) & & \\
 & \nearrow & & \searrow & & \nearrow & & \searrow & \\
P(1) & & \cdots\ \cdots\ \cdots & & S(2) & & \cdots\ \cdots\ \cdots & & I(3)
\end{array}
$$

同样地, 可画出下面箭图的 Auslander-Reiten 箭图.

例 11.4.2　$A = FQ_2, Q_2: \overset{3}{\circ} \longrightarrow \overset{2}{\circ} \longleftarrow \overset{1}{\circ}$, 则 Γ_A:

$$
\begin{array}{ccccccc}
 & & P(3) & & \cdots\ \cdots\ \cdots & & I(1) \\
 & \nearrow & & \searrow & & \nearrow & \\
P(2) & & \cdots\ \cdots\ \cdots & & I(2) & & \\
 & \searrow & & \nearrow & & \searrow & \\
 & & P(1) & & \cdots\ \cdots\ \cdots & & I(3)
\end{array}
$$

其中, $P(2) = S(2); S(3) = I(3); I(1) = S(1)$.

习　题

11.1　证明如果 Q 是不含循环圈有限箭图, 则范畴 rep$Q$ 中的单对象一定同构于某个 $S(i)$, 换句话说, $\{S(i)|i \in Q_0\}$ 是 rep$Q$ 中互不同构的单表示的完全集.

11.2　详细写出定理 11.1.2 的证明.

11.3　证明对任意投射 A-模 P, $\mathrm{Hom}_{A^{op}}(\mathrm{Hom}_A(P, A), A) \cong P$.

11.4　验证 $\mathrm{Hom}_{A^{op}}(D(-), A) \cong \mathrm{Hom}_{A^{op}}(D(A), -)$ 是 Nakayama 函子 $\mathcal{N}$ 的逆.

11.5　证明命题 11.3.1.

11.6　证明不可约映射或为单射, 或为满射.

11.7　证明终止于不可分解非投射模 M 的 AR-序列在同构意义下是唯一的.

11.8　设 $X, M \in A$-mod, M 是不可分解的, 证明 $\mathrm{rad}(M, X) = \{f \in \mathrm{Hom}_A(M, X)|f$ 不是可裂单的$\}$, $\mathrm{rad}(X, M) = \{f \in \mathrm{Hom}_A(X, M)|f$ 不是可裂满的$\}$.

11.9　试画出 Dynkin 箭图 (任意给定箭向) 的 AR-箭图.

第12章　有限表示型代数

一个仅有有限多个互不同构的不可分解模的代数称为有限表示型代数. 代数表示论的一个基本问题就是刻画有限表示型代数. 这个问题一直到 20 世纪 70 年代才开始得到解决. 它的解决伴随一系列新的思想、方法和工具的出现, 使代数表示论的面貌涣然一新.

我们知道, 在一个代数闭域 F 上的基遗传代数与某个箭图 Q 的路代数同构, 因而其模范畴与箭图 Q 的表示范畴相同. 而箭图的表示不仅由于其组合的直观而较容易解决, 而且它反映了深刻的数学本质、建立起不同数学领域的联系, 产生越来越广泛和深入的影响.

箭图方法在 20 世纪 70 年代出现在代数表示论中, 人们利用它成功地解决了遗传代数什么时候是有限表示型的问题. 在代数闭域上这一问题首先由 Gabriel 通过建立不可分解表示与二次型的正根 (即相应复半单李代数的正根) 的对应解决. Bernstein, Gelfánd, Poromarev 等人应用的 Coxeter 函子方法证明了 Gabriel 的定理. 这一方法后来被 Dlab 和 Ringel 推广到任意遗传代数.

本章讨论有限表示型有限维路代数及其表示分类, 目标是证明连通的有限表示型路代数是以邓肯图为基图的箭图 Q 的路代数. 首先讨论由图确定的二次型的正定性及其实根集有限的条件; 还将证明在连通箭图二次型的正实根与其某些不可分解表示同构类间存在着对应; 并且这样的对应在邓肯图的情形是一一的. 这样, 由二次型和邓肯图的性质得到箭图表示和遗传代数为有限表示型的条件.

12.1　邓肯图和二次型

设 $\varDelta=(\varDelta_0,\varDelta_1)$ 为一个图, 其中, $\varDelta_0$ 为其顶点集合而 $\varDelta_1$ 为其边的集合. 直观地讲, 它就是一个由顶点及连接顶点的边构成的图形. 约定记其顶点集为 $\varDelta_0=\{1,2,\cdots,n\}$, 而记其边数的集合为 $\varDelta_1=\{a_{ij}\in\mathbb{N}_0|(i,j)\in\varDelta_0\times\varDelta_0\}$, 即用 a_{ij} 表示 i,j 之间的边数. 显然对所有顶点 i 与 j, 有 $a_{ij}=a_{ji}$.

本章总是假定图是连通的, 并且其中没有单点圈, 相应地假定箭图是连通的, 并且其中没有圈箭. 对于图 $\varDelta$, 这样的条件可叙述为如果 $\varDelta_0=\varDelta_0'\cup\varDelta_0''$ 且 $\varDelta_0'\cup\varDelta_0''=\varnothing$, 则有 $i\in\varDelta_0',j\in\varDelta_0''$, 使得 $a_{ij}\neq 0$ 且对所有 $i\in\varDelta_0$ 都有 $a_{ii}=0$.

我们对邓肯图和欧几里得图有着特殊的兴趣.

邓肯图是指下面几类图, 也称为 A, D, E 型邓肯图:

A_n 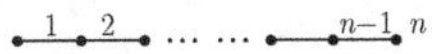

D_n 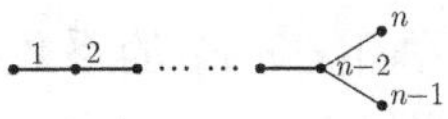

E_6 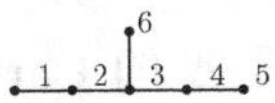

E_7 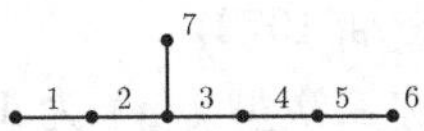

E_8 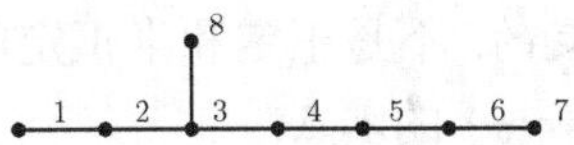

与邓肯图相对应的是所谓的欧几里得图:

$\widetilde{A}_n$ 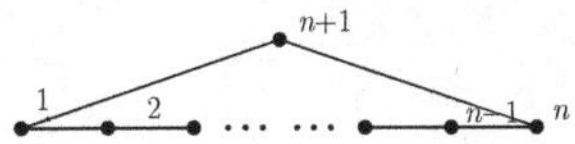

$\widetilde{D}_n$ 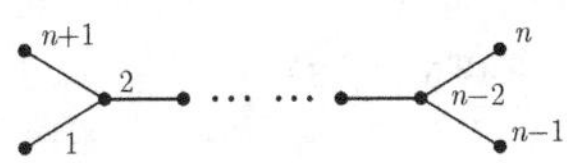

$\widetilde{E}_6$ 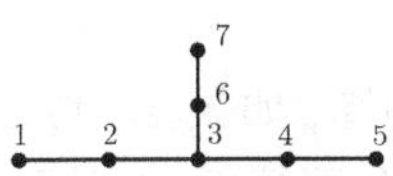

$\widetilde{E}_7$ 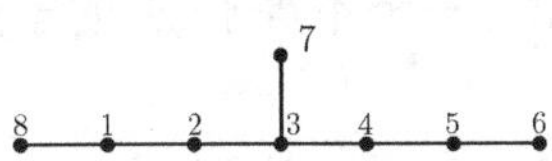

$\widetilde{E}_8$ 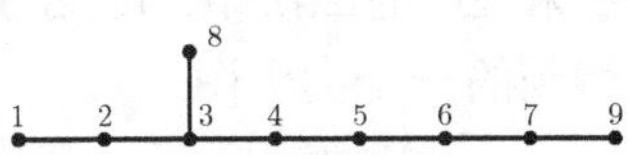

通常的邓肯图还包含 B_n, C_n, F_4, G_2 等类型, 欧几里得图也还有相应的其他一些图. 由于从路代数出发讨论问题, 这些图不会出现. 它们在考虑赋值箭图的实现的张量代数时会出现. 感兴趣的读者可参考相关文献, 如 (Auslander et al., 1995) 等.

下面的命题表明, 邓肯图从某个意义上讲, 是一类"最小的"图, 而欧几里得图是一类"临界的"图.

命题 12.1.1 设 Δ 是一个图. 如果它不是邓肯图, 则它一定包含一个欧几里得图.

其证明是直观的, 留作习题.

定义 12.1.1 给定图 $\Delta = (\Delta_0, \Delta_1)$, 如果 $\Delta_0 = \{1, 2, \cdots, n\}$, 定义有理数域上的 n 维向量空间 $\mathbb{Q}^n$ 上的双线性型 $B : \mathbb{Q}^n \times \mathbb{Q}^n \to \mathbb{Q}$ 为

$$B(x, y) = B_\Delta(x, y) = \sum_i x_i y_i - \sum_{i,j} \frac{1}{2} a_{ij} x_i y_j.$$

记 $q(x) = q_\Delta(x) = B(x, x)$ 为由 $B(x, y)$ 确定的二次型, 称之为图 Δ 的二次型, 有时

也将它简记为 q_Δ.

这个双线性型是对称的, 二次型的负项恰由图 Δ 确定: x_ix_j 的系数的绝对值正好是 i 与 j 间的边数 a_{ij}.

如果乘以系数 2, 这个双线性型和二次型的矩阵恰好是图 Δ 的 Cartan 矩阵. 即主对角线上为 2, 而 (i,j) 处为 $-a_{ij}$ 的矩阵 (Humphreys, 1972).

定义 12.1.2　如果对所有 $x\neq 0$ 都有 $q(x)>0$, 称二次型 $q(x)$ 为正定的, 如果对所有 x 都有 $q(x)\geqslant 0$, 称二次型 $q(x)$ 为半正定的. 不是正定和半正定的二次型称为不定的. 使得 $q(\alpha)=0$ 的向量 α 称为二次型 $q(x)$ 的零点.

图的二次型的正定和半正定性是一个非常重要而有用的数学性质.

例 12.1.1　对于邓肯图 E_6, 其二次型为

$$\begin{aligned}q(x)=&x_1^2+x_2^2+x_3^2+x_4^2+x_5^2+x_6^2\\&-x_1x_2-x_2x_3-x_3x_4-x_4x_5-x_3x_6.\end{aligned}$$

现在讨论图的二次型的正定性.

定义 12.1.3　设 $\Delta=(\Delta_0,\Delta_1)$ 和 $\Delta'=(\Delta_0',\Delta_1')$ 为图, 如果 $\Delta_0'\subseteq\Delta_0$ 且对任意 $i,j\in\Delta_0$, 有 $a_{ij}'\leqslant a_{ij}$ 则称 Δ' 为 Δ 的一个子图, 一个不等于 Δ 的子图称为一个真子图.

命题 12.1.2　设 $q(x)$ 和 $q'(x)$ 分别是图 Δ 和 Δ' 的二次型. 设 Δ 是连通的并设 Δ' 是由 Δ 去掉若干顶点及与之相连的边得到的一个真子图.

如果 $q(x)$ 为半正定的, 则 $q'(x)$ 是正定的.

如果 $q'(x)$ 为半正定的且有一个每个分量皆为正的零点, 则 $q(x)$ 是不定的.

证　由于 $q(x)$ 半正定, 其矩阵的每个主子式为正. 而 $q'(x)$ 的矩阵恰好是 $q(x)$ 的矩阵中划去对应于去掉的顶点的行和列得到的矩阵, 从而 $q'(x)$ 的矩阵的行列式及其主子式都是 $q(x)$ 的矩阵的主子式, 因而也都为正. 于是 $q'(x)$ 正定.

我们有

$$\begin{aligned}q(x)=&\sum_{i\in\Delta_0}x_i^2-\sum_{i<j}a_{ij}x_ix_j\\=&\sum_{i\in\Delta_0'}x_i^2-\sum_{i<j}a_{ij}'x_ix_j+\sum_{i\notin\Delta_0'}x_i^2-\sum_{i<j}(a_{ij}-a_{ij}')x_ix_j\\=&q'(x)+\delta(x).\end{aligned}$$

由于 Δ' 通常不是连通的, 其每一个连通分支 (即极大连通子图) 定义一个低维空间上的二次型, 而 $q'(x)$ 是这些二次型的和. 可设其顶点为 $(1,\cdots,n')$, $n'<n$. 假设 $\alpha'=(a_1,\cdots,a_{n'})$ 是 $q'(x)$ 的每个分量皆为正的零点, 有 $q'(\alpha')=0$. 由于 Δ 连

通, 可设 $a_{n'\,n'+1}\neq 0$. 取

$$\alpha=\left(a_1,\cdots,a_{n'},\frac{1}{2}a_{n'},0,\cdots,0\right).$$

由于对所有 i,j, $a_{ij}\geqslant 1$, 于是

$$\begin{aligned}q(\alpha)&=\delta(\alpha)\\&=\frac{1}{4}a_{n'}^2-\frac{1}{2}a_{n',\,n'+1}a_{n'}^2-\sum_{i=1}^{n'-1}a_{i,\,n'+1}\frac{1}{2}a_ia_{n'}\\&<0,\end{aligned}$$

即 $q(x)$ 是不定的. |

用配方法直接计算, 可以得到下列定理:

定理 12.1.1 设 Δ 是一个欧几里得图, 则其二次型 $q(x)=q_\Delta(x)$ 是半正定的, 其零点全体构成一个一维向量空间.

其最小正整数零点向量分别为

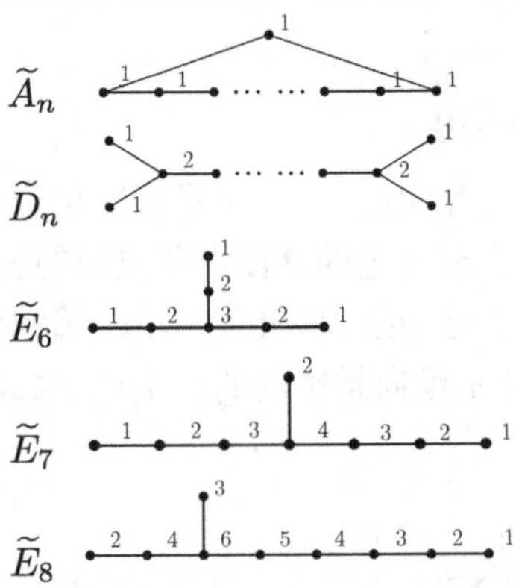

其中, 点上的数字表示零点向量的对应分量的值.

证明留作习题.

例如, $\tilde{E}_6$ 的极小零点向量为 $(1,2,3,2,1,2,1)$.

$$\begin{aligned}&q_{\tilde{E}_6}(1,2,3,2,1,2,1)\\&=1^2+2^2+3^2+2^2+1^2+2^2+1^2-1\cdot 2-2\cdot 3-3\cdot 2-2\cdot 1-3\cdot 2-2\cdot 1\\&=0.\end{aligned}$$

欧几里得图的二次型 $q(x)$ 其余的零点向量皆是上述零点向量的倍数.

作为命题 12.1.1 和命题 12.1.2, 定理 12.1.1 的推论, 有

定理 12.1.2 设 Δ 是一个连通图, $q(x)=q_\Delta(x)$ 是其二次型, 则有

(1) Δ 是邓肯图当且仅当 $q(x)$ 正定;

(2) Δ 是欧几里得图当且仅当 $q(x)$ 半正定且非正定.

12.2 根系与反射变换

设 Δ 为一个顶点集为 $\{1,\cdots,n\}$ 的图, 设图 Δ 的双线性型为

$$B(x,y)=B_{\Delta}(x,y)=\sum_i x_iy_i-\frac{1}{2}\sum_{i,j}a_{ij}x_iy_j,$$

其二次型为 $q(x)$.

定义 12.2.1 设 $\alpha\in\mathbb{Z}^n$ 是一个 n 维整向量. 如果 $q(\alpha)=1$, 称 α 是 $q(x)$ 的一个实根(real root), 实根的全体称为实根系. 一个每个分量皆非负的非零实根称为一个正实根.

这里定义的实根事实上与复半单李代数分类研究所使用的实根是一致的. 但注意到二次型的正定性和半正定性是可以相差一个正系数的, 因而定义 12.2.1 是有局限的, 但对于本书的讨论只需要这种特殊的定义就够了. 关于根及根系的深入讨论参见文献 (Humphreys, 1972).

对 $i=1,\cdots,n$, 令

$$e_i=(0,\cdots,0,1,0,\cdots,0)$$

为第 i 个分量为 1 而其他分量为 0 的单位向量, 则有 $q(e_i)=1$. 于是标准单位向量都是二次型的一个实根, 它们称为 $q(x)$ 的单根（注意讨论的是没有单点圈的图, 否则, 这是得不到的）. 直观地看, 当 $n=2$ 和 $n=3$ 时, 正实根分别是单位圆和单位球面上的正整点, 故其个数有限. 证明理数域上的 n 维向量空间的一个正定二次型仅有有限多个正实根.

定义二次型 $q(x)$ 关于其 i 分量的偏导数为

$$D_iq(x)=2B(e_i,x)=2x_i-\sum_{j\neq i}a_{ij}x_j.$$

于是对每个 i, $D_iq(x)$ 都是 $\mathbb{Q}^n$ 上的一个线性函数.

如果 $q(x)$ 半正定, 则它在任意点取值皆非负而其最小值为 0. 放在 n 维实空间 $\mathbb{R}^n$ 中, 视 $q(x)$ 为一个 n 元函数 $q:\mathbb{R}^n\to\mathbb{R}$. 这时, 上面定义的偏导数与分析中定义的是一致的. 由分析中的极值定理, 可以得到下面的命题:

命题 12.2.1 设 $q(x)$ 是半正定二次型, $\alpha\in\mathbb{Q}^n$, 则 $q(\alpha)=0$ 的充分必要条件是对每一 $i=1,\cdots,n$, 都有 $D_iq(\alpha)=0$.

现在证明下面的定理.

定理 12.2.1 有理数域上正定整二次型 $q(x)$ 只有有限多个正实根.

证 视 $q(x)$ 为一个 n 元函数 $q:\mathbb{R}^n\to\mathbb{R}$. 由于对 $0\neq x\in\mathbb{Q}^n$, 都有 $q(x)>0$, 而 $q(x)$ 连续, 于是对所有 $\mathbb{R}^n$ 中非零向量 $\boldsymbol{x}$, 有 $q(\boldsymbol{x})\geqslant 0$. 首先证明对所有 $\mathbb{R}^n$ 中

非零向量 $\boldsymbol{x}$, 都有 $q(\boldsymbol{x})>0$. 若不然, 有 $0\neq\boldsymbol{\alpha}=(\alpha_1,\cdots,\alpha_n)\in\mathbb{R}^n$ 使 $q(\boldsymbol{\alpha})=0$, 则由命题 12.2.1, 对 $i=1,2,\cdots,n$, 有

$$D_iq(\boldsymbol{\alpha})=0.$$

也就是说, 这个整系数齐次线性方程组在 $\mathbb{R}$ 中有非零解, 于是它在 $\mathbb{Q}$ 中亦有非零解, 即有不全为零的有理向量 $\boldsymbol{\alpha}=(\alpha_1,\cdots,\alpha_n)\in\mathbb{Q}^n$, 使对 $i=1,2,\cdots,n$, $D_iq(\boldsymbol{\alpha})=0$. 由命题 12.2.1, 亦有 $q(\boldsymbol{\alpha})=0$. 这与 $q(\boldsymbol{x})$ 在 $\mathbb{Q}$ 上正定矛盾. 于是对一切 $0\neq\boldsymbol{x}(x_1,\cdots,x_n)\in\mathbb{R}^n$, 有 $q(\boldsymbol{x})>0$.

记 $\boldsymbol{x}$ 的长度 $\|\boldsymbol{x}\|=\sqrt{x_1^2+\cdots+x_n^2}$. 令

$$U=\{\boldsymbol{x}\in\mathbb{R}^n|\|x\|=1\ \text{且对}i=1,2,\cdots,n,\ \text{有}x_i\geqslant 0\},$$

则 U 是 $\mathbb{R}^n$ 中单位球的一个闭子集, 从而是有界闭集, 因而是紧闭集. 而 $q(\boldsymbol{x})$ 是一个 U 上的连续函数, 从而在 U 中有点 $\boldsymbol{\alpha}=(\alpha_1,\cdots,\alpha_n)$, 使 $q(\boldsymbol{\alpha})=r$ 在 U 上极小. 对任意 $\mathbb{R}^n$ 中正向量 $\boldsymbol{x}$, 有 $\dfrac{\boldsymbol{x}}{\|\boldsymbol{x}\|}\in U$, 而

$$0<r\leqslant q\left(\frac{\boldsymbol{x}}{\|\boldsymbol{x}\|}\right)=\frac{1}{\|\boldsymbol{x}\|^2}q(\boldsymbol{x}).$$

如果 $\boldsymbol{y}$ 是 $q(\boldsymbol{x})$ 的正实根, 有 $q(\boldsymbol{y})=1$, 从而 $\|\boldsymbol{y}\|\leqslant\dfrac{1}{\sqrt{r}}$. 于是 $\boldsymbol{y}\in\mathbb{Z}^n\cap\left\{\boldsymbol{x}\in\mathbb{R}^n|\|\boldsymbol{x}\|\leqslant\dfrac{1}{\sqrt{r}}\right\}$. 但 $\mathbb{Z}^n$ 的一个有界区域中只有有限多个点. 这说明 $q(\boldsymbol{x})$ 只有有限多个正实根. |

每一实根是一个整数向量, 根系可视为 $\mathbb{Z}^n$ 的子集, 而 $\mathbb{Z}^n$ 是向量空间 $\mathbb{Q}^n$ 的子集. 通过在 $\mathbb{Q}^n$ 上的一些特殊的线性变换的讨论, 可以从 $q(\boldsymbol{x})$ 的一些特殊的实根构造出其所有实根.

下面讨论由对称双线性型 $B(\boldsymbol{x},\boldsymbol{y})$ 给出的二次型 $q(\boldsymbol{x})$ 的实根的构造, 对于 $\mathbb{Q}^n$ 的向量 $\boldsymbol{\alpha}$, 如果 $B(\alpha,\alpha)\neq 0$, 定义一个 $\mathbb{Q}^n$ 上的映射

$$\delta_\alpha:\boldsymbol{x}\to\boldsymbol{x}-2\frac{B(\boldsymbol{x},\boldsymbol{\alpha})}{B(\boldsymbol{\alpha},\boldsymbol{\alpha})}\boldsymbol{\alpha}.$$

它是一个 $\mathbb{Q}^n$ 上的线性变换. 它具有下列重要和基本的性质. 其证明留作习题.

命题 12.2.2 (1) $\delta_\alpha^2=1$(恒等映射);

(2) $\delta_\alpha(\boldsymbol{\alpha})=-\boldsymbol{\alpha}$;

(3) $\delta_\alpha(\boldsymbol{x})=\boldsymbol{x}$ 当且仅当 $B(\boldsymbol{x},\boldsymbol{\alpha})=0$;

(4) 对任意 $\boldsymbol{x},\boldsymbol{y}\in\mathbb{Q}^n$,

$$B(\delta_\alpha(x), \delta_\alpha(y)) = B(x, y). \quad |$$

命题 12.2.2 中 (1) 表明 δ_α 是可逆的, 且它的逆就是它本身; (2) 和 (3) 表明它把 $\boldsymbol{\alpha}$ 张成的子空间的向量变为其负向量而保持与 $\boldsymbol{\alpha}$ 垂直的向量不变, 即它是关于在双线性型 $B(\boldsymbol{x},\boldsymbol{y})$ 下与 $\boldsymbol{\alpha}$ 垂直的超平面的反射, 因而称之为**反射变换**; (4) 表明 δ_α 把 $q(\boldsymbol{x})$ 的实根变成实根, 零点向量变为零点向量.

如果 $B(\boldsymbol{x},\boldsymbol{y})$ 是图 Δ 的双线性型. 对 $1 \leqslant k \leqslant n$, 设 e_k 为第 k 个单位向量, 有 $B(\boldsymbol{e_k},\boldsymbol{e_k}) = 1$. 记 $\delta_k = \delta_{e_k}$, 如果 $\boldsymbol{x} = (x_1, \cdots, x_{k-1}, x_k, x_{k+1}, \cdots, x_n)$, 则

$$\begin{aligned}\delta_k(\boldsymbol{x}) &= (x_1, \cdots, x_{k-1}, x_k - 2B(\boldsymbol{x}, \boldsymbol{e_k}), x_{k+1}, \cdots, x_n) \\ &= \left(x_1, \cdots, x_{k-1}, x_k - 2x_k + \sum_j a_{jk}x_j, x_{k+1}, \cdots, x_n\right) \\ &= \left(x_1, \cdots, x_{k-1}, \sum_j a_{jk}x_j - x_k, x_{k+1}, \cdots, x_n\right).\end{aligned}$$

特别地, δ_k 将整向量变为整向量, 将 $\boldsymbol{e_k}$ 变为 $-\boldsymbol{e_k}$.

令 $\delta = \delta_n\delta_{n-1}\cdots\delta_1$, 称为 $\mathbb{Q}^n$ 上的一个 Coxeter变换. 有时也将 $\delta(\boldsymbol{x})$ 和 $\delta_k(\boldsymbol{x})$ 分别记作 δx 和 $\delta_k x$. 下面结果刻画半正定二次型的零点.

命题 12.2.3　设 $q(\boldsymbol{x}) = B(\boldsymbol{x},\boldsymbol{x})$ 是由图定义的二次型, 如果 $q(x)$ 半正定, 则对任意 $x \in \mathbb{Q}^n$, 下列条件等价:

(1) 对 $k = 1, 2, \cdots, n$, $\delta_k\boldsymbol{x} = \boldsymbol{x}$;

(2) $\delta\boldsymbol{x} = \boldsymbol{x}$;

(3) 对所有 $\boldsymbol{y} \in \mathbb{Q}^n$, $B(\boldsymbol{x},\boldsymbol{y}) = 0$;

(4) $q(\boldsymbol{x}) = 0$.

证　如果 (1) 成立, 比较 $\boldsymbol{x}$ 与 $\delta_k\boldsymbol{x}$ 的第 k 个分量, 可以得到 $B(\boldsymbol{x},\boldsymbol{e_k}) = 0$. 由于 $\boldsymbol{e}_1, \cdots, \boldsymbol{e_n}$ 是 $\mathbb{Q}^n$ 的基, 而 $B(\boldsymbol{x},\boldsymbol{y})$ 是双线性的, 故对所有 $\boldsymbol{y} \in \mathbb{Q}^n$, $B(\boldsymbol{x},\boldsymbol{y}) = 0$. 从而 (3) 成立.

反之, 若 (3) 成立, 由定义立即得 (1) 亦成立, 这就证明了 (1) 与 (3) 等价.

如果 (1) 成立, 显然 (2) 亦成立. 另一方面, 由于 $B(\boldsymbol{e_k},\boldsymbol{e_k}) = 1$, 直接计算得

$$\begin{aligned}\delta(x_1, \ldots, x_n) &= \delta_n \cdots \delta_1(x_1, \ldots, x_n) \\ &= (x_1 - 2B(\boldsymbol{x}, \boldsymbol{e}_1), \cdots, x_n - 2B(\delta_{n-1}\cdots\delta_1(x), \boldsymbol{e_n})).\end{aligned}$$

如果 (2) 成立, $\delta\boldsymbol{x} = \boldsymbol{x}$, 可以对 $k = 1, \cdots, n$ 归纳地得到 $B(\boldsymbol{x},\boldsymbol{e_k}) = 0$. 于是 $\delta_k\boldsymbol{x} = \boldsymbol{x}$.

注意到对于双线性型 B, 其迷向子空间 N 定义为使得 $B|_N(\boldsymbol{x},\boldsymbol{y}) = 0$ 的子空间 N. 设 $B(\boldsymbol{x},\boldsymbol{y})$ 的矩阵为 $\boldsymbol{C}$. 由于 $q(\boldsymbol{x})$ 半正定, 于是存在可逆有理数矩阵 $\boldsymbol{Q}$ 及

正有理数 $d_1,\cdots,d_r$, 使

$$QCQ^t = \begin{pmatrix} d_1 & \cdots & 0 & 0 & \cdots & 0 \\ \vdots & & \vdots & \vdots & & \vdots \\ 0 & \cdots & d_r & 0 & \cdots & 0 \\ 0 & \cdots & 0 & 0 & \cdots & 0 \\ \vdots & & \vdots & \vdots & & \vdots \\ 0 & \cdots & 0 & 0 & \cdots & 0 \end{pmatrix}.$$

如果 $\boldsymbol{Q}$ 是从标准基到基 $v_1,\cdots,v_r,v_{r+1},\cdots,v_n$ 的过渡矩阵，则 $\boldsymbol{QCQ}^t$ 是 $B(\boldsymbol{x},\boldsymbol{y})$ 关于这个基的矩阵, 且看到 $v_{r+1},\cdots,v_n$ 张成 $B(\boldsymbol{x},\boldsymbol{y})$ 的极大迷向子空间 N, 且 N 与 $\mathbb{Q}^n$ 关于 $B(\boldsymbol{x},\boldsymbol{y})$ 正交.

于是 $q(\boldsymbol{x})=0$ 当且仅当 $\boldsymbol{x}\in N$, 当且仅当对所有 $\boldsymbol{y}\in\mathbb{Q}^n$, $B(\boldsymbol{x},\boldsymbol{y})=0$, 即 (3) 与 (4) 等价. |

已知 $\boldsymbol{e_k}$ 是 $q(\boldsymbol{x})$ 的正实根且 $\delta_k\boldsymbol{e_k}=-\boldsymbol{e_k}$.

命题 12.2.4 设连通图 Δ 定义的二次型 $q(\boldsymbol{x})$ 正定, 并设 $\boldsymbol{x}=(x_1,\cdots,x_n)$ 是它的一个正实根, 如果 $\boldsymbol{x}\neq\boldsymbol{e_k}$ 则 $\delta_k\boldsymbol{x}>0$ 仍为正实根.

证 由命题 12.2.2(3), $\delta_k\boldsymbol{x}$ 是 $q(\boldsymbol{x})$ 的一个根, 令 $\delta_k\boldsymbol{x}=(y_1,\cdots,y_n)$. 由于命题 12.2.2 前面的说明若 $i\neq k$, 则 $y_i=x_i\geqslant 0$. 而

$$y_k=\sum_j a_{jk}x_j-x_k.$$

由于

$$\begin{aligned} q(\boldsymbol{x}) &= \sum_i x_i^2-\sum_{ij}a_{i,j}x_ix_j \\ &= \sum_{i\neq k}x_i^2-\sum_{i\neq k,j\neq k}a_{ij}x_ix_j+\left(x_k-\sum_j a_{jk}x_j\right)x_k \\ &= \sum_{i\neq k}x_i^2-\sum_{i\neq k,j\neq k}a_{ij}x_ix_j-y_kx_k \\ &= 1, \end{aligned}$$

如果 $\delta_k\boldsymbol{x}\not\geqslant 0$, 则 $x_k\geqslant 1$ 并且有 $y_k<0$. 这时 $y_kx_k\leqslant -1$, 于是得到

$$\begin{aligned} q(x-x_ke_k) &= \sum_i x_i^2-\sum_{ij}a_{ij}x_ix_j-\left(x_k^2-\sum_j a_{jk}x_jx_k\right) \\ &= \sum_{i\neq k}x_i^2-\sum_{i\neq k,j\neq k}a_{ij}x_ix_j \\ &= 1+y_kx_k\leqslant 0. \end{aligned}$$

由于 $q(\boldsymbol{x})$ 正定, 这表明 $q(\boldsymbol{x}-x_k\boldsymbol{e_k})=0$, 从而 $\boldsymbol{x}-x_k\boldsymbol{e_k}=0$, 即 $\boldsymbol{x}=x_k\boldsymbol{e_k}$. 而由于 $\boldsymbol{x}$ 是 $q(\boldsymbol{x})$ 的实根, $1=q(x_k\boldsymbol{e_k})=x_k^2$. 从而 $x_k=1$ 而 $\boldsymbol{x}=x_k\boldsymbol{e_k}=\boldsymbol{e_k}$. 这就证明了命题. |

对于 $1\leqslant k\leqslant n$, 记

$$p_k=\delta_1\cdots\delta_{k-1}e_k,\quad q_k=\delta_n\cdots\delta_{k+1}e_k.$$

容易证明下列结果:

命题 12.2.5　$\delta\boldsymbol{x}\not\geqslant 0$ 当且仅当存在 k 使 $\boldsymbol{x}=p_k$; $\delta^{-1}\boldsymbol{x}\not\geqslant 0$ 当且仅当存在 k 使 $x=q_k$. |

定理 12.2.2　设 Δ 是邓肯图, $q(\boldsymbol{x})$ 是 Δ 定义的二次型. 设 a_k 和 b_k 分别是使得

$$\delta^{-a-1}p_k\not\geqslant 0,\quad \delta^{b+1}q_k\not\geqslant 0$$

成立的 a,b 中的最小正整数, 则 $q(\boldsymbol{x})$ 的全体正实根集合为

$$\{\delta^s p_k|1\leqslant k\leqslant n,0\leqslant s\leqslant a_k\}$$

或

$$\{\delta^{-s}q_k|1\leqslant k\leqslant n,0\leqslant s\leqslant b_k\}.$$

证　由于每个 δ_i 可逆且将实根变为实根, δ 也可逆且是实根集 R 上的一个置换. 而由定理 12.2.1, R 是有限集合, 因而 δ 的阶有限. 即存在正整数 m 使 $\delta^m=1$. 于是对任一正实根 $\boldsymbol{x}$, 有 $\delta^m\boldsymbol{x}=\boldsymbol{x}$. 令

$$\boldsymbol{y}=\boldsymbol{x}+\delta\boldsymbol{x}+\cdots+\delta^{m-1}\boldsymbol{x},$$

则由于 δ 是线性变换, 有 $\delta\boldsymbol{y}=\boldsymbol{y}$. 于是由命题 12.2.3, 对每一 $\boldsymbol{z}\in\mathbb{Q}^n$, 有 $B(\boldsymbol{y},\boldsymbol{z})=0$, 特别地, $q(\boldsymbol{y})=B(\boldsymbol{y},\boldsymbol{y})=0$. 但 Δ 是邓肯图而 $q(\boldsymbol{x})$ 正定, 于是 $\boldsymbol{y}=0$. 这样存在 l, $1\leqslant l\leqslant m-1$, 使对 $t<l$, $\delta^t\boldsymbol{x}>0$ 而 $\delta^l\boldsymbol{x}\not\geqslant 0$. 于是由定理 12.2.5, 存在 k, 使 $\delta^{l-1}\boldsymbol{x}=p_k$. 这证明了第一个断言, 第二个断言可以类似地证明. |

事实上, $q(\boldsymbol{x})$ 的每个实根为正实根或负实根 (即正根的负向量)(Humphreys, 1972).

最后讨论欧几里得图 Δ 的正实根. 这时其二次型 $q(\boldsymbol{x})$ 是半正定而不是正定的.

引理 12.2.1　设 Δ 是欧几里得图, $q(\boldsymbol{x})$ 是其二次型. 设 $0\neq\boldsymbol{\alpha_0}\in\mathbb{Q}^n$ 满足 $q(\boldsymbol{\alpha_0})=0$, 则 $\boldsymbol{\alpha_0}$ 的每个分量都不等于零.

证　因为如果 $\boldsymbol{\alpha_0}$ 的某个分量为零, 不妨设 $\boldsymbol{\alpha_0}=(a_1,\cdots,a_{n-1},0)$, 则这时如果用由 $\bar{\Delta}$ 表示由 Δ 去掉顶点 n 及与点 n 相连的边后得到的图, 则 $\bar{\Delta}$ 由若干互不

相连的邓肯图 $\Delta_1, \cdots, \Delta_r$ 组成. 用 β_i 表示由 $\boldsymbol{\alpha_0}$ 中相应 Δ_i 顶点的分量构成的向量. 用 $q_{\Delta_i}(\boldsymbol{x})$ 表示 Δ_i 的二次型, 则由命题 12.1.2, $q_{\Delta_i}(\boldsymbol{x})$ 正定. 于是由

$$q(\boldsymbol{\alpha_0}) = q_{\Delta_1}(\beta_1) + \cdots + q_{\Delta_r}(\beta_r) > 0.$$

这就证明了引理 12.2.1. |

下面仍假设 Δ 是欧几里得图. 设 $\boldsymbol{\alpha_0} = (a_1, \cdots, a_n) \in \mathbb{Q}^n$ 是 $q(x)$ 的一个最小正整零点向量 (见定理 12.1.1), 这时, 对 $i = 1, \cdots, n$ 有 $a_i \neq 0$. 令 $V_0 = \{r\boldsymbol{\alpha_0} | r \in \mathbb{Q}\}$ 为由 α_0 张成的子空间, 则由于 $q|_{V_0} = 0$, 由 q 诱导出的映射 $q' : \mathbb{Q}^n/V_0 \to \mathbb{Q}$ 是一个 $\mathbb{Q}^n/V_0 \simeq \mathbb{Q}^{n-1}$ 上的二次型. 事实上, $\mathbb{Q}^n/V_0$ 中元素 $\bar{\boldsymbol{\alpha}}$ 是 $\mathbb{Q}^n$ 中元素 $\boldsymbol{\alpha}$ 的象. 如果 $\boldsymbol{\alpha}$ 的第 n 个分量为 b_n 由 $a_n \neq 0$, 令 $r = b_n/a_n$, 则可记 $\boldsymbol{\alpha} = r\boldsymbol{\alpha_0} + \boldsymbol{\alpha}'$, 其中, $\boldsymbol{\alpha}' = (x_1, \cdots, x_{n-1}, 0) \in \mathbb{Q}^n$. 则 $\bar{\boldsymbol{\alpha}} = \bar{\boldsymbol{\alpha}'}$. 记 $\tilde{\boldsymbol{\alpha}} = (x_1, \cdots, x_{n-1})$(事实上, $\tilde{\boldsymbol{\alpha}}$ 是在 $\mathbb{Q}^n/V_0$ 中 $\boldsymbol{\alpha}$ 的象关于由 $\mathbb{Q}^n$ 的标准基中前 $n-1$ 个元素 $e_1, \cdots, e_{n-1}$ 的象构成的基的坐标), 则 $\bar{\boldsymbol{\alpha}} \neq 0$ 当且仅当 $\tilde{\boldsymbol{\alpha}} \neq 0$.

这时, 假设 q'' 是 $\mathbb{Q}^{n-1}$ 上由 Δ 去掉点 n 所得到的图定义的二次型, 则由前面讨论知它是正定的. 由命题 12.2.3 和命题 12.1.2, 可以得到

$$\begin{aligned}
q'(\bar{\boldsymbol{\alpha}}) &= q(\boldsymbol{\alpha}) = q(r\boldsymbol{\alpha_0} + \boldsymbol{\alpha}') \\
&= B(r\boldsymbol{\alpha_0} + \boldsymbol{\alpha}', r\boldsymbol{\alpha}_0 + \boldsymbol{\alpha}') \\
&= r^2 B(\boldsymbol{\alpha}_0, \boldsymbol{\alpha_0}) + 2rB(\boldsymbol{\alpha_0}, \boldsymbol{\alpha}') + B(\boldsymbol{\alpha}', \boldsymbol{\alpha}') \\
&= r^2 q(\boldsymbol{\alpha}_0) + 2rB(\boldsymbol{\alpha}_0, \boldsymbol{\alpha}') + q(\boldsymbol{\alpha}') \\
&= q(\boldsymbol{\alpha}') \\
&= q''(\tilde{\boldsymbol{\alpha}}) > 0.
\end{aligned}$$

于是 q' 是 Q^n/V_0 上的正定二次型. 因而它仅有有限多个实根.

这时, δ 导出 q' 的实根的置换 δ'. 由于 q' 仅有有限多个实根, δ' 的阶有限. 对于 q 的任意实根 $\boldsymbol{\alpha}$, 用 $\bar{\boldsymbol{\alpha}}$ 表示它在 $\mathbb{Q}^n/V_0$ 的象, 则有整数 m, 使 $\delta'^m \bar{\boldsymbol{\alpha}} = \bar{\boldsymbol{\alpha}}$. 如果 m 是使 $\delta'^m \bar{\boldsymbol{\alpha}} = \bar{\boldsymbol{\alpha}}$ 的最小正整数, 则有

$$\delta^m \boldsymbol{\alpha} = \boldsymbol{\alpha} + k_\alpha \boldsymbol{\alpha_0},$$

由于 $\boldsymbol{\alpha}$ 与 $\boldsymbol{\alpha_0}$ 线性无关, k_α 是由 $\boldsymbol{\alpha}$ 唯一确定的, 称之为 $\boldsymbol{\alpha}$ 的**亏数**.

容易证明有下面的命题:

定理 12.2.3 设 Δ 是欧几里得图, $q(x)$ 是 Δ 定义的二次型. 设 $\boldsymbol{\alpha}$ 是 $q(\boldsymbol{x})$ 的一个正实根, 则 $\boldsymbol{\alpha}$ 亏数为负当且仅当

$$\boldsymbol{\alpha} \in \{\delta^s p_k | 1 \leqslant k \leqslant n, 0 \leqslant s\},$$

$\boldsymbol{\alpha}$ 亏数为正当且仅当

$$\boldsymbol{\alpha} \in \{\delta^{-s} q_k | 1 \leqslant k \leqslant n, 0 \leqslant s\}.$$

12.3 维数向量与 Grothendieck 群

目标是研究遗传代数的模, 我们知道这等价于研究箭图的表示, 需要一个将不同的不可分解模或不可分解表示区别开来的不变量. 这个不变量, 对于箭图的表示, 就是所谓维数向量; 从模的角度讲, 就是所谓合成因子; 而从整体上讲, 是所谓 Grothendieck 群. 其定义的基础是 Jordan–Hölder 定理.

本节假定 A 是一个域 F 上的有限维代数, 设 M 是一个有限生成 A-模. 由于这时 M 是有限个 A 的直和的同态象, 因而它也是有限维模. 如果 M 不是单模, 它有一个极大子模 M_1. 由此得到模 $L = M/M_1$ 是一个单模. 如果 M_1 不是单模, 则它有极大子模 M_2 且 M_1/M_2 是一个单模. 这样继续下去, 由于 M 维数有限, 经过有限多次后得到一个子模链

$$0 = M_s \subseteq M_{s-1} \subseteq \cdots \subseteq M_1 \subseteq M = M_0,$$

对所有 $i = 1, \cdots, s$, M_i 是 M_{i-1} 的极大子模, 因而其商模 M_{i-1}/M_i 都是单模.

定义 12.3.1 A-模 M 的一个满足条件: 对所有 $i = 1, \cdots, s$, M_i 是 M_{i-1} 的极大子模的子模链,

$$0 = M_s \subseteq M_{s-1} \subseteq \cdots \subseteq M_1 \subseteq M = M_0,$$

称为 M 的一个合成列, s 称为这个合成列的长度, 这些单商模 M_{i-1}/M_i 称为这个合成列的合成因子.

有下面的唯一性定理.

定理 12.3.1 (Jordan-Hölder 定理) 如果 $0 = M_0 \subseteq M_1 \subseteq \cdots \subseteq M_{s-1} \subseteq M = M_s$ 和 $0 = N_0 \subseteq N_1 \subseteq \cdots \subseteq N_{t-1} \subseteq M = N_t$ 是 M 的两个合成列, 则 $s = t$ 且在两个合成列的合成因子之间存在一一对应, 使对应的单因子同构.

证 对模 M 一个合成列的长度 s 作数学归纳. 如果 $s = 1$, 则 $M = M_1/M_0$ 是单模, 因而 $t = 1$, 即 Jordan-Hölder 定理当其中一个合成列长度 $s = 1$ 时成立.

现设 $s > 1$ 且假定当模 M 有长度为 $s - 1$ 合成列时, Jordan–Hölder 定理对 M 成立.

如果 $M_{s-1} = N_{t-1}$, 这时 $0 = M_0 \subseteq M_1 \subseteq \cdots \subseteq M_{s-1}$ 和 $0 = N_0 \subseteq N_1 \subseteq \cdots \subseteq N_{s-1}$ 是 $M_{s-1} = N_{t-1}$ 的两个长度分别为 $s - 1$ 和 $t - 1$ 合成列. 由归纳假设, 有

$s-1=t-1$, 从而 $s=t$ 且这两个合成列的合成因子之间存在一一对应, 使对应的单因子同构.

如果 $M_{s-1}\neq N_{t-1}$, 由于 M 与 M_{s-1} 之间没有其他子模, 因而 $M_{s-1}+N_{t-1}=M$, 于是由定理 1.1.3, 有

$$M/M_{s-1}\simeq(M_{s-1}+N_{t-1})/M_{s-1}\simeq N_{t-1}/(M_{s-1}\cap N_{t-1}),$$
$$M/N_{t-1}\simeq(M_{s-1}+N_{t-1})/N_{t-1}\simeq M_{s-1}/(M_{s-1}\cap N_{t-1}).$$

考虑 $M_{s-1}\cap N_{t-1}$ 的合成列

$$0=L_0\subseteq L_1\subseteq\cdots\subseteq L_{k-1}\subseteq M_{s-1}\cap N_{t-1}=L_k\subseteq M_{s-1}\subseteq M=M_s.$$

将它与前面两个合成列比较并分别对 M_{s-1} 和 N_{t-1} 应用归纳假设, 得到 $s=k+2=t$ 且它们的合成列的合成因子之间存在一一对应, 使对应的单因子同构. 这就完成了定理的证明. |

由于模 M 的合成列的长度和合成因子都是相同的, 它们分别称为模 M 的**长度**(记为 $l(M)$) 和**合成因子**.

设 A 是一个域 F 上的有限维代数, 设 M,N,L 是 A-模, 如果 $\ker g=\operatorname{Im}f$, 模的同态序列

$$\cdots\to M\xrightarrow{f}N\xrightarrow{g}L\to\cdots$$

称为在 N 处**正合**. 如果模的同态序列

$$0\to M\xrightarrow{f}N\xrightarrow{g}L\to 0$$

在 M,N,L 处都是正合的, 则称它是一个**短正合列**. 这时 f 是一个单同态而 g 是一个满同态. $f(M)$ 是 N 的一个子模且有 $L\simeq N/f(M)$.

描述合成因子的一个恰当的工具是 Grothendieck 群.

定义 12.3.2 用 $\mathcal{F}(\mathcal{A})$ 表示以 A 的有限生成模同构类为基的自由阿贝尔群, 用 $[M]$ 表示 A-模 M 的同构类, 用 $\mathcal{R}(\mathcal{A})$ 表示 $\mathcal{F}(\mathcal{A})$ 中由集合

$$\{[N]-[M]-[L]|0\to M\to N\to L\to 0\ 是短正合列\}$$

生成的子群. 商群 $\mathcal{F}(\mathcal{A})/\mathcal{R}(\mathcal{A})$ 称为代数 A 的 **Grothendieck群**, 记作 $K_0(\operatorname{mod}A)$.

由于有限维代数仅有有限多个单模, 设 $\{S(1),\cdots,S(n)\}$ 是 A 的单模同构类的选定的代表集. 设 $K_0(s.s.A)$ 为以 A 的单模同构类为基的自由阿贝尔群, 则有

$$K_0(s.s.A)\simeq\mathbb{Z}^n,$$

即它是一个秩为 n 的自由阿贝尔群. 事实上, 有下面的定理:

定理 12.3.2 $K_0(\operatorname{mod} A) \simeq K_0(s.s.A) \simeq \mathbb{Z}^n$.

证 对 A-模 M, 由其合成列

$$0 = M_0 \subseteq M_1 \subseteq \cdots \subseteq M_{s-1} \subseteq M = M_s$$

可以得到一系列短正合列

$$\begin{gathered} 0 \to M_1 \to M_2 \to M_2/M_1 \to 0, \\ 0 \to M_2 \to M_3 \to M_3/M_2 \to 0, \\ \vdots \\ 0 \to M_{s-1} \to M \to M/M_{s-1} \to 0. \end{gathered}$$

这样, 有 $[M]-[M/M_{s-1}]-[M_{s-1}],\cdots,[M_2]-[M_2/M_1]-[M_1] \in R(A)$, 因而它们在 $K_0(\operatorname{mod} A)$ 的象为零. 用同样的符号 $[N]$ 表示 A-模同构类 $[N]$ 及其在商群 $K_0(\operatorname{mod} A)$ 的象, 于是在 $K_0(\operatorname{mod} A)$ 中有

$$[M] = [M_s/M_{s-1}] + [M_{s-1}/M_{s-2}] + \cdots + [M_2/M_1] + [M_1/M_0].$$

由于对 $t = 1, \cdots, s, M_t/M_{t-1}$ 是单模, 于是有 $[M_t/M_{t-1}] = [S(i)]$ 对某个 i 成立. 设在 M 的合成因子中, 与 $S(i)$ 同构的有 d_i 个, 于是在 $K_0(A)$ 中有

$$[M] = \sum_{i=1}^{n} d_i[S(i)].$$

由 Jordan-Hölder 定理, 这个表达式是唯一的, 即每一模同构类在 $K_0(\operatorname{mod} A)$ 中的象可以唯一写成 $\sum\limits_{i=1}^{n} d_i[S(i)], d_i \in \mathbb{Z}$ 的形式. 用 $S(i)^{d_i}$ 表示 d_i 个 $S(i)$ 的直和, 容易证明

$$M \to [S(1)^{d_1} \oplus \cdots \oplus S(n)^{d_n}]$$

是 $K_0(\operatorname{mod} A)$ 到 $K_0(s.s.A)$ 的群同构. |

定义 12.3.3 对 A-模 M, 如果 $[M] = \sum\limits_{i=1}^{n} d_i[S(i)]$, 它唯一确定一个每个分量非负的整向量 $(d_1, \cdots, d_n) \in \mathbb{Q}^n$, 称之为模$M$的维数向量, 并记之为 $\mathbf{dim}\, M$.

维数向量是研究有限维代数的不可分解模的一个重要的不变量. 下面引理的证明留作练习.

引理 12.3.1 设 M 是 A-模并设 $\mathbf{dim}\, M = (d_1, \cdots, d_n)$, 如果 $P(i)$ 是 $S(i)$ 的投射覆盖, 即它是投射模且 $P(i)/J(P(i)) \simeq S(i)$, 则

$$d_i = \dim_F \operatorname{Hom}_A(P(i), M).$$

注意到, 作为向量空间, 有 $\operatorname{Hom}_A(Ae_i, M) \simeq e_i M$. 视为箭图的表示, 如果 $M = (M_i, M_\alpha)$, 则 $M_i = e_i M$, 于是 $\mathbf{dim}\, M = (\dim_F M_1, \cdots, \dim_F M_n)$.

设 A 是一个有限维基代数, 其单位元 $1 = e_1 + \cdots + e_n$ 是正交本原幂等元的和. 这时, 对 $i = 1, \cdots, n$, $P(i) = Ae_i$ 是其不可分解投射模且

$$S(1) = P(1)/J(P(1)), \cdots, S(n) = P(n)/J(P(n))$$

构成其单模同构类的代表集. 容易证明

$$\mathrm{Hom}_A(A, A) \simeq A, \quad \text{而} \quad \mathrm{Hom}_A(Ae_j, Ae_i) \simeq e_j Ae_i.$$

这时, 可将 A 的元素解释为投射模之间的同态. e_i 是 $P(i)$ 的恒等映射, 而 $P(i)$ 的自同构都是 e_i 的纯量倍. $J(e_jAe_i) = J(\mathrm{Hom}_A(Ae_j, Ae_i))$ 由从 $P(j)$ 到 $P(i)$ 的非同构同态组成, 于是 $J(e_jAe_i) = \mathrm{Hom}_A(Ae_j, J(Ae_i))$, 如果 $i \neq j$, 有

$$J(e_jAe_i) = \mathrm{Hom}_A(Ae_j, J(Ae_i)) = \mathrm{Hom}_A(Ae_j, Ae_i),$$

而对 $t > 1$, $J^t(e_jAe_i) = \mathrm{Hom}_A(Ae_j, J^t(Ae_i))$ 的元素具有

$$\sum_{i_1, \cdots, i_t} f_{i_1} \cdots f_{i_t}$$

的形式, 其中, 每一 f_{i_p} 皆为非同构的同态. 在这个意义下, 路代数中的路不过是一些由箭头代表不可分解投射模之间的“既约”映射的合成.

设 Q 是 A 的箭图, $|Q_0| = n$, 有下面的命题.

命题 12.3.1 如果 $\mathrm{Hom}_A(Ae_j, Ae_i) \neq 0$, 则 Q 中有一条从 i 到 j 的路.

如果 Q 中没有有向循环, 则对所有 i, 有 $\mathrm{Hom}_A(Ae_i, Ae_i) \simeq F$, 而对 $i \neq j$, 有 $\mathrm{Hom}_A(Ae_j, Ae_i) = 0$ 或 $\mathrm{Hom}_A(Ae_i, Ae_j) = 0$.

命题 12.3.2 设 $i, j \in Q_0$ 且 $i \neq j$, 用 m_{ij} 表示 Q 中从 i 到 j 的箭向的个数, 则

$$m_{ij} = \dim_F \mathrm{Ext}_A^1(S(i), S(j)) = \dim_F \mathrm{Hom}_A(P(j), J(P(i))/J^2(P(i))).$$

证 注意到 $P(i) = Ae_i$, 而 $S(i) \simeq P(i)/J(P(i))$. 由定义 10.5.1, $m_{ij} = \dim_F e_jJ(A)/J^2(A)e_i$. 但作为向量空间 $\mathrm{Hom}_A(P(j), P(i)) = \mathrm{Hom}_A(Ae_j, Ae_i) \simeq e_jAe_i$, 于是

$$\begin{aligned} e_jJ(A)/J^2(A)e_i &\simeq \mathrm{Hom}_A(Ae_j, J(A)/J^2(A)e_i) \\ &= \mathrm{Hom}_A(Ae_j, J(A)e_i/J^2(A)e_i) \\ &= \mathrm{Hom}_A(Ae_j, J(P(i))/J^2(P(i))). \end{aligned}$$

由于 $J(P(i))/J^2(P(i))$ 半单,

$$\begin{aligned} \mathrm{Hom}_A(P(j), J(P(i))/J^2(P(i))) &= \mathrm{Hom}_A(P(j)/J(P(j)), J(P(i))/J^2(P(i))) \\ &= \mathrm{Hom}_A(S(j), J(P(i))/J^2(P(i))). \end{aligned}$$

由于 $P(i)$ 投射, $\mathrm{Ext}_A^1(P(i),S(j))=0$, 对短正合列

$$0\longrightarrow J(P(i))\longrightarrow P(i)\longrightarrow S(i)\longrightarrow 0$$

应用函子 $\mathrm{Hom}_A(S(i),S(j))$, 得到长正合列

$$\begin{aligned}0&\longrightarrow \mathrm{Hom}_A(S(i),S(j))\longrightarrow \mathrm{Hom}_A(P(i),S(j))\\&\longrightarrow \mathrm{Hom}_A(J(P(i)),S(j))\longrightarrow \mathrm{Ext}_A^1(S(i),S(j))\longrightarrow 0.\end{aligned}$$

又当 $i\neq j$ 时,

$$\mathrm{Hom}_A(P(i),S(j))\simeq \mathrm{Hom}_A(S(i),S(j))=0.$$

可以得到

$$\begin{aligned}\mathrm{Ext}_A^1(S(i),S(j))&\simeq \mathrm{Hom}_A(J(P(i)),S(j))\\&\simeq \mathrm{Hom}_A(J(P(i))/J^2(P(i)),S(j)).\end{aligned}$$

于是如果 $J(P(i))/J^2(P(i))\simeq \sum\limits_{k=1}^{n} b_{ik}S(k)$, 有

$$\begin{aligned}\mathrm{Hom}_A\Big(S(j),\bigoplus_{k=1}^{n} b_{ik}S(k)\Big)&=b_{ij}\mathrm{Hom}_A(S(j),S(j))\\&=\mathrm{Hom}_A\Big(\bigoplus_{k=1}^{n} b_{ik}S(k),S(j)\Big).\end{aligned}$$

于是

$$\begin{aligned}b_{ij}&=\dim_F \mathrm{Ext}_A^1(S(i),S(j))\\&=\dim_F \mathrm{Hom}_A(P(j),J(P(i))/J^2(P(i)))\\&=\dim_F e_j(J(A)/J^2(A))e_i\\&=m_{ij}.\end{aligned}$$ ▏

定义 12.3.4 设 Q 是一个箭图, $|Q_0|=n$. 对 $\boldsymbol{X}=(x_1,\cdots,x_n),\boldsymbol{Y}=(y_1,\cdots,y_n)\in\mathbb{Q}^n$, $\mathbb{Q}^n\times\mathbb{Q}^n$ 到 $\mathbb{Q}$ 的映射

$$B(\boldsymbol{X},\boldsymbol{Y})=B_Q(\boldsymbol{X},\boldsymbol{Y})=\sum_i x_iy_i-\sum_{i,j} m_{ij}x_iy_j,$$

称为箭图Q的双线性型.

记 $q(\boldsymbol{X})=q_Q(\boldsymbol{X})=B_Q(\boldsymbol{X},\boldsymbol{X})$ 为由 $B_Q(\boldsymbol{X},\boldsymbol{Y})$ 确定的二次型, 称之为箭图Q的二次型. 有时也将它简记为 q_Q.

它不是对称双线性型. 它的对称化 $B_s(\boldsymbol{X},\boldsymbol{Y})=\dfrac{1}{2}(B(\boldsymbol{X},\boldsymbol{Y})+B(\boldsymbol{Y},\boldsymbol{X}))$ 是将其箭向用边替换得到的图的双线性型, $B_s(\boldsymbol{X},\boldsymbol{Y})$ 恰好是将 Q 的每一箭向用一条边

替代得到的图的双线性型. 但二者有相同的二次型. 对于代数闭域 F 上的路代数, 有下面的重要定理.

定理 12.3.3 设 $A=FQ$ 是一个代数闭域 F 上的有限维路代数, 设 B 是其箭图 Q 的双线性型, 则对有限生成 A-模 M, N, 有

$$B(\mathbf{dim}\,M,\mathbf{dim}\,N)=\dim_F\mathrm{Hom}_A(M,N)-\dim_F\mathrm{Ext}^1_A(M,N).$$

证 设 $\mathbf{dim}\,M=\boldsymbol{X}=(x_1,\cdots,x_n), \mathbf{dim}\,N=\boldsymbol{Y}=(y_1,\cdots,y_n)\in\mathbb{Q}^n$ 有

$$B(\boldsymbol{X},\boldsymbol{Y})=\sum_i x_iy_i-\sum_{i,j}m_{ij}x_iy_j,$$

其中, m_{ij} 是 Q 中从 i 到 j 的箭向的个数. 我们知道 $m_{ij}=\dim_F e_jJ(A)/J^2(A)e_i$.

首先假设 $M=P(l)$ 是一个不可分解投射模, $P(l)/J(P(l))\simeq S(l)$. 由于 $P(l)$ 投射, $\mathrm{Ext}^1_A(P(l),N)=0$, 而由引理 12.3.1, $x_i=\dim_F\mathrm{Hom}_A(P(i),M)$, $y_j=\dim_F\mathrm{Hom}_A(P(j),N)$. 于是

$$\begin{aligned}B(\boldsymbol{X},\boldsymbol{Y})=&\sum_i x_iy_i-\sum_{i,j}m_{ij}x_iy_j\\=&\sum_i\dim_F\mathrm{Hom}_A(P(i),P(l))\cdot\dim_F\mathrm{Hom}_A(P(i),N)\\&-\sum_{i,j}(\dim_F\mathrm{Hom}_A(P(j),J(P(i))/J^2(P(i)))\cdot\dim_F\mathrm{Hom}_A(P(i),P(l))\\&\cdot\dim_F\mathrm{Hom}_A(P(j),N))\\=&\sum_i\dim_F\mathrm{Hom}_A(P(i),N)\cdot(\dim_F\mathrm{Hom}_A(P(i),P(l))\\&-\sum_j\dim_F\mathrm{Hom}_A(P(i),J(P(j))/J^2(P(j)))\cdot\dim_F\mathrm{Hom}_A(P(j),P(l))),\end{aligned}$$

这样问题归结为证明

$$\begin{aligned}1=&\dim_F\mathrm{Hom}_A(P(l),P(l))\\&-\sum_j\dim_F\mathrm{Hom}_A(P(l),J(P(j))/J^2(P(j)))\cdot\dim_F\mathrm{Hom}_A(P(j),P(l)).\end{aligned}$$

而当 $i\neq l$ 时,

$$\begin{aligned}0=&\dim_F\mathrm{Hom}_A(P(i),P(l))\\&-\sum_j\dim_F\mathrm{Hom}_A(P(i),J(P(j))/J^2(P(j)))\cdot\dim_F\mathrm{Hom}_A(P(j),P(l)).\end{aligned}$$

由于 A 是有限维路代数, Q_A 中没有有向循环, 由命题 12.3.1, $\dim_F\mathrm{Hom}_A(P(l),P(l))=$

1 且对 $j \neq l$, 有 $\mathrm{Hom}_A(P(l), P(j)) = 0$ 或 $\mathrm{Hom}_A(P(j), P(l)) = 0$, 于是

$$\begin{aligned}1 = &\dim_F \mathrm{Hom}_A(P(l), P(l)) \\ &- \sum_j \dim_F \mathrm{Hom}_A(P(l), J(P(j))/J^2(P(j))) \cdot \dim_F \mathrm{Hom}_A(P(j), P(l)).\end{aligned}$$

当 $i \neq l$ 时, 由于 $\mathrm{Hom}_A(P(i), P(l)) \simeq e_i A e_l$, 对所有 j,

$$\mathrm{Hom}_A(P(i), J(P(j))/J^2(P(j))) \simeq e_i J(A)/J^2(A) e_j$$

且有

$$\mathrm{Hom}_A(P(j), P(l)) \simeq e_j A e_l.$$

等式

$$\begin{aligned}\dim_F \mathrm{Hom}_A(P(i), P(l)) = &\sum_j \dim_F \mathrm{Hom}_A(P(i), J(P(j))/J^2(P(j))) \\ &\cdot \dim_F \mathrm{Hom}_A(P(j), P(l))\end{aligned}$$

恰好表明箭图中从 l 到 i 的路的条数等于从 l 发出的到每一点 j 的每一个条路接上从 j 到 i 所有箭向的个数的总和. 于是

$$\begin{aligned}0 = &\dim_F \mathrm{Hom}_A(P(i), P(l)) \\ &- \sum_j \dim_F \mathrm{Hom}_A(P(i), J(P(j))/J^2(P(j))) \cdot \dim_F \mathrm{Hom}_A(P(j), P(l)).\end{aligned}$$

由于 $\mathrm{Ext}_A^1(P(l), N) = 0$, 这就证明了

$$B(\mathbf{dim}\, P(l), \mathbf{dim}\, N) = \dim_F \mathrm{Hom}_A(P(l), N) - \dim_F \mathrm{Ext}_A^1(P(l), N).$$

由于 $\mathrm{Hom}_A(P(l) \oplus P(k), N) = \mathrm{Hom}_A(P(l), N) \oplus \mathrm{Hom}_A(P(k), N)$, 可以得到对任意投射 A-模 P, 有

$$B(\mathbf{dim}\, P, \mathbf{dim}\, N) = \dim_F \mathrm{Hom}_A(P, N) - \dim_F \mathrm{Ext}_A^1(P, N).$$

现在对任意 A-模 M, 考虑其极小投射预解式

$$0 \to Q \to P \to M \to 0,$$

于是

$$\mathbf{dim}\, M = \mathbf{dim}\, P - \mathbf{dim}\, Q.$$

在极小投射预解式上应用函子 $\mathrm{Hom}_A(\ , N)$, 得

$$0 \to \mathrm{Hom}_A(M, N) \to \mathrm{Hom}_A(P, N) \to \mathrm{Hom}_A(Q, N) \to \mathrm{Ext}_A^1(M, N) \to 0.$$

于是

$$\begin{aligned}
&\dim_F \mathrm{Hom}_A(M,N)-\dim_F \mathrm{Ext}_A^1(M,N)\\
=&\dim_F \mathrm{Hom}_A(P,N)-\dim_F \mathrm{Hom}_A(Q,N)\\
=&B(\mathbf{dim}\,P,\mathbf{dim}\,N)-B(\mathbf{dim}\,Q,\mathbf{dim}\,N)\\
=&B(\mathbf{dim}\,P-\mathbf{dim}\,Q,\mathbf{dim}\,N)\\
=&B(\mathbf{dim}\,M,\mathbf{dim}\,N).
\end{aligned}$$

这就证明了定理. |

由定理 12.3.3 可以看到, 给定路代数 $A=FQ$ 上的有限生成模 M,N,

$$B(\mathbf{dim}\,M,\mathbf{dim}\,N)=\dim_F \mathrm{Hom}_A(M,N)-\dim_F \mathrm{Ext}_A^1(M,N)$$

定义一个 $\mathbb{Q}^n$ 上的双线性型, 其二次型 $q_Q(\mathbf{dim}\,M)$ 称为代数 A 的同调二次型. 对于路代数, 它与箭图的二次型是一样的.

12.4 箭图表示与 Coxeter 函子

定义 12.4.1 设 Q 是一个箭图, 并设 i 是 Q 的一个顶点. 如果 Q 中没有以顶点 i 为终点的箭向, 称 i 为 Q 的源. 如果 Q 中没有以顶点 i 为起点的箭向, 称 i 为 Q 的汇.

定义 12.4.2 用 δ_iQ 表示通过将 Q 中起点或终点为 i 的箭向反向, 而其他箭向保持不变得到的箭图.

Q 与 δ_iQ 有相同的顶点集合.

定义 12.4.3 如果通过对 Q 的顶点适当编号, 可以使得 1 是 Q 的一个汇, 并且对 $2\leqslant k\leqslant n$, k 是 $\delta_{k-1}\cdots\delta_1Q$ 的一个汇, 则称 Q 有一个允许定向而称 $1,2,\cdots,n$ 为 Q 的一个允许定向顶点列, 简称允许列.

显然, 如果 Q 中没有有向循环, 则 Q 有一个允许定向.

设 Q 是一个箭图, 用 rep$Q$ 表示 Q 在 F 上有限维表示的范畴. Q 的一个表示记为

$$M=(M_i,M_\alpha)_{i\in Q_0,\alpha\in Q_1}=(M_i,M_\alpha),$$

其中, M_i 是向量空间, 而 $M_\alpha:M_{s(\alpha)}\to M_{t(\alpha)}$ 是线性映射.

如果 i 为 Q 的汇, 定义函子

$$S_i^+:\mathrm{rep}\ Q\to \mathrm{rep}\ \delta_iQ$$

如下: 对 Q 的表示 $M=(M_j,M_\alpha)_{j\in Q_0,\alpha\in Q_1}$, 定义

$$S_i^+M=N=(N_j,N_{\alpha'})_{j\in Q_0,\alpha'\in\delta_iQ_1},$$

其中, 对于 $j \neq i$, $N_j = M_j$, 这时, 对任意顶点 k, Q 的箭向 $\alpha : k \to j$ 也是 $\delta_i Q$ 的箭向, 取 $N_\alpha = M_\alpha$. 如果 $\{\alpha_1, \cdots, \alpha_r\}$ 为 Q 中以 i 为终点的箭向的集合, 并且设 j_t 是 α_t 的起点. $\{\alpha'_1, \cdots, \alpha'_r\}$ 为 $\delta_i Q$ 中以 i 为起点而分别以 $j_1, \cdots, j_r$ 为终点的箭向的集合. 用列向量 $\begin{pmatrix} v_{j_1} \\ \vdots \\ v_{j_r} \end{pmatrix}$ 表示直和 $\bigoplus\limits_{t=1}^{r} M_{j_t}$ 中的元素, 考虑线性映射

$$\phi = \phi(M, i) = (M_{\alpha_1}, \cdots, M_{\alpha_r}) : \bigoplus_{t=1}^{r} M_{j_t} \to M_i,$$

$$\begin{pmatrix} v_{j_1} \\ \vdots \\ v_{j_r} \end{pmatrix} \to \sum_{t=1}^{r} M_{\alpha_t}(v_{j_t}).$$

令 $N_i = \ker \phi$, 而设 ψ 为 N_i 到 $\bigoplus\limits_{t=1}^{r} M_{j_t}$ 的嵌入. 用 π_t 记 $\bigoplus\limits_{t=1}^{r} M_{j_t}$ 到 M_{j_t} 的自然投射, 令 $\psi'_t = \pi_t \psi$, 则对任意 $w \in N_i$ 有

$$\psi(w) = \begin{pmatrix} \psi'_1(w) \\ \vdots \\ \psi'_r(w) \end{pmatrix}, \text{ 记 } \psi = \psi(M, i) = \begin{pmatrix} \psi'_1 \\ \vdots \\ \psi'_r \end{pmatrix},$$

定义

$$N_{\alpha'_t} = \pi_t \psi = \psi'_t,$$

其中, α'_t 是 α_t 的反箭向. 这一过程可以用下面的交换图描述:

$$\begin{array}{ccccccc} 0 & \to & N_i & \xrightarrow{\psi} & \bigoplus\limits_{t=1}^{r} N_{j_t} = \bigoplus\limits_{t=1}^{r} M_{j_t} & \xrightarrow{\phi} & M_i \\ & & & \searrow^{N_{\alpha'_t}} & \downarrow \pi_t & & \\ & & & & N_{j_t} = M_{j_t} & & \end{array} .$$

这样 $S_i^+ M = N = (N_j, N_\alpha)_{j \in Q_0, \alpha \in \delta_i Q_1}$ 是 $\delta_i Q$ 在 F 上的一个表示. 如果

$$f = (f_j)_{j \in Q_0} : M \to M' = (M'_j, M'_\alpha)$$

是 Q 的两个表示间的一个态射, 而

$$S_i^+ M = N = (N_j, N_{\alpha'}), \quad S_i^+ M' = N' = (N'_j, N'_{\alpha'}),$$

定义

$$S_i^+ f = g = (g_j)_{j \in Q_0} : N \to N',$$

其中, 对 $j\neq i$, $g_j=f_j$. 而在顶点 i 处 g_i 由下面的交换图定义:

$$\begin{array}{ccccccc}
0 & \to & N_i & \xrightarrow{\psi(M,i)} & \bigoplus\limits_{t=1}^{r} N_{j_t}=\bigoplus\limits_{t=1}^{r} M_{j_t} & \xrightarrow{\phi(M,i)} & M_i \\
 & & \downarrow g_i & & \downarrow \boldsymbol{h} & & \downarrow f_i \\
0 & \to & N_i' & \xrightarrow{\psi(M',i)} & \bigoplus\limits_{t=1}^{r} N_{j_t}'=\bigoplus\limits_{t=1}^{r} M_{j_t}' & \xrightarrow{\phi(M',i)} & M_i'
\end{array}$$

其中, $\boldsymbol{h}=\begin{pmatrix} f_{j_1} & \cdots & 0 \\ \vdots & & \vdots \\ 0 & \cdots & f_{j_r}\end{pmatrix}$ 是积映射, 即对 $\begin{pmatrix} v_{j_1} \\ \vdots \\ v_{j_r}\end{pmatrix}\in\bigoplus\limits_{t=1}^{r} M_{j_t}$,

$$\boldsymbol{h}\begin{pmatrix} v_{j_1} \\ \vdots \\ v_{j_r}\end{pmatrix}=\begin{pmatrix} f_{j_1}(v_{j_1}) \\ \vdots \\ f_{j_r}(v_{j_r})\end{pmatrix}.$$

如果 i 为 Q 的源. 类似地定义函子

$$S_i^-:\operatorname{rep}Q\to\operatorname{rep}\delta_iQ$$

如下: 设 $M=(M_j,M_\alpha)$, 定义

$$S_i^+M=N=(N_j,N_{\alpha'})_{j\in Q_0,\alpha'\in\delta_iQ_1},$$

其中, 如果 $j\neq i$, $N_j=M_j$, 这时 Q 的箭向 $\alpha:j\to k$ 也是 δ_iQ 的箭向, 取 $N_\alpha=M_\alpha$. 如果 $\{\alpha_1,\cdots,\alpha_r\}$ 为 Q 中以 i 为起点的箭向的集合, 而设 j_t 是 α_t 终点, $\{\alpha_1',\cdots,\alpha_r'\}$ 为 δ_iQ 中分别以 $j_1,\cdots,j_r$ 为起点而以 i 为终点的箭向的集合. 考虑线性映射

$$\boldsymbol{\zeta}=\boldsymbol{\zeta}(i,M)=\begin{pmatrix} M_{\alpha_1} \\ \vdots \\ M_{\alpha_r}\end{pmatrix}:M_i\to\bigoplus_{t=1}^{r} M_{j_t}.$$

令 $N_i=\operatorname{Coker}\boldsymbol{\zeta}$, 而设 $\boldsymbol{\xi}$ 为 $\bigoplus\limits_{t=1}^{r} M_{j_t}$ 到 N_i 的投射, 记

$$\boldsymbol{\xi}=\boldsymbol{\xi}(i,M)=(\xi_1',\cdots,\xi_r'):\bigoplus_{t=1}^{r} M_{j_t}\to N_i.$$

用 ι_t 记 M_{j_t} 到 $\bigoplus\limits_{t=1}^{r} M_{j_t}$ 的自然嵌入, 定义

$$N_{\alpha_t'}=\boldsymbol{\xi}\iota_t=\xi_t',$$

其中, α_t' 是 α_t 的反箭向. 这一过程由下面的交换图描述:

$$\begin{array}{ccccc} M_i & \stackrel{\boldsymbol{\zeta}}{\to} & \bigoplus\limits_{t=1}^{r} M_{j_t} = \bigoplus\limits_{t=1}^{r} N_{j_t} & \stackrel{\boldsymbol{\xi}}{\to} & N_i \\ & & \uparrow \iota_t & \nearrow N_{\alpha_t'} & . \\ & & M_{j_t} = N_{j_t} & & \end{array}$$

这样 $S_i^- M = (N_j, N_\alpha)_{j\in Q_0,\alpha\in\delta_i Q_1}$ 是 $\delta_i Q$ 在 F 上的一个表示. 设 $f = (f_j)_{j\in Q_0}$: $M \to M'$ 是 Q 的两个表示间的一个态射, 如果

$$S_i^- M = N = (N_j, N_{\alpha'}),\qquad S_i^- M' = N' = (N_j', N_{\alpha'}'),$$

定义

$$S_i^- f = g = (g_j)_{j\in Q_0} : N \to N',$$

其中, 对 $j \neq i$, $g_j = f_j$. 而 g_i 由下面的交换图定义:

$$\begin{array}{ccccccc} M_i & \stackrel{\boldsymbol{\zeta}(i,M)}{\to} & \bigoplus\limits_{t=1}^{r} M_{j_t} = \bigoplus\limits_{t=1}^{r} N_{j_t} & \stackrel{\boldsymbol{\xi}(i,M)}{\to} & N_i & \to & 0 \\ \downarrow f_i & & \downarrow \boldsymbol{h} & & \downarrow g_i & & \\ M_i' & \stackrel{\boldsymbol{\zeta}(i,M')}{\to} & \bigoplus\limits_{t=1}^{r} M_{j_t}' = \bigoplus\limits_{t=1}^{r} N_{j_t}' & \stackrel{\boldsymbol{\xi}(i,M')}{\to} & N_i' & \to & 0 \end{array}$$

其中, $\boldsymbol{h} = \begin{pmatrix} f_{j_1} & \cdots & 0 \\ \vdots & & \vdots \\ 0 & \cdots & f_{j_r} \end{pmatrix}$ 是积映射.

S_i^+ 和 S_i^- 都是加函子, S_i^+ 左正合而 S_i^- 右正合. 这个结果的证明留作习题.

设 i 是 Q 的一个顶点, 用 $T(i) = (T(i)_j, T(i)_\alpha)_{j\in Q_0,\alpha\in Q_1}$ 表示 Q 的一个满足条件对 $j \neq i$ $T(i)_j = 0$ 而 $T(i)_i = F$, 而对所有箭向 α 有 $T(i)_\alpha = 0$ 的表示. 这是对应于顶点 i 的单表示. 且当 i 为源时, 它是入射表示, 而当 i 为汇时, 它是投射表示. 对于表示 M, 用 M^m 表示 m 个 M 的直和, 用 $\mathrm{End}(M)$ 表示 M 的自同态代数. 有下面的定理:

定理 12.4.1　设 M 是箭图 Q 在 F 上的一个表示.

(i) 如果 i 是 Q 的一个汇, 则存在典范可裂单同态

$$\mu : S_i^- S_i^+ M \to M \quad 且 \quad M \simeq S_i^- S_i^+ M \oplus T(i)^m.$$

$S_i^+ T(i) = 0$, 如果 $M \neq T(i)$ 且不可分解, 则 μ 是同构并有

$$\mathrm{End}(S_i^+ M) \simeq \mathrm{End}(M) \quad 且 \quad \mathbf{dim}\, S_i^+ M = \delta_i \mathbf{dim}\, M.$$

(ii) 如果 i 是 Q 的一个源, 则存在典范可裂满同态

$$\nu: M \to S_i^+ S_i^- M \quad \text{且} \quad M \simeq S_i^+ S_i^- M \oplus T(i)^m.$$

$S_i^- T(i) = 0$, 如果 $M \neq T(i)$ 且不可分解, 则 ν 是同构并有

$$\mathrm{End}(S_i^- M) \simeq \mathrm{End}(M) \quad \text{且} \quad \mathbf{dim}\, S_i^- M = \delta_i \mathbf{dim}\, M.$$

证 由于 (i), (ii) 是对偶的, 只证明 (i).

分别记 $\phi = \phi(M,i), \psi = \psi(M,i)$, $\zeta = \zeta(i, S^+M)$ 和 $\xi = \xi(i, S^+M)$, 则 $\psi = \zeta$. 由 S_i^+ 和 S_i^- 的定义, 有

$$\begin{array}{ccccccccc} 0 & \to & (S_i^+ M)_i & \overset{\psi=\zeta}{\to} & \bigoplus_{t=1}^{r} M_{j_t} & \overset{\xi}{\to} & (S_i^- S_i^+ M)_i & \to & 0 \\ & & & & \phi \downarrow & \overset{\mu_i}{\swarrow} & & & \\ & & & & M_i & & & & \end{array}$$

由于上面一行正合而 $\phi\psi = 0$, 于是存在线性映射 $\mu_i : (S_i^- S_i^+ M)_i \to M_i$, 而由于 $\ker \phi = \mathrm{Im}\, \psi$, 从而 $\ker \mu_i = 0$, 故 μ_i 是单射. 如果 ϕ 为满射, 则 μ_i 也是满射, 因而是一个同构. 否则, 考虑表示 $L = (L_i, L_\alpha)$, 其中, 当 $j \neq i$ 时 $L_j = M_j$, 而 $L_i = \mathrm{Im}\, \phi$, $L_\alpha = \phi_\alpha$. 容易看出 $L \simeq S_i^- S_i^+ M$. 由于 $M_i = L_i \oplus V$ 且 i 是汇点, 于是 $V \simeq F^m \simeq T(i)^m$ 是 m 个 $T(i)$ 的直和, 它本身实际上是 M 的一个表示直和项. 于是 $M \simeq S_i^- S_i^+ M \oplus T(i)^m$.

如果 M 不可分解, 显然 $S_i^+ M = 0$ 当且仅当 $M \simeq T(i)$. 如果 $M \not\simeq T(i)$, 则映射 ϕ 是一个满射, 因而 $M \simeq S_i^- S_i^+ M$. 由于 S_i^- 和 S_i^+ 都是加函子, 有同态

$$\mathrm{End}(M) \to \mathrm{End}(S_i^+ M) \to \mathrm{End}(S_i^- S_i^+ M) \to \mathrm{End}(S_i^+ S_i^- S_i^+ M).$$

由于自然地有 $M \simeq S_i^- S_i^+ M$ 和 $S_i^+ M \simeq S_i^+ S_i^- S_i^+ M$, 于是上式中前两个同态和后两个同态的合成都是同构, 于是有 $\mathrm{End}(M) \simeq \mathrm{End}(S_i^+ M)$. 我们知道, M 不可分解当且仅当 $\mathrm{End}(M)$ 是局部环, 而 $\mathrm{End}(S_i^+ M) \simeq \mathrm{End}(M)$ 也是局部的, 这等价于 $S_i^+ M$ 也是不可分解的.

由于 $\mathbf{dim}\, M = (\mathrm{dim}_F M_1, \cdots, \mathrm{dim}_F M_n)$, 而对 $j \neq i$, 有 $(S_i^+ M)_j = M_j$, 因而 $\mathrm{dim}_F (S_i^+ M)_j = \mathrm{dim}_F M_j$. 又由向量空间的短正合列

$$0 \to (S_i^+ M)_i \to \bigoplus_{t=1}^{r} M_{j_t} = \bigoplus_{j \in Q_0} a_{ji} M_j \to M_i \to 0$$

有

$$\mathrm{dim}_F (S_i^+ M)_j = \sum_{j \in Q_0} a_{ji} \mathrm{dim}_F M_j - \mathrm{dim}_F M_i,$$

其中, a_{ji} 表示 Q 中从 j 到 i 箭向的个数. 于是

$$\mathbf{dim}\, S_i^+ M = \mathbf{dim}\, M - \frac{2B(\mathbf{dim}\, M, e_i)}{B(e_i, e_i)} e_i = \delta_i \mathbf{dim}\, M.$$

这就证明了定理. |

命题 12.4.1 设 M, N 是 Q 在 F 上的不可分解表示.

(i) 设 i 是 Q 的一个汇, 如果 $S_i^+ N \neq 0$, 则 S^+ 导出一个同构

$$\mathrm{Ext}^1(M, N) \simeq \mathrm{Ext}^1(S_i^+ M, S_i^+ N);$$

(ii) 设 i 是 Q 的一个源, 如果 $S_i^- M \neq 0$, 则 S^- 导出一个同构

$$\mathrm{Ext}^1(M, N) \simeq \mathrm{Ext}^1(S_i^- M, S_i^- N).$$

证 由于 i 是汇, 如果 $S_i^+ M = 0$, 则 M 是投射模,

$$\mathrm{Ext}^1(M, N) = 0 \quad 且 \quad \mathrm{Ext}^1(S_i^+ M, S_i^+ N) = \mathrm{Ext}^1(0, S_i^+ N) = 0,$$

于是 $\mathrm{Ext}^1(M, N) \simeq \mathrm{Ext}^1(S_i^+ M, S_i^+ N)$.

设 $S_i^+ M \neq 0$. $\mathrm{Ext}^1(M, N)$ 是短正合列的等价类的集合. 注意到 S_i^+, S_i^- 是加函子, 显然它们保持短正合列的等价类. 只需证明 S_i^+, S_i^- 导出短正合列的等价类的一一映射即可. 设

$$0 \to N \xrightarrow{f} L \xrightarrow{g} M \to 0$$

是 Q 的表示的短正合列, 有 $f = (f_j)_{j \in Q_0}, g = (g_j)_{j \in Q_0}$, 且当 $j \neq i$ 时, 有向量空间和线性映射的交换图

$$\begin{array}{ccccccccc}
0 & \to & N_j & \xrightarrow{f_j} & L_j & \xrightarrow{g_j} & M_j & \to & 0 \\
 & & \| & & \| & & \| & & \\
0 & \to & (S_i^+ N)_j & \xrightarrow{f_j} & (S_i^+ L)_j & \xrightarrow{g_j} & (S_i^+ M)_j & \to & 0 \\
 & & \| & & \| & & \| & & \\
0 & \to & (S_i^- S_i^+ N)_j & \xrightarrow{f_j} & (S_i^- S_i^+ L)_j & \xrightarrow{g_j} & (S_i^- S_i^+ M)_j & \to & 0
\end{array}$$

在顶点 i 处, 而由表示同态的定义, 有向量空间和线性映射的交换图

$$\begin{array}{ccccccccc}
 & & 0 & & 0 & & 0 & & \\
 & & \downarrow & & \downarrow & & \downarrow & & \\
0\to & & (S_i^+N)_i & \xrightarrow{(S_i^+f)_i} & (S_i^+L)_i & \xrightarrow{(S_i^+g)_i} & (S_i^+M)_i & & \to 0\\
 & \psi(N,i)= & \downarrow\zeta(i,S^+iN) & & \psi(L,i)=\downarrow\zeta(i,S^+iL) & & \psi(M,i)\downarrow\zeta(i,S^+iM) & & \\
0\to & & \bigoplus\limits_{j\in Q_0} a_{ji}N_j & \xrightarrow{\bar f} & \bigoplus\limits_{j\in Q_0} a_{ji}L_j & \xrightarrow{\bar g} & \bigoplus\limits_{j\in Q_0} a_{ji}M_j & & \to 0\\
 & \phi(N,i)= & \downarrow\xi(i,S^+iN) & & \phi(L,i)=\downarrow\xi(i,S^+iL) & & \phi(M,i)=\downarrow\xi(i,S^+iM) & & \\
0\to & & N_i=(S_i^-S_i^+N)_i & \xrightarrow{f_i} & L_i=(S_i^-S_i^+L)_i & \xrightarrow{g_i} & M_i=(S_i^-S_i^+M)_i & & \to 0\\
 & & \downarrow & & \downarrow & & \downarrow & & \\
 & & 0 & & 0 & & 0 & &
\end{array}$$

其中, $\bar f,\bar g$ 是积映射.

由 S_i^+ 的定义可以得到列的正合性, 而由 $0\to N\xrightarrow{f}L\xrightarrow{g}M\to 0$ 的正合性得到下面两行的正合性. 由 S_i^+ 的左正合性, 仅需证明 $(S_i^+g)_i$ 是满射, 而这可以通过比较向量空间的维数直接得到, 从而第一行也正合. 这说明 S_i^+ 导出 $\mathrm{Ext}^1(M,N)$ 到 $\mathrm{Ext}^1(S_i^+M,S_i^+N)$ 的映射. 反过来, 由于 $S_i^-S_i^+M\simeq M$, 同样比较维数, 由上面交换图各列和前两行的正合性可以推出 $0\to S_i^+N\xrightarrow{f'}S_i^+L\xrightarrow{g'}S_i^+M\to 0$ 的正合性. 这说明 S_i^+ 导出 $\mathrm{Ext}^1(M,N)$ 到 $\mathrm{Ext}^1(S_i^+M,S_i^+N)$ 的映射是同构, 而其逆由 S_i^- 导出. 这就证明了 (i).

(ii) 可类似地证明. |

设 $1,2,\cdots,n$ 是 Q 的一个允许列, 定义

$$C^+=S_n^+\cdots S_1^+\ \text{而}C^-=S_1^-\cdots S_n^-,$$

则它们是 $\mathrm{rep}\,Q$ 到自己的函子, 称为 Coxeter 函子. 容易看出, 当 i 与 j 间没有箭向时 $S_i^+S_j^+=S_j^+S_i^+$ 及 $S_i^-S_j^-=S_j^-S_i^-$ 成立. 因而 C^+ 和 C^- 与 Q 的定向有关, 而与允许列的选择无关. 对所有的 t 和所有的 i, 用同样的 $T(i)$ 表示 $\delta_t\cdots\delta_nQ$ 对应于点 i 的单表示和 $\delta_t\cdots\delta_1Q$ 对应于点 i 的单表示. 对 $1\leqslant t\leqslant n$, 定义

$$P(t)=S_1^-\cdots S_{t-1}^-T(t)\ \text{而}I(t)=S_n^+\cdots S_{t+1}^+T(t).$$

作为 Q 的表示, $P(1)=T(1)$ 而 $I(n)=T(n)$.

命题 12.4.2 设 C^+ 是 $\mathrm{rep}\,Q$ 上的 Coxeter 函子, 并设 M 是 $\mathrm{rep}\,Q$ 的不可分解表示. 则下面 4 个断言等价:

(i) M 投射;

(ii) 存在 $i\in Q_0$ 使 $M\simeq P(i)$;

(iii) $\mathbf{dim}M$ 是箭图的二次型 $q(x)$ 的实根, 且 $C^+M=0$;

(iv) $\mathbf{dim}M$ 是箭图的二次型 $q(x)$ 的实根, 且 $\delta\mathbf{dim}\,M\ngeqslant 0$.

证 (i) $\Longleftrightarrow$ (ii). 如果表示 $M=(M_j,M_\alpha)_{j\in Q_0,\alpha\in Q_1}$ 是 Q 的顶点 i 所对应的单表示的投射覆盖, 则 M_j 是以从 i 到 j 的路为基的向量空间, 而 M_α 是通过连接 α 将以 α 的起点为终点的路映到以 α 为最后一个箭向的路得到的线性映射. 由于 $1,2,\cdots,n$ 是 Q 的一个允许列, 以 i 为起点的路只会中止于 $1,2,\cdots,i-1$. 可用数学归纳法对 $r=i-1,\cdots,2,1$ 证明, $\delta_r\cdots\delta_nQ$ 的表示 $N=S_r^-\cdots S_{i-1}^-T(i)$ 满足下面条件: 对 $j=r,\cdots,i$, N_j 是以从 i 到 j 的路为基的向量空间, 而对其余 j, $N_j=0$, 并且 n_α 都是由在基上连接箭向 α 自然定义的线性映射.

于是 $M\simeq P(i)$ 当且仅当 M 投射.

(ii) $\Rightarrow$ (iii). 如果 $M=P(i)$, 则 $\mathbf{dim}M=\delta_1\cdots\delta_{i-1}e_i$ 是 $q(x)$ 的实根, 且

$$\begin{aligned}C^+M&\simeq C^+P(i)=C^+S_1^-\cdots S_{i-1}^-T(i)\\&\simeq S_n^+\cdots S_1^+S_1^-\cdots S_{i-1}^-T(i)\simeq S_n^+\cdots S_i^+T(i)\\&=0.\end{aligned}$$

(iii) $\Rightarrow$ (iv). 由于 $C^+M=S_n^+\cdots S_1^+M$, $C^+M=0$. 于是存在 $1\leqslant i\leqslant n$ 使 $S_{i-1}^+\cdots S_1^+M\neq 0$, 而 $S_i^+(S_{i-1}^+\cdots S_1^+M)=0$. 由定理 12.4.1, $S_{i-1}^+\cdots S_1^+M\simeq T(i)$, 且

$$\begin{aligned}\delta\mathbf{dim}\,M&=\delta_n\cdots\delta_1\mathbf{dim}\,M\\&=\delta_n\cdots\delta_i\mathbf{dim}\,S_{i-1}^+\cdots S_1^+M\\&=\delta_n\cdots\delta_ie_i\\&\ngeqslant 0.\end{aligned}$$

(iv) $\Rightarrow$ (ii). 由于 $\mathbf{dim}\,M\geqslant 0$, 而 $\delta\mathbf{dim}\,M=\delta_n\cdots\delta_1\mathbf{dim}\,M\ngeqslant 0$. 设 $i\in Q_0$ 使对 $t<i$, 有 $\delta_t\cdots\delta_1\mathbf{dim}\,M\geqslant 0$, 而 $\delta_i\delta_{i-1}\cdots\delta_1\mathbf{dim}\,M\ngeqslant 0$. 于是由命题 12.2.4

$$\delta_{i-1}\cdots\delta_1\mathbf{dim}\,M=\mathbf{dim}\,\delta_{i-1}\cdots\delta_1M=e_i,$$

因而 $\delta_{i-1}\cdots\delta_1M\simeq T(i)$ 而 $M\simeq P(i)$. |

命题 12.4.3 设 C^- 是 $\operatorname{rep}Q$ 上的 Coxeter 函子, 并设 M 是 $\operatorname{rep}Q$ 的不可分解表示, 则下面 4 个断言等价.

(i) M 入射;

(ii) 存在 $i\in Q_0$ 使 $M\simeq I(i)$;

(iii) $\mathbf{dim}M$ 是箭图的二次型 $q(x)$ 的实根, 且 $C^-M=0$;

(iv) $\mathbf{dim}M$ 是箭图的二次型 $q(x)$ 的实根, 且 $\delta^{-1}\mathbf{dim}\,M\ngeqslant 0$.

由命题 12.4.2 和命题 12.4.3 可以立即得到

定理 12.4.2 设 $M\in\operatorname{rep}Q$ 是不可分解表示, 则有

(i) $C^+M=0$ 当且仅当存在 $i\in Q_0$ 使 $M\simeq P(i)$, 否则 $M\simeq C^-C^+M$, 这时

$$\mathrm{End}(M)=\mathrm{End}(C^+M)\quad 且\quad \mathbf{dim}\,(C^+M)=\delta(\mathbf{dim}\,M);$$

(ii) $C^-M=0$ 当且仅当存在 $i\in Q_0$ 使 $M\simeq I(i)$, 否则 $M\simeq C^+C^-M$, 这时

$$\mathrm{End}(M)=\mathrm{End}(C^-M)\quad 且\quad \mathbf{dim}\,(C^-M)=\delta^{-1}(\mathbf{dim}\,M).$$

12.5 有限表示型与 Dynkin 箭图

现在证明箭图的表示范畴是有限型的充分必要条件是该箭图是 Dynkin 箭图. 首先建立不可分解表示的维数向量与箭图二次型实根的联系.

定理 12.5.1 设 Q 是一个没有有向循环的箭图. 映射

$$\dim:\mathrm{rep}\,Q\to\mathbb{Q}^n$$

导出 $\mathrm{rep}\,Q$ 中形如 $C^{-k}P(i)$ 和 $C^kI(i)$, $k\geqslant 0$ 的不可分解表示同构类到 Q 的二次型 q_Q 的正实根集的一个单射.

证 设 M 是 $\mathrm{rep}\,Q$ 的一个型如 $C^{-k}P(i)$ 或 $C^kI(i)$ 不可分解表示. 不妨设 $M\simeq C^{-k}P(i)$, 于是由定理 12.3.3,

$$\begin{aligned}
q_Q(\mathbf{dim}\,M)&=\dim_F\mathrm{Hom}(M,M)-\dim_F\mathrm{Ext}(M,M)\\
&=\dim_F\mathrm{End}(M)-\dim_F\mathrm{Ext}(M,M)\\
&=\dim_F\mathrm{End}(C^{-k}P(i))-\dim_F\mathrm{Ext}(C^{-k}P(i),C^{-k}P(i))\\
&=\dim_F\mathrm{End}(C^{-k+1}P(i))-\dim_F\mathrm{Ext}(C^{-k+1}P(i),C^{-k+1}P(i))\\
&=\cdots\\
&=\dim_F\mathrm{End}(P(i))-\dim_F\mathrm{Ext}(P(i),P(i))\\
&=\dim_F\mathrm{End}(P(i))=1.
\end{aligned}$$

于是 $\mathbf{dim}\,M$ 是二次型 q_Q 的一个正实根.

如果还有 $\mathrm{rep}\,Q$ 的不可分解表示 N 使得 $\mathbf{dim}\,N=\mathbf{dim}\,M$, 则

$$\mathbf{dim}\,C^kN=\delta^k\mathbf{dim}\,N=\delta^k\mathbf{dim}\,M=\mathbf{dim}\,P(i).$$

而 $P(i)$ 是不可分解投射表示而 C^kN 不可分解, 于是

$$\begin{aligned}
1&=q_Q(\mathbf{dim}\,P(i))\\
&=B_Q(\mathbf{dim}\,P(i),\mathbf{dim}\,P(i))\\
&=B_Q(\mathbf{dim}\,P(i),\mathbf{dim}\,C^kN)\\
&=B_Q(\mathbf{dim}\,C^kN,\mathbf{dim}\,P(i)),
\end{aligned}$$

即

$$\begin{aligned}1 &= \dim_F \mathrm{Hom}(P(i), P(i)) \\ &= \dim_F \mathrm{Hom}(P(i), C^k N) \\ &= \dim_F \mathrm{Hom}(C^k N, P(i)) - \dim_F \mathrm{Ext}(C^k N, P(i)).\end{aligned}$$

于是 $\mathrm{Hom}(C^kN, P(i)) \neq 0 \neq \mathrm{Hom}(P(i), C^kN)$, 由命题 10.6.2 得 C^kN 投射且 $C^kN \simeq P(i)$, 于是 $N \simeq C^{-k}P(i) \simeq M$.

这样得到 dim 导出 $\mathrm{rep}\,Q$ 中形如 $C^{-k}P(i)$ 和 $C^kI(i)$ 不可分解表示同构类到 Q 的二次型 q_Q 的正实根的一个单射. |

事实上, 已经证明了一个更强的结果.

推论 12.5.1 设 M 是 $\mathrm{rep}\,Q$ 的一个不可分解表示.

如果 $\mathbf{dim}\,M = \mathbf{dim}\,C^{-k}P(i)$, 则 $M \simeq C^{-k}P(i)$;

如果 $\mathbf{dim}\,M = \mathbf{dim}\,C^kI(i)$, 则 $M \simeq C^kI(i)$.

定理 12.5.2 (1) 设 Q 是 Dynkin 箭图, 则映射

$$\dim : \mathrm{rep}\,Q \to \mathbb{Q}^n$$

导出 $\mathrm{rep}\,Q$ 中不可分解表示同构类与 Q 的二次型 q_Q 的正实根间的一一对应,

(2) 设 Q 是欧几里得箭图, 则映射

$$\dim : \mathrm{rep}\,Q \to \mathbb{Q}^n$$

导出 $\mathrm{rep}\,Q$ 中形如 $C^{-k}P(i)$ 和 $C^kI(i)$ 不可分解表示同构类与 Q 的二次型 q_Q 的亏数非零的正实根间的单射.

证 (1) 如果 Q 是 Dynkin 箭图, 由定理 12.2.2, q_Q 的全体正实根集合为

$$\{\delta^{-k}p_i | i \in Q_0, 0 \leqslant k \leqslant a_i\} \text{ 或} \{\delta^k q_i | i \in Q_0, 0 \leqslant k \leqslant b_i\}.$$

且对对应于点 i 的不可分解投射表示 $P(i)$, 有 $\mathbf{dim}\,P(i) = p_i$, 而对对应于点 i 不可分解入射表示 $I(i)$, 有 $\mathbf{dim}\,I(i) = q_i$. 于是如果 M 是一个不可分解表示, 而 $\mathbf{dim}\,M$ 不是 q_Q 的正实根, 则 M 既非投射又非入射. 现在证明对所有 $i \in Q_0$ 有

$$\mathrm{Hom}(P(i), M) = 0.$$

事实上, 由于 S_i^+, S_i^- 都是加函子, 类似定理 12.4.1 的证明可证: 如果 i 是 Q 的一个汇, 当 M, N 都不可分解并且 $S_i^+M \neq 0 \neq S_i^+N$ 时, $M \simeq S_i^-S_i^+M$, $N \simeq S_i^-S_i^+N$, 且

$$\mathrm{Hom}(M, N) \to \mathrm{Hom}(S_i^+M, S_i^+N) \to \mathrm{Hom}(S_i^-S_i^+M, S_i^-S_i^+N)$$

导出同构 $\mathrm{Hom}(M,N)\simeq\mathrm{Hom}(S_i^-S_i^+M,S_i^-S_i^+N)$, 因而

$$\mathrm{Hom}(M,N)\simeq\mathrm{Hom}(S_i^+M,S_i^+N).$$

同样, 如果 i 是源, 当 M,N 都不可分解并且 $S_i^-M\neq 0\neq S_i^-N$ 时,

$$\mathrm{Hom}(M,N)\simeq\mathrm{Hom}(S_i^-M,S_i^-N).$$

于是有

$$\mathrm{Hom}(M,N)\simeq\mathrm{Hom}(C^+M,C^+N)\simeq\mathrm{Hom}(C^-M,C^-N).$$

由定理 12.4.2, 这时对 $i\in Q_0$ 存在 $j_i\in Q$ 使 $\delta^{m_i}p_i\geqslant 0$ 而 $\delta^{m_i+1}p_i\not\geqslant 0$, 从而 $\delta^{m_i}p_i=q_{j_i}$. 于是由定理 12.5.1, $\delta^{m_i}P(i)=I(j_i)$. 于是有

$$\begin{aligned}\mathrm{Hom}(P(i),M)&=\mathrm{Hom}(C^{-1}P(i),C^{-1}M)\\&=\cdots\\&=\mathrm{Hom}(C^{-m_i}P(i),C^{-m_i}M)\\&=\mathrm{Hom}(I(j),C^{-m_i}M).\end{aligned}$$

由于 $\mathrm{rep}\,Q$ 等价于路代数的模范畴, 由命题 10.6.3, 由于 $C^{-m_i}M$ 不是入射表示, 对不可分解入射表示 $I(j)$, $\mathrm{Hom}(I(j),C^{-m_i}M)=0$. 从而对所有顶点 $i\in Q_0$, 都有 $\mathrm{Hom}(P(i),M)=0$. 因而 $M=0$, 这是一个矛盾.

这就证明了对每一不可分解表示 M, $\mathbf{dim}\,M$ 是 q_Q 的正实根.

(2) 由定理 12.5.1 和定理 12.2.3 直接得到. |

定理 12.5.3　$\mathrm{rep}\,Q$ 仅有有限多个不可分解表示的充分必要条件是 Q 是 Dynkin 箭图.

证　充分性由定理 12.5.2 得到.

设 Q 不是 Dynkin 箭图, 由命题 12.1.1, Q 中含有一个欧几里得箭图 Q'. 则表示范畴 $\mathrm{rep}\,Q$ 中满足对 $i\in Q_0\setminus Q_0'$, 有 $M_i=0$, 而对 $\alpha\in Q_1\setminus Q_1'$, 有 $M_\alpha=0$ 的表示 $M=(M_i,M_\alpha)$ 全体构成与 $\mathrm{rep}\,Q'$ 等价的子范畴. 而由定理 12.5.1, $\mathrm{rep}\,Q'$ 有无穷多个互不同构的不可分解表示. 这就证明了定理的必要性. |

习　题

12.1　设 Δ 是一个图. 如果它不是邓肯图, 证明它一定包含一个欧几里得图.

12.2　证明定理 12.1.1: 设 Δ 是一个欧几里得图, 其二次型的 $q(x)=q_\Delta(x)$ 是半正定的, 其零点全体构成一个一维向量空间.

12.3　证明命题 12.2.2.

12.4　设由图 Δ 定义的二次型 $q(x)$ 半正定, 而 x 是一个正实根, 证明以其支撑 $\{i|x_i \neq 0\}$ 为顶点构成的 Δ 的子图是连通图.

12.5　证明命题 12.2.5.

12.6　证明定理 12.2.3.

12.7　在定理 12.3.2 中, 证明

$$M \to [S(1)^{d_1} \oplus \cdots \oplus S(n)^{d_n}]$$

是 $K_0(\text{mod}A)$ 到 $K_0(s.s.A)$ 的群同构.

12.8　设 M 是 A-模并设 $\mathbf{dim}\, M = (d_1, \cdots, d_n)$. $P(i)$ 投射模且 $P(i)/J(P(i)) \simeq S(i)$, 证明 $d_i = \dim_F \text{Hom}_A(P(i), M)$.

12.9　设 $P(i), P(j)$ 分别是单模 $S(i), S(j)$ 的投射覆盖, 则

$$\begin{aligned}\dim_F \text{Ext}_A^1(S(i), S(j)) &= \dim_F \text{Hom}_A(P(j), J(P(i))/J^2(P(i))) \\ &= \dim_F e_j J(A)/J^2(A) e_i.\end{aligned}$$

12.10　S_i^+ 和 S_i^- 都是加法函子, S_i^+ 左正合而 S_i^- 右正合.

12.11　用数学归纳法对 $r = i-1, \cdots, 2, 1$, 证明 $\delta_r \cdots \delta_n Q$ 的表示 $S_r^- \cdots S_{i-1}^- T(i) = N = (N_i, N_\alpha)$ 是满足下面条件: 对 $j = r, \cdots, i$, N_j 是以从 i 到 j 的路为基的向量空间, 而对其余 j, $N_j = 0$, 并且 N_α 都是由在基上连接箭向 α 自然定义的线性映射.

参 考 文 献

刘绍学. 1956. 无限代数的分解. 北京师范大学学报 (自然科学), (1): 45–70(或*MaT. C*б., 42(1957), 327–352)

刘绍学. 1957. 关于一种有限非结合代数. 北京师范大学学报, (2): 47–52

刘绍学. 1963. 多重算子群中的直因子. 北京师范大学学报, 3: 27–38(或中国科学, 1964(8:11), 1735–1746).

刘绍学. 1964. 每一子代数都是理想的代数. 数学学报, 14: 532–537

刘绍学. 1979. 每一子代数都是左理想的代数. 北京师范大学学报, 3: 1–5

刘绍学. 1980. 一类局部有限代数的 Wedderburn 结构定理. 数学学报, 23: 942–952

刘绍学. 1982. 广义 Hamilton 代数. 数学学报, 25(4): 385–392

刘绍学. 1988. 有向图的几何性质和其路代数的代数性质. 数学学报, (4): 483–487

刘绍学. 1989. 偏序集代数的同构问题. 数学进展, (4): 461–464

刘绍学. 1990. 赋值图的张量代数的同构问题. 中国科学 A 辑, (10): 1037–1041

刘绍学. 1992. 路代数的张量积与有向图的直积. 数学年刊 A 辑 (中文版), (2): 153–160

刘绍学. 1993. G-分次环与 G-集的冲积. 数学学报, 36(2): 199–206.

刘绍学. 1996. 赋值图的张量代数的同构定理的证明. 北京师范大学学报 (自然科学版), (2): 184–186

刘绍学, 罗运伦, 肖杰. 路代数的同构. 1986. 北京师范大学学报 (自然科学版), (3): 13–20

柳孟辉. 1951. 完全可约的群及环的构造. 中国数学学报, 1: 207–213

万哲先. 1964. 李代数. 北京：科学出版社

王湘浩. 1955. 关于 Koethe 半单纯环. 东北人民大学学报, 1: 143–147

谢邦杰. 1955. Baer 根环与零化子适合链条件之诣零环. 东北人民大学学报, 1: 71–91

谢邦杰. 1956. 近似诣零理想与根. 东北人民大学学报, 1: 31–49

谢邦杰. 1957a. 非结合环之 Koethe 根、Koethe 半单纯性与近似诣零根. 东北人民大学学报, 1: 19–26

谢邦杰. 1957b. 算子群的容许子群链. 数学学报, 7: 631–640(或中国科学 7(1958), 704–715)

谢邦杰. 1958. 关于 S-不可约代数. 科学记录, 10: 379–382

谢邦杰. 1963. 关于 Jacobson 的一个问题. 吉林大学学报, 2: 289–293

谢邦杰. 1964. 一般的核环与有核环的结构. 吉林大学学报, 2: 65–84

谢邦杰. 1965. Rings with semi-minimum condition. 中国科学, 3: 343–362

许永华. 1977. 环的极小条件等价于极大条件的充要性. 数学学报, 20: 267–271

许永华. 1979. 与线性变换的完全环同构的环理论. (I) 数学学报, 22: 204–218; (II) 22: 303–315; (III) 22: 389–403; (IV) 22: 556–567; 1980. (V)23: 547–553; (VI)23:646–657

许永华. 1983. 本原环的结构. 数学年刊 (B 辑), 4: 133–144

张禾瑞. 1957. 结合代数讲义. 油印本. 北京：北京师范大学

Abian A. 1967. On the nilpotency of nil algebras. Amer. Math. Monthly, 74: 33, 34

Albert A A. 1939. Structure of Algebras. New York: American Mathematical society

Amayo R K, Stewart I. 1974. Infinite-dimensional Lie Algebra, Noordhoff International Publ

Amitsur S. 1971. Rings of quotients and Morita contexts. J. Alg.,17: 273–298

Amitsur S. 1952, 1954. A general theory of radicals: I. Amer. J. Math., 76: 774–786; II, 76: 100–125; III. 76: 126–136

Amitsur S. 1972. On the central division algebras. Israel J. Math.,12: 408–420

Anderson F W, Fuller K R. 1974. Rings and Categories of Modules. New York-Heidelberg-Berlin: Springer-Verlag

Artin E, Nesbitt C J, Thrall R M. 1946. Rings with Minimum Condition, University of Michigan, Ann Arbor, 1944. N. J. Divinsky

Artin E. 1950. The influence of J. H. M. Wedderburn on the development of modern algebra. Bull. Amer. Math. Soc., 56: 65–72

Artin E, Whaples G. 1943. The theory of simple rings, Amer. J. Math.,65: 87–107

Assem I, Simson D, Skowroński A. 2006. Elements of the Representation Theory of Associative Algebras (I). London Mathematical Society, Student Texts 65. Cambridge: Cambridge University Press

Auslander M, Reiten I, Smalø S. 1995. Representation theory of artin algebras. Cambridge Studies in Advanced Math. 36. Cambridge: Cambridge University Press

Baer R. 1943. Radical ideals. Amer. J. Math., 65: 537–568

Bergman G M. 1964. A ring primitive on the right but not on the left. Proc. Amer. Math. Soc., 15: 473–475

Brown B, McCoy N H. 1947. Radicals and subdirect sums. Amer. J. Math., 69: 46–58

Brown B, McCoy N H. 1948. The radical of a ring. Duke Math. J., 15: 495–499

Cohen M, Montgomery S. 1984. Group-graded rings, smash products, and group actions. Trans. Amer. Math. Soc., 282: 237–258

Crawley-Boevey W. Lectures on representations of quivers. Preprint

Crawley-Boevey W. More lectures on representations of quivers. Preprint

Curtis C W, Reiner I. 1962. Representation Theory of Finite Groups and Associative Algebras. New York-London: Interscience

Divinsky N. 1965. Rings and Radicals. London: Allen

Dlab V. 1980. Representations of Valued Graphs. Les Press de l'Université de Montréal 199

Dlab V, Ringel C M. 1976. Indecomposable representations of graphs and algebras. Memoir. AMS. 173

Faith C. 1973. Algebra: Rings, Modules and Categories. Vol. I. Grundlehren Math. Wiss., Vol. 190. Berlin-Heidelberg-New York: Springer-Verlag

Faith C. 1976. Algebra: Ring theory. Vol. II

Goldie A W. 1958. The structure of prime rings under ascending chain conditions. Proc.

London. Math. Soc., 8: 598–608

Goldie A W. 1960. Semi-prime rings with maximum conditions. Proc. London Math. Soc., 10: 201–220

Goodearl K R. 1976. Ring Theory; Nonsingular Rings and Modules. New York: Marcel Dekker, Inc.

Herstein I N. 1968. Noncommutative Rings. New York: John Wiley

Herstein I N. 1969. Topics in Ring Theory. Chicago: Univ. of Chicago Press

Hochschild G. 1941. Semi-simple algebras and generalized derivations. Amer. J. Math.,64: 677–694

Hopkins C. 1939. Rings with minimal conditions for left ideals. Ann. of Math., 40: 712–730

Humphreys J E. 1972. Introduction to Lie Algebras and Representation Theory, GTM 9, New York: Springer

Jacobson N. 1943. Theory of Rings. New York

Jacobson N. 1945a. Structure theory of simple rings without finiteness assumptions. Trans. Amer. Math. Soc., 57: 228–245

Jacobson N. 1945b. The radical and semi-simplicity for arbitrary rings. Amer. J. Math., 67: 300–320

Jacobson N. 1945c. Structure theory for algebraic algebras of bounded degree. Ann. of Math., 46: 695–707

Jacobson N. 1947. On the theory of primitive rings. Ann. of Math., 48: 8–21

Jacobson N. 1951. Lectures in Abstract Algebra. Vol. 1, New York: Macmillan, London

Jacobson N. 1964. Structure of Rings. Second Edition. AMS Colloquium Publ., Vol. 37, 1956

Jacobson N. 1975. PI-Algebras, An Introduction. Berlin-Heidelberg-New York: Springer-Verlag

Jacobson N. 1978. Some recent developments in the theory of algebras with polynomial identities. Topics in Algebra Proceeding, Berlin-Heidelberg-New York: Canberra, Springer-Verlag, 1979

Jans J P. 1964. Rings and Homology. Holt, Rinehart and Winston

Kaplansky I. 1946. On a problem of Kurosch and Jacobson. Bell. Amer. Math. Soc., 52: 496–500

Kaplansky I. 1948. Rings with a polynomial identity. Bull. Amer. Math. Soc., 54: 575–580

Kaplansky I. 1950. Topological representations of algebras, II. Trans. Amer. Math. Soc. 68: 62–75

Kaplansky I. 1969. Fields and Rings. Chicago: Univ. of Chicago Press

Lambek J. 1966. Lectures on Rings and Modules. Waltham: Blaisdell

Lesieur L, Croisot R. 1963. Algèbre noethèrienne noncommutative. Mèm. Sci. Math. 154

Levitzki J. 1943. On the radical of a general ring. Bull. Amer. Math. Soc., 49: 462–466

Levitzki J. 1946. On a problem of A. Kurosch. Bull. Amer. Math. Soc., 52: 1033–1035

Liu S X. 1991. Structure of graded primitive rings. Chinese Sci. Bull, 36: 1233–1236

Liu S X, Beattie M, Fang H J. 1991. Graded division rings and the Jacobson density theorem. Beijing Shifan Daxue Xuebao (N.S.), 27: 129–134.

Liu S X, Van Oystaeyen F. 1988. Group graded rings, smash product and additive categories. Perspective in ring theory, Kluwer Acad. Publ., 299–310

McCoy N H. 1955. Subdirect sum representations of prime rings. Duke Math. J., 22: 357–364

McDonald B R. 1974. Finite Rings with Identity. New York: Marcel Dekker., Inc.

Nagata M. 1953. On the nilpotency of nil-algebras. J. Math. Soc. Japan, 4: 296–301

Năstăsescu C, Van Oystaeyen F. 1982. Graded Ring Theory. Amsterdam: North-Holland Publishing Company

Năstăsescu C, Van Oystaeyen F. 2004. Methods of graded rings, Lecture Notes in Math. 1836, Berlin: Springer-Verlag

Outcalt D L. 1967. Power-associative algebras in which every subalgebra is an ideal. Pacif. J. Math., 20: 481–485

Passmann D S. 1977. The Algebraic Structure of Group Rings. New York-London-Sydney-Toronto: John Wiley

Procesi C. 1973. Rings with Polynomial Identities. New York: Marcel Dekker, Inc

Procesi C, Small L. 1965. On a theorem of Goldie. J. Alg., 2: 80–84

Ringel C M. 1984. Tame Algebras and Quadratic Form, LNM, 1099, Berlin-Heidelberg-New York-Tokyo: Springer-Verlag

Sasiada E. 1961. Solution of the problm of existence of a simple radical ring. Bull. Acad. Polonaise Sci. Sèrie Math. Astr. Phys., 9: 257

Sasiada E, Cohn P M. 1967. An example of a simple radical ring. J. Alg., 5: 373–377

Sasiada E, Sulinski A. 1962. A note on Jacobson radical. Bull. Acad. Polonaise Sci. Sèrie Math. Astr. Phys., 10: 421–423

Schafer R D. 1966. An Introduction to Nonassociative Algebra. New York: Academic Press

Stenström B. 1975. Rings of Quotients, An Introduction to Methods of Ring Theory. Berlin-Heidelberg-New York: Springer-Verlag

Szasz F. 1975. Radikale der Ringe. Berlin: Veb Deutscher Verlag der Wissenschaften

Shock R C. 1971. Nilsubrings in finite conditions. Amer.Math Monthly, 78: 741–748

Scott O M. 2003. Basic Homological Algebra, GTM 196. New York-Heidelberg-Berlin: Springer-Verlag

Wedderburn J H M. 1908. On hypercomplex numbers. Proc. London Math. Soc., Ser. 2, 6: 77–117

Жевлаков К А, Слинъко А М, ШистаковИП, Ширшов, А. И. 1978. Кольца, близкие к ассоциативным, ≪Hayka≫, Москва

Андриянов В И. 1967. Периодические гамилътоновые колbца, Мат. Сб., 74: 241–261

Андрунакиевич В А. 1957. К теории радикалов ассоциативных колец, ДАН, СССP, 113: 487–490

Андрунакиевич В А. 1958. Радикалы ассоциативных колец, Матем. сб.,44(86): 179–212

Бобич А М. 1959. О радикале Левицкого, ДАН СССP, 126: 242–243

Голод Е С. 1964. О нилъ-алгебрах и финитно-аппроксимируемых группах, Изв. АН СССP, Сер. мат., 28: 273–276

Голод Е С, Щафаревич. И Р. 1964. О Бащне полейклассов, Изв. АН СССР, Сер. мат., 28: 261–272

Курош А Г. 1953. Радикалы колец и алгебр, Мат. сб., 33: 13–26

Курош А Г. 1962. Радикалы в теории групп, Сuб. мат. Ж., 3: 912–931

Курош А Г. 1941. Ringtheoretische Probleme, die mit dem Burnsidenschen Problem uber periodische Gruppen in Zusammenhang stehen, Bull. Akad. Sci. URSS, Ser. Math., 5: 233–240

Малъцев А И. 1942. О разложении алгебры в прямую сумму радикала и полуп-ростой подалгебры, ДАН, 36: 46–50

Ширшов А И.1957a. О некоторых неассоциативных нилъ -колъцах и алге-браических алгебрах, Мат. сб., 41(1957), 381–394

Ширшов А И. 1957b. О колъцах с тождественными соотнощениями, Мат. сб., 43: 277–283

Щнейдмюллер Б И.1950. Бесконечные колъца с конечными убывающими цел-ями подколец, Мат. сб., 27: 219–228

附录　同调代数简介

这里收集本书中需要的同调代数方面知识，它们基本上都是代数方向研究生的标准知识，大家或者已经知道，或者将要学到. 将它们列举在这儿，使得学习本书的读者方便查找. 没有给出结论的证明，有兴趣的读者自己可以试着证明它们，或在参考书中找到这些证明. 关于模范畴方面的基础请参见文献 (Anderson et al, 1974)，关于同调代数方面的基础请参见文献 (Scott, 2003) 或 (周伯埙, 1988). 要指出的是同调代数是一门精深学问，与数学的很多领域都具有深刻联系.

A.1　阿贝尔范畴

范畴是一个运用很广的概念，是一种很基本的数学语言，在很多数学分支都非常有用.

定义 A.1.1　一个范畴指的是一个由对象类和态射类所构成的二元组 $\mathcal{C}=(\mathrm{Obj}\mathcal{C},\mathrm{Mor}\mathcal{C})$，其中，

(1) $\mathrm{Obj}\mathcal{C}$ 是 $\mathcal{C}$ 中的对象所组成的类；

(2) $\mathrm{Mor}\mathcal{C}$ 是 $\mathcal{C}$ 中的态射所组成的类. $\forall X,Y\in\mathrm{Obj}\mathcal{C}$，均有一个从 X 到 Y 的态射所成的类 (通常是集合)，记之为 $\mathrm{Hom}_{\mathcal{C}}(X,Y)$，在不引起混淆时，简记为 $\mathrm{Hom}(X,Y)$；

(3) $\forall X,Y,Z\in\mathrm{Obj}\mathcal{C}$，态射之间有合成

$$\mathrm{Hom}_{\mathcal{C}}(X,Y)\times\mathrm{Hom}_{\mathcal{C}}(Y,Z)\to\mathrm{Hom}_{\mathcal{C}}(X,Z),$$

$$(f,g)\mapsto g\circ f,$$

通常记 $g\circ f$ 为 gf.

态射的合成满足

(i) 结合律：$h\circ(g\circ f)=(h\circ g)\circ f,\forall f\in\mathrm{Hom}_{\mathcal{C}}(X,Y),g\in\mathrm{Hom}_{\mathcal{C}}(Y,Z),h\in\mathrm{Hom}_{\mathcal{C}}(Z,L)$；

(ii) $\forall X\in\mathrm{Obj}\mathcal{C}$，均有 $1_X\in\mathrm{Hom}_{\mathcal{C}}(X,X)$，使得 $1_X\circ g=g,f\circ 1_X=f,\forall_g\in\mathrm{Hom}_{\mathcal{C}}(Y,X),f\in\mathrm{Hom}_{\mathcal{C}}(X,Y)$.

容易验证，对每个 $X\in\mathrm{Obj}\mathcal{C},1_X$ 是唯一的. 通常记 $\mathrm{Hom}_{\mathcal{C}}(X,Y)$ 中元素 f 为 $f:X\to Y$.

定义 A.1.2　设 $\mathcal{C}$ 是范畴，$f:X\to Y$ 是 $\mathcal{C}$ 中态射.

(1) 称 f 是单射 (monomorphism), 如果当 $g_1, g_2 : W \to X$ 使得 $fg_1 = fg_2$ 时必有 $g_1 = g_2$;

(2) 称 f 是满射 (epimorphism), 如果当 $g_1, g_2 : Y \to W$ 使得 $g_1 f = g_2 f$ 时必有 $g_1 = g_2$;

(3) 称 f 是可裂单射 (split-monomorphism), 如果存在 $(\exists) g : Y \to X$ 使得 $gf = 1_X$;

(4) 称 f 是可裂满射 (split-epimorphism), 如果 $\exists g : Y \to X$ 使得 $fg = 1_Y$;

(5) 称 f 是同构 (isomorphism), 如果 f 既是可裂单射, 又是可裂满射. 此时称 X 与 Y 同构, 记为 $X \cong Y$.

需要注意：范畴意义下的单射、满射与集合意义下的单射、满射不一样.

称 $\mathcal{A}$ 是范畴 $\mathcal{C}$ 的一个子范畴, 如果满足① $\mathrm{Obj}\mathcal{A} \subseteq \mathrm{Obj}\mathcal{C}$; ② $\mathrm{Hom}_{\mathcal{A}}(X, Y) \subseteq \mathrm{Hom}_{\mathcal{C}}(X, Y), \forall X, Y \in \mathrm{Obj}\mathcal{A}$, 且 $\mathcal{A}$ 关于范畴 $\mathcal{C}$ 的态射的合成构成一个范畴.

如果还满足 $\mathrm{Hom}_{\mathcal{A}}(X, Y) = \mathrm{Hom}_{\mathcal{C}}(X, Y), \forall X, Y \in \mathrm{Obj}\mathcal{A}$, 则称 $\mathcal{A}$ 是 $\mathcal{C}$ 的满子范畴. 称一个满子范畴 $\mathcal{A}$ 是 $\mathcal{C}$ 的稠子范畴, 如果 $\forall X \in \mathrm{Obj}\mathcal{C}, \exists X_0 \in \mathrm{Obj}\mathcal{A}$ 使得 $X \cong X_0$.

例 A.1.1

(1) 范畴 Set: ObjSet 为所有集合所成的类; 任给两个集合 A, B, 从集合 A 到集合 B 的态射的类取为从 A 到 B 的映射的集合, 态射的合成是通常的映射合成;

(2) 范畴 Top: ObjTop 为所有拓扑空间所成的类; 任意两个拓扑空间之间的态射的类为这两个拓扑空间的连续映射的集合, 态射的合成是通常的映射合成. 它是范畴 Set 的子范畴;

(3) 范畴 Group: Obj: 群, Mor: 群同态, 态射的合成是通常的群同态合成;

(4) 范畴 Ab: Obj: 阿贝尔群, Mor: 群同态, 态射的合成是通常的群同态合成. 它是范畴 Group 的满子范畴;

(5) 范畴 Ring: Obj: 环, Mor: 环同态, 态射的合成是通常的环同态合成;

(6) 设 R 是一结合环. 模范畴 R-Mod: Obj: 左 R 模, Mor: 左 R 模同态, 态射的合成是通常的模同态合成. 通常称之为环 R 的左模范畴. 同样有环 R 的右模范畴 Mod-R.

例 A.1.2 任意环均可如下地看成一个范畴：设 R 是环, 定义范畴 $\mathcal{C}_R$ 如下：其对象集只含一个元素 $*$, $\mathrm{Hom}(*, *) = R$, 态射的合成由环 R 的乘法给出. 易验证 $\mathcal{C}_R$ 是一个范畴.

例 A.1.3 给定一个范畴, 可以构造其反范畴. 设 C 是一范畴, 定义新范畴 $\mathcal{C}^{op} : \mathrm{Obj}\mathcal{C}^{op} = \mathrm{Obj}\mathcal{C}, \mathrm{Mor}\mathcal{C}^{op} : \mathrm{Hom}_{\mathcal{C}^{op}}(X, Y) = \mathrm{Hom}_{\mathcal{C}}(Y, X)$. 态射的合成如下：$f \circ g = gf, \forall f \in \mathrm{Hom}_{\mathcal{C}^{op}}(Y, Z), g \in \mathrm{Hom}_{\mathcal{C}^{op}}(X, Y)$. 称 $\mathcal{C}^{op}$ 为 $\mathcal{C}$ 的反范畴.

定义 A.1.3 设 $\{A_\alpha|\alpha\in I\}$ 是范畴 $\mathcal{C}$ 中一簇对象, $\{A_\alpha|\alpha\in I\}$ 的积 (又称直积) 指的是 $(A;p_\alpha)_{\alpha\in I}$, 其中, $A\in\mathrm{Obj}\mathcal{C}, p_\alpha\in\mathrm{Hom}_{\mathcal{C}}(A,A_\alpha)$, 使得 $\forall f_a\in\mathrm{Hom}_{\mathcal{C}}(B,A_\alpha)$, 存在唯一 $f\in\mathrm{Hom}_{\mathcal{C}}(B,A)$ 使得下图交换:

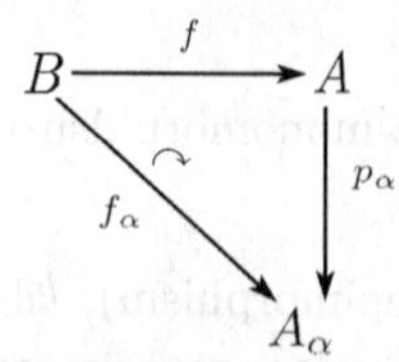

通常将 A 记为 $\prod\limits_{\alpha\in I}A_\alpha$.

例 A.1.4 $\{A_\alpha|\alpha\in I\}$ 是范畴 Set 中的一簇对象. 令 $\prod\limits_{\alpha\in I}A_\alpha:=\{(a_\alpha)_{\alpha\in I}|a_\alpha\in A_\alpha\}, p_\alpha:\prod\limits_{\alpha\in I}A_\alpha\to A_\alpha,(a_\alpha)_{\alpha\in I}\mapsto a_\alpha$, 则 $\left(\prod\limits_{\alpha\in I}A_i,p_i\right)_{i\in I}$ 是 $\{A_\alpha|\alpha\in I\}$ 的积.

需要注意: 一般范畴中不一定存在直积. 在范畴 *Ab*, Group, Ring, R-Mod 中可如例 A.1.4 类似地构造直积.

定义 A.1.4 设 $\{A_\alpha|\alpha\in I\}$ 是 $\mathcal{C}$ 中一簇对象, $\{A_\alpha|\alpha\in I\}$ 的直和指的是 $(A;i_\alpha)_{\alpha\in I}$, 其中, $A\in\mathrm{Obj}\mathcal{C}, i_\alpha\in\mathrm{Hom}_{\mathcal{C}}(A_\alpha,A)$, 满足如果有 $g_\alpha\in\mathrm{Hom}_{\mathcal{C}}(A_\alpha,B),\forall\alpha$, 则存在唯一 $g\in\mathrm{Hom}_{\mathcal{C}}(A,B)$ 使得下图交换:

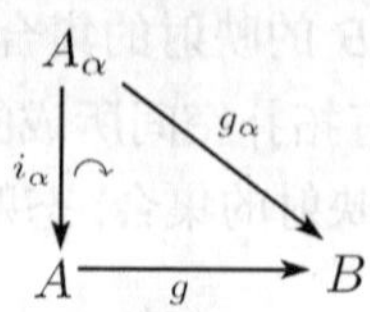

通常记 A 为 $\bigoplus\limits_{\alpha\in I}A_\alpha$.

命题 A.1.1 范畴 $\mathcal{C}$ 中对象簇 $\{A_\alpha|\alpha\in I\}$ 的积如果存在, 则唯一. 范畴 $\mathcal{C}$ 中对象簇 $\{A_\alpha|\alpha\in I\}$ 的直和如果存在, 则唯一. 如果 $|I|<\infty$, 则 $\{A_\alpha|\alpha\in I\}$ 的直和存在当且仅当其直积存在, 且 $\prod\limits_{i\in I}A_i\cong\bigoplus\limits_{i\in I}A_i$.

例 A.1.5 设范畴 R-Mod 中有一簇对象 $\{A_\alpha|\alpha\in I\}$, 令

$$\bigoplus_{\alpha\in I}A_\alpha:=\{(a_\alpha)_{\alpha\in I}|a_\alpha\in A_\alpha\text{且只有有限多个}a_\alpha\neq 0\},$$

$$i_\alpha:A_\alpha\to\bigoplus_{\alpha\in I}A_\alpha, a_\alpha\mapsto(0,\cdots,0,a_\alpha,0,\cdots,0),$$

则 $\left(\bigoplus\limits_{\alpha\in I}A_\alpha,i_\alpha\right)_{\alpha\in I}$ 是 $\{A_\alpha|\alpha\in I\}$ 的直和.

定义 A.1.5 称范畴 $\mathcal{C}$ 为加法范畴, 如果满足

(1) 任意有限多个对象都有直和;

(2) $\forall X, Y \in \mathrm{Obj}\mathcal{C}, \mathrm{Hom}_{\mathcal{C}}(X,Y)$ 为阿贝尔群, 且态射合成关于加法满足分配律;

(3) $\mathcal{C}$ 中有零对象 0 使得 1_0 等于 $\mathrm{Hom}_{\mathcal{C}}(0,0)$ 中的零元.

定义 A.1.6 设 $\mathcal{C}$ 是范畴, $f: X \to Y$ 是 $\mathcal{C}$ 中的态射. f 的核 (kernel) 指的是 $(\ker f, u)$, 其中, $\ker f \in \mathrm{Obj}\mathcal{C}, u: \ker f \to X$, 满足 $fu = 0$, 且如果 $h: Z \to X, fh = 0$, 则存在唯一态射 $h': Z \to \ker f$, 使得 $h = uh'$.

f 的余核 (cokernel) 指的是 $(\mathrm{Coker}\, f, p)$, 其中, $\mathrm{Coker} f \in \mathrm{Obj}\mathcal{C}, p: Y \to \mathrm{Coker} f$ 满足 $pf = 0$, 且如果 $g: Y \to Z$, $gf = 0$, 则存在唯一态射 $g': \mathrm{Coker} f \to Z$, 使得 $g = g'p$.

易知上定义中的 u 是单的, p 是满的.

范畴中核、余核并不一定存在. 如果它们都存在, 则存在 $f^-: \mathrm{Coker} u \to \ker p$ 且有下面交换图:

$$\begin{array}{ccccccc}
\ker f & \xrightarrow{u} & X & \xrightarrow{f} & Y & \xrightarrow{p} & \mathrm{Coker} f \\
 & & \downarrow{\scriptstyle p'} & \curvearrowright & \uparrow{\scriptstyle u'} & & \\
 & & \mathrm{Coker} u & \xrightarrow{f^-} & \ker p & &
\end{array}$$

定义 A.1.7 称范畴 $\mathcal{C}$ 为阿贝尔 (Abel) 范畴, 如果

(a) $\mathcal{C}$ 为加法范畴;

(b) $\forall f: X \to Y$, f 有核和余核, 且由 f 诱导出的 $f^-: \mathrm{Coker} u \to \ker p$ 是同构. 此时记 $\ker p$ 为 $\mathrm{Im} f$.

例 A.1.6 R-Mod 是阿贝尔范畴, 态射 $f: M \to N$ 的核为 $\ker f := \{m \in M | f(m) = 0\}$, 余核为 $\mathrm{Coker} f := N/f(M)$, f 的象为 $\mathrm{Im} f = \{f(m) | m \in M\}$. 特别地, 箭图表示范畴是阿贝尔范畴.

定义 A.1.8 设 $\mathcal{A}$ 是一阿贝尔范畴, 称 $\mathcal{A}$ 中序列 $\cdots \xrightarrow{d_{n+1}} X_n \xrightarrow{d_n} X_{n-1} \xrightarrow{d_{n-1}} X_{n-2} \xrightarrow{d_{n-2}} \cdots$ 是复形, 如果 $X_n \in \mathrm{Obj}\mathcal{A}$ 且 $d_{n-1}d_n = 0, \forall n$.

称此序列是正合序列, 如果 $\forall n, \ker d_n = \mathrm{Im} d_{n+1}$.

特别地, 称 $0 \to X \xrightarrow{f} Y \xrightarrow{g} Z \to 0$ 是短正合列, 如果 $\ker f = 0$, $\mathrm{Im} g = Z$ 且 $\mathrm{Im} f = \ker g$.

命题 A.1.2 (五引理) 设在阿贝尔范畴 $\mathcal{A}$ 中有如下交换图, 且上下两行都是正合列:

$$\begin{array}{ccccccccc}
A_1 & \xrightarrow{f_1} & A_2 & \xrightarrow{f_2} & A_3 & \xrightarrow{f_3} & A_4 & \xrightarrow{f_4} & A_5 \\
\downarrow{\scriptstyle \phi_1} & & \downarrow{\scriptstyle \phi_2} & & \downarrow{\scriptstyle \phi_3} & & \downarrow{\scriptstyle \phi_4} & & \downarrow{\scriptstyle \phi_5} \\
B_1 & \xrightarrow{g_1} & B_2 & \xrightarrow{g_2} & B_3 & \xrightarrow{g_3} & B_4 & \xrightarrow{g_4} & B_5
\end{array}$$

如果 ϕ_2,ϕ_4 是同构, ϕ_1 是满的, ϕ_5 是单的, 则 ϕ_3 是同构.

A.2 函子与范畴的等价

定义 A.2.1 设 $\mathcal{C},\mathcal{C}'$ 是范畴, 称 $H:\mathcal{C}\to\mathcal{C}'$ 为 (正变) 函子, 如果

(1) H 诱导出从 $\mathcal{C}$ 的对象类到 $\mathcal{C}'$ 的对象类的一个对应, 将之记为 $H:\mathrm{Obj}\mathcal{C}\to\mathrm{Obj}\mathcal{C}'$;

(2) $\forall X,Y\in\mathrm{Obj}\mathcal{C}$, H 诱导出映射 $H:\mathrm{Hom}_{\mathcal{C}}(X,Y)\to\mathrm{Hom}_{\mathcal{C}'}(HX,HY)$, 且满足

(i) 如果 $f:X\to Y,g:Y\to Z$ 是 $\mathcal{C}$ 中态射, 则 $H(gf)=H(g)H(f)$.

(ii) $H(1_X)=1_{HX}$.

如果 $H:\mathrm{Hom}_{\mathcal{C}}(X,Y)\to\mathrm{Hom}_{\mathcal{C}'}(HX,HY)$ 是满射, 则称 H 为满函子; 如果 $H:\mathrm{Hom}_{\mathcal{C}}(X,Y)\to\mathrm{Hom}_{\mathcal{C}'}(HX,HY)$ 是单射, 则称 H 为忠实函子.

称函子 $H:\mathcal{C}^{op}\to\mathcal{C}'$ 为从 $\mathcal{C}$ 到 $\mathcal{C}'$ 的反变函子, 类似地可定义满 (忠实) 反变函子.

定义 A.2.2 设 $\mathcal{C},\mathcal{C}'$ 是阿贝尔范畴, 称正变函子 $H:\mathcal{C}\to\mathcal{C}'$ 为左正合的, 如果 H 将正合列 $0\to X\overset{f}{\to}Y\overset{g}{\to}Z\to 0$ 变为左正合列 $0\to H(X)\overset{H(f)}{\to}H(Y)\overset{H(g)}{\to}H(Z)$.

称反变函子 $H:\mathcal{C}\to\mathcal{C}'$ 为左正合的, 如果 H 将正合列 $0\to X\overset{f}{\to}Y\overset{g}{\to}Z\to 0$ 变为左正合列 $0\to H(Z)\overset{H(g)}{\to}H(Y)\overset{H(f)}{\to}H(X)$.

同样定义右正合函子. 如果函子 H 既是左正合的, 又是右正合的, 则称 H 是正合函子.

例 A.2.1 设 $\mathcal{C}$ 为范畴, $X\in\mathrm{Obj}\mathcal{C}$, 则函子 $\mathrm{Hom}_{\mathcal{C}}(X,-):\mathcal{C}\to\mathrm{Set}$ 为正变函子; 函子 $\mathrm{Hom}(-,X):\mathcal{C}\to\mathrm{Set}$ 为反变函子. 设 A,B 是环, M 是左 A- 右 B-双模, 则 ${}_AM\bigotimes_{B}-:B\text{-Mod}\to A\text{-Mod}$ 是正变函子.

命题 A.2.1 设 A,B 是环, X 是左 A-模, M 是左 A-右 B-双模, 则 $\mathrm{Hom}_A(X,-)$, $\mathrm{Hom}_A(-,X)$ 都是左正合函子; ${}_AM\bigotimes_B-$ 是右正合函子.

下面定理表明: 函子 $M\bigotimes_R-$ 与 $\mathrm{Hom}_Z(M,-)$ 构成一个 “adjoint pair” $(M\bigotimes_R-,\mathrm{Hom}_Z(M,-))$.

定理 A.2.1 设 R 是环, M 是右 R-模, N 是左 R-模, L 是阿贝尔群. 则有阿贝尔群同构 $\mathrm{Hom}_Z(M\bigotimes_R N,L)\cong\mathrm{Hom}_R(N,\mathrm{Hom}_Z(M,L))$.

定义 A.2.3 设 $H,G:\mathcal{C}\to\mathcal{C}'$ 为正变函子, F 到 G 的自然变换 $t:H\to G$ 指的是 $\forall X\in\mathrm{Obj}\mathcal{C}$ 均有 $t_X:H(X)\to G(X)$, 且对 $\mathcal{C}$ 中任意同态 $f:X\to Y$, 满足如下交换图:

$$\begin{CD} H(X) @>{t_X}>> G(X) \\ @V{H(f)}VV @VV{G(f)}V \\ H(Y) @>>{t_Y}> G(Y) \end{CD}$$

如果对任意 $X \in \mathrm{Obj}\mathcal{C}, t_X$ 均是同构, 则称 t 是从函子 H 到 G 的自然同构, 此时称 H 与 G 是同构的, 记为 $H \cong G$.

定义 A.2.4 设 $\mathcal{A}$ 是阿贝尔范畴, 称 $P \in \mathrm{Obj}\mathcal{A}$ 是 $\mathcal{A}$ 中投射对象, 如果 $\mathrm{Hom}_{\mathcal{A}}(P, -) : \mathcal{A} \to Ab$ 是正合函子. 称 $I \in \mathrm{Obj}\mathcal{A}$ 是 $\mathcal{A}$ 中内射对象, 如果 $\mathrm{Hom}_{\mathcal{A}}(-, I) : \mathcal{A} \to Ab$ 是正合函子.

命题 A.2.2 设 $\mathcal{A}$ 是阿贝尔范畴, 则 $P \in \mathrm{Obj}\mathcal{A}$ 是 $\mathcal{A}$ 中投射对象当且仅当对 $\mathcal{A}$ 中的任意满同态 $f : M \to N$ 以及同态 $h : P \to N$, 存在 $h' : P \to M$, 使得 $h = fh'$, 即有交换图

$$\begin{array}{ccccc} & & P & & \\ & \swarrow^{h'} & \downarrow^{h} & & \\ M & \xrightarrow{f} & N & \longrightarrow & 0 \end{array}$$

$I \in \mathrm{Obj}\mathcal{A}$ 是 $\mathcal{A}$ 中内射对象当且仅当对 $\mathcal{A}$ 中的任意单同态 $g : M \to N$ 以及同态 $h : M \to I$, 存在 $h' : N \to I$, 使得 $h = h'g$, 即有如下交换图:

$$\begin{array}{ccccc} 0 & \longrightarrow & M & \xrightarrow{g} & N \\ & & \downarrow^{h} & \swarrow_{h'} & \\ & & I & & \end{array}$$

定义 A.2.5 设 $\mathcal{C}, \mathcal{D}$ 为范畴.

(1) 称 $\mathcal{C}$ 与 $\mathcal{D}$ 是同构的, 如果存在函子 $H : \mathcal{C} \to \mathcal{D}$ 和 $G : \mathcal{D} \to \mathcal{C}$ 使得 $HG = id_{\mathcal{D}}, GH = id_{\mathcal{C}}$. 此时也称函子 H, G 是互逆的同构函子;

(2) 称 $\mathcal{C}$ 与 $\mathcal{D}$ 是等价的, 如果存在函子 $H : \mathcal{C} \to \mathcal{D}$ 和 $G : \mathcal{D} \to \mathcal{C}$ 使得 $HG \cong id_{\mathcal{D}}, GH \cong id_{\mathcal{C}}$. 此时也称函子 H, G 是互逆的等价函子.

例 A.2.2 范畴 Ab 同构于 $\mathbb{Z}$-Mod.

例 A.2.3 范畴 $M_n(k)$-Mod 等价于 k-Mod.

定理 A.2.2 设 $\mathcal{C}, \mathcal{D}$ 是范畴, $H : \mathcal{C} \to \mathcal{D}$ 是正变函子, 则 $H : \mathcal{C} \to \mathcal{D}$ 是等价函子当且仅当 H 是满、忠实且稠的, 即 H 诱导出同构 $\mathrm{Hom}_{\mathcal{C}}(X, Y) \cong \mathrm{Hom}_{\mathcal{D}}(H(X), H(Y)), \forall X, Y \in \mathrm{Obj}\mathcal{C}$ 且 $\forall M \in \mathrm{Obj}\mathcal{D}, \exists N \in \mathrm{Obj}\mathcal{C}$, 使得 $M \cong H(N)$.

A.3 Morita 等价

设 R 是一有单位元的环, M 是左 R-模, J 是指标集. 当 $M_j \cong M$ 时, 记直和

$\bigoplus_{j\in J} M_j$ 为 M^J, 称之为 $|J|$ 个 M 的直和. 当 $M \cong_R R$ 时, 称 R^J 是 R-自由模. 易验证 R-模 P 是投射模当且仅当 P 是某个自由模 R^J 的直和项, 这里 J 是指标集. 当 $|J| = n < \infty$ 时, 记 R^J 为 R^n, 称 R^n 是 n 个 R 的直和.

定义 A.3.1 称 R-模 P 是 R-Mod 的生成子, 如果 $\forall M \in R$-Mod, $\exists J$, 使得 M 是 P^J 的商模; 称 I 是余生成子, 如果 $\forall M \in R$-Mod, $\exists J$, 使得有从 M 到 I^J 的单同态.

由定义知 R 本身是 R-Mod 的生成子; P 是 R-Mod 的生成子当且仅当 $\exists J$, 使得 R 是 P^J 的直和项.

定义 A.3.2 设 A, B 是环, 称 R, S 是 Morita 等价的, 如果 R-Mod 与 S-Mod 等价.

定理 A.3.1 (Morita) 设 R, S 是环, 则 R 与 S 是 Morita 等价的当且仅当存在 R-S-双模 P, S-R-双模 Q, 使得存在双模同构 ${}_RP\bigotimes_S Q_R \simeq_R R_R$, ${}_SQ\bigotimes_R P_S \simeq {}_SS_S$. 在此条件下, $(\mathrm{End}_R P)^{op} \simeq S$, $(\mathrm{End}_S Q)^{op} \simeq R$ 且 P 是投射 R-模, Q 是投射 S-模.

由定理 A.3.1 不难得到

(1) R 与 S Morita 等价当且仅当 Mod-R 与 Mod-S 等价;

(2) 设 R 是环, $e \in R, e^2 = e, S = eRe$ 是 R 的子环, 则 H: R-Mod→ S-Mod, $M \mapsto eM$ 是等价函子当且仅当 $R = ReR$. 此时由 $G(N) = Re\bigotimes_{eRe} N$ 定义的函子 G 为 H 的逆函子.

定理 A.3.2 设 R, S 为环, 则以下结论等价:

(1) R-Mod 与 S-Mod 等价;

(2) R 的投射模子范畴 $\mathcal{P}(R)$ 与 S 的投射模子范畴 $\mathcal{P}(S)$ 等价;

(3) 存在有限生成投射生成子 $P \in \mathcal{P}(S)$, 使得 $R \simeq (\mathrm{End}_S P)^{op}$.

称有限维 F 代数 A 是基本的, 如果 A 能分解为互不同构的不可分解投射模的直和, 即 $A = P_1 \oplus \cdots \oplus P_n$, P_i 不可分解且 $P_i \ncong P_j, \forall i \neq j$.

下设 A 是有限维 F-代数, 将 ${}_AA$ 分解为不可分解模直和, $A = P_1^{t_1} \oplus \cdots \oplus P_n^{t_n}$, $P_1, \cdots, P_n$ 是互不同构的不可分解投射模. 令 $P = P_1 \oplus \cdots \oplus P_n$. 易验证 $B = (\mathrm{End}_A P)^{op}$ 是基本的, 称 B 为 A 的基代数.

由定理 A.3.2 易证

定理 A.3.3 任意有限维代数 A 均与它的基代数 B 是 Morita 等价的.

A.4 Ext 函子

同上设 R 是一环, R-Mod 是左 R-模范畴. 设 A 是有限维 F-代数, A-mod 是有限维左 A-模范畴.

定义 A.4.1 设 M 是 R-模.

(1) 如果 $\cdots \to P_n \xrightarrow{f_n} P_{n-1} \xrightarrow{f_{n-1}} \cdots \xrightarrow{f_2} P_1 \xrightarrow{f_1} P_0 \xrightarrow{f_0} M \to 0$ 是一正合列, 且每个 P_i 都是投射 R-模, 则称此正合列是 M 的一个投射分解, 通常记此分解为 $P^{\bullet}$;

(2) 称 $\min\{n|0 \to P_n \xrightarrow{f_n} P_{n-1} \xrightarrow{f_{n-1}} \cdots \xrightarrow{f_2} P_1 \xrightarrow{f_1} P_0 \xrightarrow{f_0} M \to 0$ 是投射分解 $\}$ 是 M 的投射维数. 记为 proj.dim M;

(3) 如果 $0 \to M \xrightarrow{f_0} I_0 \xrightarrow{f_1} I_1 \xrightarrow{f_2} \cdots \xrightarrow{f_{n-1}} I_{n-1} \xrightarrow{f_n} I_n \xrightarrow{f_{n+1}} \cdots$ 是一正合列, 且每个 I_i 都是内射 R-模, 则称此正合列是 M 的一个内射分解, 通常记此分解为 $I^{\bullet}$;

(4) 称 $\min\{n|0 \to M \xrightarrow{f_0} I_0 \xrightarrow{f_1} I_1 \xrightarrow{f_2} \cdots \xrightarrow{f_{n-1}} I_{n-1} \xrightarrow{f_n} I_n \to 0$ 是内射分解 $\}$ 是 M 的内射维数. 记为 inj.dim M;

(5) 称 $\max\{\text{proj.dim}M|M \in R\text{-Mod}\}$是环 R 的整体维数, 记为 gl.dim$R$;

(6) 如果 gl.dim$R \leqslant 1$, 则称 R 是遗传环. 如果一个 F 代数 A 是遗传环, 则称 A 为遗传代数.

从定义可知 proj.dim M=0 当且仅当 M 是投射模; inj.dim$M = 0$ 当且仅当 M 是内射模. proj.dim $M < \infty$ 当且仅当 M 有有限投射分解; inj.dim$M < \infty$ 当且仅当 M 有有限内射分解.

下面定义 R-模 M, N 的 n 次扩张群 $\text{Ext}_R^n(M,N)$: 任取 M 的一个投射分解 $P_M^{\bullet} : \cdots \to P_n \xrightarrow{f_n} P_{n-1} \xrightarrow{f_{n-1}} \cdots \xrightarrow{f_2} P_1 \xrightarrow{f_1} P_0 \xrightarrow{f_0} M \to 0$, 用 $\text{Hom}_R(-,N)$ 作用在此投射分解 $P_M^{\bullet}$ 上得到一个 (上) 复形 $\text{Hom}_R(P_M^{\bullet},N) : 0 \to \text{Hom}_R(P_0,N) \xrightarrow{\text{Hom}(f_1,N)} \text{Hom}_R(P_1,N) \xrightarrow{\text{Hom}(f_2,N)} \text{Hom}_R(P_2,N) \xrightarrow{\text{Hom}(f_3,N)} \cdots \to \text{Hom}_R(P_n,N) \xrightarrow{\text{Hom}(f_{n+1},N)} \text{Hom}_R(P_{n+1},N) \xrightarrow{\text{Hom}(f_{n+2},N)} \cdots$.

定义 A.4.2 令 $\text{Ext}_R^n(M,N) = \ker\text{Hom}_R(f_{n+1},N)/\text{ImHom}_R(f_n,N)$. 称 $\text{Ext}_R^n(M,N)$ 是 M, N 的 n 次扩张群.

可以证明, $\text{Ext}_R^n(M,N)$ 的定义与 M 的投射分解的选取无关. 同样可以用 $\text{Hom}_R(M,-)$ 作用到 N 的内射分解 $I^{\bullet}$ 得到一个复形来定义 $\text{Ext}_R^n(M,N)$. 可以证明这两种定义方式是一致的, 且 $\text{Ext}_R^n(M,-) : R\text{-Mod} \to Ab$ 是一 (正变) 函子; $\text{Ext}_R^n(-,N)$; $R\text{-Mod} \to Ab$ 是一反变函子. 详情请参见文献 (Assem et al., 2006).

定理 A.4.1 设 M, N 是左 R-模, 则

(1) $\text{Ext}_R^0(M,N) \cong \text{Hom}_R(M,N)$;

(2) 设 $0 \to X \to Y \to Z \to 0$ 是 R-Mod 中的短正合列, 左正合函子 $\text{Hom}_R(M,-)$ 作用到上面短正合列得到一个长正合列 $0 \to \text{Hom}_R(M,X) \to \text{Hom}_R(M,Y) \to \text{Hom}_R(M,Z) \xrightarrow{\delta_0} \text{Ext}_R^1(M,X) \to \text{Ext}_R^1(M,Y) \to \text{Ext}_R^1(M,Z) \xrightarrow{\delta_1} \text{Ext}_R^2(M,X) \to \text{Ext}_R^2(M,Y) \to \text{Ext}_R^2(M,Z) \to \cdots \xrightarrow{\delta_{n-1}} \text{Ext}_R^n(M,X) \to \text{Ext}_R^n(M,Y) \to \text{Ext}_R^n(M,Z) \to \cdots$, 其中, δ_i 称为连接映射;

(3) 设 $0 \to X \to Y \to Z \to 0$ 是 R-Mod 中的短正合列, 左正合函子 $\mathrm{Hom}_R(-, N)$ 作用到上面短正合列得到一个长正合列 $0 \to \mathrm{Hom}_R(Z,N) \to \mathrm{Hom}_R(Y,N) \to \mathrm{Hom}_R(X,N) \xrightarrow{\rho_0} \mathrm{Ext}^1_R(Z,N) \to \mathrm{Ext}^1_R(Y,N) \to \mathrm{Ext}^1_R(X,N) \xrightarrow{\rho_1} \mathrm{Ext}^2_R(Z,N) \to \mathrm{Ext}^2_R(Y,N) \to \mathrm{Ext}^2_R(X,N) \to \cdots \xrightarrow{\rho_{n-1}} \mathrm{Ext}^n_R(Z,N) \to \mathrm{Ext}^n_R(Y,N) \to \mathrm{Ext}^n_R(X,N) \to \cdots$, 其中, ρ_i 称为连接映射.

由此易得下面关于遗传代数的刻画, 其证明参见文献 (Auslander et al., 1995).

定理 A.4.2　设 A 是有限维 F-代数, 以下结论等价:

(1) A 是遗传代数;

(2) $\mathrm{proj.\ dim} M \leqslant 1, \forall M \in A\text{-mod}$;

(3) $\mathrm{Ext}^2_A(M,N) = 0, \forall M, N \in A\text{-mod}$;

(4) A 的左理想是投射 A-模.

命题 A.4.1　设 $0 \to X \xrightarrow{f} Y \xrightarrow{g} Z \to 0$ 是 R-Mod 中的短正合列.

(1) 如果有同态 $h : M \to Z$, 则存在短正合列 $0 \to X \xrightarrow{f'} L \xrightarrow{g'} M \to 0$ 以及同态 $h' : L \to Y$ 使得下面图交换:

$$\begin{array}{ccccccccc} 0 & \to & X & \xrightarrow{f'} & L & \xrightarrow{g'} & M & \to & 0 \\ & & \downarrow 1_X & & \downarrow h' & & \downarrow h & & \\ 0 & \to & X & \xrightarrow{f} & Y & \xrightarrow{g} & Z & \to & 0 \end{array}$$

称上图是 (g,h) 的"pull-back"图;

(2) 如果有同态 $h : X \to M$, 则存在短正合列 $0 \to M \xrightarrow{f'} L \xrightarrow{g'} Z \to 0$ 以及同态 $h' : Y \to L$ 使得下面图交换:

$$\begin{array}{ccccccccc} 0 & \to & X & \xrightarrow{f'} & Y & \xrightarrow{g} & Z & \to & 0 \\ & & \downarrow h & & \downarrow h' & & \downarrow 1_Z & & \\ 0 & \to & M & \xrightarrow{f'} & L & \xrightarrow{g'} & Z & \to & 0 \end{array}$$

称上图是 (f,h) 的"push-out"图.

给定 R-模 M, N 令 $L(N,M) = \{$ 所有短正合列 $0 \to M \to E \to N \to 0\}$. 在 $L(N,M)$ 中定义等价关系 $\approx$: 两个短正合列 $\xi_1 : 0 \to M \to E_1 \to N \to 0; \xi_2 : 0 \to M \to E_2 \to N \to 0$ 等价, 如果存在同态 $h : E_1 \to E_2$ 使得下面图交换:

$$\begin{array}{ccccccccc} 0 & \to & M & \xrightarrow{f_1} & E_1 & \xrightarrow{g_1} & N & \to & 0 \\ & & \downarrow 1_M & & \downarrow h & & \downarrow 1_N & & \\ 0 & \to & M & \xrightarrow{f_2} & E_2 & \xrightarrow{g_2} & N & \to & 0 \end{array}$$

令 $\mathcal{E}(N,M) = L(N,M)/\approx$, 即 $L(N,M)$ 的等价类的集合. 利用命题 A.4.1, 可以自然地在 $\mathcal{E}(N,M)$ 定义一个加法运算使它成为阿贝尔群, 具体做法请参见文献 (Assem et al., 2006; Auslander et al., 1995). 有下面结论:

定理 A.4.3 $\mathrm{Ext}_R^1(N,M) \cong \mathcal{E}(N,M)$.

参考文献

Anderson F W, Fuller K R. 1974. Rings and Categories of Modules. GTM 13. New York-Heidelberg-Berlin: Springer-Verlag

Assem I, Simson D, Skowroński A. 2006. Elements of the Representation Theory of Associative Algebras (I). London Mathematical Society, Student Texts 65. Cambridge: Cambridge University Press.

Auslander M, Reiten I, Smalø S. 1995. Representation Theory of Artin Algebras. Cambridge Studies in Advanced Mathematics 36, Cambridge: Cambridge University Press.

Scott O M. 2003. Basic Homological Algebra, GTM 196. New York-Heidelberg-Berlin: Springer-Verlag

周伯埙. 1988. 同调代数. 现代数学基础丛书. 北京：科学出版社

名词索引

二画

二重传递环, 157
入射同态对应, 2

三画

广义导子, 88
上同调群, 72
子代数, 1
子范畴, 满子范畴, 297
幺多项式, 170

四画

不可约表示
(既约表示), 11
不可分解表示, 246
不可分解内射表示 (模), 251
不可约映射, 254
双中心化子性质, 149
中心, 41, 122
中心化子, 24
中心代数, 41
中心单代数, 165
中心单代数的相似, 43
内广义导子, 93
内自同构, 67, 112
内自同构对应, 38
内张量积, 18, 166
内积, 149
内射对象, 301
反同构对应, 13
分离代数, 49
分裂域, 52

五画

半单代数, 17
半单 Artin 环, 121
半单 Artin 环的结构定理, 123
半单 Artin 环的唯一性定理, 123
半线性变换, 157
汇映射, 254
主幂等元, 32
正交幂等元, 32
正则代数模, 12
正则右理想, 140
正则表示, 12
(正变) 函子, 300
正合函子, 300
可约的表示, 11
可除代数, 4
可裂因子系, 93
可裂单同态, 282
可裂满同态, 255
可裂单射, 可裂满射, 297
本原环, 138
本原代数, 160
本原理想, 138
本原幂等元, 33
对偶空间, 149
对偶基, 83
对子代数有极大条件, 28
左 (右) Artin 环, 209, 225
左 (右) Noether 环, 117
左 Hamilton 代数, 191
左 (右) 理想, 3
左 (右) 零化子, 31
左 (右) 零化元, 31
左 (右) 零因子, 6
右 (左) 基层, 153

右拟正则元, 141
右拟正则右理想, 141
右拟逆元, 141
包络环, 163
四元数, 5
加法范畴, 298
生成子, 302
四元数的模, 5
外张量积, 166
代数, 1
代数 A 的次数, 77
代数 A 的指数, 72
代数子模, 9
代数元, 98, 172
代数的 Φ-代数, 172
代数的代数, 99
代数的中心, 41
代数的反表示, 13
代数的扩张, 90
代数的扩张是可裂的, 90
代数的表示, 7, 9
代数模, 9
代数商模, 12
代数的直和, 14
代数的纯量扩张, 45, 47
包络环, 163

六画

交叉积, 61
交换代数, 1
交错代数, 1
齐次多项式, 170
次理想, 106
次理想链, 107
闭集, 151
亚直和, 102
亚直可约环, 115
亚直既约环, 115
同构对应, 2
同态对应, 2
同态的核, 205
同调的广义导子, 90
同构, 297
共轭元, 5
共轭线性变换, 151
有限维代数, 28
有限 Φ-代数, 184
有界次代数的 Φ-代数, 172
因子组, 63
因子系, 92
自由代数, 169
自然同态对应, 96
自然同构对应, 3
自然变换, 300
自然同构, 301
自由模, 302
全直和, 100
全对偶空间, 151
多重线性多项式, 170

七画

完全可约模, 125
形心, 163
局部次理想, 107
局部 P-代数, 98
局部有限代数, 98
局部有限根, 173
局部有限 Φ-代数, 184
局部理想有限代数, 98
局部幂零根
  =Levitzki 根, 106
局部幂零半单代数
  =Levitzki 半单代数, 106
局部幂零代数, 98
投影, 102
投射对象, 301

阿贝尔范畴, 299
余生成子, 302

八画

单 Artin 环, 123
单 Artin 模, 129
单 A-模, 18
单代数, 5
单代数的结构定理, 37
单代数的唯一性定理, 38
单代数的相应可除代数, 39
单表示, 246
单射, 满射, 297
范畴, 297
范畴同构, 201
范畴等价, 220
单项式, 170
迹函数, 80, 108
非退化内积, 150
非退化的迹函数, 83
环的表示, 124
环的右模, 124
张量积, 18
张量积的泛性, 26
极小条件, 116
极大条件, 116
忠实表示, 12
忠实既约模, 138
直和, 15
直和项, 15, 18
线性泛函, 150
线性变换的迹, 109

九画

标准多项式, 171
相伴因子组, 66
既约 A-模, 18
既约模 (单模), 18, 124
既约环, 137
既约表示, 124
结合代数, 1
表示同态, 285
表示同构, 262
表示范畴, 245
表示的直和, 246

十画

弱单 A-模, 18
积, 直和, 298
核, 余核, 299

十一画

商代数, 3
基层, 153
基代数, 302
理想, 2

十二画

等价对偶空间, 150
等效模, 138
幂零代数, 6
幂零元, 27
幂零指数, 27
幂零根 (N 根), 29
幂零元右理想, 141
幂等元, 27, 121
超越元, 98
循环代数, 77

十三画以上

零乘代数, 5
零因子, 6
零迹理想, 110
群代数, 6
模的扩张, 86
模的同态, 124

模的扩张是可裂的, 86
模的中心化子, 145
模的直和, 18
模的直和项, 17
简包络环, 165
稠密定理, 145
稠密环, 145
稠子范畴, 297
满同态对应, 2
满函子, 忠实函子, 300
链条件, 117
箭图表示, 244
源映射, 254

其他

Auslander-Reiten 箭图, 257
Artin 环, 117
Artin 模, 129
AR- 左 (右) 平移, 252
Auslander-Reiten 序列, 253
A-mod 的根, 257
Brauer 群, 45
Burnside 问题, 99
Casimir 预理, 83
Frobenius 定理, 60
Hamilton 代数, 191
Hopkins 定理, 207
J 根 =Jacobson 根, 138
J 半单环 =Jacobson 半单环, 139
Jordan 代数, 1
Krull-Remak-Schmidt 定理, 247
Nakayama 函子, 249
Kaplansky 定理, 173
L 根 =Levitzki 根, 106
Levitzki 定理, 177
Lie 代数, 1
Maschke 定理, 130
Morita 等价, 302
Morita 等价定理, 302
n 次扩张群, 303
n-可裂字, 181
Nagata-Higman 定理, 178
Noether 环, 117
Noether 模, 129
Noether-Skolem 定理, 53
P-代数, 98
Peirce 左 (右) 分解, 32
PI-代数, 170
R-长, 179
R-字, 179
R 弱单模, 125
R-模 M 的零化子 $A(M)$, 138
Schur 引理, 144
T-长, 180
T-字, 180
W-代数, 107
W-代数的迹函数, 108
Wedderburn 定理, 81
Wedderburn-Artin 定理, 134
Wedderburn-Мальцев
(Wedderburn-Mal′cev) 定理, 94
x_k-分解式, 180
x_k-型字, 180
Φ-代数, 169
Голол(Golod) 反例, 190
Голол- Шафаревич
(Golod-Shafarevich) 定理, 189
Курош (Kurosh) 问题
Ширшов(Shirshov) 定理, 185

《现代数学基础丛书》已出版书目

1 数理逻辑基础(上册) 1981.1 胡世华 陆钟万 著

2 数理逻辑基础(下册) 1982.8 胡世华 陆钟万 著

3 紧黎曼曲面引论 1981.3 伍鸿熙 吕以辇 陈志华 著

4 组合论(上册) 1981.10 柯 召 魏万迪 著

5 组合论(下册) 1987.12 魏万迪 著

6 数理统计引论 1981.11 陈希孺 著

7 多元统计分析引论 1982.6 张尧庭 方开泰 著

8 有限群构造(上册) 1982.11 张远达 著

9 有限群构造(下册) 1982.12 张远达 著

10 测度论基础 1983.9 朱成熹 著

11 分析概率论 1984.4 胡迪鹤 著

12 微分方程定性理论 1985.5 张芷芬 丁同仁 黄文灶 董镇喜 著

13 傅里叶积分算子理论及其应用 1985.9 仇庆久 陈恕行 是嘉鸿 刘景麟 蒋鲁敏 编

14 辛几何引论 1986.3 J.柯歇尔 邹异明 著

15 概率论基础和随机过程 1986.6 王寿仁 编著

16 算子代数 1986.6 李炳仁 著

17 线性偏微分算子引论(上册) 1986.8 齐民友 编著

18 线性偏微分算子引论(下册) 1992.1 齐民友 徐超江 编著

19 实用微分几何引论 1986.11 苏步青 华宣积 忻元龙 著

20 微分动力系统原理 1987.2 张筑生 著

21 线性代数群表示导论(上册) 1987.2 曹锡华 王建磐 著

22 模型论基础 1987.8 王世强 著

23 递归论 1987.11 莫绍揆 著

24 拟共形映射及其在黎曼曲面论中的应用 1988.1 李 忠 著

25 代数体函数与常微分方程 1988.2 何育赞 萧修治 著

26 同调代数 1988.2 周伯壎 著

27 近代调和分析方法及其应用 1988.6 韩永生 著

28 带有时滞的动力系统的稳定性 1989.10 秦元勋 刘永清 王 联 郑祖庥 著

29 代数拓扑与示性类 1989.11 [丹麦] I. 马德森 著

30 非线性发展方程 1989.12 李大潜 陈韵梅 著

31 仿微分算子引论 1990.2 陈恕行 仇庆久 李成章 编
32 公理集合论导引 1991.1 张锦文 著
33 解析数论基础 1991.2 潘承洞 潘承彪 著
34 二阶椭圆型方程与椭圆型方程组 1991.4 陈亚浙 吴兰成 著
35 黎曼曲面 1991.4 吕以辇 张学莲 著
36 复变函数逼近论 1992.3 沈燮昌 著
37 Banach 代数 1992.11 李炳仁 著
38 随机点过程及其应用 1992.12 邓永录 梁之舜 著
39 丢番图逼近引论 1993.4 朱尧辰 王连祥 著
40 线性整数规划的数学基础 1995.2 马仲蕃 著
41 单复变函数论中的几个论题 1995.8 庄圻泰 杨重骏 何育赞 闻国椿 著
42 复解析动力系统 1995.10 吕以辇 著
43 组合矩阵论(第二版) 2005.1 柳柏濂 著
44 Banach 空间中的非线性逼近理论 1997.5 徐士英 李 冲 杨文善 著
45 实分析导论 1998.2 丁传松 李秉彝 布 伦 著
46 对称性分岔理论基础 1998.3 唐 云 著
47 Gel'fond-Baker 方法在丢番图方程中的应用 1998.10 乐茂华 著
48 随机模型的密度演化方法 1999.6 史定华 著
49 非线性偏微分复方程 1999.6 闻国椿 著
50 复合算子理论 1999.8 徐宪民 著
51 离散鞅及其应用 1999.9 史及民 编著
52 惯性流形与近似惯性流形 2000.1 戴正德 郭柏灵 著
53 数学规划导论 2000.6 徐增堃 著
54 拓扑空间中的反例 2000.6 汪 林 杨富春 编著
55 序半群引论 2001.1 谢祥云 著
56 动力系统的定性与分支理论 2001.2 罗定军 张 祥 董梅芳 著
57 随机分析学基础(第二版) 2001.3 黄志远 著
58 非线性动力系统分析引论 2001.9 盛昭瀚 马军海 著
59 高斯过程的样本轨道性质 2001.11 林正炎 陆传荣 张立新 著
60 光滑映射的奇点理论 2002.1 李养成 著
61 动力系统的周期解与分支理论 2002.4 韩茂安 著
62 神经动力学模型方法和应用 2002.4 阮 炯 顾凡及 蔡志杰 编著
63 同调论——代数拓扑之一 2002.7 沈信耀 著
64 金兹堡-朗道方程 2002.8 郭柏灵 黄海洋 蒋慕容 著

65 排队论基础 2002.10 孙荣恒 李建平 著
66 算子代数上线性映射引论 2002.12 侯晋川 崔建莲 著
67 微分方法中的变分方法 2003.2 陆文端 著
68 周期小波及其应用 2003.3 彭思龙 李登峰 谌秋辉 著
69 集值分析 2003.8 李 雷 吴从炘 著
70 强偏差定理与分析方法 2003.8 刘 文 著
71 椭圆与抛物型方程引论 2003.9 伍卓群 尹景学 王春朋 著
72 有限典型群子空间轨道生成的格(第二版) 2003.10 万哲先 霍元极 著
73 调和分析及其在偏微分方程中的应用(第二版) 2004.3 苗长兴 著
74 稳定性和单纯性理论 2004.6 史念东 著
75 发展方程数值计算方法 2004.6 黄明游 编著
76 传染病动力学的数学建模与研究 2004.8 马知恩 周义仓 王稳地 靳 祯 著
77 模李超代数 2004.9 张永正 刘文德 著
78 巴拿赫空间中算子广义逆理论及其应用 2005.1 王玉文 著
79 巴拿赫空间结构和算子理想 2005.3 钟怀杰 著
80 脉冲微分系统引论 2005.3 傅希林 闫宝强 刘衍胜 著
81 代数学中的 Frobenius 结构 2005.7 汪明义 著
82 生存数据统计分析 2005.12 王启华 著
83 数理逻辑引论与归结原理(第二版) 2006.3 王国俊 著
84 数据包络分析 2006.3 魏权龄 著
85 代数群引论 2006.9 黎景辉 陈志杰 赵春来 著
86 矩阵结合方案 2006.9 王仰贤 霍元极 麻常利 著
87 椭圆曲线公钥密码导引 2006.10 祝跃飞 张亚娟 著
88 椭圆与超椭圆曲线公钥密码的理论与实现 2006.12 王学理 裴定一 著
89 散乱数据拟合的模型、方法和理论 2007.1 吴宗敏 著
90 非线性演化方程的稳定性与分歧 2007.4 马 天 汪宁宏 著
91 正规族理论及其应用 2007.4 顾永兴 庞学诚 方明亮 著
92 组合网络理论 2007.5 徐俊明 著
93 矩阵的半张量积:理论与应用 2007.5 程代展 齐洪胜 著
94 鞅与 Banach 空间几何学 2007.5 刘培德 著
95 非线性常微分方程边值问题 2007.6 葛渭高 著
96 戴维-斯特瓦尔松方程 2007.5 戴正德 蒋慕蓉 李栋龙 著
97 广义哈密顿系统理论及其应用 2007.7 李继彬 赵晓华 刘正荣 著
98 Adams 谱序列和球面稳定同伦群 2007.7 林金坤 著

99 矩阵理论及其应用 2007.8 陈公宁 编著
100 集值随机过程引论 2007.8 张文修 李寿梅 汪振鹏 高 勇 著
101 偏微分方程的调和分析方法 2008.1 苗长兴 张 波 著
102 拓扑动力系统概论 2008.1 叶向东 黄 文 邵 松 著
103 线性微分方程的非线性扰动(第二版) 2008.3 徐登洲 马如云 著
104 数组合地图论(第二版) 2008.3 刘彦佩 著
105 半群的 S-系理论(第二版) 2008.3 刘仲奎 乔虎生 著
106 巴拿赫空间引论(第二版) 2008.4 定光桂 著
107 拓扑空间论(第二版) 2008.4 高国士 著
108 非经典数理逻辑与近似推理(第二版) 2008.5 王国俊 著
109 非参数蒙特卡罗检验及其应用 2008.8 朱力行 许王莉 著
110 Camassa-Holm 方程 2008.8 郭柏灵 田立新 杨灵娥 殷朝阳 著
111 环与代数(第二版) 2009.1 刘绍学 郭晋云 朱 彬 韩 阳 著
112 泛函微分方程的相空间理论及应用 2009.4 王 克 范 猛 著
113 概率论基础(第二版) 2009.8 严士健 王隽骧 刘秀芳 著
114 自相似集的结构 2010.1 周作领 瞿成勤 朱智伟 著
115 现代统计研究基础 2010.3 王启华 史宁中 耿 直 主编
116 图的可嵌入性理论(第二版) 2010.3 刘彦佩 著
117 非线性波动方程的现代方法(第二版) 2010.4 苗长兴 著
118 算子代数与非交换 L_p 空间引论 2010.5 许全华 吐尔德别克 陈泽乾 著
119 非线性椭圆型方程 2010.7 王明新 著
120 流形拓扑学 2010.8 马 天 著
121 局部域上的调和分析与分形分析及其应用 2011.4 苏维宜 著
122 Zakharov 方程及其孤立波解 2011.6 郭柏灵 甘在会 张景军 著
123 反应扩散方程引论(第二版) 2011.9 叶其孝 李正元 王明新 吴雅萍 著
124 代数模型论引论 2011.10 史念东 著
125 拓扑动力系统——从拓扑方法到遍历理论方法 2011.12 周作领 尹建东 许绍元 著
126 Littlewood-Paley 理论及其在流体动力学方程中的应用 2012.3 苗长兴 吴家宏 章志飞 著
127 有约束条件的统计推断及其应用 2012.3 王金德 著
128 混沌、Mel′nikov 方法及新发展 2012.6 李继彬 陈凤娟 著
129 现代统计模型 2012.6 薛留根 著
130 金融数学引论 2012.7 严加安 著
131 零过多数据的统计分析及其应用 2013.1 解锋昌 韦博成 林金官 著

132　分形分析引论　2013.6　胡家信　著

133　索伯列夫空间导论　2013.8　陈国旺　编著

134　广义估计方程估计方程　2013.8　周　勇　著

135　统计质量控制图理论与方法　2013.8　王兆军　邹长亮　李忠华　著

136　有限群初步　2014.1　徐明曜　著

137　拓扑群引论(第二版)　2014.3　黎景辉　冯绪宁　著

138　现代非参数统计　2015.1　薛留根　著